一流学科建设研究生教材

华 东 理 工 大 学
研究生教育基金资助项目

传递过程原理与应用

Principles and Applications of Transfer Process

曾作祥　孙　莉　主编

化学工业出版社

·北京·

图书在版编目（CIP）数据

传递过程原理与应用 / 曾作祥，孙莉主编. -- 北京：化学工业出版社，2024. 11. --（一流学科建设研究生教材）. -- ISBN 978-7-122-46064-6

Ⅰ. TQ021.3

中国国家版本馆CIP数据核字第2024TZ5797号

责任编辑：徐雅妮
文字编辑：黄福芝
责任校对：田睿涵
装帧设计：关　飞

出版发行：化学工业出版社
　　　　　（北京市东城区青年湖南街13号　邮政编码100011）
印　　装：北京云浩印刷有限责任公司
787mm×1092mm　1/16　印张22¼　字数546千字
2025年5月北京第1版第1次印刷

购书咨询：010-64518888
售后服务：010-64518899
网　　址：http://www.cip.com.cn
凡购买本书，如有缺损质量问题，本社销售中心负责调换。

定　　价：69.00元　　　　　　　　　　　　　　　版权所有　违者必究

前言

对于所有工程领域，包括化学工程、热能工程、水利水电工程、船舶工程以及材料工程等，其大型装置内都存在温度、浓度或速度等强度参数不均匀的问题。这必然涉及相应的传热、传质或动量传递，即所谓的"三传"过程。通过实验室小试获得的新产品或新工艺，在进行工业化装置放大设计时，必须考虑"三传"对工艺过程的影响，也就是要解决人们常说的工程问题。传递过程就是探讨"三传"机理和规律的一门科学。作为一名合格的工程师，不仅要掌握传递过程的理论知识，还要具备解决工程问题的能力。鉴于此，传递科学已成为所有工科专业，特别是化学工程与技术专业的必修课之一。

传递科学的实质是应用传递通量来表达守恒原理，其理论构架包括**两大基本定律**（现象定律和守恒定律）、**两个基本方程**（现象方程和连续性方程）和**三大微分方程**（运动方程、能量方程和扩散方程）。现象定律从分子尺度描述了"三传"的机理和规律，以该定律和三大守恒定律为基础，借助微分衡算可推导出三大微分方程，用来描述微元尺度的"三传"规律。传递科学的主要内容包括：传递机理和传递现象基本方程（现象定律和连续性方程）、动量传递（运动方程、层流和湍流的速度分布及摩擦因数）、传热理论（能量方程、导热、对流传热机理、传热系数及相间传热理论）、传质理论（扩散方程、分子扩散、对流传质机理、传质系数及相间传质理论）及"三传"同时进行的传递规律等。

随着人们对"三传"理论及其应用的研究不断深入，新的知识点也在不断增加；通过教与学的互动，也收集到不少研究生的反馈意见。为了帮助他们在科研中合理运用传递原理来分析实验现象、描述实验结果或完成工程设计，有必要选取一些"三传"理论与实际问题相结合的案例进行剖析。

本书是编者在多年讲授近代传递过程原理课程的基础上编写而成的，主要以工科专业特别是化学工程与技术专业的研究生为目标读者。各章内容安排如下：第 1 章为全书的**基础篇**，在传递概论的基础上，列举了传递原理在国家重大工程中的应用；从传递机理和现象定律入手，运用质量守恒定律推导出连续性方程并对各项物理意义逐一进行分析，同时引出随体导数的概念和观察流场的方法（欧拉法和拉格朗日法）。第 2、3 章为**动量传递篇**，运用拉格朗日法，以动量守恒定律为依据，推导出奈维-斯托克斯方程，进而分别探讨层流动量传递和湍流动量传递的规律；系统地介绍了边界层理论和普朗特动量传递理论及布拉修斯相似原理。第 4、5 章为**热量传递篇**，运用拉格朗日法，以热量守恒定律为依据推导出能量方程，进而探讨导热和对流传热的规律。第 6~8 章为**质量传递篇**，运用欧拉法以质量守恒定律为依据推导出扩散方程，讨论分子传质和对流传质及相间传质的规律，并探讨"三传"同时进行的复杂传递规律。此外，各章还配有例题、案例分析、思考题和习题。其中第 1 章和第 6 章由孙莉编写，第 2~5 章、第 7 和第 8 章由曾作祥编写，华东理工大学段学志教授为本书提供了部分案例，并参与了第 7 章的编写。

本书的特色在于从动量传递与绿水青山之生态文明、热量传递与清洁能源之绿色低碳以及"两弹一星"工程中的传递原理三个维度,介绍了传递原理在国家重大工程中的应用;系统地介绍了分子尺度、微元尺度和宏观尺度的传递原理,特别是相间传热和相间传质的规律,并通过 7 个实际案例的分析,展示这些原理在解决具体问题时的应用过程,从而使读者能更深刻地理解传递过程、更灵活地应用传递知识。全书注重问题的提出,并试图引导读者从不同视角分析解决同一问题。希望读者能从中体会"三传"之间的内在联系,并能融会贯通地用动量传递的信息解决传热和传质问题。

在本书的编写过程中,参考了国内外相关专著、期刊等文献,统列于书后的参考文献部分,在此一并表示感谢。

由于编者水平有限,不妥之处恳请读者批评指正。

编　者

2024 年 1 月于上海

目录

主要符号表 / i

基础篇 / 1

第1章 传递概论及其基本定律 / 2

1.1 传递原理概论 ………………………… 2
    1.1.1 基础篇概述 …………………… 3
    1.1.2 动量传递篇概述 ……………… 3
    1.1.3 热量传递篇概述 ……………… 4
    1.1.4 质量传递篇概述 ……………… 6
1.2 传递原理在国家重大工程中的
    应用 …………………………………… 8
    1.2.1 动量传递与绿水青山之生态
        文明——都江堰水利工程 …… 9
    1.2.2 热量传递与清洁能源之绿色
        低碳——原子能核电工程 … 10
    1.2.3 "两弹一星"工程中的传递原理 … 11
1.3 传递机理与现象定律 ……………… 12
    1.3.1 分子传递 ……………………… 13
    1.3.2 牛顿黏性定律 ………………… 13
    1.3.3 傅里叶定律 …………………… 16
    1.3.4 菲克定律 ……………………… 17
    1.3.5 分子传递的类似性——现象定律 … 18

1.4 三大守恒定律与总衡算 …………… 20
    1.4.1 控制体和控制面 ……………… 20
    1.4.2 总质量衡算 …………………… 21
    1.4.3 总能量衡算 …………………… 23
    1.4.4 总动量衡算 …………………… 25
1.5 微分衡算与连续性方程 …………… 27
    1.5.1 微分衡算方程 ………………… 27
    1.5.2 直角坐标系中连续性方程的推导 … 27
    1.5.3 随体导数的物理意义 ………… 28
    1.5.4 连续性方程的分析 …………… 30
    1.5.5 欧拉法和拉格朗日法 ………… 30
    1.5.6 连续性方程的化简 …………… 32
    1.5.7 柱坐标系和球坐标系中的连续性
        方程 …………………………… 32
1.6 量纲分析法 ………………………… 33
思考题 ……………………………………… 34
习题 ………………………………………… 34

动量传递篇 / 35

第2章 运动方程与层流动量传递 / 36

2.1 运动方程——动量传递微分方程 …… 36
    2.1.1 体积力 ………………………… 37

2.1.2 表面力 ………………………………… 37
2.1.3 以应力表示的运动方程 ……………… 38

2.1.4 纳维-斯托克斯方程——N-S 方程… 39
2.2 简单流场内的层流…………………… 43
　2.2.1 平行平板间的稳态层流………… 43
　2.2.2 圆管内的稳态层流……………… 46
　2.2.3 套管环隙间的轴向流动………… 49
2.3 旋转层流流动………………………… 51
2.4 振荡流动——非稳态流动…………… 52
2.5 流线和流函数………………………… 54
　2.5.1 流线及其特性…………………… 54
　2.5.2 流线方程………………………… 54
　2.5.3 流管……………………………… 55
　2.5.4 流函数…………………………… 55
2.6 势流…………………………………… 57
　2.6.1 势流与欧拉方程………………… 57
　2.6.2 势流的速度分布和压力分布——伯努利方程……………………… 60
2.7 爬流…………………………………… 63
　2.7.1 爬流运动微分方程……………… 63
　2.7.2 绕球层流运动与斯托克斯分析解……………………………… 64
　2.7.3 斯托克斯阻力定律……………… 66
　2.7.4 斯托克斯阻力定律的应用……… 68

　2.7.5 奥森流…………………………… 69
2.8 边界层理论基础……………………… 71
　2.8.1 边界层的形成…………………… 71
　2.8.2 边界层分离……………………… 73
2.9 边界层运动微分方程………………… 76
　2.9.1 边界层运动微分方程的推导…… 76
　2.9.2 边界层运动微分方程的精确解——布拉修斯相似原理…………… 79
　2.9.3 位移厚度与动量厚度…………… 83
　2.9.4 圆管进口段的流动……………… 85
2.10 边界层积分动量方程……………… 86
　2.10.1 边界层积分动量方程的推导… 86
　2.10.2 层流边界层的近似计算……… 88
2.11 案例分析——圆管入口段层流速度分布的理论预测及实验验证…… 89
　2.11.1 管内近似 N-S 方程解析解…… 90
　2.11.2 精确 N-S 方程数值解………… 91
　2.11.3 雷诺数对圆管入口段速度分布的影响……………………… 91
思考题……………………………………… 93
习题………………………………………… 93

第 3 章　湍流动量传递 / 95

3.1 湍流的特征…………………………… 95
　3.1.1 湍流的主要特征………………… 95
　3.1.2 时均值与脉动值………………… 96
　3.1.3 湍动强度………………………… 97
　3.1.4 湍流的起源……………………… 98
3.2 湍流基本方程——雷诺方程………… 102
　3.2.1 雷诺转换与雷诺方程…………… 103
　3.2.2 动量传递与湍流附加应力……… 104
3.3 普朗特动量传递理论………………… 105
　3.3.1 涡流黏度………………………… 105
　3.3.2 普朗特混合长…………………… 106
3.4 光滑管中的湍流……………………… 107
　3.4.1 层流内层的速度分布…………… 108
　3.4.2 湍流主体的速度分布…………… 109

　3.4.3 过渡层的速度分布……………… 110
　3.4.4 速度衰减定律…………………… 111
　3.4.5 流动阻力与摩擦因数…………… 111
　3.4.6 范宁摩擦因数的经验关联式…… 112
3.5 粗糙管中的流动……………………… 114
　3.5.1 粗糙度与范宁摩擦因数………… 114
　3.5.2 速度分布方程与流动阻力……… 116
3.6 平板壁面的湍流边界层……………… 117
　3.6.1 边界层速度分布方程…………… 117
　3.6.2 边界层厚度……………………… 117
　3.6.3 流动阻力………………………… 118
3.7 自由湍流……………………………… 119
　3.7.1 自由射流的发展………………… 120
　3.7.2 卷吸机理………………………… 121

3.7.3 自由射流特性参数的估计 ………… 122
3.7.4 自由射流的实验观测 …………… 123
3.8 案例分析——表面活性剂对湍流边界层速度分布的影响及其减阻功能 …… 124
3.8.1 表面活性剂的减阻机理 ………… 125
3.8.2 表面活性剂对湍流速度分布的影响 … 125
思考题 ……………………………………… 128
习题 ………………………………………… 129

热量传递篇 / 130

第4章 能量方程与导热 /131

4.1 传热方式与传热机理 ……………… 131
    4.1.1 分子传递与热传导 …………… 131
    4.1.2 涡流传递与对流传热 ………… 132
    4.1.3 辐射传热 ………………………… 132
4.2 能量方程——传热微分方程 …… 133
    4.2.1 直角坐标系中能量方程的推导 … 133
    4.2.2 不可压缩流体的能量方程 …… 134
    4.2.3 固体的导热 ……………………… 135
    4.2.4 柱坐标系和球坐标系中的能量方程 … 136
    4.2.5 边界条件 ………………………… 136
4.3 稳态导热 ………………………………… 137
    4.3.1 无内热源的一维稳态导热 …… 137
    4.3.2 有内热源的一维稳态导热 …… 139
    4.3.3 二维稳态导热 …………………… 139
4.4 非稳态导热 …………………………… 140
    4.4.1 半无限固体的非稳态导热 …… 141
    4.4.2 平板两端面温度恒定的非稳态导热 … 143
    4.4.3 具有两个对流传热边界的大平板非稳态导热 … 146
    4.4.4 一维非稳态导热的简易图算法 … 147
4.5 二维稳态导热的数值解 ………… 149
4.6 案例分析——红外测温技术在非稳态导热研究中的应用 …… 152
    4.6.1 无限长圆柱体在恒温介质中的非稳态导热模型 … 153
    4.6.2 非稳态导热的可视化温度分布及其影响因素 …… 154
思考题 ……………………………………… 157
习题 ………………………………………… 157

第5章 对流传热 / 159

5.1 对流传热概论 ………………………… 159
    5.1.1 对流传热基本概念 …………… 159
    5.1.2 对流传热系数——传热膜系数 … 160
5.2 平壁层流边界层能量方程精确解 … 162
5.3 平壁层流传热的近似解 ………… 165
5.4 圆管层流传热 ………………………… 169
    5.4.1 管壁热通量恒定的传热 ……… 170
    5.4.2 管壁温度恒定的传热 ………… 172
    5.4.3 圆管入口段传热 ……………… 172
5.5 自然对流传热 ………………………… 174
    5.5.1 传热特点及基本方程 ………… 174
    5.5.2 无界垂直平壁的自然对流传热 … 176
5.6 湍流传热 ………………………………… 179
    5.6.1 湍流能量方程 …………………… 179
    5.6.2 涡流热扩散系数与混合长 …… 180
    5.6.3 雷诺类似律——单层模型 …… 182
    5.6.4 普朗特类似律——双层模型 … 184
    5.6.5 卡门类似律——三层模型 …… 186
    5.6.6 Chilton-Colburn 类似律 ………… 187
    5.6.7 湍流传热系数经验关联式 …… 188

5.7 冷凝与沸腾传热 ……………… 189
　5.7.1 管内冷凝 ………………… 190
　5.7.2 池内沸腾传热 …………… 191
　5.7.3 管内沸腾 ………………… 192
5.8 案例分析——基于人工神经网络技术的对流传热分析 ……………… 195
　5.8.1 雷诺数对波纹通道对流传热系数的影响 ……………………… 196
　5.8.2 基于人工神经网络的传热数据分析和预测 …………………… 198
思考题 …………………………………… 199
习题 ……………………………………… 199

质量传递篇 / 202

第 6 章　扩散方程与分子传质 / 203

6.1 传质概论 ……………………… 203
　6.1.1 传质机理与传质方式 …… 203
　6.1.2 传质基本概念及其表征 … 204
6.2 扩散方程——传质微分方程 … 208
　6.2.1 双组分扩散方程的推导 … 208
　6.2.2 扩散方程的化简 ………… 210
　6.2.3 扩散方程的初始条件和边界条件 …… 211
6.3 稳态分子传质 ………………… 212
　6.3.1 气体中的分子扩散 ……… 213
　6.3.2 多组分气体混合物的扩散 … 219
　6.3.3 液体中的溶质扩散 ……… 223
　6.3.4 固体中的稳态扩散 ……… 226
6.4 非稳态分子传质 ……………… 229
　6.4.1 半无限长区域内的非稳态分子扩散 …… 229
　6.4.2 无限大平板中沿厚度方向进行的非稳态分子扩散 …… 230
6.5 伴有化学反应的分子传质 …… 232
　6.5.1 伴有零级化学反应的分子扩散 …… 232
　6.5.2 伴有一级化学反应的分子扩散 …… 233
6.6 二维分子传质 ………………… 235
　6.6.1 具有分析解的二维稳态分子扩散 …… 235
　6.6.2 二维稳态分子扩散的数值解 …… 236
6.7 案例分析——反应型聚氨酯（PUR）热熔胶的湿固化机理及动力学 …… 239
　6.7.1 PUR 热熔胶湿固化机理及动力学模型 …… 239
　6.7.2 湿固化动力学模型的验证 …… 243
思考题 …………………………………… 246
习题 ……………………………………… 247

第 7 章　对流传质 / 250

7.1 对流传质概论 ………………… 250
　7.1.1 对流传质基本概念 ……… 250
　7.1.2 对流传质系数 …………… 251
7.2 层流传质 ……………………… 253
　7.2.1 平壁层流传质系数精确解 …… 253
　7.2.2 浓度边界层的近似解 …… 259
　7.2.3 圆管内的层流传质 ……… 260
7.3 湍流质量传递 ………………… 262
　7.3.1 平壁湍流浓度边界层近似解 …… 263
　7.3.2 动量、热量与质量传递类似性 …… 265
7.4 动量与质量同时进行的传递 … 271
　7.4.1 下降液膜中的气体吸收 … 271
　7.4.2 下降液膜中的固体溶解 … 274

7.5 动量、热量与质量同时进行的传递 …… 275
7.6 案例分析——烟气催化脱硝反应器中同时进行的动量、热量和质量传递 ……… 279
 7.6.1 固定床反应器"三传"模型构建 … 280
 7.6.2 催化剂结构对传递过程的影响 …… 281
思考题 …………………………………………… 283
习题 ……………………………………………… 283

第8章 相间传质 / 286

8.1 相间传质概论 …………………………… 286
 8.1.1 相间传质基本概念 ………………… 286
 8.1.2 相间传质系数 ……………………… 287
8.2 相间传质理论 …………………………… 288
 8.2.1 双膜理论 …………………………… 288
 8.2.2 溶质渗透理论 ……………………… 290
 8.2.3 表面更新理论 ……………………… 291
 8.2.4 传质理论进展 ……………………… 292
 8.2.5 界面湍动与 Marangoni 效应 ……… 293
8.3 固体颗粒的相间传质 …………………… 295
 8.3.1 球形颗粒与静止流体间的传质 …… 295
 8.3.2 球形颗粒与层流流体间的传质 …… 296
 8.3.3 塔内球形颗粒与流体间的传质 …… 298
8.4 平壁、滴泡和液膜与流体的相间传质 …… 298
 8.4.1 平壁/流体的相间传质 ……………… 298
 8.4.2 滴泡/流体的相间传质 ……………… 298
 8.4.3 液膜/气体的相间传质 ……………… 304
8.5 伴有化学反应的相间传质 ……………… 305
 8.5.1 化学反应对气体吸收的影响 ……… 306
 8.5.2 伴有一级化学反应的相间传质 …… 307
 8.5.3 伴有双分子反应的相间传质 ……… 310
8.6 案例分析——磷脂在肺泡单分子膜上的吸附机理及动力学 ……………………… 313
 8.6.1 磷脂在单分子膜上的吸附机理及动力学模型 …………………………… 314
 8.6.2 吸附动力学模型的验证 …………… 319
思考题 …………………………………………… 323
习题 ……………………………………………… 323

附录 / 325

附录Ⅰ 常见气体和液体的黏度、热导率和恒压比热熔值(298K, 1atm) ………… 325
附录Ⅱ Lennard-Jones (6-12) 势能参数和临界性质 ……………………………… 326
附录Ⅲ 碰撞积分与 $\kappa T/\varepsilon$ 的函数关系 ……… 327
附录Ⅳ 柱坐标系和球坐标系中连续性方程的推导 ……………………………… 328
附录Ⅴ 函数 $f(\eta)$ 及其导数值 …………… 331
附录Ⅵ 高斯误差函数表 …………………… 332
附录Ⅶ 无限大平板、无限长圆柱和球体非稳态传热与传质算图 ………………… 333
附录Ⅷ 组分A在组分B中的扩散系数 …… 336

参考文献 / 337

主要符号表

A	面积、截面积、传热面积、传质面积，m^2	E	单位质量的总能量，J/kg
A_{av}	平均面积，m^2	E_t	总能量，J
A_r	径向 r 处的面积，m^2	F	力、合外力，N
C	系统的总摩尔浓度，$kmol/m^3$	F_B	质量力或体积力，N
C_A, C_B	组分 A，B 的摩尔浓度，$kmol/m^3$	F_d	曳力(阻力)，N
C_{Ab}	管截面组分 A 的平均浓度，$kmol/m^3$	F_g	单位质量流体所受的重力，N/kg
C_{Am}	组分 A 的平均浓度，$kmol/m^3$	F_s	表面力或机械力，N
C_{A0}	组分 A 在平壁边界层外的浓度，$kmol/m^3$	F_{dF}	形体曳力(形体阻力)，N
C_{Aw}	组分 A 在壁面处的浓度，$kmol/m^3$	F_{ds}	摩擦曳力(摩擦阻力)，N
$C_{A,i}$	组分 A 在界面处的浓度，$kmol/m^3$	F_{AB}	Maxwell 扩散方程比例系数，$kg/(kmol \cdot s)$
$\bar{C}_A$	组分 A 的时均浓度，$kmol/m^3$	G	质量，kg
C'_A	组分 A 的脉动浓度，$kmol/m^3$	G'	质量流量(率)，kg/s
C_{av}	液相平均总摩尔浓度，$kmol/m^3$	$G_{M,A}$	组分 A 的摩尔量，kmol
C_D	曳力因数(阻力因数)，量纲为 1	$G'_{M,A}$	组分 A 的摩尔流量(率)，kmol/s
C_{Dx}	局部(x 处)曳力因数(阻力因数)，量纲为 1	G'_{AR}	组分 A 的摩尔生成速率，kmol/s
C^0_{Dx}	喷出参数为零时局部曳力因数(阻力因数)，量纲为 1	H	焓，J/kg；亨利常数
		I	湍动强度，量纲为 1
$C_{s,i}$	组分 i 在颗粒域的摩尔浓度，$kmol/m^3$	J_A	组分 A 的摩尔扩散通量，$kmol/(m^2 \cdot s)$
		K	总传热系数，$W/(m^2 \cdot K)$；平衡常数，量纲为 1
D_A, D_B	组分 A、B 的扩散系数，m^2/s	L	长度，m
D_{AB}	组分 A 通过组分 B 的扩散系数，m^2/s	L_e, L_T, L_c	管内流动、传热、传质进口段长度，m
D_{ABP}	组分 A 通过组分 B 的有效扩散系数，m^2/s	M	摩尔质量，kg/kmol
		M_A	组分 A 的摩尔质量，kg/kmol
D_{im}	多组分系统中组分 i 的扩散系数，m^2/s	M_m	平均分子量
		N	相对于静止坐标的总摩尔通量，摩尔流动通量，$kmol/(m^2 \cdot s)$
D_{KA}	组分 A 的纽特逊扩散系数，m^2/s	N_{Avo}	阿伏伽德罗(Avogadro)常数，6.022×10^{23}
$D_{s,im}$	颗粒域中组分 i 的扩散系数，m^2/s	N_A	相对于静止坐标组分 A 的摩尔通量，

	kmol/(m²·s)
$N_{A\theta}$	组分 A 的瞬时传质通量，kmol/(m²·s)
P_x, P_y, P_z	动量在 x、y、z 三个方向上的分量，kg·m/s
Q	单位质量流体吸收的热量，J/kg
Q_A	组分 A 的总传质通量，kmol/m²
Q_r	反应热，J/mol
R	通用气体常数，J/(mol·K)
$\dot{R}_A$	单位体积组分 A 的摩尔生成速率，kmol/(m³·s)
T	温度、热力学温度，K
T^+	量纲为 1 温度
T_m	平均温度，K
T_w	壁面温度，K
T_0	基准温度，初始温度，平壁边界层外的温度，K
T_b	管截面平均温度，K
U	单位质量流体的内能，J/kg
U_t	总内能，J
V	体积，m³
V'	体积流量(率)，m³/s
W	表面应力对单位质量流体所做的功，J/kg
W_s	单位质量流体所做的轴功，J/kg
$\dot{W}$	做功速率、功率，J/s
$\dot{W}_s$	轴功率，J/s
X, Y, Z	x、y、z 三方向上单位质量流体的质量力，N/kg
a	比表面积，m²/m³
a_A, a_B	组分 A、B 的质量分数
c_p	定压比热容，J/(kg·K)
d	管径、孔径，m
d_p	颗粒直径，m
f	范宁摩擦因数，量纲为 1
g	重力加速度，m/s²
h	对流传热系数或膜系数，W/(m²·K)
h_x	局部(x 处)对流传热系数，W/(m²·K)
h_m	平均对流传热系数，W/(m²·K)
h_x^0	喷出参数为零时局部对流传热系数，W/(m²·K)
j_A	组分 A 的质量扩散通量，kg/(m²·s)
k	热导率，W/(m·K)
k_0	反应速率常数(零级)，mol/(s·m³)
k_I	反应速度常数(一级)，1/s
k_c^o, k_c	传质系数，m/s
k_L^o, k_L	液相传质系数，m/s
k_G^o, k_G	气相传质系数，kmol/(m²·s·Pa);
k_y^o, k_y	气相传质系数，kmol/(m²·s·Δy)
k_x^o, k_x	液相传质系数，kmol/(m²·s·Δx)
k_{cx}^o, k_{cx}	局部(x 处)对流传质系数或传质膜系数，m/s
k_{cm}^o, k_{cm}	平均对流传质系数，m/s
l	普朗特混合长，m
n	相对于静止坐标的总质量通量，kg/(m²·s)
n_A, n_B	相对于静止坐标组 A、B 的质量流动通量，kg/(m²·s)
p_A	组分 A 的分压，Pa
$p_{A,G}$	组分 A 在气相主体的分压，Pa
$p_{A,i}$	组分 A 在气液界面处的分压，Pa
p_{BM}	惰性组分 B 的对数平均分压，Pa
p_d	动压力，Pa
p_{iM}	不扩散组分的对数平均分压，Pa
p_s	静压力，Pa
p_0	远离物体处的压力，Pa
q	导热速率，热流速率，热通量，W
$\dot{q}$	单位体积释放的热速率，W/m³
r	径向距离，m
r_0	圆管、圆柱或圆盘的半径，m
$\dot{r}_A$	单位体积组分 A 的质量生成速率，kg/(m³·s)
r_{max}	最大流速处的径向距离，m

s	表面更新率，s^{-1}	δ_c	浓度边界层厚度，m
u	流速，相对于静止坐标的流体质量平均速度，m/s	δ_T	温度边界层厚度，m
u^+	量纲为1速度	ε	涡流动量扩散系数，m^2/s；空隙率，量纲为1；绝对粗糙度，m；黑度
u^*	摩擦速度，$\sqrt{\tau_w/\rho}$，m/s	ε_H	涡流热扩散系数，m^2/s
u_A, u_B	组分A、组分B相对静止坐标的速度(绝对速度)，m/s	ε_M	涡流质量扩散系数，m^2/s
u_b	管截面平均流速，m/s	θ	时间，s；柱坐标方位角、球坐标仰角，(°)
u_0	远离物体的流速，平壁边界层外的流速，m/s	θ'	柱、球坐标系中的时间，s
		θ^*	特征时间，s
u_M	相对于静止坐标的流体摩尔平均速度，m/s	θ_c	有效暴露时间(溶质渗透理论)，s
		κ	Boltzmann 常数，约 1.38066×10^{-23} J/K
u_{max}	最大流速，管中心处流速，m/s	λ	分子平均自由程，Å
u_x, u_y, u_z	流速在 x、y、z 三个方向上的分量，m/s	μ	黏度，Pa·s
		ν	运动黏度，m^2/s
u_r, u_θ, u_z	流速在 r、θ、z 三个方向上的分量，m/s	ρ	质量浓度(密度)，kg/m^3
		ρ_A, ρ_B	组分 A、B 的质量浓度(密度)，kg/m^3
u_r, u_ϕ, u_θ	流速在 r、ϕ、θ 三个方向上的分量，m/s	ρ_A^+	组分 A 的量纲为1质量浓度(密度)
u_{yw}	在壁面处垂直于壁面方向上的速度，m/s	ρ_{Am}	组分 A 的平均质量浓度(密度)，kg/m^3
		ρ_{A0}	组分 A 在平壁边界层外的质量浓度(密度)，kg/m^3
v	流体的比容，m^3/kg		
x_c	临界距离，m	ρ_{Aw}	组分 A 在壁面的质量浓度(密度)，kg/m^3
x_i	组分 i 的摩尔分数，量纲为1		
x_{Bm}	惰性组分 B 的对数平均摩尔分数，量纲为1	σ	表面张力，N/m；Stefan-Boltzmann 常数，约 5.669×10^{-8} W/($m^2\cdot K^4$)
y_A, y_B	组分 A、组分 B 在气相中的摩尔分数，量纲为1	τ	剪应力，N/m^2；曲折因子，量纲为1
		τ_w	壁面剪应力，N/m^2
y_{Bm}	气相惰性组分 B 的对数平均摩尔分数，量纲为1	τ^r	涡流应力(雷诺应力)，N/m^2
		$\tau_{xx}, \tau_{yy}, \tau_{zz}$	法向应力分量，N/m^2

希腊文符号

		$\tau_{xy}, \tau_{xz}, \tau_{yz}$	剪应力分量，N/m^2
		Φ	单位体积流体的散逸热速率，W/m^3
α	热扩散系数(导温系数)，m^2/s	ϕ	球坐标系中的方位角，夹角，(°)
δ	速度边界层厚度，m	φ	速度势函数，m^2/s
δ_b	层流内层厚度，m	ψ	流函数，m^2/s
δ_f	虚拟膜厚度，m	ω	角速度，(°)/s

量纲为 1 数群

Nu 努赛尔数, $\dfrac{hd}{\kappa}$

Nu_x 局部努赛尔数, $\dfrac{hx}{\kappa}$

Pr 普朗特数, $\dfrac{\nu}{\alpha}$

Re 雷诺数, $\dfrac{\rho u d}{\mu}$

Re_x 局部雷诺数, $\dfrac{\rho u x}{\mu}$

Re_{xc} 临界雷诺数, $\dfrac{\rho u x_c}{\mu}$

Sc 施密特数, $\dfrac{\nu}{D_{AB}}$

St 斯坦顿数, $\dfrac{h}{c_p \rho u}$

St' 传质斯坦顿数, $\dfrac{k_c^o}{u}$

Sh 修伍德数, $\dfrac{k_c^o d}{D_{AB}}$; $\dfrac{k_c^o L}{D_{AB}}$

Sh_x 局部修伍德数, $\dfrac{k_c^o x}{D_{AB}}$

j_H 传热 j 因数, $StPr^{2/3}$

j_D 传质 j 因数, $ShSc^{2/3}$

基础篇

第1章

传递概论及其基本定律

一个新产品的生产工艺开发，大都始于微、小实验研究，再由中试过渡到中、大规模的产业化试车。在小微装置中，实验物料混合均匀，其工况参数（流速、温度和浓度）也都基本均匀一致，人们只需要通过实验确定其最佳值即可。在小试工艺确定后的放大试验过程中，虽然原料种类和物料配比可确保达标，但由于装置尺寸已经放大了近百倍，装置内不同区域物料的实际工况（流速、温度和浓度）将很难达到小试装置中的那样均匀，小试所确定的最佳值将很难再现，因此放大试验的结果往往与小试结果有偏差，这就产生了所谓的工程问题。而实际上，**工程问题**归根到底是动量传递（流体流动与混合）、热量传递和质量传递的问题，即"三传"问题。因此，研究传递现象的物理化学原理和计算方法，**了解其机理和规律，实现传递过程的强化或弱化，使之成为可控**，这不仅在理论上，尤其在实践中具有重要意义。

要想全面地理解传递现象，就必须分别从**分子尺度、微元尺度和宏观尺度**这三种尺度上对传递过程原理进行探讨。分子尺度和微元尺度上的传递现象是基础，其对应的理论依据分别为**分子统计力学**和**流体力学**；而掌握**宏观尺度上的传递规律**则是研究传递现象的最终目的。在众多工业生产和自然过程中，三种传递现象往往同时发生，描述它们的基本方程极其相似，且在特定条件下这些方程的求解过程及结果几乎相同；另一方面，这三种传递现象具有类似的传递机理。在某些情况下，根据类似律可用动量传递的研究成果解决热量传递和质量传递的问题；但在大多数情况下，三种传递过程又各有特点，不能完全类比。

本章将就传递基础理论与应用进行纲领性概述，并通过动量传递与绿水青山之生态文明、热量传递与清洁能源之绿色低碳以及两弹一星工程中的传递原理等三个维度阐述传递原理在国家重大工程中的应用与意义。然后，介绍传递现象的基本概念，阐述传递过程机理及其所遵循的基本定律——**现象定律**和**三大守恒定律**（质量守恒定律、动量守恒定律和能量守恒定律），进而借此推导出传递过程的基本方程——**连续性方程**，并通过分析连续性方程中各项物理量的意义，引出随体导数的概念和两种观察流场的方法（欧拉法和拉格朗日法）。

1.1 传递原理概论

传递过程原理在正式成为一门课程之前，动量传递、热量传递和质量传递就已经分别以流体力学、传热学和传质学三门课程，各自独立地进入大学课堂了。"三传"作为经典物理学三个独立的分支，先是分别作为不同专业的必修课，直到将它们统一研究才发现三者是具有相似性的，其对象几乎涉及全部工程领域，统一后的传递科学也因此具有**基本工程科学**之一的地位，成为所有工科学生的专业基础课，现将其纲领性内容概述如下。

传递原理共分为四大篇：基础篇（第 1 章）、动量传递篇（第 2、3 章）、热量传递篇（第 4、5 章）和质量传递篇（第 6～8 章）。

1.1.1 基础篇概述

传递过程为什么会发生？其机理是什么？速率又如何表达？传递科学就是针对这些问题进行探讨的，其实质是应用传递通量来表达守恒原理。传递过程的理论基础可概括为**现象定律**（牛顿黏性定律、傅里叶定律和菲克定律）和**三大守恒定律**（质量守恒、能量守恒和动量守恒）。其中，现象定律分别描述了分子尺度的动量、热量和质量传递的机理和通量。

在基础篇之**第 1 章**，通过对宏观控制体进行总体衡算，分别展示了三大守恒定律的应用过程，并将质量守恒定律用于微元体，经微分衡算推导出本书第一个十分重要的**微分方程——连续性方程**。通过连续性方程的推导及其物理意义的剖析，引出一个重要概念（**随体导数**）和两种观察事物的方法（**欧拉法**和**拉格朗日法**）。这两种方法是平等的，其结果也完全相同，在后续章节中将得到进一步应用。

1.1.2 动量传递篇概述

由于实际流体具有黏性，流体与流道壁面之间就会产生摩擦力，且该摩擦力也同样存在于两层流体之间。动量传递篇主要研究各种不同工况下流体流动所产生的摩擦力与流速和位置之间的函数关系，其理论基础是动量守恒定律，即牛顿第二定律。根据牛顿第三定律（作用力与反作用力的关系），在壁面对流体产生阻力的同时，流体对壁面或流体中的固体也会产生一个大小相等、方向相反的曳力。在自然界，山洪暴发时洪水会夹带大量砂石和泥土进入河流，就是这种曳力的作用所致；但是，在工程领域，对于逆流而上的船只或者顺流而下且速度明显大于流速的快艇以及封闭管道中的流体，人们则会更多地关注流体与壁面之间的阻力，因为只有较准确地估算出上述阻力（阻力因数或摩擦因数），才能进行相应的工程设计，包括动力系统功率大小的确定。而**问题的关键在于壁面处速度梯度之值的确定**，因此，动量传递篇将重点求解各种流场的速度分布函数。

在动量传递篇之**第 2 章**，根据拉格朗日法对固定质量的微元流体进行动量衡算，通过受力分析推导出以应力表达的运动微分方程；再应用斯托克斯假设和现象定律，推导出纳维-斯托克斯方程（N-S 方程），它在理论上具有唯一解，但暂无通解，只有一些特殊解。将 N-S 方程分别应用于平壁、圆管、套管等特殊通道中的层流流场，可获得相应的速度分布函数解析解以及摩擦阻力（摩擦因数）表达式。在引入流线、流函数和势函数等概念的基础上，将 N-S 方程应用于雷诺数极小的爬流获得斯托克斯阻力定律，而将其应用于雷诺数极大的流体主体区域（势流）时，相继获得**欧拉方程**和**伯努利方程**。

对于雷诺数极小的爬流，完全可以忽略惯性力的作用；但是对于雷诺数极大的流动，如果不加区分地忽略黏滞力作用将带来极大的误差。为了解释这一现象，德国物理学家**普朗特**于 1904 年提出了**边界层理论**，对边界层的形成和发展过程以及**边界层分离**现象进行描述。流体在通道（平壁或圆管）壁面附近极薄区域内会最先形成层流边界层，之后可逐步发展为过渡层和湍流边界层。他还定义了边界层厚度并依据层流边界层的特点，对 N-S 方程进行化简，推导出二维**边界层运动方程**，一个未被求解的二阶非线性偏微分方程。直到 4 年后另一位科学家**布拉修斯**提出相似性原理，该二阶偏微分方程才得以借助无量纲流函数，变换为三阶常微分方程并最终被求解，获得二维层流边界层速度分布解析解，又称为**布拉修斯精确解**。

若干年后，冯·卡门另辟蹊径，直接对边界层微元体进行动量衡算，推导出边界层积分动量方程，并通过样条函数速度分布假设求解该积分方程，获得边界层速度分布函数近似解，藉此所得边界层厚度和摩擦因数与布拉修斯精确解所得结果相近（误差约为8%）。

圆管入口段的流动处于不断发展之中，基于近似N-S方程的解析解与精确N-S方程数值解之间存在差异，前者预测的速度最大值始终在管道中心处；而后者认为，在最初的一段距离内，速度最大值从管壁向管道中心移动，然后保持在管道中心。本章案例分析利用磁共振（MR）技术测定圆管入口段层流速度分布，实验数据表明后者的预测更准确。

在动量传递篇之**第3章**，重点探讨了湍流动量传递。湍流的最主要特征为高频脉动，可用时均值（如时均速度、时均温度等）表示各参数的大小，用湍动强度表示其脉动程度。湍流的起源虽然极其复杂，但一般认为湍流大多是从层流发展而来，因此层流的稳定性至关重要，临界雷诺数的大小可作为一个指标。速度分布类型对流动状态的稳定性影响极大，例如，速度分布曲线出现拐点的尾流或射流就极不稳定，所对应的临界雷诺数较小，易转变为湍流。在对湍流的定量描述方面，雷诺提出了依托时均运算的**雷诺转换**法则，将该法则应用于连续性方程、N-S方程或其他任何方程所得结果均可称为雷诺方程（广义），但狭义上**雷诺方程**特指由N-S方程变换而来的。将雷诺方程与N-S方程进行比较发现，在x、y、z三个方向上共多出来9项，它们均与脉动速度之积的时均值有关，又具有应力的量纲，被定义为**雷诺应力**。

波希涅斯克仿照牛顿黏性定律，假设雷诺应力与时均速度梯度成正比，定义了**涡流黏度**。普朗特动量传递理论提出**普朗特混合长**等三个主要假设，建立了涡流黏度与时均速度梯度之间的函数关系。光滑圆管中的湍流可分为层流内层、过渡层和湍流主体，其中只有过渡层需同时考虑黏滞力和雷诺应力作用，而前、后两层可分别忽略雷诺应力、黏滞力的影响进行化简。通过引入摩擦速度、相对速度和相对距离等参数，可轻松获得前、后两层的速度分布函数，再结合尼古拉则实验数据，可进一步确定过渡层速度分布以及各层厚度，藉此可获得圆管湍流的摩擦因数表达式。对于粗糙管，则要考虑粗糙度的影响。平壁湍流也可作类似处理。另外，边界层积分动量方程也适用于平壁湍流，可假设湍流主体速度分布函数为七分之一指数函数，但壁面应力需借助经验式获得。对于自由湍流，主要依靠实验数据，本书只进行了初步探讨。

工业上往往采用湍流流动来提高生产效率，而为了确保流量稳定，由摩擦阻力引起的压力损失需要通过额外的泵进行功率补偿。因此，有必要研究如何降低湍流的阻力。本章案例讨论了**表面活性剂对湍流边界层速度分布的影响规律及其减阻功能**。

1.1.3 热量传递篇概述

无论是在自然界，还是在人们的日常生活中，几乎每时每刻都有传热过程正在进行中。例如，夏天烈日炎炎下的辐射传热、空调房间里的对流传热以及冰箱冷藏室中的导热等等。至于各种工程领域，更是离不开传热过程。例如，化工领域各种反应器的工作温度极少是常温，而无论是高温还是低温，都需要通过热量传递来达到控温的目的；同样地，在清洁能源领域，核电站中反应堆释放的大量热能，需要通过与介质水的对流传热和相间传热将其变成高压水蒸气，从而推动涡轮机发电。传热的理论基础是**傅里叶定律**和**能量守恒定律**，其目的是求解控制体内的温度分布，进而获得**传热系数**和**热通量**，为工业设备设计提供基础数据。

在热量传递篇之**第4章**，重点探讨了传热方式和机理以及各种工况的导热规律。传热方式分为导热、对流传热和热辐射等三种。傅里叶定律只能描述一维稳态导热。为了描述二维或非稳态导热以及对流传热等复杂问题,可采用拉格朗日法通过热力学第一定律推导出**能量方程**(传热微分方程),对该方程进行化简分别可得**傅里叶第二定律、泊松方程和拉普拉斯方程**。但无论怎样化简,能量方程仍然为二阶偏微分方程且无通解,其解析解是否存在、如何求解以及解的形式均与相应的初始条件和边界条件密切相关。本书中介绍了具有解析解的三类典型的边界条件。

虽然一维稳态导热的能量方程可轻松求解,但对于二维稳态或非稳态导热问题,只能针对一些特殊边界条件求解对应的能量方程。对于无内热源二维稳态导热的拉普拉斯方程,只有在矩形边界、四周温度均恒定且三边均相等的条件下存在解析解;而对于一维无内热源非稳态导热问题,如半无限长固体或无限大平板的导热,符合傅里叶第二定律,在初始温度恒定时,可分别针对三类边界条件获得温度分布解析解。其中,两端温度恒定的大平板非稳态导热解析解可用于防火墙的设计。

对于具有一般边界条件的一维非稳态导热问题,可用附录Ⅶ中的图解法获得各点温度分布;对于具有任意边界条件的二维无内热源稳态导热问题,可采用数值解。具体方法是:①根据精度要求将二维边界网格化,并将全部节点分为边界节点和内部节点;②利用差分近似将拉普拉斯方程线性化,获得每一个内部节点的线性方程;③对每一个边界节点进行能量衡算,获得其对应的线性方程;④求解上述线性方程组,获得所有节点温度,即温度分布。

为了让读者更直观地了解导热过程,本章案例应用**红外测温技术研究非稳态导热问题**,其特点在于:①可视化温度分布;②能得到热导率的正确数量级。主要思路如下:设计一个简单的非稳态导热实验,将胡萝卜在恒温热水中浸泡一定时间后切片,测量其横截面上的温度分布,获得温度与时间和位置的函数关系,再结合理论模型,估算出热导率和热扩散系数。

在热量传递篇之**第 5 章**,重点探讨对流传热,包括层流和湍流传热以及相间传热。当流体流经壁面且二者存在温差时,对流传热就发生了。对流传热机理取决于流动状态,流体在壁面附近会依次形成层流边界层、过渡层和湍流边界层。以湍流边界层(又分为层流内层、缓冲层和湍流主体)为例,层流内层和湍流主体的传热机理分别为导热和涡流传热,缓冲层则兼而有之。与速度边界层几乎同时形成的还有温度边界层(传热边界层),其厚度的定义也类似。

对流传热的理论基础是傅里叶定律(热导率)、牛顿冷却定律(传热系数)和能量方程(温度分布)。基于虚拟传热膜的概念可将传热系数与热导率和温度梯度关联起来。平壁边界层的能量方程与运动方程极为相似,且当普朗特数 $Pr=1$ 时完全一致,可直接借用布拉修斯解计算温度分布和壁面处的温度梯度;当 $Pr \neq 1$ 时,波尔豪森也给出了相应的解析解,通过作图发现在 $Pr=0.6\sim15$ 的范围内,布拉修斯解经 $Pr^{1/3}$ 校正后仍然有效,称为波尔豪森解。同样地,冯·卡门的边界层动量积分方程也可推广到传热,获得热边界层能量积分方程,借此可获得两种边界层厚度之比和对流传热系数表达式,其结果与波尔豪森解之值几乎完全相等。

将柱坐标系下的能量方程化简,可得管内一维稳态层流传热偏微分方程。该方程虽无通解,但可针对管壁热通量恒定或管壁温度恒定等两种边界条件获得对应的特解。另外 Greatz 对圆管入口段的非稳态传热能量方程进行了求解,获得努塞尔数 Nu 随入口段距离的变化关系,并进而确定了温度入口段距离 L_T。

自然对流传热是由密度变化引起的,其边界层内的温度分布和速度分布与强制对流明显不同,但求解思路仍然相同。针对无界垂直平壁边界层,化简所得能量方程保持不变,但运动方程右边多出一项，在后续求解方程过程中，该项以格拉晓夫数（Gr_y）为媒介出现在奥斯曲拉茨解中。

湍流传热是工程领域最常用的传热方式，因速度和温度均存在高频脉动，故可通过雷诺转换将能量方程变成含有脉动项的湍流能量方程，其中与层流能量方程相比多出来的三项被定义为**涡流热通量**。将普朗特动量传递理论推广到湍流传热，当 $Pr=1$ 时，可导出涡流热扩散系数与普朗特混合长的函数关系，结果表明：**涡流热扩散系数等于涡流黏度**。

研究湍流传热的另一种方法是**类似律**。雷诺最先发现动量传递与热量传递在机理上是相似的，并导出了摩擦因子与对流传热系数之间的关系式，即雷诺类似律，它假设湍流区一直延伸至壁面，未考虑层流内层的影响，又称为一层模型，适用条件是 $Pr=1$。普朗特考虑到层流内层的影响，推导出了普朗特类似律，又称双层模型；冯·卡门则提出了三层模型。此外，还有完全基于实验数据的 Chilton-Colburn 类似律或 j 因数法。

伴有蒸汽凝结或液体沸腾的传热为相间传热，如管内冷凝、池内沸腾和管内沸腾等。相间传热要比单相传热复杂得多，其传热系数大多由经验关联式进行估算。

由于各种工程装置中的实际对流传热系数受到众多因素的影响，很难应用理论模型进行准确计算。而人工神经网络（ANN）是通过模拟人类大脑的结构和逻辑思维方式而建立的一种信息处理系统，可处理各种复杂的问题。本章案例分析应用 BP 神经网络算法对波纹通道的对流传热系数进行分析和预测，结果表明 ANN 可成功预测波纹通道内空气传热努塞尔数，误差为 4%。

1.1.4 质量传递篇概述

虽然自然界和其他工程领域也存在传质，但传质学却只是化工专业的基础理论课，表明传质与化学工程的联系最为紧密。几乎所有化工单元操作都离不开传质，无论是精馏、吸收、萃取等分离装置，还是管式反应器或固定床反应器，都需要根据传质系数进行设备设计。传质的**理论基础是菲克定律、质量守恒定律**以及**传质系数定义式**。需要指出的是，虽然传质系数定义式与牛顿冷却定律类似，但由于浓度的表达方式有摩尔浓度、质量浓度、摩尔分数、质量分数等多种，对应的传质系数与传热系数相比要复杂得多。本篇的目标就是求解控制体内的浓度分布，进而获得**传质系数**和**传质通量**。

在质量传递篇之**第 6 章**，重点探讨了传质方式和机理以及不同工况下的分子扩散规律。传质方式分为分子传质和对流传质；传质机理为分子传质（分子扩散）和涡流传质。菲克定律只能描述一维稳态分子扩散。为了描述二维或非稳态分子传质以及对流传质等复杂问题，可采用欧拉法对二元化合物中的组分 A 进行微分质量衡算推导出扩散方程（传质微分方程），化简该方程分别可得**菲克第二定律和拉普拉斯传质方程**。与能量方程相似，扩散方程的解析解是否存在、如何求解以及解的形式均与相应的初始条件和边界条件密切相关。书中介绍了具有解析解的四类典型的边界条件。

对于双组分气相一维稳态分子扩散，组分 A 和 B 的扩散通量均为常数（并不一定相等）。分别针对通过停滞气膜的扩散、等分子反方向扩散和边界处发生快速反应的扩散等三种工况进行探讨，并介绍了可用于测定气相扩散系数的阿诺德法。Maxwell 扩散理论经 Stefen 等推广至多组分体系，可用于描述多组分气体混合物的扩散规律。

液相分子扩散一般只关注溶质组分 A，且由于其浓度很低，可进行相应的化简。固体中的分子扩散则分为两种：一是致密固体中组分 A 的扩散；二是多孔固体中的分子扩散。前者与液相分子扩散基本相同，后者则较为复杂，又视扩散主体以及孔径大小分为多种情况：一是主体为液体混合物，无论孔径多大均为菲克型扩散，可视为液相分子扩散，但需考虑孔隙率和曲折因子的影响；二是主体为气体混合物，当孔径大于分子平均自由程100倍时为 **Fick型扩散**；反之，当孔径小于平均自由程的十分之一时为 **Knudsen 扩散**；余者为**混合型扩散**。

无化学反应的二维稳态分子扩散符合**拉普拉斯方程**，只有在矩形边界、四周浓度均恒定且三边均相等的条件下可获得解析解；而对于一维无反应非稳态分子扩散问题，如半无限长固体或无限大平板的扩散，符合菲克第二定律，在初始浓度恒定时，可分别针对四类边界条件获得浓度分布解析解。

同时伴有化学反应的分子扩散在化工领域也较为常见，本书分别针对伴有零级和一级反应的一维稳态分子扩散进行讨论，获得相应的浓度分布函数和传质系数表达式，结果表明反应速率常数对传质系数的影响是显著的。

反应型聚氨酯（PUR）热熔胶具有黏结力强、应用广泛以及绿色环保等优点。通常，该产品在室温下保存于真空袋中，使用时被加热到流体状态，然后施加到被粘物上，在冷却固化的同时，通过吸收空气中的水分并发生湿固化反应再次变成固态完成黏结过程。本章案例应用伴随反应的分子扩散模型并结合实验数据，探讨 PUR 热熔胶湿固化过程的机理及动力学规律。

在质量传递篇之**第7章**，重点讨论了对流传质规律，包括层流传质和湍流传质。对流传质机理与对流传热一样也取决于流动状态。以湍流边界层为例，其层流内层和湍流主体的传质机理分别为分子扩散和涡流传热，缓冲层则兼而有之。与速度边界层几乎同时形成的还有浓度边界层，其厚度的定义也类似。

对流传质的理论基础是菲克定律（扩散系数）、传热系数定义式（传质系数）和扩散方程（浓度分布）。基于虚拟传质膜的概念可将传质系数与扩散系数和浓度梯度关联起来。平壁边界层的扩散方程与能量方程以及运动方程都极为相似，且当施密特数 $Sc=1$、普朗特数 $Pr=1$、壁面传质通量较小（$u_y \approx 0$）时，"三传"完全相似，可直接借用布拉修斯解计算浓度分布和壁面处的浓度梯度；当 $Sc \neq 1$ 且壁面传质通量较小时，在 $Sc=0.6 \sim 15$ 的范围内，浓度分布符合波尔豪森解。然而，当壁面传质通量较大（$u_y \neq 0$）时，传质本身对浓度分布有显著影响，这种现象在动量传递和热量传递中是不存在的，为传质所特有。为此，Hartnett 等提出用喷出参数来表征 u_y 的影响，获得对应的浓度分布解。

同样地，冯·卡门的边界层动量积分方程也可推广到传质，获得浓度边界层积分传质方程，藉此可获得两种边界层厚度之比和对流传质系数表达式，其结果与波尔豪森解之值几乎完全相等。

将柱坐标系下的扩散方程化简，可得管内一维稳态层流传质偏微分方程。该方程虽无通解，但可针对管壁传质通量恒定或管壁浓度恒定等两种边界条件获得对应的特解。此外，也可参照传热部分获得管内浓度入口段距离 L_D。

几乎所有化工单元操作都涉及湍流传质，因其速度和浓度均存在高频脉动，故可通过雷诺转换将扩散方程变成含有脉动项的湍流扩散方程，其与层流扩散方程相比多出来的三项被定义为**涡流传质通量**。将普朗特动量传递理论推广到湍流传质，当 $Sc=1$ 时，可导出涡流扩散系数与普朗特混合长的函数关系，结果表明：**涡流扩散系数等于涡流黏度**。

研究湍流传质的另一种方法是**类似律**。传热篇所遵循的雷诺类似律、普朗特类似律、冯·卡门类似律以及 Chilton-Colburn 类似律均可推广至传质。因此，"三传"具有类似性的结论也适用于湍流。

工程实际的传质过程大多与动量传递和（或）热量传递同时进行，如湿壁塔内的气体吸收即为动量与质量同时传递的过程，如果吸收时还伴有明显热效应，则"三传"同时进行。此外，火箭高速运行时壁面的发汗冷却过程也是"三传"同时进行的典型案例。本章分别针对下降液膜中的气体吸收或固体溶解过程的"三传"规律进行了探讨。

本章案例针对氨选择性催化还原（SCR）的烟气脱硝过程中同时进行的动量、热量和质量传递行为，采用颗粒分辨的计算流体力学（PRCFD）模型，研究 SCR 催化剂结构对不同工况下传递过程的影响。

在质量传递篇之**第 8 章**，主要探讨相间传质问题。无论是气-液相还是液-液相，在相平衡达成之前一定存在相间传质过程。相间传质的三种经典理论分别是：双膜理论、溶质渗透理论和表面更新理论。其中双膜理论简洁易懂，基于该理论的相间传质系数（包括总传质系数和单相传质系数）及对应的浓度差等基本概念已被广泛认同，但其所提出的假设与大多实际过程并不相符。Sherwood 等的实验数据表明，溶质渗透理论和表面更新理论更合理一些。

对一个间歇过程而言，界面湍动现象往往伴生于相间传质的最初时刻，似乎并不重要；但对于一个连续的相间传质过程，界面湍动对传质的影响就很显著。Marangoni 效应是一种特殊的界面湍动，其重要特征在于界面运动的流体力学具有非稳定性，直至传质停止。

颗粒与流体、平壁与滴泡以及气体与液膜之间的相间传质系数大多采用经验关联式进行估算。化学反应对气体吸收的影响则视反应类型和级数的不同会有明显区别。本章针对一级单分子反应的相间传质，分别基于上述三个经典理论推导出了反应速率常数对传质系数的影响规律。而对于伴有双分子反应的相间传质，所得非线性传质微分方程组至今仍无通解，只在某些特殊场景才可进一步简化获得解析解，例如慢反应、快反应或瞬时反应等。

肺泡表面活性物质（PS）是一种具有表面活性的磷脂-蛋白质混合物，由肺泡Ⅱ型上皮细胞分泌释放，经肺液相传递至肺泡表面，再被吸附进入表面相组装成单分子膜。该行为直观上为 PS 在单分子膜上的吸附过程，而由于该膜为固相，PS 的传递过程可视为从液相到固相的相间传质过程。在生物体中，磷脂和蛋白质的半衰期分别为 5～12h 和 6.5～28h，因而需要不断地补充 PS 组分，研究 PS 在肺泡表面的非稳态吸附过程（相间传质）具有重要的意义。本章案例应用传质理论阐述其吸附机理并建立吸附动力学数学模型。

1.2　传递原理在国家重大工程中的应用

传递原理作为所有工程领域的理论基础，自古以来就被人们广泛应用于各种设施的建造以及各种设备与装置的设计制造之中。凡是涉及流体的设施或装备，其设计过程都需要运用动量传递原理。例如，飞机的高速运行会受到较大的气体阻力，其外形的设计就需要借助 N-S 方程，针对各种机型构造，计算高速气体流场中机体周身所受的阻力分布和压力分布，以尽可能降低其阻力同时又能保持飞行过程中机身的平稳性为目标函数进行优化。能源是一切生产活动和工程运转的原动力，在能源的产生、消耗和使用等各个环节中往往伴随着热量传递，虽然大多数过程以快速传热为目标，例如大数据处理站由计算机芯片所产生的热量就需要快速移出以确保其稳定运行；但有些装置却需要绝热（传热速率极小）来节省能耗，例如乙烯装置中的深冷分离塔。无论哪种情况，都可归结为传热系数的计算问题，只要合理运用能量方程即可解决。在大多数化工设备中,如精馏塔、吸收塔和反应器,都存在"三传"同时进行的过程,这些化工设备的设计需要同时运用"三传"原理。

综上所述,在工程领域传递原理无处不在。本节将介绍传递原理在三项国家重大工程——**都江堰水利工程、原子能核电工程以及"两弹一星"工程**——中的实际应用,并分别从**动量传递与绿水青山之生态文明、热量传递与清洁能源之绿色低碳以及"两弹一星"工程中的传递原理**这三个维度,阐述本课程与国民经济、国家安全以及人民生活环境之间的内在联系,旨在激发青年一代学习科学原理的积极性以及应用科技知识建设强大国家的自觉性。

1.2.1 动量传递与绿水青山之生态文明——都江堰水利工程

都江堰坐落在成都平原西部的岷江上,是由渠首枢纽(鱼嘴、飞沙堰、宝瓶口)、灌区各级引水渠道、各类工程建筑物、大中小型水库和塘堰等所构成的一个庞大的工程系统(图 1-1)。始建于秦昭王末年(约公元前 256~前 251 年),秦国蜀守李冰在对岷江沿岸进行考察之后,分析地形与水势,在岷江出山口的地方,修建宝瓶口、鱼嘴。唐代,修建了飞沙堰。两大主体工程鱼嘴和飞沙堰主要是由竹笼盛石堆砌而成的,解决了泄洪、排沙两大难题。这是全世界迄今为止年代最久、唯一留存、仍在一直使用、以无坝引水为特征的宏大水利工程,是中国古代劳动人民勤劳、勇敢、智慧的结晶。

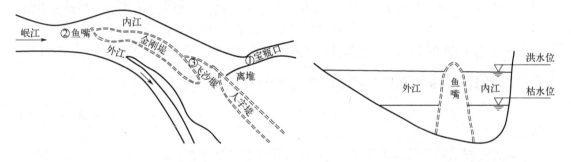

图 1-1 都江堰水利工程示意图　　　　图 1-2 鱼嘴水量分四六原理

鱼嘴利用地形优势把江水按照四六分水比例进行分流(图 1-2)。春季时,水量小,四成江水流入外江,六成江水流入内江,以此保证春耕。进入春夏阶段,雨季江水较多,水位高过鱼嘴,六成水被分流出外江,四成水流入内江,以此保护灌溉地区。岷江水会夹带大量砂石和泥土,是**曳力**作用所致。流体与固体颗粒之间有相对运动时,将发生**动量传递**。颗粒表面对流体有阻力,流体则对颗粒表面有曳力。曳力是由作用在物体表面的两种类型的应力引起的:由流体的黏性引起的摩擦力(壁面剪切应力)产生的曳力为摩擦曳力;由物体周围的压力产生的曳力称为压力曳力或形体曳力。摩擦曳力和压力曳力的大小取决于物体相对于流动方向的几何形状。压力曳力对于球体这样的钝体是最重要的,本质上是由物体前后的压力差引起的,当流动发生分离时,即流体边界层分离时,压力曳力显著增加,形成一个涡流流动。如果把平板放在与水流成 90°的位置,它就是一个钝体,流动分离容易形成一个分离区域,因此压力曳力大,但摩擦曳力几乎为零;如果平板与水流平行放置,就得到一个流线型的物体,在物体后面没有分离区,压力曳力很小,但是摩擦曳力很大。由于**曳力**作用,建造鱼嘴时直接放石头会被冲走,用竹笼把鹅卵石装在一起,这样才能下沉放入江中。鱼嘴作为分水堰修建在岷江的弯道区域，内江处于凹岸，外江处于凸岸，弯道环流时，由于离心力的作用，凹岸水位高，水深压力大，在这种压力作用下，凹岸底部的水流流向凸岸，形成了弯道环流，由于惯性作用，携带大量泥沙的底层水通过外江排出。八成沙石随着惯性离心力的作用，排往外江，内江水是含沙量少的表层水，仅仅二成泥沙流往内江，实现排沙至外江。

从鱼嘴进入内江的水流已经不再那么汹涌，但依旧携带沙石，这时候就需要飞沙堰发挥作用进行二次排沙了。飞沙堰是内江外侧的一道低矮堰坝，内江水以巨大的冲击力流到此处，被飞沙堰旁边狭窄的宝瓶口所制约。由于水流较大，冲大于淤，水流在这里大部分能量未能得到释放，水流越深，能量释放越难，深层水带着巨大的水能同沉积在该段的推移质（卵石等）进行搏击，水能在搏击的过程中能量得以释放，同时飞沙堰的强排沙功能在此过程中得以充分体现。应用湍流规律，岷江水可以看作是壁面湍流，沿河床法向，依次为黏性底层区、过渡区、湍流核心区、黏性顶层区、非湍流的外流。湍流时的动量传递，除了分子之间的传递，主要依靠微团脉动即表现为漩涡运动的涡流传递。边界层内流体发生倒流，引起边界层与固体壁面的分离（**边界层分离**），并同时产生漩涡（湍流状态时的流体微团），水中剩余的沙石大量被漩涡甩出飞沙堰，其余的沙石在飞沙堰对面的回水区沉淀。每年由河工掏出清理，这样就有效地防止了泥沙淤积导致的河流溃堤。

都江堰水利工程建设的过程中，鱼嘴分流的原理是利用水流对沙石的**动量传递**，飞沙堰二次排沙的原理是**边界层分离**。都江堰水利工程是"绿水青山就是金山银山"的经典案例，水利是农业文明的重要一环，在与自然的较量中，人们智慧地用竹笼盛石作工具建造鱼嘴，实现四六分水、二八排沙，尊重自然改造自然，缔造了水旱从人的天府传奇。

1.2.2　热量传递与清洁能源之绿色低碳——原子能核电工程

在清洁能源领域，核电站中反应堆释放的大量热能，需要通过与介质水的对流传热和相间传热将其变成高压水蒸气，从而推动涡轮机发电。

核裂变能发电所需的热能来置于核反应堆中的核物质在核反应中由重核分裂成两个或两个以上较轻的核所释放出的能量。核电站中发生的是铀核裂变反应，1 个铀核裂变释放的能量约为 200 兆电子伏。因为 235 克铀中含有 6.022×10^{23} 个（阿伏伽德罗常数）原子核，1 克铀中含 2.56×10^{21} 个原子核，1 克铀-235 释放的能量可达到 5.12×10^{23} 兆电子伏。燃烧 1 千克铀-235 放出热量 1.96×10^{10} 千卡❶，燃烧 1 千克标准煤放出热量 7000 千卡。通过计算，1 千克铀-235 裂变放出的热量相当于燃烧约 2800 吨标准煤。由此可见，核能比化学能大几百万倍，是一种高密度的优质能源。核电是一种低碳、高效的清洁能源。

实现大规模可控核裂变链式反应的装置称为核反应堆。将原子核裂变（或聚变）所释放的核能转变为电能的系统和设备通常称为核电站。原子核反应堆类型不同，核电站的系统和设备也有所不同。根据核反应堆型式的不同，核裂变能电站可分为轻水堆型、重水堆型及石墨冷气堆型等。目前世界上的核电站大多数采用轻水堆型。轻水堆又有压水堆和沸水堆之分，下面以压水堆（核电站的主力堆型）为例，介绍核电站的工作原理。

---

❶ 1 千卡=4.186 千焦。

如图1-3所示，压水堆核电站主要由原子核反应堆、两个水循环系统及其他辅助系统和设备组成。第一个水循环系统是将裂变能转化为水蒸气的热能装置，它由反应堆、蒸汽发生器以及相应的管道等组成。原子核反应堆内产生的核能使堆芯发热温度升高，高温高压的冷却水在主循环泵驱动下，流进反应堆堆芯，将堆芯中的热量带至蒸汽发生器。蒸汽发生器再把**热量传递**给另一个水循环系统，给水加热变成高压蒸汽，放热后的冷却水重新流回堆芯。这样不断地循环往复，构成一个密闭的**热量传递**回路。第二个水循环系统由汽轮机、发电机、冷凝器、循环泵等组成。水在蒸汽发生器内吸收了第一个水循环系统传递的热量，变成高压蒸汽，然后推动汽轮机，带动发动机发电。做功后的废气在冷凝器内冷却而凝结成水，再由循环泵送入加热器加热后重新返回蒸汽发生器，再变成高压蒸汽推动汽轮机发电机做功发电，这样构成了第二个密闭循环回路。

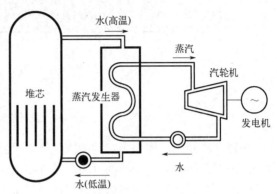

图1-3 压水堆核电站工作原理示意图

1.2.3 "两弹一星"工程中的传递原理

20世纪50年代、60年代，党中央领导集体根据当时的国际形势，做出了独立自主研制"两弹一星"的战略决策。郭永怀、姚桐斌等一大批优秀的科技工作者，包括许多在国外已经有杰出成就的科学家，怀着对新中国的满腔热爱，响应党和国家的召唤，义无反顾地投身到"两弹一星"的事业中来。他们在当时国家经济、技术基础薄弱和工作条件十分艰苦的情况下，依靠自己的力量和苏联的帮助，突破了核弹、导弹和人造卫星等尖端技术，取得了举世瞩目的辉煌成就。

原子弹的**铀的提纯浓缩**与**传质**有关。铀的天然同位素包括铀-234/235/238三种，铀-235仅占0.71%，铀-238占99.28%。根据国际原子能机构的定义，丰度为3%的铀-235为核电站发电用低浓缩铀，丰度大于80%的铀-235为高浓缩铀。为了满足应用要求，需要提炼浓缩铀。常用的分离提纯方法为气体扩散法和气体离心法。**气体扩散法**，即黄饼转化为六氟化铀气体，铀-235的六氟化铀分子质量相对轻一些（一个铀-235原子比一个铀-238原子轻3个中子的质量），能够更快地通过扩散膜，每通过一次扩散，铀-235的丰度就提高一些，经过多次扩散把富含铀-235的六氟化铀收集起来。我国制造第一颗原子弹用的铀核材料就是用这种方法制造出来的。**气体离心法**，即六氟化铀通过一系列高速旋转的离心机，仍然利用两者质量不同，富集区域不同。与气体扩散法相比，气体离心法所需的电能要小很多，目前提炼浓缩铀通常采用气体离心法。

火箭高速运行时壁面的**发汗冷却**过程是"三传"同时进行的典型案例。火箭起飞后，发动机内部燃气温度可达3000℃，需要对其采取有效的热防护措施。科研人员利用人体出汗仿生学原理，让发动机"出汗"降温，使它在恶劣的环境下也能正常工作。1965年，姚桐斌和同事们成功研发了发汗材料。这种"发汗材料"大幅度降低了火箭发动机发射时的温度，减轻了材料的高温失活，延长了相应材料的寿命，同时还增加了火箭的射程，对火箭的研究发展有十分重大的作用。发汗冷却是1879年雷诺在解释Crookes辐射计的工作原理时首先提出的，当多孔板两端存在温度梯度时，气体将从冷端流向热端。发汗冷却原理如图 1-4 所示。

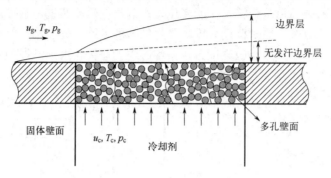

图 1-4　发汗冷却原理示意图

在发汗冷却中，作为冷却剂的冷流体自发或由压力驱动，从多孔壁的低温侧渗入多孔介质，冷却剂在微多孔内流动同时与多孔介质的固体骨架进行换热，然后在多孔壁的高温侧渗出并注入壁面外高温主流流体边界层内，形成一层薄膜，增厚边界层，减弱高温主流向壁面的传热，进而保护壁面。这种流体可以刚好沿垂直方向流出壁面，引起的附加效应完全是壁面法向的速度分量，或者说产生了与主流不一致的横向流，壁面处不仅发生传热，同时还存在传质。发汗冷却有两种：第一种是通过自发的，在火箭发动机上，加入基材内的低熔点金属粉末颗粒，这些颗粒在高温下会气化蒸发带走热量，以达到为火箭发动机降温的目的。这种方式可以用于空间化学小推力发动机推力室内壁冷却。采用这种方式，火箭发动机不仅能够承受较高的温度和强度，还能适应严酷的震动环境。另一种方式是让火箭发动机被动"出汗"，其主要用于氢氧发动机喷注器面板的降温。首先，需要把喷注器面板制成多孔材料，通过高压驱动，让冷却材料从微孔中渗出，这些渗出的液体材料会在部件表面形成一层膜，把高温燃气与部件表面隔开，以达到冷却降温和保证部件不被高温烧蚀的目的。我国长征三号甲火箭芯三级、长征五号火箭芯二级发动机喷注器面板采用的就是这种方式。

1.3　传递机理与现象定律

传递现象主要研究动量、热量和质量传递的速率与相关影响因素之间的关系，亦可称之为传递动力学。一般而言，速率正比于推动力，反比于阻力。动量、热量和质量传递的推动力分别是速度差、温度差和浓度差。传递阻力与传递路径上所遭遇的介质及其状态有关。在这些推动力和阻力的共同作用下，发生传递现象。

传递机理　"三传"的机理可简单地分为两种：**分子传递**和**涡流传递**。前者是由分子的无规则运动产生的传递，与主体运动无关；后者则是由流体的湍动（高频脉动）导致的传递。

传递方式　三传的方式也可简单地分为两种：**分子传递**和**对流传递**。例如，在密闭的室内打开一瓶香水的盖子，在静止的空气中，香味仅依靠分子的无规则运动（扩散）就会向其周边传递，直至整个房间。虽然需要的时间较长，但香味的传递行为很明显，这种传递即为分子传递。而如果打开该房间门窗且恰巧有微风穿过室内，那香味的传播速度则会快得多，这是由于流体分子微元能携带它所具有的任何物理化学性质（固有的内能、动量及其自身质量和气味）并传递其中部分性质给相遇的流体，此类传递方式就是对流传递。

传递机理和传递方式之间的关系 固体或静止流体内的传递机理和传递方式均为分子传递；层流流体中的传递方式虽然为对流传递，但由于相邻流层之间没有流体的穿插交换，其传递机理仍为分子传递；湍流流体中的传递方式显然也是对流传递，其传递机理主要依靠涡流传递，而分子传递虽然存在，但其贡献与涡流传递相比很小，可忽略不计。分子传递的数学模型简单易建，涡流传递却复杂困难得多。

分子传递机理将在 1.3.1 小节以及第 2 章进一步阐述，对流传递（涡流传递）亦将在后面有关章节详细探讨。

传递通量 表征传递过程速率的参数主要是动量通量、热量通量和质量通量，统称为传递通量。求解传递问题，就是以获取速度、温度、浓度的时空分布为目的，并进一步求得传递通量或传递速率。

1.3.1 分子传递

分子运动论认为，气体分子总是处于杂乱无章的热运动之中。从微观角度来看，所有粒子也都处于永不停息的无规则热运动之中。如图 1-5，若气体沿某平壁面运动（沿 x 轴方向），且气体分子的运动可视为主体运动和无规则热运动的叠加。设离壁面 y 处分子主体运动和无规则热运动的速度分别为 u_x 和 σ_x，则分子速度 u 可以表示为 $u = u_x + \sigma_x$。宏观来看，u_x 表示该处微小区域内分子的平均速度。从离壁面 y 处取微小截面 Δs，在一微小时间间隔内，会有一些分子从 Δs 截面的一侧（上方）运动到另一侧（下方），也会有另一些分子在该截面作反方向运动，也就是说，Δs 截面两侧存在着分子交换。当某种物理量（速度、温度或浓度）在 Δs 的两侧存在梯度时，这种分子交换的结果，会使该物理量在截面两侧发生传递，这就是分子传递机理。

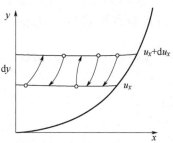

图 1-5 相邻流体层间的分子传递

若两侧分子浓度存在梯度，将发生扩散现象。分子交换的结果是气体分子从浓度大的地方传递到浓度小的地方，这就是**质量传递（传质）过程**。若两侧温度存在梯度，则两侧分子能量就不同。分子交换的结果是热量从高温侧传递到低温侧，这就是**热量传递（传热）过程**。若两侧分子的速度不同，则两侧分子的动量就不同。分子交换的结果是动量从高速侧传递到低速侧，这就是**动量传递过程**。高速侧的分子推动低速侧的分子（推力），而低速侧分子给予高速侧分子以障碍（阻力），正是相邻分子层之间的"推"和"阻"，导致了宏观流体层之间的内摩擦黏性。概括而言，由**分子的无规则运动所引起的**质量传递（扩散）、动量传递（黏性）和热量传递（导热）都是**分子传递**，其机理相同，所遵循的规律也类似，下面分别加以介绍。

1.3.2 牛顿黏性定律

如图 1-6 所示，设两块平行平板间为不可压缩流体，下板固定，上板以速度 u_0 平行于下板匀速运动。由于流体与固体壁面之间具有"黏附性"，紧贴固体壁面的流体与壁面之间不发生相对位移，称为不滑移或无滑移。这样，紧贴上板的流体层速度为 u_0，而紧贴下板的流体层速度 u_w 为 0，至于板间流体则会在内摩擦作用下随之做平行于平板的

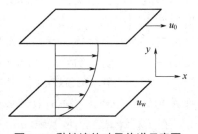

图 1-6 黏性流体动量传递示意图

运动，各层流体的速度由上至下逐层递减。

英国科学家**牛顿**（Newton）于 1687 年通过实验得到如下规律：相邻流体层之间的剪应力，即流体流动时的内摩擦力 τ_{yx} 与该处垂直于流动方向的速度梯度成正比，数学表达式为：

$$\tau_{yx} = -\mu \frac{\mathrm{d}u_x}{\mathrm{d}y} \tag{1-1}$$

式（1-1）称为**牛顿黏性定律**（Newton's Law of Viscosity），μ 为黏度。式中负号表明动量传递的方向和速度梯度相反（与所建立的坐标系有关）。

式（1-1）还可以从动量传递的角度来理解：黏附于上板的流体随上板运动的同时即获得了 x 方向的动量，随后它又将其一部分动量传递给邻近的流体，使得后者也在 x 方向以稍小一点的速度运动，两层流体之间存在速度梯度。依次类推，流体的动量传递就在 y 方向由上而下传递下去，直至动量为零的黏附于下板的流体层。

很显然，x 方向的动量是在 y 方向上从高速流体向低速流体传递的，其传递方向与速度梯度方向相反。剪应力 τ_{yx} 可理解为**动量通量**，本章稍后将通过因次分析进一步加以说明。

牛顿流体和非牛顿流体 若在流场中取一立方体微元，如图 1-7 所示，由于上、下流层流速不等，经历 $\mathrm{d}\theta'$ 时间后，微元将发生形变，令角度变化为 $\mathrm{d}\theta$，则角变形速率为：

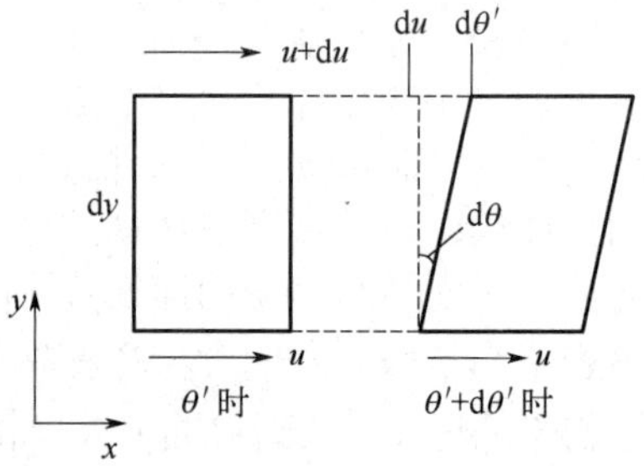

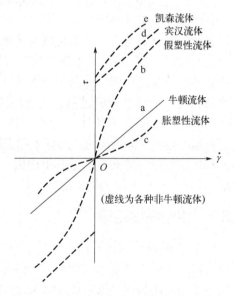

图 1-7 流体微元角变形示意图

$$\frac{\mathrm{d}\theta}{\mathrm{d}\theta'} \approx \frac{\mathrm{tg}\mathrm{d}\theta}{\mathrm{d}\theta'} = \frac{\mathrm{d}u_x \mathrm{d}\theta'/\mathrm{d}y}{\mathrm{d}\theta'} = \frac{\mathrm{d}u_x}{\mathrm{d}y} = \dot{\gamma}_{yx} \tag{1-2}$$

式（1-2）表明，速度梯度为流体流动时的角变形速率，即剪切形变速率。故牛顿黏性定律又揭示了**剪应力与剪切形变速率成正比**这一重要规律，遵循该定律的流体称**牛顿流体**。流体流动时的剪应力 τ_{yx} 和剪切形变速率 $\dot{\gamma}$ 间的关系，通常以图 1-8 所示的流动曲线表达。牛顿流体的流动曲线是通过坐标原点的直线（图中线 a）。不服从牛顿黏性定律的流体称为非牛顿流体。

牛顿流体大量存在于自然界和工程领域，如水、空气、甘油以及绝大多数分子量低于 5000 的气体和液体等。这类流体流动时，剪应力与剪切形变速率的比值，即黏度，在一定温度、压力下为常数，数值因流体而异，是影响传递过程的重要物性参数，黏度的量纲为[N·s/m²]或[Pa·s]。例如，在 20℃和 101.3kPa 时，空气和水的黏度分别为 1.8×10^{-5}Pa·s 和 1.0×10^{-3}Pa·s。

图 1-8 剪应力与剪切形变速率的函数关系

在工程计算中，常出现 μ/ρ 的比值，定义为**运动黏度**，以 ν 表示，其量纲为[m²/s]。附录Ⅰ列出了一些气体和液体的黏度值。

非牛顿流体的黏度不仅与温度有关，而且随着剪切速率的变化而变化，其中一些常见的非牛顿流体，如牛奶、洗发膏、聚合物液体、悬浮液等，就具有剪切变稀的特性，其黏度随着剪切速率增大而变小。

低密度气体的黏度估算 英国物理学家 Maxwell 在 1860 年根据气体分子运动论，推导出了低密度气体的黏度计算公式：

$$\mu = \frac{2}{3\pi} \times \frac{\sqrt{\pi M \kappa T}}{\pi d^2} \tag{1-3}$$

式中，d 和 M 分别为分子的直径和摩尔质量；κ 为 Boltzmann 常数，1.38066×10^{-23} J/K。上式表明，低密度气体的黏度随温度的升高而增大，与压力无关。这一趋势与实验数据基本相符，但从更精确的角度而言，黏度与温度的平方根成正比的预测与实验数据并不相符。为此，20 世纪初，英国和瑞典的两位科学家 Chapman 和 Enskog 分别独立地提出了更严格的低密度单原子气体运动论，被称为 **Chapman-Enskog 理论**。根据该理论，传递特性可用分子相互作用势能 $\varphi(r)$ 来表达，而 $\varphi(r)$ 的表达式可借用经验式 Lennard-Jones 势能函数，由此可推导出摩尔质量为 M 的低密度气体黏度估算式如下：

$$\mu = 2.6693 \times 10^{-6} \frac{\sqrt{MT}}{\Omega_\mu \sigma^2} \tag{1-4}$$

式中，μ 为气体黏度，Pa·s；σ 为分子碰撞直径，Å（1Å=10^{-10}m）；Ω_μ 为黏度碰撞积分，它是无量纲温度 $\kappa T/\varepsilon$ 的函数，其物理意义是实际分子与刚性球形分子的偏离程度。附录Ⅱ和附录Ⅲ分别列出了一些气体分子的 Lennard-Jones 势能参数值和不同 $\kappa T/\varepsilon$ 值所对应的 Ω_μ 值。式（1-4）表明，低密度气体的黏度与压力无关，而与温度的依赖关系约为绝对温度的 0.6～1.0 次方，该结果与实验数据吻合良好。

液体黏度的估算 Eyring 等认为，液体是由大量的"微囊"和"空穴"所组成的。在静止的液体中，液体分子不断地进行着从"微囊"→"空穴"以及从"空穴"→"微囊"的重排。同样地，在液体进行动量传递的过程中，也一定存在着液体分子从"微囊"向"空穴"迁移的过程，该过程的成功进行需要越过一个能垒 E，即活化能。经实验发现，该活化能与正常沸点下的蒸发焓存在简单的关联，再根据 Trouton 规则，可推导出液体黏度与液体沸点 T_b 及其摩尔体积之间的近似关系为：

$$\mu = \frac{3.9896 \times 10^{-8}}{V_m} \exp\left(\frac{3.8 T_b}{T}\right) \tag{1-5}$$

式中，μ 为液体黏度，Pa·s；T 为温度，K；V_m 为液体摩尔体积，m³/mol。

【例 1-1】 氮气高温试验箱广泛应用于精密电子元件和半导体晶元的高温烘烤工段，试估算 300℃和 300kPa 下 N_2 的黏度。

【解】 应用式（1-4），查阅附录Ⅱ可知，N_2 的 $\sigma=3.667$Å，$\varepsilon/\kappa=99.8$K，由此计算 $\kappa T/\varepsilon=5.741$，查阅附录Ⅲ可知对应的黏度碰撞积分 Ω_μ 为 0.9041，将上述数据以及分子量代入方程可得：

$$\mu = 2.6693 \times 10^{-6} \times \frac{\sqrt{28 \times 573}}{0.9041 \times 3.667^2} = 2.781 \times 10^{-5} (\text{Pa·s})$$

1.3.3 傅里叶定律

设两块平行平板温度分别为 T_1、T_2（$T_2 > T_1$），其间充满某静止介质。若两平板为无限大或其周边绝热，即在 x、z 方向上不存在温差，没有热量传递，仅在 y 方向上存在温差而传热。通常将这种没有宏观运动的传热称作导热或热传导，其传热机理是由分子的无规则运动引起的分子传递。对于一维稳态导热过程，可用**傅里叶定律**（**Fourier's Law**）加以描述：

$$\frac{q}{A} = -k \frac{dT}{dy} \tag{1-6}$$

式中，q 为导热速率，J/s；A 为传热面积，与导热方向垂直，m^2；k 为介质热导率（又称导热系数），W/(m·K)。

负号表示热量传递的方向与温度梯度的方向相反，即热量总是由温度高的区域传到温度低的区域。式（1-6）由法国数学家**傅里叶**（**Fourier**）于 1811 年提出，它是导热的基本定律。

热导率与导热介质种类有关，是一个物性参数，与物质的黏度相似，其变化范围极大。例如，气体的热导率可以小到 0.01W/(m·K)，而纯金属的热导率则可大到 1000W/(m·K)。附录Ⅰ列出了一些常见物质的热导率值。

低密度气体热导率的估算　低密度气体的热导率随温度的升高而增大，而大多数液体的热导率随温度的升高而减小。根据 Chapman-Enskog 理论，同样地可导出低密度气体的热导率估算式：

$$k = 8.3184 \times 10^{-2} \frac{\sqrt{T/M}}{\Omega_k \sigma^2} \tag{1-7}$$

式中，σ 为分子碰撞直径，Å；Ω_k 为导热碰撞积分，其值与黏度碰撞积分 Ω_μ 相等，可查阅附录Ⅱ和附录Ⅲ。

液体热导率的估算　Bridgman 基于立方晶体假设，提出了一个简单的纯液体能量传递理论，该理论认为流体中能量以音速在相邻晶面之间传递，并将刚性球气体理论引入其中，最后推导出纯液体的热导率估算式为：

$$k = 2.8 \times 10^{-5} \kappa \left(\frac{N_{Avo}}{V_m} \right)^{2/3} \sqrt{\left(\frac{\partial p}{\partial \rho} \right)_T} \tag{1-8}$$

式中，κ 为 Boltzmann 常数，1.38066×10^{-23} J/K；T 为温度，K；p 为压力，atm（1atm=101.325kPa）；ρ 为液体密度，g/cm^3；N_{Avo} 为阿伏伽德罗（Avogadro）常数，6.022×10^{23}。

【**例 1-2**】　估算 300℃和 1atm 下 O_2 的热导率。

【**解**】　应用式（1-7），查阅附录Ⅱ可知，O_2 的 σ=3.433Å，ε/κ=113K，由此计算 $\kappa T/\varepsilon$=5.071，再查阅附录Ⅲ可知对应的黏度碰撞积分 Ω_μ 为 0.9267，将上述数据以及分子量代入方程可得

$$k = 8.3184 \times 10^{-2} \times \frac{\sqrt{573/32}}{0.9267 \times 3.433^2} = 3.223 \times 10^{-2} [W/(m \cdot K)]$$

1.3.4 菲克定律

将有色晶体如蓝色的硫酸铜，置于充满水的玻璃瓶底部，开始仅在瓶底呈现蓝色，随后蓝色区域缓慢扩散，一天后会向上延伸几厘米。如果放置的时间足够长，瓶内溶液颜色最终会趋于均匀，通常将这类有色物质的运动称为分子扩散，它是分子随机运动的结果。早在19世纪30年代，英国物理化学家格雷姆就对气体、液体中的扩散行为进行了大量的观察，设计了著名的**格雷姆扩散试验**。后来，由德国生理学家菲克（Fick）在此基础上提出了描述分子扩散的基本定律——菲克定律（Fick's Law）。

格雷姆扩散试验（Graham Diffusion Experiment） 格雷姆（Graham）设计了图1-9所示的装置并进行气体扩散实验，主要步骤为：将充满H_2的玻璃管一端以多孔塞封闭，另一端垂直插入水中至某一液位，这时H_2会经塞孔扩散至管外，而管外空气则经同一通道扩散至管内，由于H_2扩散速率比空气快，管内水位将上升，随后降低玻璃管，保持管内水位不变，观测管内气体体积的变化，由此即可测定上述二元混合气体（H_2/空气）的扩散特性。采用各种气体进行实验，结果表明：**扩散速率与气体密度的平方根成反比**。

格雷姆又进行了NaCl在稀溶液中的扩散实验，实验装置参见图1-10。实验结果表明，液相中NaCl分子的扩散过程不断减慢，且液体扩散速率明显慢于气体；实验所得定量规律是**NaCl扩散通量与其浓度差成正比**。

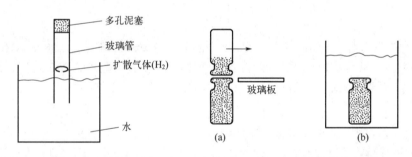

图1-9　格雷姆气体扩散管　　　　图1-10　格雷姆液体扩散装置

菲克定律　1855年，菲克提出了物质扩散的基本规律：在单位时间内通过垂直于扩散方向的单位截面积的**扩散通量**（diffusion flux，用J表示）与该截面处的**浓度梯度**（concentration gradient）成正比。设某空间充满A、B二元混合物，且混合物中组分A在y方向存在浓度梯度，则组分A在y方向上会发生分子扩散。当分子扩散达到稳态时，组分A在组分B中的扩散通量可表达为：

$$J_A = -D_{AB} \frac{dC_A}{dy} \quad (1\text{-}9)$$

式中，J_A为A的摩尔通量，$kmol/(m^2 \cdot s)$；D_{AB}为A在B中的扩散系数，物性常数，是物质种类、温度、压力的函数，m^2/s；C_A为A的摩尔浓度，$kmol/m^3$。

上式称为**菲克定律**（Fick's Law），它表明分子扩散通量与浓度梯度成正比，式中负号表明组分A向浓度减小的方向传递。

对于液体混合物，常用质量浓度表示，该定律又可写为：

$$j_A = -D_{AB} \frac{d\rho_A}{dy} \tag{1-10}$$

式中，j_A 为 A 的质量通量，kg/(m²·s)；ρ_A 为 A 的质量浓度，kg/m³。

互扩散与自扩散 上述 A、B 两组分间的扩散称为互扩散，发生在混合物中。由于互扩散各组分的分子大小、形状不同，扩散速率也不同。若发生扩散的两种组分之间的差异很小，扩散速率趋于相等，则可视为自扩散，如同位素之间的扩散。

低密度气体的扩散系数估算 对于非极性二元气体混合物，可用气体分子运动论来估算其扩散系数 D_{AB}，误差约为 5%。其推导过程十分复杂，本书只给出根据 Chapman-Enskog 理论所推导出的最后结果如下：

$$D_{AB} = 1.8583 \times 10^{-7} \sqrt{T^3 \left(\frac{1}{M_A} + \frac{1}{M_B} \right)} \frac{1}{p\sigma_{AB}^2 \Omega_{D,AB}} \tag{1-11}$$

式中，D_{AB} 为扩散系数，m²/s；T 为温度，K；σ_{AB} 为分子碰撞直径，Å；p 为压力，atm；$\Omega_{D,AB}$ 为扩散碰撞积分，是无量纲温度 $\kappa T/\varepsilon_{AB}$ 的函数，可查阅附录Ⅱ和附录Ⅲ。

液体的扩散系数估算 针对低浓度溶质分子 **A** 在静止介质 **B** 中的扩散问题，可根据 Nernst-Einsten 方程推导出其扩散系数表达式：

$$D_{AB} = \kappa \times 10^{-7} T \left(\frac{3\mu_B + r_A \beta_{AB}}{2\mu_B + r_A \beta_{AB}} \right) \frac{1}{6\pi\mu_B r_A} \tag{1-12}$$

式中，D_{AB} 为扩散系数，m²/s；T 为温度，K；κ 为 Boltzmann 常数，1.38066×10⁻²³J/K；β_{AB} 为滑移摩擦系数；r_A 为溶质分子半径，m；μ_B 为扩散介质 B 的黏度，Pa·s。

【例 1-3】 估算 300K 和 1atm 下二元混合物 O_2-N_2 的扩散系数 D_{AB}。

【解】 应用式（1-11），查阅附录Ⅱ可知，O_2 的 σ=3.433Å，ε/κ=113K，由此计算 $\kappa T/\varepsilon$=5.071，再查阅附录Ⅲ可知对应的黏度碰撞积分 Ω_{AB} 为 0.9267，将上述数据以及分子量代入方程可得

$$D_{AB} = 1.8583 \times 10^{-7} \sqrt{T^3 \left(\frac{1}{M_A} + \frac{1}{M_B} \right)} \frac{1}{p\sigma_{AB}^2 \Omega_{D,AB}}$$

1.3.5 分子传递的类似性——现象定律

从表观上看，动量传递、热量传递和质量传递是三种截然不同的物理现象，且分别遵循牛顿黏性定律、傅里叶定律和菲克定律；然而，当我们深入探究其本质特征时不难发现，这三种传递现象都是由分子的无规则运动而引起的，并且上述三个定律虽然是由三位科学家在不同时间分别独立提出来的，但其方程形式及其所揭示的规律都十分相似。下面将通过适当的变换，将上述三个定律的数学表达式统一起来。

动量传递 在式（1-1）右边分子和分母上同时引入密度 ρ，并令 $\nu=\mu/\rho$，则该式变形为：

$$\tau = -\frac{\mu}{\rho} \times \frac{d(\rho u_x)}{dy} = -\nu \frac{d(\rho u_x)}{dy} \tag{1-13}$$

式中，τ 为 y 方向上的动量通量，即剪应力，其量纲为 $\dfrac{\text{kg}\cdot\text{m/s}}{\text{m}^2\cdot\text{s}}$ 或 $\dfrac{\text{N}}{\text{m}^2}$；$\rho u_x$ 为动量浓度，其量纲为 $\dfrac{\text{kg}}{\text{m}^3}\times\dfrac{\text{m}}{\text{s}}=\dfrac{\text{kg}\cdot\text{m/s}}{\text{m}^3}$；$\nu$ 为运动黏度，其量纲为 $\dfrac{\text{kg}}{\text{m}\cdot\text{s}}\times\dfrac{\text{m}^3}{\text{kg}}=\dfrac{\text{m}^2}{\text{s}}$，因其量纲与扩散系数 D_{AB} 相同，又称为**动量扩散系数**。

通过上述量纲分析可知，牛顿黏性定律又可表达为动量通量等于动量扩散系数与动量浓度梯度之积的负值，即：

$$\text{动量通量}=-(\text{动量扩散系数})\times(\text{动量浓度梯度}) \tag{1-14}$$

热量传递　将式（1-6）右边分子和分母中同时引入常数 ρC_p，并令 $\alpha=k/(\rho C_p)$，则该式可变形为：

$$\dfrac{q}{A}=-\dfrac{k}{\rho C_p}\times\dfrac{\text{d}(\rho C_p T)}{\text{d}y}=-\alpha\dfrac{\text{d}(\rho C_p T)}{\text{d}y} \tag{1-15}$$

式中，A 为传热面积，m^2；C_p 为比热容，$\text{J}/(\text{kg}\cdot\text{K})$；$\rho C_p T$ 为热量浓度，其量纲为 $\dfrac{\text{kg}}{\text{m}^3}\times\dfrac{\text{J}}{\text{kg}\cdot\text{K}}\times\text{K}=\dfrac{\text{J}}{\text{m}^3}$；$\alpha$ 为导温系数，其量纲为 $\dfrac{\text{J}}{\text{m}\cdot\text{s}\cdot\text{K}}\times\dfrac{\text{m}^3}{\text{kg}}\times\dfrac{\text{kg}\cdot\text{K}}{\text{J}}=\dfrac{\text{m}^2}{\text{s}}$，因其量纲与扩散系数 D_{AB} 相同，又称为**热量扩散系数**。

同理，傅里叶定律可表达为热量通量等于热扩散系数与热量浓度梯度之积的负值，即：

$$\text{热量通量}=-(\text{热扩散系数})\times(\text{热量浓度梯度}) \tag{1-16}$$

质量传递　菲克定律本身的物理意义就是质量扩散系数与质量浓度梯度之积的负值，即：

$$\text{质量通量}=-(\text{质量扩散系数})\times(\text{质量浓度梯度}) \tag{1-17}$$

以上各式列于表 1-1 进行对照。

表 1-1　分子水平上的"三传"类似性

牛顿黏性定律	傅里叶定律	菲克定律
$\tau=-\mu\dfrac{\text{d}u_x}{\text{d}y}=-\nu\dfrac{\text{d}(\rho u_x)}{\text{d}y}$	$\dfrac{q}{A}=-k\dfrac{\text{d}T}{\text{d}y}=-\alpha\dfrac{\text{d}(\rho C_p T)}{\text{d}y}$	$j_A=-D_{AB}\dfrac{\text{d}\rho_A}{\text{d}y}$

$$\left\{\begin{array}{l}\text{动量}\\\text{热量}\\\text{质量}\end{array}\right\}\text{通量}=-\left\{\begin{array}{l}\text{动量}\\\text{热量}\\\text{质量}\end{array}\right\}\text{扩散系数}\times\left\{\begin{array}{l}\text{动量}\\\text{热量}\\\text{质量}\end{array}\right\}\text{浓度梯度}$$

现象方程（现象定律）　综上所述，动量、热量、质量在一维系统中的表达形式是类似的。通常将通量等于扩散系数乘以浓度梯度的方程称为**现象方程**（**phenomenological equation**）或**现象定律**（**phenomenological law**），即：

$$\text{通量}=-(\text{扩散系数})\times(\text{浓度梯度}) \tag{1-18}$$

动量扩散系数 ν、热量扩散系数 α 和扩散系数 D_{AB} 的定义式分别参见式（1-13）、式（1-15）和式（1-9）。

普朗特数（Pr）和施密特数（Sc）　用动量扩散系数 ν 分别除以热量扩散系数 α 和扩散系数 D_{AB}，可构成两个重要的无量纲数：**普朗特数**（**Prandtl Number**）和**施密特数**（**Schmidt**

Number）。即：

$$Pr = \frac{\nu}{\alpha} = \frac{\mu C_p}{k} \tag{1-19}$$

$$Sc = \frac{\nu}{D_{AB}} = \frac{\mu}{\rho D_{AB}} \tag{1-20}$$

Pr 和 Sc 在关联传热和传质数据以及分析壁面附近的传热和传质机理方面意义重大。

1.4 三大守恒定律与总衡算

传递现象可在三种尺度上发生，即分子尺度、微元尺度和宏观尺度。研究传递现象的基本思路是在不同尺度上运用守恒原理建立相应的传递方程。分子尺度上的传递称为分子传递，是由分子的无规则运动引起的。分子传递所遵循的规律总称为现象定律，如式（1-18）所示，其中引入了与传递有关的三个重要物性参数（μ, k, D_{AB}），如上节所述，理论上可依据 Lennard-Jones 势能函数对这三个参数进行估算，更详细的内容可参阅专门著作。宏观尺度上的传递，通常以实际工程中的某种设备作为考察对象，讨论流体平均运动所引起的传递规律。研究方法是针对整个设备或代表性的单元，应用质量守恒定律、能量守恒定律和动量守恒定律，进行**总体衡算**。这种方法通常只考虑流体在主运动方向上流动参数的变化（仅限于一维流动），并且只针对流体在进、出口处的相关信息进行研究，而不去揭示各个空间点上流体参数的变化规律。

本节将主要讨论总体衡算法。对于稳态系统，通过物料衡算或能量衡算可得到一组代数方程。对于非稳态系统，则可给出以时间为独立变量的常微分方程。从过程控制论的角度来看，这种模型即是**集总参数模型**（**Lumped Parameter Model**）。

在宏观尺度模型中，将分别引入三个传递系数：阻力系数（动量传递系数）、传热系数（热量传递系数）和传质系数（质量传递系数）。它们在设备设计中有着广泛的应用。

三种尺度上的传递是相互联系的，较小尺度上的规律是理解较大尺度上规律的基础。

1.4.1 控制体和控制面

控制体是指一个设备或空间中的一个固定区域，即作为观察对象；而组成控制体的封闭边界就称为**控制面**。当我们应用守恒原理对控制体进行总体衡算时，便是通过对相应的控制面上所进入或输出的质量、能量或动量进行衡算来完成的。作为衡算的控制体，可根据流动情况、边界位置等任意选取。对于确定的控制体，守恒定律的通用式可表示为：

$$\text{输出速率} - \text{输入速率} + \text{累积速率} = 0 \tag{1-21}$$

在总体衡算中，无需分析控制体内部的变化细节，只要测定控制面上的参数值，就可计算控制体前后的变化。

下面根据三大守恒定律，依总体衡算法分别建立总质量衡算、总能量衡算和总动量衡算表达式，并对相关重要结论进行讨论。

1.4.2 总质量衡算

图1-11为任意空间范围的控制体,其总体积为V,控制面总面积为A。设流体密度为ρ,流速为$\boldsymbol{u}$(向量),考察微元面积$\mathrm{d}A$,流速与$\mathrm{d}A$面的法线呈夹角α,则流出该微元面的质量流率($\mathrm{d}G'$)为:

$$\mathrm{d}G' = \rho u \cos\alpha \mathrm{d}A \tag{1-22}$$

若$\alpha<90°$,$\cos\alpha>0$,则为输出;若$\alpha>90°$,$\cos\alpha<0$,则为输入。

将全部微元面积所流出的质量流率加和(对控制面进行面积分),即可获得净流出整个控制面的质量流率$\Delta G'$:

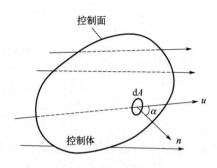

图 1-11 质量衡算控制体

$$\Delta G' = \iint_A \rho u \cos\alpha \mathrm{d}A \tag{1-23}$$

式中A代表一个封闭的面。上式表示通过整个控制面净流出的质量流率,即输出与输入该控制体的质量流率之差。

式(1-23)中面积分的值可正、可负,也可为零。为正值时,表明有质量的净输出;为负值时,有质量的净输入;为零时,净输出质量也为零。

考察上述控制体中的微元体$\mathrm{d}V$,其质量为$\rho\mathrm{d}V$,整个控制体的瞬时质量为:

$$G = \iiint_V \rho \mathrm{d}V \tag{1-24}$$

整个控制体内质量累积的速率为:

$$\frac{\mathrm{d}G}{\mathrm{d}\theta} = \frac{\mathrm{d}}{\mathrm{d}\theta}\iiint_V \rho \mathrm{d}V \tag{1-25}$$

将式(1-23)和式(1-25)代入式(1-21),得:

$$\iint_A \rho u \cos\alpha \mathrm{d}A + \frac{\mathrm{d}}{\mathrm{d}\theta}\iiint_V \rho \mathrm{d}V = 0 \tag{1-26}$$

式(1-26)即为适用于任意控制体的**总质量衡算方程**。

在实际流体输送过程中,遇到的控制体更多的是管道或容器,流体速度与其流经的截面垂直,即从A_1流入、A_2流出,相应的夹角α分别为180°和0°,式(1-26)中的面积分为:

$$\iint_A \rho u \cos\alpha \mathrm{d}A = \iint_{A_1} \rho u \cos\alpha_1 \mathrm{d}A + \iint_{A_2} \rho u \cos\alpha_2 \mathrm{d}A = -\iint_{A_1} \rho u \mathrm{d}A + \iint_{A_2} \rho u \mathrm{d}A \tag{1-27}$$

设两截面上的流体密度分别恒定为ρ_1和ρ_2,平均流速分别为u_{b1}和u_{b2},根据平均流速与局部流速的关系式:

$$u_b = \frac{1}{A}\iint_A \rho u \mathrm{d}A \tag{1-28}$$

可将式(1-27)变形为:

$$\iint_A \rho u \cos\alpha \, dA = -\rho_1 u_{b1} A_1 + \rho_2 u_{b2} A_2 \tag{1-29}$$

将式（1-29）代入式（1-26）可得：

$$\rho_2 u_{b2} A_2 - \rho_1 u_{b1} A_1 + \frac{dG}{d\theta} = 0 \tag{1-30}$$

由 $G' = \rho u A$ 得：

$$G_2' - G_1' + \frac{dG}{d\theta} = 0 \tag{1-31}$$

对于稳态流动，控制体内质量累积速率为零，式（1-31）简化为：

$$G_1' = G_2' \quad \text{或} \quad \rho_1 u_{b1} A_1 = \rho_2 u_{b2} A_2 \tag{1-32}$$

该式通常称为流率守恒方程。对于不可压缩流体，ρ 为常数，则简化为：

$$u_{b1} A_1 = u_{b2} A_2 \quad \text{或} \quad V_1' = V_2' \tag{1-33}$$

式（1-33）表明，不可压缩流体稳态流动时，体积流率也守恒，截面平均速度与截面积大小成反比；若管道截面积相等，平均流速不变。

以上所述质量衡算，系指单组分而言。若系统包含多个组分，守恒关系对每个组分仍然适用。例如，对 i 组分，式（1-31）变为：

$$G_{i,2}' - G_{i,1}' + \frac{dG_i}{d\theta} = 0 \tag{1-34}$$

对于 n 个组分，质量衡算可以给出 $n-1$ 个方程。

【例 1-4】 球形贮槽中的压力变化（非稳态质量衡算）

直径 1m 的球形贮槽，初始压力为 $1.013\times10^5 \text{N/m}^2$，以匀速 2m/s 经直径 0.02m 管道输入空气，维持进口处压力 $3\times10^5 \text{N/m}^2$，温度 300K。试求槽中压力达到 $3\times10^5 \text{N/m}^2$ 所需时间。

【解】 取槽内壁为控制体，槽内任意时刻 θ 的空气密度与位置无关。槽中质量累计速率为：

$$\frac{d}{d\theta}\iiint_V \rho \, dV = V\frac{d\rho}{d\theta} = \frac{4}{3}\pi r^3 \frac{d\rho}{d\theta} = 0.523 \frac{d\rho}{d\theta} \tag{1}$$

输入质量流率是

$$G_1' = \iint_A \rho u \, dA = -(\rho u A)_{in} \tag{2}$$

输出质量流率为零，

$$G_2' = 0 \tag{3}$$

由理想气体方程，可得进口空气密度为：

$$\rho_{in} = \frac{p}{RT} = 3.49 \, (\text{kg/m}^3)$$

$$(\rho u A)_{in} = 3.49 \times 2 \times \frac{\pi}{4}(0.02)^2 = 2.19\times10^{-3} \, (\text{kg/s}) \tag{4}$$

将式（1）～式（4）代入式（1-26）可得：

$$\frac{d\rho}{d\theta} = \frac{2.19 \times 10^{-3}}{0.523} = 4.19 \times 10^{-3} [\text{kg}/(\text{m}^3 \cdot \text{s})]$$

即密度以恒定速率变化。总的密度变化相当于压力从 $1.013 \times 10^5 (\text{N}/\text{m}^2)$ 至 $3 \times 10^5 (\text{N}/\text{m}^2)$，

$$\rho_2 - \rho_1 = \frac{p_2 - p_1}{RT} = (3 - 1.013) \times 10^5 \times \frac{1}{286.69} \times \frac{1}{300} = 2.31 (\text{kg}/\text{m}^3)$$

所以，贮槽中压力达到规定值需要时间为：

$$\frac{\rho_2 - \rho_1}{d\rho/d\theta} = \frac{2.31}{4.19 \times 10^{-3}} = 551.3\text{s} = 9.2(\min)$$

1.4.3 总能量衡算

根据热力学第一定律（能量守恒定律），在某一过程中，系统内总能量变化等于系统吸收的热量与所做功之差，即：

$$\Delta E = Q - W \tag{1-35}$$

式中，Q 为单位质量流体所吸收的热量，J/kg；W 为单位质量流体所做的功，J/kg；E 为单位质量流体所具有的总能量，J/kg。

在流动过程中，总能量主要包括内能（U）、动能 $\left(\frac{1}{2}u^2\right)$ 和势能（gz），即：

$$E = U + \frac{1}{2}u^2 + gz \tag{1-36}$$

由于系统内有流体流动，必然有能量的进出，对控制体作总能量衡算，有：

$$\begin{pmatrix} 输出的 \\ 能量速率 \end{pmatrix} - \begin{pmatrix} 输入的 \\ 能量速率 \end{pmatrix} + \begin{pmatrix} 能量的 \\ 累积速率 \end{pmatrix} = \begin{pmatrix} 环境输入 \\ 的热速率 \end{pmatrix} - \begin{pmatrix} 对环境做 \\ 功的速率 \end{pmatrix} \tag{1-37}$$

由总质量衡算式（1-26）可知，净输出控制体的质量为 $\iint_A \rho u \cos\alpha \, dA$，而 1kg 流体的能量为 E，故净输出控制体的能量为 $\iint_A E \rho u \cos\alpha \, dA$。

设系统的瞬时总能量为 E_t，考察控制体内一微元体 dV，其质量为 ρdV，能量为 $E\rho dV$，总能量 E_t 可表达为：

$$E_t = \iiint_V E\rho \, dV \tag{1-38}$$

控制体能量累积速率为：

$$\frac{dE_t}{d\theta} = \frac{d}{d\theta} \iiint_V E\rho \, dV \tag{1-39}$$

设环境输入的热速率为 $\dot{q}$，对环境做功的速率为 $\dot{W}$，将上述各项代入式（1-37）可得控制体内总能量衡算方程为：

$$\iint_A E\rho u \cos\alpha \, dA + \frac{d}{d\theta} \iiint_V E\rho \, dV = \dot{q} - \dot{W} \tag{1-40}$$

式中各项均表示能量速率，即单位时间内的能量，SI 制单位为 J/s。其中对环境做功包括

轴功率 $\dot{W}_s$ 和流动功，所谓流动功系指流体进、出控制体所做的净功，即净膨胀功，由于每 kg 流体所做的膨胀功为 pv，所以流体进、出控制体过程中对环境所做净膨胀功为 $\iint_A pv\rho u\cos\alpha \mathrm{d}A$，于是有：

$$\dot{W} = \dot{W}_s + \iint_A pv\rho u\cos\alpha \mathrm{d}A \tag{1-41}$$

将式（1-41）和式（1-36）代入式（1-40），并根据焓 $H = U + pv$ 的定义，可得：

$$\iint_A \rho u\cos\alpha(H + \frac{u^2}{2} + gz)\mathrm{d}A + \frac{\mathrm{d}}{\mathrm{d}\theta}\iiint_V E\rho \mathrm{d}V = \dot{q} - \dot{W}_s \tag{1-42}$$

式（1-42）即为**总能量衡算方程**。

【**例 1-5**】 如图 1-12 所示的流动体系，已知通过泵将 3000W 的轴功率传输给流体，设水的流动为稳态，摩擦损失可忽略，两截面管径分别为 0.3m 和 0.15m，其压差为 7.12kPa，试求水的质量流率。

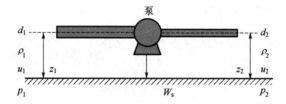

图 1-12　例 1-5 附图

【**解**】 选取图中虚线为控制体，分别确定式（1-42）中的各项。

依题意，有：$\dot{q} = 0$，$\dot{W}_s = 3000W$，$\dfrac{\mathrm{d}}{\mathrm{d}\theta}\iiint_V E\rho \mathrm{d}V = 0$

$$\iint_A \rho u\cos\alpha\left(H + \frac{u^2}{2} + gz\right)\mathrm{d}A = \iint_{A_2} \rho u\left(H + \frac{u^2}{2} + gz\right)\mathrm{d}A - \iint_{A_1} \rho u\left(H + \frac{u^2}{2} + gz\right)\mathrm{d}A$$
$$= \rho u_2 A_2\left(H_2 + \frac{u_2^2}{2} + gz_2\right) - \rho u_1 A_1\left(H_1 + \frac{u_1^2}{2} + gz_1\right) \tag{1}$$

根据质量守恒定律，有：

$$\rho u_1 A_1 = \rho u_2 A_2 \tag{2}$$

将式（2）代入式（1），并考虑到 $z_1 = z_2$，$H = U + \dfrac{p}{\rho}$，有：

$$\iint_A \rho u\cos\alpha\left(H + \frac{u^2}{2} + gz\right)\mathrm{d}A = \rho u_2 A_2\left(\frac{p_2 - p_1}{\rho} + \frac{u_2^2 - u_1^2}{2}\right) \tag{3}$$

将上述各项代入式（1-42），可得：

$$\rho u_2 A_2\left(\frac{p_2}{\rho} + \frac{u_2^2}{2} - \frac{p_1}{\rho} - \frac{u_1^2}{2}\right) = -3000 \tag{4}$$

在式（2）和式（4）中，$\rho = 1000 \text{kg}/\text{m}^3$，$\dfrac{p_2}{\rho} - \dfrac{p_1}{\rho} = 7.120(\text{J}/\text{kg})$，$A_2 = \dfrac{\pi}{4} \times 0.15^2 = 0.01766(\text{m}^2)$，$A_1 = \dfrac{\pi}{4} \times 0.3^2 = 0.07065(\text{m}^2)$。

联立求解式（2）和式（4）可得：
$$u_1 = 5.459(\text{m/s})$$

水的质量流率为：
$$G' = \rho u_1 A_1 = 1000 \times 5.459 \times 0.07065 = 385.7(\text{kg/s})$$

1.4.4 总动量衡算

动量衡算的依据是**动量守恒定律**，正如质量衡算的依据是质量守恒定律一样。总动量衡算方程可根据牛顿第二定律推导出来。

质量为 m 的流体以速度 u 运动时，其动量可表示为：
$$P = mu \tag{1-43}$$

根据牛顿第二定律，物体的动量随时间的变化率等于作用在物体上的合外力，即：
$$\sum F = ma = m\dfrac{\text{d}u}{\text{d}\theta} = \dfrac{\text{d}(mu)}{\text{d}\theta} \tag{1-44}$$

式中，mu 为物体的动量 P；F 为合外力。

动量、速度和力均为向量，写成分量的形式，有：
$$\sum F_i = \dfrac{\text{d}(mu_i)}{\text{d}\theta}, \quad i = x, y, z \tag{1-45}$$

这是动量与能量、质量的一个显著差异。

在流动系统中对控制体作动量衡算的原则是，作用在控制体上所有外力的总和等于流体通过控制体的动量变化率，即：

$$\begin{bmatrix} 作用在控制 \\ 体的合外力 \end{bmatrix} = \begin{bmatrix} 因流动输出 \\ 的动量速率 \end{bmatrix} - \begin{bmatrix} 因流动输入 \\ 的动量速率 \end{bmatrix} + \begin{bmatrix} 累计的动 \\ 量\ 速\ 率 \end{bmatrix} \tag{1-46}$$

作用在控制体上的外力通常包括重力 F_g、压力 F_p、摩擦力 F_f 以及控制面上所受到的其他外力 F_n，它们在 x 方向的分量为：
$$\sum F_x = F_{xp} + F_{xf} + F_{xg} + F_{xn} \tag{1-47}$$

考察图 1-11 所示控制体，输出整个控制面的净动量速率为输出整个控制面的质量与速度的乘积，可由下式表示：
$$P_2' - P_1' = \iint u(\rho u)\cos\alpha \, \text{d}A \tag{1-48}$$

式中，P_2' 和 P_1' 分别为输出和输入控制体的动量速率；u 为流体速度，又可理解为每 kg 流体所具有的动量，(kg·m/s)/kg。

累积的动量速率为：
$$\dfrac{\text{d}P}{\text{d}\theta} = \dfrac{\text{d}}{\text{d}\theta}\iiint_V u\rho \, \text{d}V \tag{1-49}$$

总动量衡算方程可写成：

$$\sum F = \iint_A u(\rho u)\cos\alpha \mathrm{d}A + \frac{\mathrm{d}}{\mathrm{d}\theta}\iiint_V u\rho \mathrm{d}V \quad (1\text{-}50)$$

式（1-50）为**总动量衡算方程**，其中 **F** 和 **u** 为向量，它们在 x、y、z 三个方向均有分量，依此可分别写出三个方向的总动量衡算方程。

【**例 1-6**】 如图 1-13 所示直径均匀的弯管，管径为 0.07m，水以 2.0m/s 的速度从下至上稳态流经截面 A_1 和 A_2，进口压力（绝压）为 2×10^5，设管内摩擦力可忽略，试计算此管的受力大小及方向。

【**解**】 由于为二维稳态流动，已知两截面面积均为 $A_1=A_2=0.003847\mathrm{m}^2$，在截面 A_1，$u_x=2.0\mathrm{m/s}$，$u_y=0$；在截面 A_2，$u_x=0$，$u_y=2.0\mathrm{m/s}$。

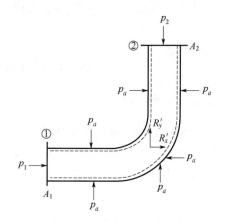

图 1-13 例 1-6 附图

管中流体所受的力 选取两截面及图中虚线部分为控制体，应用式（1-50）写出 x、y 两个方向的动量衡算方程为：

$$\sum F_x = \iint_A u_x(\rho u)\cos\alpha \mathrm{d}A = -\iint_{A_1}\rho u_x^2 \mathrm{d}A + 0 = -4\rho A_1 \quad (1)$$

$$\sum F_y = \iint_A u_y(\rho u)\cos\alpha \mathrm{d}A = \iint_{A_2}\rho u_y^2 \mathrm{d}A - 0 = 4\rho A_2 \quad (2)$$

设作用在截面 A_1 和 A_2 的压力分别为 p_1 和 p_2（绝压），则有 $p_1=p_2$（因无摩擦力），管壁对流体的压力分别为 f_x 和 f_y（力的作用方向与坐标轴相同），代入式（1）和式（2），有：

$$f_x = -4\rho A_1 - A_1 p_1 \quad (3)$$

$$f_y = 4\rho A_2 + A_2 p_2 \quad (4)$$

将相关参数代入式（3）和式（4）可得：

$$f_x = -A_1(4\rho + p_1) = -0.003847\times(4\times1000 + 200000) = -784.8(\mathrm{N})$$

$$f_y = A_2(4\rho + p_2) = 784.8(\mathrm{N})$$

弯管所受的力 选取两截面和实线所包围的区域为控制体，弯管受到两种力的作用，一是流体作用在管壁上的力（g_x 和 g_y），二是大气压的作用，因大气压在各个方向均相等，控制体上只有两截面受到其作用，对其余部分而言，大气压的作用完全对称相互抵消了。有：

$$g_x = -f_x - A_1 p_0 = 784.8 - 0.003847\times101300 = 395.1(\mathrm{N})$$

$$g_y = -f_y + A_2 p_0 = -784.8 + 0.003847\times101300 = -395.1(\mathrm{N})$$

$$|g| = \sqrt{f_x^2 + f_y^2} = \sqrt{395.1^2 + 395.1^2} = 558.7(\mathrm{N})$$

弯管所受合力的方向为 45°。

1.5 微分衡算与连续性方程

通过上述讨论可以看出，当总衡算的对象是某一宏观控制体时，应用总质量、总能量及总动量衡算方程，可以解决工程设计中的许多问题，其特点是，由进、出口流体的状态和控制体与环境之间的交换情况来确定控制体内某些物理量发生的总变化，但不能确定这些物理量在控制体内是如何变化的（即分布函数）。例如，总质量衡算只是考察流体通过圆管的平均速度，而不能确定截面上的速度分布，这一问题要由微观衡算来解决，微观衡算所依据的定律与总衡算一样，只是控制体由宏观设备变成了微元体。

1.5.1 微分衡算方程

微分衡算方程又称为变化方程，传递过程中最基本的微分衡算方程就是**连续性方程**，另外三大方程分别是**运动方程、能量方程和扩散方程**，它们描述的是"三传"过程中的相关物理量（如速度、密度、压力、温度、浓度等）随位置和时间变化的普遍规律。本章只介绍连续性方程，其他方程将在后续各章中分别加以介绍。

微元尺度上的传递，是由大量分子组成的"微元"运动所造成的。1763 年**欧拉（Euler）**提出了假想的流体模型——**连续介质模型**。该模型认为：流体是由相对于分子尺度足够大、相对于设备尺寸充分小的连续一片的微元所组成，可忽略分子随机运动所导致的微元质量变化，并可应用微积分求解微元物理量在空间的分布。在此模型基础上，针对**恒温单组分流体或组成恒定的混合物流体**，选取流场中一个微元体为控制体并进行微分质量衡算，即可获得连续性方程，它作为传递过程的基本方程，将在后续各章中出现的运动方程、能量方程和扩散方程的推导化简和分析中起到关键性作用。下面将给出连续性方程的详细推导过程。

1.5.2 直角坐标系中连续性方程的推导

如图 1-14 所示，设流体在直角坐标系的任一点（x、y、z）处的速度 $\boldsymbol{u}$ 沿 x、y、z 方向的分量分别为 u_x、u_y、u_z，流体密度为 ρ，ρ 为 x、y、z 和 θ 的函数。在流场中选取一微元体，其边长为 dx、dy 和 dz，分别与 x 轴、y 轴和 z 轴平行，则该微元体的质量为 $\rho dxdydz$，在该点的质量通量为 $\rho \boldsymbol{u}$，在各方向的质量通量分别为 ρu_x、ρu_y、ρu_z。根据质量守恒定律，对此微元体进行质量衡算得：

输出的质量流率－输入的质量流率＋质量累积速率＝0 (1-51)

首先分析 x 方向进出此微元体的质量流率。
由微元体左侧输入的质量流率为：

$$G'_{x,1} = \rho u_x dydz \quad (1-52)$$

由微元体右侧输出的质量流率为：

$$G'_{x,2} = \rho u_x dydz + \frac{\partial(\rho u_x)}{\partial x} dxdydz \quad (1-53)$$

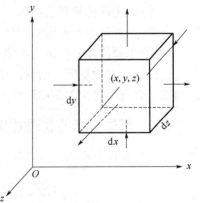

图 1-14 微元控制体的质量衡算

沿 x 方向的净输出质量流率为上述二者之差，即：

$$\Delta G'_x = G'_{x,2} - G'_{x,1} = \frac{\partial(\rho u_x)}{\partial x} dxdydz \tag{1-54}$$

同理，沿 y 方向的净输出质量流率为：

$$\Delta G'_y = \frac{\partial(\rho u_y)}{\partial y} dxdydz \tag{1-55}$$

沿 z 方向的净输出质量流率为：

$$\Delta G'_z = \frac{\partial(\rho u_z)}{\partial z} dxdydz \tag{1-56}$$

三者相加便是此微元体中流体质量流率的总输出与总输入之差，即**总净输出量**为：

$$\Delta G' = \left(\frac{\partial \rho u_x}{\partial x} + \frac{\partial \rho u_y}{\partial y} + \frac{\partial \rho u_z}{\partial z} \right) dxdydz \tag{1-57}$$

在 θ 时刻，微元体的密度为 ρ；在 $\theta + d\theta$ 时刻，密度变为 $\rho + \frac{\partial \rho}{\partial \theta} d\theta$。由于微元体体积恒定为 $dxdydz$，所以其质量分别为 $\rho dxdydz$ 和 $(\rho + \frac{\partial \rho}{\partial \theta} d\theta) dxdydz$。**质量累积速率**为上述两项之差除以 $d\theta$，即：

$$质量累积速率 = \frac{\partial G}{\partial \theta} = \frac{\partial \rho}{\partial \theta} dxdydz \tag{1-58}$$

将式（1-57）和式（1-58）代入式（1-51），经整理得：

$$\frac{\partial(\rho u_x)}{\partial x} + \frac{\partial(\rho u_y)}{\partial y} + \frac{\partial(\rho u_z)}{\partial z} + \frac{\partial \rho}{\partial \theta} = 0 \tag{1-59}$$

式（1-59）即为流体流动时的通用微分衡算方程，又称**通用连续性方程**。

适用范围：
① 由于推导时没作任何假定，故它适用于稳态或非稳态系统。
② 理想流体和真实流体。
③ 可压缩和不可压缩流体。
④ 牛顿流体和非牛顿流体。

连续性方程是研究动量、热量和质量传递过程的最基本、最重要的微分方程之一。下面将对该方程所包含的各项进行归类整理，探讨其物理意义。

1.5.3 随体导数的物理意义

将连续性方程展开可得其另一种形式为：

$$\rho \left(\frac{\partial u_x}{\partial x} + \frac{\partial u_y}{\partial y} + \frac{\partial u_z}{\partial z} \right) + u_x \frac{\partial \rho}{\partial x} + u_y \frac{\partial \rho}{\partial y} + u_z \frac{\partial \rho}{\partial z} + \frac{\partial \rho}{\partial \theta} = 0 \tag{1-60}$$

与传递过程有关的许多物理量，如压力、密度、速度、温度、浓度等，都是位置和时间的连续函数。对于密度 ρ, 有：

$$\rho = f(x,y,z,\theta) \tag{1-61}$$

密度 ρ 对时间的全导数可写为：

$$\frac{d\rho}{d\theta} = \frac{\partial \rho}{\partial \theta} + \frac{\partial \rho}{\partial x} \times \frac{dx}{d\theta} + \frac{\partial \rho}{\partial y} \times \frac{dy}{d\theta} + \frac{\partial \rho}{\partial z} \times \frac{dz}{d\theta} \tag{1-62}$$

式中各项物理意义如下。

（1）偏导数 $\dfrac{\partial \rho}{\partial \theta}$

由式（1-62）可以看出，当流体微元的位置固定时，x、y、z 恒定不变，该式右边后三项均为零，此时流体密度对时间的全导数等于偏导数，即：

$$\frac{d\rho}{d\theta} = \frac{\partial \rho}{\partial \theta} \tag{1-63}$$

故流体密度对时间的偏导数的物理意义是某固定点处流体密度随时间的变化率。

（2）全导数 $\dfrac{d\rho}{d\theta}$

式（1-62）中 $dx/d\theta$、$dy/d\theta$ 和 $dz/d\theta$ 均为速度量纲，事实上，它们是某一速度在 x、y、z 三个方向上的分量，但该速度并非流体速度 $u(u_x,u_y,u_z)$，而是观察者在测量流体密度时的运动速度 $u'(u'_x,u'_y,u'_z)$。因此上述**全导数的物理意义**是：**观察者在流场中以速度 u' 运动时所观察到的流体密度随时间的变化率**。由此可见，密度对时间的全导数 $d\rho/d\theta$ 除了与时间和位置有关外，还与观察者的速度有关。

（3）随体导数 $\dfrac{D\rho}{D\theta}$

若观察者测量流体密度时的运动速度 u' 与流体速度 u 完全一致，有：

$$u_x = u'_x = \frac{dx}{d\theta}, \quad u_y = u'_y = \frac{dy}{d\theta}, \quad u_z = u'_z = \frac{dz}{d\theta} \tag{1-64}$$

由于观察者与流体速度相同，就相当于**观察者随着流体一道在流场中运动并同时观察其密度随时间的变化规律**，所以通常将满足该条件的全导数命名为**随体导数**，或称**拉格朗日导数（Lagrangian Direvative）**，记为：

$$\frac{D\rho}{D\theta} = \frac{\partial \rho}{\partial \theta} + u_x \frac{\partial \rho}{\partial x} + u_y \frac{\partial \rho}{\partial y} + u_z \frac{\partial \rho}{\partial z} \tag{1-65}$$

虽然上述随体导数是针对流体密度提出的，但这一概念也适合其他任何物理量，也就是说，随体导数中的物理量可以为标量（如压力、密度、温度、浓度等），也可以为矢量（如速度），一般可记为：

$$\frac{D}{D\theta} = \frac{\partial}{\partial \theta} + u_x \frac{\partial}{\partial x} + u_y \frac{\partial}{\partial y} + u_z \frac{\partial}{\partial z} \tag{1-66}$$

例如，流体温度 T 的随体导数可表示为：

$$\frac{DT}{D\theta} = \frac{\partial T}{\partial \theta} + u_x \frac{\partial T}{\partial x} + u_y \frac{\partial T}{\partial y} + u_z \frac{\partial T}{\partial z} \tag{1-67}$$

由此可见，全导数除了与时间和位置有关，还与观察者的速度有关。观察者速度发生变化时，全导数之值也随之而变。**当观察者的速度正好与流体速度一致时，全导数就等于随体导数**。所以又可以说随体导数是全导数的一个特例。随体导数的运算规律与全导数完全相同。

1.5.4 连续性方程的分析

由式（1-65）可知，流体密度的随体导数由两部分组成，其一为局部变化，即密度在空间某一固定点上随时间的变化，称为"局部导数" $\frac{\partial \rho}{\partial \theta}$，也就是前面所说的偏导数；另一部分是该量的对流变化，即该量由于流体质点的运动，由一点移动到另一点时所发生的变化，称为"对流导数"。因此，**随体导数另一层物理意义是：当流体质点在 $d\theta$ 时间内由空间的一点 (x,y,z) 移动到另一点 ($x+dx, y+dy, z+dz$) 时，流体密度对时间的变化率**。

连续性方程用随体导数形式表达为：

$$\frac{\partial u_x}{\partial x} + \frac{\partial u_y}{\partial y} + \frac{\partial u_z}{\partial z} + \frac{1}{\rho} \times \frac{D\rho}{D\theta} = 0 \tag{1-68}$$

从数学角度而言，式（1-68）中的前三项是**速度向量的散度 $\nabla \cdot u$**，下面将通过探讨第四项的物理意义来了解速度散度的物理意义是什么。

考察一个**单位质量的流体微元**，在它随流体运动的过程中，质量恒定，但比容 v 和密度 ρ 随时间而变，故有：

$$\rho v = 1 \tag{1-69}$$

将上式两边求随体导数得：

$$\rho \frac{Dv}{D\theta} + v \frac{D\rho}{D\theta} = 0 \tag{1-70}$$

将上式各项同时除以 ρv，经整理得：

$$\frac{1}{\rho} \times \frac{D\rho}{D\theta} = -\frac{1}{v} \times \frac{Dv}{D\theta} \tag{1-71}$$

由式（1-71）和式（1-68），得：

$$\frac{1}{v} \times \frac{Dv}{D\theta} = \frac{\partial u_x}{\partial x} + \frac{\partial u_y}{\partial y} + \frac{\partial u_z}{\partial z} \tag{1-72}$$

式（1-72）左边为流体微元的体积膨胀速率或形变速率，其物理意义为：**速度向量的散度 $\nabla \cdot u$ 等于流体运动时体积膨胀速率**，即三个轴线方向的线性形变速率之和。

1.5.5 欧拉法和拉格朗日法

在推导连续性方程时，选取某一固定位置、固定体积的流体微元进行质量衡算，而在对所得连续性方程进行分析时又选取了流场中某一固定质量的流体进行探讨，也就是说分别应用了两种不同的方法来研究同一个问题，事实上，在本书后面各章进行动量、能量和质量衡算及对"三传"进行分析时，都会涉及这两种方法，而这两种方法就是所谓的欧拉法和拉格朗日法。下面分别加以介绍。

欧拉（Euler）法：在流体运动的空间内，选取某一固定位置、固定体积的流体微元，研究其**质量随时间的变化规律**，依次逐一考察整个空间的各个点从而获得整个流场流体运动的规律。其特点是流体微元的位置和体积固定，其质量随时间而变化。

这种方法不跟踪个别流体质点，而注视空间点。考察速度以及其他物理量，如压力、密度等在流体运动的全部空间范围（流场）内的分布，以及这种分布随时间的变化。为了完整地了解流体在同一时刻通过空间各点的运动速度，应建立如下关系式：

$$u_x = F_1(x,y,z,\theta) \tag{1-73a}$$

$$u_y = F_2(x,y,z,\theta) \tag{1-73b}$$

$$u_z = F_3(x,y,z,\theta) \tag{1-73c}$$

对其他物理量，如压力 p 等，也有类似的表达式：

$$p = p(x,y,z,\theta) \tag{1-74}$$

拉格朗日（Lagrange）法：在流体运动的空间内，选择某一**固定质量的微元**，观察者追随此流体微元一起运动，并根据此微元的状态变化来研究整个流场流体运动的规律。其特点是流体微元质量固定，其体积和位置均随时间而发生变化。因此，应用这种方法描述流体运动时，需要采用"流体坐标"识别各个流体质点。

流体坐标 由于不同时刻，每个质点都占有一个确定的空间位置，通常取其起始时刻的空间坐标，即 $\theta=0$ 时刻质点的坐标（a、b、c）来表示，称为拉格朗日坐标。对于某一给定的质点，a、b、c 是确定的常数，在整个运动过程中，它始终表示同一个流体质点。对于不同的质点具有不同的 a、b、c 值，所以称为流体坐标。运动的流体质点经过一段时间后，在任意时刻 θ 到达的新位置（x、y、z），可以由标号（a、b、c）及时间 θ 来决定，即：

$$x = f_1(a,b,c,\theta) \tag{1-75a}$$

$$y = f_2(a,b,c,\theta) \tag{1-75b}$$

$$z = f_3(a,b,c,\theta) \tag{1-75c}$$

当 θ 值给定，而（a、b、c）取各不相同的数值时，可以了解该时刻不同质点的运动情况。再逐一改变 θ 值，就可获得不同时刻、全部质点在整个流动空间的分布情况。

需要注意，欧拉法中的（x、y、z）是空间点的坐标，为独立变数；而拉格朗日法中的 x、y、z 是因变数。

轨线 确定了式（1-75）中的三个函数关系以后，就可以描绘出流体流动的几何图像以及流体质点的运动轨迹，即**流体质点位置随时间的变化，称为轨线**。流体质点的速度分量及加速度分量，可分别由相应的位移分量对时间的一阶、二阶导数求出：

$$u_x = \frac{\partial x}{\partial \theta} = \frac{\partial f_1}{\partial \theta} \quad , \quad u_y = \frac{\partial y}{\partial \theta} = \frac{\partial f_2}{\partial \theta} \quad , \quad u_z = \frac{\partial z}{\partial \theta} = \frac{\partial f_3}{\partial \theta} \tag{1-76a~c}$$

$$a_x = \frac{\partial^2 x}{\partial \theta^2} = \frac{\partial^2 f_1}{\partial \theta^2} \quad , \quad a_y = \frac{\partial^2 y}{\partial \theta^2} = \frac{\partial^2 f_2}{\partial \theta^2} \quad , \quad a_z = \frac{\partial^2 z}{\partial \theta^2} = \frac{\partial^2 f_3}{\partial \theta^2} \quad (1\text{-}77\text{a}\sim\text{c})$$

在工程问题中，通常并不需要详细了解个别流体质点的运动历史，而要了解的往往是流体通过流动空间各点时有关物理量的变化情况，此时可采用欧拉法。

从理论上而言，在总衡算或微分衡算方程的推导过程中，两种方法都可以采用，最终结果也都一样，只是针对不同的情况用某一种方法会更简便，而用另一种方法会较烦琐罢了。例如，在推导连续性方程时采用欧拉法；读者将会看到，在后续章节中推导微分动量衡算方程和微分能量衡算方程时就采用了拉格朗日法。

1.5.6 连续性方程的化简

（1）稳态流动的连续性方程

由于是稳态流动，密度不随时间而变，即 $\frac{\partial \rho}{\partial \theta} = 0$，通用连续性方程（1-59）可简化为：

$$\frac{\partial(\rho u_x)}{\partial x} + \frac{\partial(\rho u_y)}{\partial y} + \frac{\partial(\rho u_z)}{\partial z} = 0 \quad (1\text{-}78)$$

式（1-78）适用于可压缩和不可压缩流体。

（2）不可压缩流体的连续性方程

由于不可压缩流体的密度恒定，即 ρ 为常数，式（1-59）可简化为：

$$\frac{\partial u_x}{\partial x} + \frac{\partial u_y}{\partial y} + \frac{\partial u_z}{\partial z} = 0 \quad (1\text{-}79)$$

式（1-79）适用于不可压缩流体的稳态流动和非稳态流动，同时它也是最常用的连续性方程的形式，其中每一项都代表一个方向的线性形变速率。上式表明，三个方向线性形变速率之和为零，与流体不可压缩的假设相符。

1.5.7 柱坐标系和球坐标系中的连续性方程

以上关于连续性方程的讨论都是在直角坐标系内进行的，在实际过程中，流体大多通过圆形管道输送，管内流动具有轴对称性，这时应用柱坐标表达连续性方程会非常简洁，而针对流体的流动范围面呈现球形或球缺形时，采用球坐标系将更方便。因此，下面将给出柱坐标系和球坐标系中的连续性方程的表达式，其推导过程与直角坐标系相似，详见**附录Ⅳ**。

柱坐标系中的连续性方程：

$$\frac{\partial \rho}{\partial \theta'} + \frac{1}{r} \times \frac{\partial}{\partial r}(\rho r u_r) + \frac{1}{r} \times \frac{\partial}{\partial \theta}(\rho u_\theta) + \frac{\partial}{\partial z}(\rho u_z) = 0 \quad (1\text{-}80)$$

式中，θ' 为时间；r 为径向坐标；z 为轴向坐标；θ 为方位角；u_r、u_θ、u_z 为流速在柱坐标系中 r、θ、z 方向的分量。

球坐标系中的连续性方程：

$$\frac{\partial \rho}{\partial \theta'} + \frac{1}{r^2} \times \frac{\partial}{\partial r}(\rho r^2 u_r) + \frac{1}{r \sin \theta} \times \frac{\partial}{\partial \theta}(\rho u_\theta \sin \theta) + \frac{1}{r \sin \theta} \times \frac{\partial}{\partial \phi}(\rho u_\phi) = 0 \quad (1\text{-}81)$$

式中，θ' 为时间；r 为径向坐标；ϕ 为方位角；θ 为仰角；u_r、u_ϕ、u_θ 分别为流速在球坐标

系中 r、ϕ、θ 方向的分量。

【例 1-7】 流体在半径为 r_i 的圆管中流动，其速度为：

$$u_z = z\left(1 - \frac{r^2}{r_i^2}\right)\cos\omega\theta'$$

管内放置加热和冷却部件，使密度 ρ 仅随时间和半径变化。在 $\theta = \dfrac{\pi}{\omega}$ 时（ω 为频率），$\rho = \rho_0$，导出密度变化率的表达式。

【解】 对管内流动，选用柱坐标。

按已知条件，$u_r = 0$，且速度、密度对 θ 的导数均为零，简化连续性方程式（1-80），得：

$$\frac{\partial \rho}{\partial \theta'} + \frac{\partial(\rho u_z)}{\partial z} = 0 \text{，即 } \frac{\partial \rho}{\partial \theta'} + \rho \frac{\partial u_z}{\partial z} + u_z \frac{\partial \rho}{\partial z} = 0$$

因为 ρ 不随 z 变化，故上式左边最后一项为零。将所给速度表达式对 z 求导后代入上式，可求得密度变化的方程式：

$$\frac{1}{\rho} \times \frac{\partial \rho}{\partial \theta'} = \left(\frac{r^2}{r_i^2} - 1\right)\cos\omega\theta'$$

对时间 θ' 积分一次，得：

$$\ln\rho = \frac{1}{\omega}\left(\frac{r^2}{r_i^2} - 1\right)\sin\omega\theta' + C$$

由 $\theta' = \dfrac{\pi}{\omega}$ 时 $\rho = \rho_0$，得 $C = \ln\rho_0$，则：

$$\ln\rho = \frac{1}{\omega}\left(\frac{r^2}{r_i^2} - 1\right)\sin\omega\theta' + \ln\rho_0$$

得密度变化的表达式为：

$$\rho = \rho_0 \exp\left[\frac{1}{\omega}\left(\frac{r^2}{r_i^2} - 1\right)\sin\omega\theta'\right]$$

1.6 量纲分析法

考察传递现象的规律有多种途径，其中比较重要的两种分别是：（1）数学物理法，建立传递微分方程并求取解析解的方法；（2）经验分析法，通过实验测定确定相关物理量之间的函数关系。在经验分析法中，要使实验更为简洁有效，可通过常见流体，如空气、水，采用不同比例的模型设备替代原型中真实的工艺流体作为模拟介质，进行实验，并将实验结果进行某种恰当的组合形成经验方程，用于真实流体。这种方法论以量纲分析和相似律为前提，详细介绍请参考相关专著。

思考题

1.1 简述都江堰水利工程与动量传递的关系。
1.2 简述核电工程与传热的关系。
1.3 简述"两弹一星"工程与"三传"的关系。
1.4 简述现象定律及其形成历程。
1.5 低密度气体和低分子量液体的黏度与温度有何关联?
1.6 简述连续性方程的推导思路。
1.7 试比较随体导数与全导数的异同。
1.8 简述拉格朗日法与欧拉法的特点。
1.9 从分子尺度阐述动量、热量和质量传递的类似性。

习题

1.1 分别估算 27℃的苯和 327℃、200kPa 的苯蒸气的黏度。

1.2 分别估算 27℃的水和 327℃水蒸气的热导率。

1.3 估算 57℃下甲烷在氢气中的扩散系数。

1.4 水和 KOH 分别以 100kg/h 和 20kg/h 的流率加入图所示的搅拌槽中,搅拌溶解并混合均匀后以 80kg/h 的流率流出该槽。槽内原有 60kg 水,试求 1.0h 后由槽中流出的溶液浓度。

1.5 温度为 298K 的水溶液以 60kg/h 的流率加入一搅拌槽中,槽中原有溶液 150kg,内部装有加热面积为 $1.6m^2$ 的盘管,管内通有 430K 的蒸汽用来加热溶液。加热后的溶液以 46kg/h 的流率离开搅拌槽,设槽内溶液温度均匀,试求 1.0h 后流出槽的溶液温度。盘管单位面积的传热速率可表示为:$q/A = 1.4 \times 10^6 (422-T) \text{J}/(m^2 \cdot h)$。

1.6 如图所示的是截面突然扩大的装置,在该装置中,不可压缩流体由小管流到大管,通常认为作用在位置①上的压力均匀且等于 p_1,若流动为稳态,试求因发生涡流所引起的机械能损失的表达式。

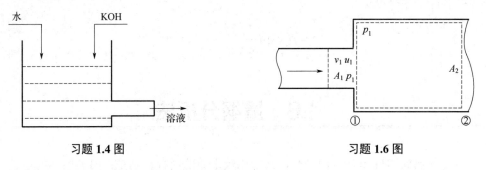

习题 1.4 图　　　　　　习题 1.6 图

1.7 写出速度 u_x 的随体导数和偏导数,并简述各自的物理意义。

1.8 试推导出柱坐标系中不可压缩流体的连续性方程。

动量传递篇

第 2 章

运动方程与层流动量传递

流动的实际流体内部一定会产生动量传递,表征动量传递最为关键的物理量为动量通量,即剪应力。根据牛顿黏性定律,剪应力可由速度分布得到,而速度分布又与流型密切相关。因此,动量传递的核心内容就是根据流型获取对应的速度分布信息。其基本方法是**依据守恒定律对流体微元进行动量衡算**,建立动量传递微分方程,即**运动方程**,并通过分析流场特征,建立初始条件和边界条件,求解运动方程获得速度分布精确解。对于复杂流场,亦可借助于计算机获得速度分布数值解。

本章将首先建立黏性流体的运动方程——**纳维-斯托克斯方程**(Navier-Stokes Equation,简称 N-S 方程),然后将该方程运用于层流,探讨一些典型的层流动量传递问题。

2.1 运动方程——动量传递微分方程

根据牛顿第二定律,设物体质量为 m,速度为 u,所受诸外力之和为 F,则有:

$$F = ma = m\frac{du}{d\theta} \tag{2-1}$$

采用拉格朗日法,对固定质量且随流体一起运动的微元体进行分析。设微元体质量 $m = \rho dxdydz$,所受合外力为 dF,根据式(2-1),可得:

$$dF = \rho \frac{Du}{D\theta} dxdydz \tag{2-2}$$

式中,ρ 为流体密度;dx、dy、dz 为流体微元的三个边长。

力 F 和速度 u 均为矢量,其在直角坐标系中的三个分量分别为 F_x、F_y、F_z 和 u_x、u_y、u_z,故式(2-2)可分解为:

$$dF_x = \rho \frac{Du_x}{D\theta} dxdydz \tag{2-3a}$$

$$dF_y = \rho \frac{Du_y}{D\theta} dxdydz \tag{2-3b}$$

$$dF_z = \rho \frac{Du_z}{D\theta} dxdydz \tag{2-3c}$$

作用于运动流体上的力可分为两类:一是作用于整个微元体的体积力,一般为重力,记为 F_B;二是作用于微元体表面的机械力,记为 F_S,通常 F_S 包括法向应力和剪应力。下面分别加以说明。

2.1.1 体积力

设单位质量流体的体积力在各坐标轴方向的分量分别为 X、Y、Z，则作用于微元体（$m = \rho \mathrm{d}x\mathrm{d}y\mathrm{d}z$）的体积力在各坐标轴方向分量分别为：

$$\mathrm{d}F_{xB} = X \rho \mathrm{d}x\mathrm{d}y\mathrm{d}z \tag{2-4a}$$

$$\mathrm{d}F_{yB} = Y \rho \mathrm{d}x\mathrm{d}y\mathrm{d}z \tag{2-4b}$$

$$\mathrm{d}F_{zB} = Z \rho \mathrm{d}x\mathrm{d}y\mathrm{d}z \tag{2-4c}$$

设 x、z 轴在水平面，y 轴与水平面垂直，则 $X=Z=0$，$Y=-g$。

2.1.2 表面力

黏性流体运动时，表面力包括**法向应力**和**剪应力**，用 τ 表示。将它们沿坐标轴方向分解，可得三个分量。如图 2-1 所示，选用直角坐标系，在 y-z 平面上的应力共有三个：一个法向应力 τ_{xx}，两个剪应力 τ_{xy}、τ_{xz}。通常将外法线与坐标轴方向一致的平面取为正。

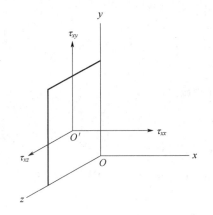
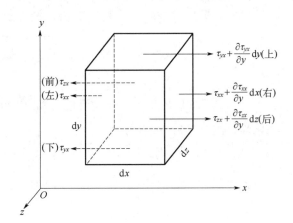

图 2-1　流体微元 y-z 平面的应力分量　　图 2-2　微元控制体在 x 方向的应力分量

法向应力　垂直于表面的应力称为**法向应力**，与三个坐标轴垂直的平面的法向应力分别用符号 τ_{xx}、τ_{yy}、τ_{zz} 表示。对于理想流体而言，法向应力即为压力。

剪应力　平行于表面的应力称为**剪应力**。微元体每个平面都有两个剪应力，与三个坐标轴垂直的平面的剪应力分别是：垂直于 x 轴的表面 τ_{xy}、τ_{xz}；垂直于 y 轴的表面 τ_{yx}、τ_{yz}；垂直于 z 轴的表面 τ_{zx}、τ_{zy}。

如图 2-2 所示，选取一个边长分别为 $\mathrm{d}x$、$\mathrm{d}y$、$\mathrm{d}z$ 的长方形微元体为控制体，该控制体共有六个表面，每个表面各有三个应力，共十八个应力。由图可见，当该微元体足够小，以至于可视为一个点时，相对两表面的法向应力与剪应力都是大小相等方向相反的。因此，一般情况下，微元体的应力状态由上述九个应力分量所决定，其中三个是法向应力分量，六个是剪应力分量。每一个应力分量有两个下标，其中第一个下标指与该表面垂直的坐标轴，第二个下标指与应力作用方向一致的坐标轴。当两个下标相同时为法向应力，不相同时为剪应力。应力是向量，一般规定拉伸方向为正，压缩方向为负。

应力对称　六个剪应力分量中只有三个是独立的，下面将给出证明。

如图 2-3 所示，考虑与 x-y 平面垂直的四个表面的剪应力。它们将会产生相对于中心轴（垂直于 x-y 面）的力矩，该力矩会使微元体围绕中心轴旋转起来。根据力学原理，这四个应力所产生的力矩之和等于微元体质量（$\rho dxdydz$）、旋转半径（r）的平方与角加速度（ω）三者之积。若以逆时针转向的力矩为正，则可建立**力矩平衡方程式**为：

$$\left(\tau_{xy}+\frac{\partial \tau_{xy}}{\partial x}\times\frac{dx}{2}+\tau_{xy}-\frac{\partial \tau_{xy}}{\partial x}\times\frac{dx}{2}\right)dydz\frac{dx}{2}-\left(\tau_{yx}+\frac{\partial \tau_{yx}}{\partial y}\times\frac{dy}{2}+\tau_{yx}-\frac{\partial \tau_{yx}}{\partial y}\times\frac{dy}{2}\right)dzdx\frac{dy}{2} \quad (2\text{-}5)$$
$$=\rho dxdydz\times r^{2}\omega$$

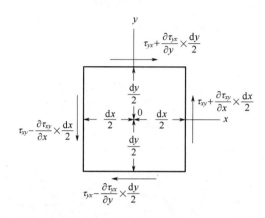

图 2-3　x-y 面上的 4 个剪应力

经化简，式（2-5）可变形为：

$$\tau_{xy}-\tau_{yx}=\rho r^{2}\omega \quad (2\text{-}6)$$

当微元体的体积足够小以至于趋近于零时，式（2-6）中 r 也必趋近于零，故有：

$$\tau_{xy}=\tau_{yx} \quad (2\text{-}7a)$$

类似地，可以证明：

$$\tau_{yz}=\tau_{zy} \quad (2\text{-}7b)$$

$$\tau_{zx}=\tau_{xz} \quad (2\text{-}7c)$$

2.1.3　以应力表示的运动方程

将作用在 x 方向的所有法向应力和剪应力相加可得 dF_{xs}，即：

$$dF_{xs}=\left[\left(\tau_{xx}+\frac{\partial \tau_{xx}}{\partial x}dx\right)dydz-\tau_{xx}dydz\right]+\left[\left(\tau_{yx}+\frac{\partial \tau_{yx}}{\partial y}dy\right)dxdz-\tau_{yx}dxdz\right]$$
$$+\left[\left(\tau_{zx}+\frac{\partial \tau_{zx}}{\partial z}dz\right)dxdy-\tau_{zx}dxdy\right] \quad (2\text{-}8)$$

简化上式得：

$$dF_{xs}=\left(\frac{\partial \tau_{xx}}{\partial x}+\frac{\partial \tau_{yx}}{\partial y}+\frac{\partial \tau_{zx}}{\partial z}\right)dxdydz \quad (2\text{-}9)$$

式（2-9）表示在 x 方向作用于微元体的表面力之和。若再加上该方向的体积力[参见

式（2-4a）], 可得 x 方向的合外力 dF_x, 为:

$$dF_x = X\rho dxdydz + \left(\frac{\partial \tau_{xx}}{\partial x} + \frac{\partial \tau_{yx}}{\partial y} + \frac{\partial \tau_{zx}}{\partial z}\right)dxdydz \qquad (2\text{-}10)$$

将式（2-3a）代入式（2-10），经简化可得：

$$\rho \frac{Du_x}{D\theta} = \rho X + \frac{\partial \tau_{xx}}{\partial x} + \frac{\partial \tau_{yx}}{\partial y} + \frac{\partial \tau_{zx}}{\partial z} \qquad (2\text{-}11a)$$

式（2-11a）为 x 方向上以应力分量表示的运动方程。

同理，可得 y、z 方向以应力分量表示的运动方程为：

$$\rho \frac{Du_y}{D\theta} = \rho Y + \frac{\partial \tau_{xy}}{\partial x} + \frac{\partial \tau_{yy}}{\partial y} + \frac{\partial \tau_{zy}}{\partial z} \qquad (2\text{-}11b)$$

$$\rho \frac{Du_z}{D\theta} = \rho Z + \frac{\partial \tau_{xz}}{\partial x} + \frac{\partial \tau_{yz}}{\partial y} + \frac{\partial \tau_{zz}}{\partial z} \qquad (2\text{-}11c)$$

式（2-11）即为**以应力表示的运动方程**，它们对任何黏性流体、任何运动状态都是适用的。在这组方程中，**未知变量共有 10 个**：ρ、u_x、u_y、u_z、τ_{xx}、τ_{yy}、τ_{zz}、τ_{xy}、τ_{xz}、τ_{yz}。再加上状态方程和连续性方程，也只有 **5 个**方程。所以，这组方程的解不是唯一的。为使该方程组具有唯一解，须进一步建立上述 10 个未知变量之间的函数关系，减少未知变量数使其与方程数相等。

2.1.4 纳维-斯托克斯方程——N-S 方程

以应力表示的运动方程，从数学而言并不封闭；从物理而言，它们只描述了力与加速度的关系，适用于任何流体，没有反映出不同属性流体受力之后的不同表现，即缺少流体的应力和应变率（形变率）之间的关系式——本构方程。因此，本节将通过建立这种关系式，使方程组封闭、有唯一解。

2.1.4.1 剪应力与应变率的关系——流体本构方程

牛顿流体作一维运动时，其应力与应变率之间符合牛顿黏性定律，如式（1-1）所示。根据这种关系可得出具有普遍意义的广义牛顿定律，为此需作如下假定：
① 静止时应力各向同性；
② 流体中一点的应力，仅与该点的瞬时形变率有关，而与形变的历史无关；
③ **应力与应变率呈线性关系——斯托克斯假设**；
④ 考虑流体为不可压缩，仅用物性常数 μ 表示流体特性。

下文将以此为基础，分别导出剪应力和法向应力与应变率之间的关系式。

牛顿流体作一维运动且**速度梯度与 y 轴方向相同**时，剪应力与形变率关系式为：

$$\tau = \mu \frac{du_x}{dy} \qquad (2\text{-}12)$$

式中，τ 为 x 方向的剪应力分量；du_x/dy 为 x 方向的形变率或剪切速率。

如图 2-4 所示，假设 x-y 平面有一流体微元，流体静止时为一矩形。当流体沿 x 方向作一维运动时，由于流体的黏性作用，该矩形上、下两平面的流动速度便会存在梯度。设流体速度沿 y 轴方向逐渐增大，即在相同时间 $d\theta$ 内，上层流体较下层流体多走了一段距离 $(du_x/dy)dyd\theta$，此时原来的矩形变成了平行四边形，矩形平面的夹角也相应地减小了 $d\varphi$，$d\varphi$ 的正切函数可表示为：

$$\text{tg}(d\varphi) = -\frac{(du_x/dy)dyd\theta}{dy} \quad (2\text{-}13)$$

式中，$d\varphi$ 为负，而 (du_x/dy) 为正，为了使两边符号一致，故在右边添加了负号。

因 $d\varphi$ 很小，当用弧度表示角度时，有 $\text{tg}(d\varphi) \approx d\varphi$，式（2-13）可变形为：

$$\frac{d\varphi}{d\theta} = -\frac{du_x}{dy} \quad (2\text{-}14)$$

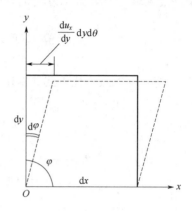

图 2-4 剪应力所引起的线性形变

式中，$(d\varphi/d\theta)$ 为角形变速率。

将式（2-14）代入式（2-12），可得一维流动时剪应力与角形变速率之间的关系为：

$$\tau = -\mu\frac{d\varphi}{d\theta} \quad (2\text{-}15)$$

下面藉此思路来分析三维流场的流体微元，导出其剪应力与角形变速率之间的关系。对于黏性流体微元 $dxdydz$，在流动过程中会由长方体变成菱形六面体，如图 2-5 所示，微元体在 x-y 平面所受剪应力共有 4 个，静止时该表面为矩形，运动中为菱形，不仅在 x 方向有形变，而且在 y 方向也有形变，故夹角变化 $d\varphi$ 分为两部分，即图中的 $d\varphi_1$ 和 $d\varphi_2$，且 $d\varphi_1$ 和 $d\varphi_2$ 均为负值。它们分别由速度梯度 $(\partial u_x/\partial y)$ 和 $(\partial u_y/\partial x)$ 所引起，基于上述同样的道理，可以建立角形变速率与剪切速率之间的关系为：

$$\frac{d\varphi_1}{d\theta} = -\frac{\partial u_x}{\partial y}, \quad \frac{d\varphi_2}{d\theta} = -\frac{\partial u_y}{\partial x} \quad (2\text{-}16a,b)$$

于是可得：

$$\frac{d\varphi}{d\theta} = \frac{d\varphi_1}{d\theta} + \frac{d\varphi_2}{d\theta} = -\left(\frac{\partial u_x}{\partial y} + \frac{\partial u_y}{\partial x}\right) \quad (2\text{-}17)$$

当流体黏度各向同性（在各个方向上 μ 均相等）时，牛顿黏性定律适用于各个方向，将式（2-17）代入式（2-15），得：

$$\tau_{xy} = \tau_{yx} = \mu\left(\frac{\partial u_x}{\partial y} + \frac{\partial u_y}{\partial x}\right) \quad (2\text{-}18a)$$

同理，可导出其他剪应力分量与线性形变率之间的函数关系为：

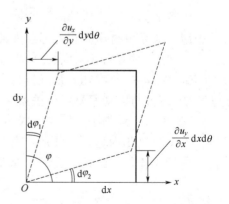

图 2-5 剪应力所引起的平面形变

$$\tau_{xz} = \tau_{zx} = \mu\left(\frac{\partial u_x}{\partial z} + \frac{\partial u_z}{\partial x}\right) \tag{2-18b}$$

$$\tau_{yz} = \tau_{zy} = \mu\left(\frac{\partial u_y}{\partial z} + \frac{\partial u_z}{\partial y}\right) \tag{2-18c}$$

2.1.4.2 法向应力与应变率的关系

法向应力包括两部分：
① 由流体静压力作用产生的压缩应力，使微元体产生体积形变；
② 流体流动时黏性应力作用产生的拉伸应力或压缩应力，使微元体产生线性形变。

当流体静止时，因黏性应力产生的拉伸应力或压缩应力为零，法向应力等于静压力，且三个方向的法向应力分量都等于静压力，但其方向与静压力相反，即：

$$\tau_{xx} = \tau_{yy} = \tau_{zz} = -p \tag{2-19}$$

当流体流动时，静压力和黏性力的贡献同时存在，法向应力的三个分量不再相等，也不再等于静压力，但它们之间仍然存在较简单的关系：

$$p = -\frac{1}{3}(\tau_{xx} + \tau_{yy} + \tau_{zz}) \tag{2-20}$$

上式可由气体分子运动论加以证明，自然适用于气体。对于液体，因其压缩性更小，所以该式也成立。

虽然流体流动时的法向应力与静压力不相等，但可以表达为静压力与黏性应力之和：

$$\tau_{xx} = -p + \sigma_x \tag{2-21a}$$

$$\tau_{yy} = -p + \sigma_y \tag{2-21b}$$

$$\tau_{zz} = -p + \sigma_z \tag{2-21c}$$

式中，σ_x、σ_y、σ_z 分别为法向黏性应力在 x、y、z 方向的分量，将它们与线性形变速率之间的函数关系（具体表达式及其推导过程可参阅相关专著）代入式（2-21），可得：

$$\tau_{xx} = -p + 2\mu\frac{\partial u_x}{\partial x} - \frac{2\mu}{3}\left(\frac{\partial u_x}{\partial x} + \frac{\partial u_y}{\partial y} + \frac{\partial u_z}{\partial z}\right) \tag{2-22a}$$

$$\tau_{yy} = -p + 2\mu\frac{\partial u_y}{\partial y} - \frac{2\mu}{3}\left(\frac{\partial u_x}{\partial x} + \frac{\partial u_y}{\partial y} + \frac{\partial u_z}{\partial z}\right) \tag{2-22b}$$

$$\tau_{zz} = -p + 2\mu\frac{\partial u_z}{\partial x} - \frac{2\mu}{3}\left(\frac{\partial u_x}{\partial x} + \frac{\partial u_y}{\partial y} + \frac{\partial u_z}{\partial z}\right) \tag{2-22c}$$

式（2-18）和式（2-22）即为牛顿流体的应力与应变率之间的关系式，即牛顿流体的**本构方程**。

2.1.4.3 纳维-斯托克斯方程——N-S 方程

将式（2-18）和式（2-22）代入式（2-11），并应用式（1-79），可得：

$$\rho \frac{Du_x}{D\theta} = \rho X - \frac{\partial p}{\partial x} + \mu \left(\frac{\partial^2 u_x}{\partial x^2} + \frac{\partial^2 u_x}{\partial y^2} + \frac{\partial^2 u_x}{\partial z^2} \right) \tag{2-23a}$$

$$\rho \frac{Du_y}{D\theta} = \rho Y - \frac{\partial p}{\partial y} + \mu \left(\frac{\partial^2 u_y}{\partial x^2} + \frac{\partial^2 u_y}{\partial y^2} + \frac{\partial^2 u_y}{\partial z^2} \right) \tag{2-23b}$$

$$\rho \frac{Du_z}{D\theta} = \rho Z - \frac{\partial p}{\partial z} + \mu \left(\frac{\partial^2 u_z}{\partial x^2} + \frac{\partial^2 u_z}{\partial y^2} + \frac{\partial^2 u_z}{\partial z^2} \right) \tag{2-23c}$$

这一组方程在 19 世纪上半叶由法国科学家**纳维**（**Navier**，1821）和英国物理学家**斯托克斯**（**Stokes**，1845）分别独立建立的，因此被称为**纳维-斯托克斯方程**（简称为 **N-S 方程**，**Navier-Stokes Equation**），是牛顿第二定律在黏性流体运动中的具体表达式。该式的左端是流体微元的加速度与质量之积（**惯性力**），右端是作用于其上的合外力（**重力、压力和黏性力**），也可将该方程视为惯性力、重力、压力和黏性力这四种力的平衡方程。

在 N-S 方程中共有五个未知变量：ρ、u_x、u_y、u_z 和 p。对于恒温体系，这五个变量还满足连续性方程和状态方程。所以，从理论上而言，这组方程具有唯一解。但实际上由于方程中含有非线性项，这是一组**非线性二阶偏微分方程**，目前还无法求得普遍解。只是针对某些较简单的流动问题，可得到该方程组的特殊解，而且这些解与实验结果吻合良好，这也间接证明了推导该方程时所作的假定是合理的。

式（2-23）是直角坐标系中的 N-S 方程形式，而对于圆管内的流体流动，用柱坐标表征会更方便；如果流动系统的范围涉及球形或球形的一部分时，用球坐标描述更简洁。下面分别给出柱坐标系和球坐标系中的 N-S 方程形式，推导过程可参阅相关专著。

柱坐标系中的 N-S 方程：

r 分量：

$$\frac{\partial u_r}{\partial \theta'} + u_r \frac{\partial u_r}{\partial r} + \frac{u_\theta}{r} \times \frac{\partial u_r}{\partial \theta} - \frac{u_\theta^2}{r} + u_z \frac{\partial u_r}{\partial z}$$
$$= X_r - \frac{1}{\rho} \times \frac{\partial p}{\partial r} + \nu \left\{ \frac{\partial}{\partial r} \left[\frac{1}{r} \times \frac{\partial}{\partial r} (r u_r) \right] + \frac{1}{r^2} \times \frac{\partial^2 u_r}{\partial \theta^2} - \frac{2}{r^2} \times \frac{\partial u_\theta}{\partial \theta} + \frac{\partial^2 u_r}{\partial z^2} \right\} \tag{2-24a}$$

θ 分量：

$$\frac{\partial u_\theta}{\partial \theta'} + u_r \frac{\partial u_\theta}{\partial r} + \frac{u_\theta}{r} \times \frac{\partial u_\theta}{\partial \theta} + \frac{u_r u_\theta}{r} + u_z \frac{\partial u_\theta}{\partial z}$$
$$= X_\theta - \frac{1}{\rho} \times \frac{1}{r} \times \frac{\partial p}{\partial \theta} + \nu \left\{ \frac{\partial}{\partial r} \left[\frac{1}{r} \times \frac{\partial}{\partial r} (r u_\theta) \right] + \frac{1}{r^2} \times \frac{\partial^2 u_\theta}{\partial \theta^2} + \frac{2}{r^2} \times \frac{\partial u_r}{\partial \theta} + \frac{\partial^2 u_\theta}{\partial z^2} \right\} \tag{2-24b}$$

z 分量：

$$\frac{\partial u_z}{\partial \theta'} + u_r \frac{\partial u_\theta}{\partial r} + \frac{u_\theta}{r} \times \frac{\partial u_z}{\partial \theta} + u_z \frac{\partial u_z}{\partial r}$$

$$= X_z - \frac{1}{\rho} \times \frac{\partial p}{\partial z} + \nu \left[\frac{1}{r} \times \frac{\partial}{\partial r} \left(r \frac{\partial u_z}{\partial r} \right) + \frac{1}{r^2} \times \frac{\partial^2 u_z}{\partial \theta^2} + \frac{\partial^2 u_z}{\partial z^2} \right]$$

(2-24c)

式中，θ' 为时间；r 为径向坐标；z 为轴向坐标；θ 为方位角；u_r、u_θ、u_z 为流速在柱坐标系 (r、θ、z) 方向的分量；X_r、X_θ、X_z 为重力在柱坐标系 (r、θ、z) 方向的分量。

球坐标系中的 N-S 方程：

r 分量：

$$\frac{\partial u_r}{\partial \theta'} + u_r \frac{\partial u_r}{\partial r} + \frac{u_\theta}{r} \times \frac{\partial u_r}{\partial \theta} + \frac{u_\phi}{r \sin \theta} \times \frac{\partial u_r}{\partial \phi} - \frac{u_\theta^2 + u_\phi^2}{r} = X_r - \frac{1}{\rho} \times \frac{\partial p}{\partial r} + \nu \left[\frac{1}{r^2} \times \frac{\partial}{\partial r} \left(r^2 \frac{\partial u_r}{\partial r} \right) \right.$$

$$\left. + \frac{1}{r^2 \sin \theta} \times \frac{\partial}{\partial \theta} \left(\sin \theta \frac{\partial u_r}{\partial \theta} \right) + \frac{1}{r^2 \sin \theta} \times \frac{\partial^2 u_r}{\partial \phi^2} - \frac{2}{r^2} u_r - \frac{2}{r^2} \times \frac{\partial u_\theta}{\partial \theta} - \frac{2}{r^2} u_\theta \cot \theta - \frac{1}{r^2 \sin \theta} \times \frac{\partial u_\phi}{\partial \phi} \right]$$

(2-25a)

θ 分量：

$$\frac{\partial u_\theta}{\partial \theta'} + u_r \frac{\partial u_\theta}{\partial r} + \frac{u_\theta}{r} \times \frac{\partial u_\theta}{\partial \theta} + \frac{u_\phi}{r \sin \theta} \times \frac{\partial u_\theta}{\partial \phi} + \frac{u_r u_\theta}{r} - \frac{u_\phi^2 \cot \theta}{r} = X_\theta - \frac{1}{\rho} \times \frac{1}{r} \times \frac{\partial p}{\partial \theta} + \nu \left[\frac{1}{r^2} \times \frac{\partial}{\partial r} \left(r^2 \frac{\partial u_\theta}{\partial r} \right) \right.$$

$$\left. + \frac{1}{r^2 \sin \theta} \times \frac{\partial}{\partial \theta} \left(\sin \theta \frac{\partial u_\theta}{\partial \theta} \right) + \frac{1}{r^2 \sin \theta} \times \frac{\partial^2 u_\theta}{\partial \phi^2} + \frac{2}{r^2} \times \frac{\partial u_r}{\partial \theta} - \frac{u_\theta}{r^2 \sin^2 \theta} - \frac{2 \cos \theta}{r^2 \sin^2 \theta} \times \frac{\partial u_\phi}{\partial \phi} \right]$$

(2-25b)

ϕ 分量：

$$\frac{\partial u_\phi}{\partial \theta'} + u_r \frac{\partial u_\phi}{\partial r} + \frac{u_\theta}{r} \times \frac{\partial u_\phi}{\partial \theta} + \frac{u_\phi}{r \sin \theta} \times \frac{\partial u_\phi}{\partial \phi} + \frac{u_r u_\phi}{r} + \frac{u_\theta u_\phi}{r} \cot \theta = X_\phi - \frac{1}{\rho r \sin \theta} \times \frac{\partial p}{\partial \phi} + \nu \left[\frac{1}{r^2} \times \frac{\partial}{\partial r} \left(r^2 \frac{\partial u_\phi}{\partial r} \right) \right.$$

$$\left. + \frac{1}{r^2 \sin \theta} \times \frac{\partial}{\partial \theta} \left(\sin \theta \frac{\partial u_\phi}{\partial \theta} \right) + \frac{1}{r^2 \sin^2 \theta} \times \frac{\partial^2 u_\phi}{\partial \phi^2} - \frac{u_\phi}{r^2 \sin^2 \theta} + \frac{2}{r^2 \sin^2 \theta} \times \frac{\partial u_r}{\partial \phi} + \frac{2 \cos \theta}{r^2 \sin^2 \theta} \times \frac{\partial u_\theta}{\partial \phi} \right]$$

(2-25c)

式中，θ' 为时间；r 为径向坐标；ϕ 为方位角；θ 为仰角；u_r、u_ϕ、u_θ 为流速在柱坐标系 (r、ϕ、θ) 方向的分量；X_r、X_ϕ、X_θ 为重力在柱坐标系 (r、ϕ、θ) 方向的分量。

2.2 简单流场内的层流

运动的流体因速度不同存在两种流型：层流和湍流。通常可由临界雷诺数 Re_{xc} 加以判断。另外，壁面状况和黏性大小对流型和速度分布也起着重要作用。本节将以 N-S 方程为基础探讨一些简单流场，如平板、圆柱和圆球等不同壁面上的层流流动，并结合适当的边界条件和初始条件，获得 N-S 方程的精确解，藉此来考察层流动量传递规律。

2.2.1 平行平板间的稳态层流

如图 2-6 所示，不可压缩牛顿型流体在两块相距为 $2y_0$ 的大平板之间作层流流动，假

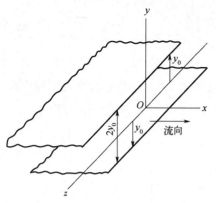

图 2-6 平壁稳态层流流动

定温度恒定，两平行板无限大，板间通道无起点亦无终点，因而无特殊的端点流动现象，可认为沿水平方向各点相同，属于一维稳态流动，压力沿流动方向变化。于是有：

$$u_y=0、u_z=0, \quad \partial u_x/\partial\theta=0 \quad (2\text{-}26\text{a})$$

根据连续性方程（1-79）可得：

$$\frac{\partial u_x}{\partial x}=0 \quad (2\text{-}26\text{b})$$

考察 x 方向的 N-S 方程，将式（2-26）代入式（2-23a），可得：

$$0=\rho X-\frac{\partial p}{\partial x}+\mu\left(\frac{\partial^2 u_x}{\partial y^2}+\frac{\partial^2 u_x}{\partial z^2}\right) \quad (2\text{-}27)$$

因 x 方向为水平方向，故重力在 x 方向的分量 X 为零。又由于流道在 z 方向为无限宽，故可认为 u_x 在 z 方向不存在梯度，即 $\partial u_x/\partial z=0$。因此，式（2-27）又可化简为：

$$\frac{\partial p}{\partial x}=\mu\frac{\partial^2 u_x}{\partial y^2} \quad (2\text{-}28)$$

式（2-28）仍为偏微分方程，为了进一步简化该方程，须借助 y、z 方向的 N-S 方程。

先考察 z 方向，z 为水平方向，在该方向重力分量 Z 为零；又因 $u_z=0$，故 z 方向的 N-S 方程（2-23c）可简化为：

$$\frac{\partial p}{\partial z}=0 \quad (2\text{-}29)$$

再考察 y 方向，$u_y=0$，但重力在 y 方向分量 Y 不为零，故 y 方向的 N-S 方程（2-23b）可简化为：

$$\frac{\partial p}{\partial y}=\rho Y \quad (2\text{-}30)$$

N-S 方程中压力 p 可理解为运动流体的总压力，等于静压力 p_s 和动压力 p_d 之和，故有：

$$\frac{\partial p}{\partial y}=\frac{\partial p_s}{\partial y}+\frac{\partial p_d}{\partial y} \quad (2\text{-}31)$$

根据流体静压力与 y 的函数关系，可知：

$$\frac{\partial p_s}{\partial y}=\rho Y \quad (2\text{-}32)$$

将式（2-30）和式（2-32）代入式（2-31），得：

$$\frac{\partial p_d}{\partial y}=0 \quad (2\text{-}33)$$

若忽略流道顶层和底层之间的静压力变化，**近似认为总压力等于动压力**，则可认为 $\partial p/\partial y=0$。

由于 u_x 对 x、z 的偏导数为零，p 对 y、z 的偏导数也为零，故式（2-28）可简化为常微分方程；又由于其他两个方向速度分量为零，为便利起见，在下面的讨论中将 u_x 简写为 u，即：

$$\mu \frac{\mathrm{d}^2 u}{\mathrm{d} y^2} = \frac{\mathrm{d} p}{\mathrm{d} x} \tag{2-34}$$

该式左边为 y 的函数，右边为 x 的函数，而 y 和 x 是两个相互独立的自变量。**在两边各自独立变化的情况下，只有二者均为同一常数，等式才能成立**，即：

$$\mu \frac{\mathrm{d}^2 u}{\mathrm{d} y^2} = \frac{\mathrm{d} p}{\mathrm{d} x} = c \tag{2-35}$$

相应的边界条件是：

$$\begin{cases} y = 0, & u = u_{\max} \\ y = y_0, & u = 0 \end{cases} \tag{2-36}$$

将式（2-35）积分，并由边界条件确定积分常数，得速度分布为：

$$u = -\frac{1}{2\mu} \times \frac{\mathrm{d} p}{\mathrm{d} x} (y_0^2 - y^2) \tag{2-37}$$

从式（2-37）可以看出，不可压缩流体在大平板间的稳态层流，若不考虑流道进出口的影响，其速度分布为抛物线形。

速度 u 和最大速度 $u_{\max}$ 的关系　当 $y=0$ 时，$u = u_{\max}$，代入式（2-37），得：

$$u_{\max} = -\frac{1}{2\mu} \times \frac{\mathrm{d} p}{\mathrm{d} x} y_0^2 \tag{2-38}$$

将式（2-38）代入式（2-37），可得 u 和 $u_{\max}$ 之间的函数关系为：

$$u = u_{\max} \left[1 - \left(\frac{y}{y_0} \right)^2 \right] \tag{2-39}$$

最大速度 $u_{\max}$ 和平均速度 u_b 的关系　对于单位板宽（z 方向为单位长度），板间的体积流量 V' 为：

$$V' = 2 \int_0^{y_0} u \mathrm{d} y \tag{2-40}$$

将式（2-37）代入式（2-40）积分，得：

$$V' = -\frac{2}{3\mu} \times \frac{\mathrm{d} p}{\mathrm{d} x} y_0^3 \tag{2-41}$$

根据平均速度定义式 $V' = u_b (2 y_0)$，可得：

$$u_b = -\frac{1}{3\mu} \times \frac{\mathrm{d} p}{\mathrm{d} x} y_0^2 \tag{2-42}$$

比较式（2-42）和式（2-38），可得 $u_{\max}$ 和 u_b 之间的关系为：

$$u_b = \frac{2}{3} u_{\max} \tag{2-43}$$

由式（2-42）可得 x 方向的压力梯度与平均速度之间的关系为：

$$\frac{dp}{dx} = -\frac{3\mu u_b}{y_0^2} \tag{2-44}$$

流体流过长度为 L 的通道时，**单位长度的压降为**：

$$-\frac{\Delta p}{L} = \frac{1}{L}\int_0^L -\frac{dp}{dx}dx = \frac{1}{L}\int_0^L \frac{3\mu u_b}{y_0^2}dx = \frac{3\mu u_b}{y_0^2} \tag{2-45}$$

【例 2-1】 常压下 293K 的空气层流流过宽 2.0m、高 0.2m 的矩形管道，空气质量流率为 200000kg/h，试求：（1）流体的平均流速；（2）单位管道的压降；（3）管截面速度分布方程。

【解】 依题意，体积流量为：

$$V' = \frac{G'}{\rho} = \frac{200000}{1000} = 200(m^3/h)$$

（1）平均速度为：

$$u_b = \frac{V'}{A} = \frac{200}{2 \times 0.2 \times 3600} = 0.139 \,(m/s)$$

（2）单位管长压降为：

$$-\frac{dp}{dz} = \frac{3\mu u_b}{y_0^2} = \frac{3 \times 0.139 \times 1.81 \times 10^{-5}}{0.1^2} = 7.55 \times 10^{-4} (Pa/m)$$

（3）速度分布方程：

由 $u_b = \frac{2}{3}u_{max}$，可得 $u_{max} = \frac{3}{2}u_b = 0.208 m/s$

$$u = u_{max}\left[1 - \left(\frac{y}{y_0}\right)^2\right] = 0.208 - 20.8y^2$$

2.2.2 圆管内的稳态层流

管道是许多化工设备的基本部件，且形状简单。压力驱动流体进入管内，在进口处可以认为沿整个管截面的速度均匀分布，设为 u_0。而在管内，由于黏性作用，紧邻壁面的一层流体速度为零，且在整个管截面上，沿径向由壁面向管中心方向，速度逐渐递增直至达到 u_0；在进口的初始段、离入口不同距离的截面上，速度分布也不同，表明流动处于发展之中；而经过一段距离后，**管内的速度分布不再随管长而变化**，处于稳态。在工程上通常将这段距离称为**进口段**，将进口段及之后的流动分别称为**发展之中的流动**和**充分发展的流动**。由于二者具有完全不同的流动特征，且后者相对简单，故优先加以讨论；而进口段的流动较为复杂，将在 2.9.4 小节进行探讨。

如图 2-7 所示，流体在半径为 r_i、长度为 L 的直管内，沿管轴作稳态层流流动，在管端 $z=0$ 和 $z=L$ 处的压力为 p_0 和 p_L。选用柱坐标系下的 N-S 方程，根据物理分析以及实验观察，可对方程进行如下简化：

① 流体沿管轴运动（z 方向），速度分量 u_r、u_θ 均为零；

② 流动已达稳态，故所有变量对时间的偏导数均为零；

③ 流动已充分发展，$\partial u_z / \partial z = 0$，加速度分量也为零；

④ 流动具有轴对称性，$\partial u_z / \partial \theta = 0$。

在上述条件下，N-S 方程中速度 u_z 只是半径 r 的函数，且另两个方向的速度分量均为零，故在下面的讨论中将 u_z 简写为 u，式（2-24）可简化为：

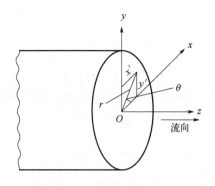

图 2-7　圆管内稳态层流

z 方向：
$$0 = -\frac{\partial p}{\partial z} + \mu \frac{1}{r} \times \frac{\mathrm{d}}{\mathrm{d}r}\left(r\frac{\mathrm{d}u}{\mathrm{d}r}\right) \tag{2-46a}$$

r 方向：
$$0 = -\frac{\partial p}{\partial r} \tag{2-46b}$$

θ 方向：
$$0 = -\frac{1}{r} \times \frac{\partial p}{\partial \theta} \tag{2-46c}$$

由此可见，p 与 r、θ 无关，只是 z 的函数，式（2-46a）可简化为：

$$\frac{\mathrm{d}p}{\mathrm{d}z} = \mu \frac{1}{r} \times \frac{\mathrm{d}}{\mathrm{d}r}\left(r\frac{\mathrm{d}u}{\mathrm{d}r}\right) \tag{2-47}$$

由于等式左边只是 z 的函数，右边只是 r 的函数，而 z 和 r 是两个相互独立的自变量。在两边各自独立变化的情况下，只有二者均为同一常数，等式才能成立，即：

$$\frac{1}{r} \times \frac{\mathrm{d}}{\mathrm{d}r}\left(r\frac{\mathrm{d}u}{\mathrm{d}r}\right) = \frac{1}{\mu} \times \frac{\mathrm{d}p}{\mathrm{d}z} = \frac{1}{\mu} \times \frac{\Delta p}{L} \tag{2-48}$$

边界条件：
$$r = 0, \quad \frac{\partial u}{\partial r} = 0; \tag{2-49a}$$

$$r = r_i, \quad u = 0 \tag{2-49b}$$

应用上述边界条件，积分式（2-48）可得速度分布为：

$$u = \frac{r_i^2}{4\mu}\left(-\frac{\Delta p}{L}\right)[1-(r/r_i)^2] \tag{2-50}$$

式（2-50）表明，管截面上的速度分布呈抛物线型。

速度 u 和最大速度 $u_{\max}$ 的关系　当 $r=0$ 时，速度最大，其表达式为：

$$u_{\max} = \frac{r_i^2}{4\mu}\left(-\frac{\Delta p}{L}\right) \tag{2-51}$$

对比式（2-51）和式（2-50）可得 u 和 $u_{\max}$ 的函数关系为：

$$u = u_{\max}[1-(r/r_i)^2] \tag{2-52}$$

最大速度 $u_{\max}$ 和平均速度 u_b 的关系　通过管截面的体积流量为：

$$V' = \int_A u \mathrm{d}A = 2\pi \int_0^{r_i} \left(-\frac{1}{4\mu} \times \frac{\mathrm{d}p}{\mathrm{d}z}\right)(r_i^2 - r^2)r\mathrm{d}r = -\frac{\pi}{8\mu} \times \frac{\mathrm{d}p}{\mathrm{d}z} r_i^4 \qquad (2\text{-}53)$$

式（2-53）表明，层流时，流量正比于单位管长上的压降以及半径的四次方。哈根（Hagen，1839）及泊肃叶（Poiseuille，1840）曾先后通过实验发现这一规律，故称式（2-53）为**哈根-泊肃叶方程（Hagen-Poiseuille Equation）**。

平均速度 u_b 的定义式：

$$u_b = \frac{V'}{A} = -\frac{r_i^2}{8\mu} \times \frac{\mathrm{d}p}{\mathrm{d}z} \qquad (2\text{-}54)$$

式中，V' 为体积流量；A 为管截面积。

比较式（2-54）和式（2-51），得 u_b 和 $u_{\max}$ 之间的关系为：

$$u_b = \frac{1}{2} u_{\max} \qquad (2\text{-}55)$$

改写式（2-52），可得由 u_b 表达的速度分布方程：

$$u = 2u_b [1 - (r/r_i)^2] \qquad (2\text{-}56)$$

式（2-56）将 r 处的点速度和平均速度以及半径互相联系起来，它与实验结果是吻合的。

压降公式 在 0 至 L 范围内，积分式（2-54）可得长度为 L 的管内层流流体压降：

$$-\Delta p = \int_0^L -\frac{\mathrm{d}p}{\mathrm{d}z}\mathrm{d}z = \int_0^L \frac{8\mu u_b}{r_i^2}\mathrm{d}z = \frac{8\mu L u_b}{r_i^2} \qquad (2\text{-}57)$$

根据式（2-57）可得单位管长上的压降为：

$$-\frac{\Delta p}{L} = \frac{8\mu u_b}{r_i^2} \qquad (2\text{-}58)$$

习惯上常用单位管长上的压降来表示管内流体运动时所受阻力，并将阻力表示成范宁摩擦因数 f 的函数：

$$-\frac{\Delta p}{L} = f \frac{2\rho u_b^2}{d} \qquad (2\text{-}59)$$

式（2-59）为**范宁摩擦因数的定义式**，式中 d 为圆管直径。

壁面剪应力 对管内牛顿流体的层流流动，壁面剪应力为：

$$\tau_w = -\mu \frac{\mathrm{d}u}{\mathrm{d}r}\bigg|_{r=r_i} \qquad (2\text{-}60)$$

将式（2-56）代入式（2-60），经整理得：

$$\tau_w = \frac{4\mu u_b}{r_i} \qquad (2\text{-}61)$$

比较式（2-58）和式（2-61），可得：

$$\tau_w = \left(-\frac{\Delta p}{2L}\right) r_i \qquad (2\text{-}62)$$

由式（2-62）和式（2-59）可得：

$$\tau_w = f\frac{\rho u_b^2}{2} \tag{2-63}$$

由式（2-63）和式（2-61）可得 f 与 Re 的关系为：

$$f = \frac{16}{Re} \tag{2-64}$$

哈根-泊肃方程的应用 哈根-泊肃方程在工程上应用很广，对管内阻力的研究有重要意义，亦可用来计算流体的黏度，是毛细管黏度计的理论基础。此外，在工程上可用于分析多孔介质中的流动，在医学上可用于分析血液流动等。

【例 2-2】 微斜锥形管中的压降——润滑近似

有锥形管如图 2-8 所示，进、出口处半径分别为 r_0、r_L，轴向任意 z 处为 $r(z)$，且：

$$r(z) = r_0 + \frac{r_L - r_0}{L}z \tag{1}$$

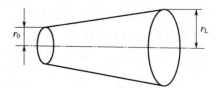

图 2-8 例 2-2 附图

如果壁的坡度很小，假定"润滑近似"（将非平行表面之间的流动，近似为流过平行表面，常称"润滑近似"）适用。试由哈根-泊肃叶方程推导此锥形管中体积流量与压降的关联式。

【解】 由于坡度很小，可以假设哈根-泊肃叶方程在较小范围内适用于锥形管。根据式（2-54）和式（2-58），以 $r(z)$ 代替不变的管径 r_i，并用 $\dfrac{dp}{dz}$ 代替 $\dfrac{\Delta p}{L}$，可得体积流率与压降的关系为：

$$V' = \frac{\pi[r(z)]^4}{8\mu}\left(-\frac{dp}{dz}\right) \tag{2}$$

将式（1）代入式（2），可得：

$$V' = \frac{\pi[r(z)]^4}{8\mu}\left(-\frac{dp}{dr}\right)\left(\frac{r_L - r_0}{L}\right) \tag{3}$$

由于沿管长体积流量不变，令 $r^* = r_L/r_0$，积分式（3），可得 V' 与 Δp 的关系为：

$$V' = \frac{3\pi}{8\mu} \times \frac{p_0 - p_L}{L} \times \frac{r_0 - r_L}{r_0^{-3} - r_L^{-3}} = \frac{\pi(p_0 - p_L)r_0^4}{8\mu L}\left[1 - \frac{1 + r^* + r^{*2} - 3r^{*3}}{1 + r^* + r^{*2}}\right] \tag{4}$$

式（4）表明，将式（2-53）加一个校正因子即得锥形管中体积流量与压降的关系式。

2.2.3 套管环隙间的轴向流动

套管由两种不同直径的圆管组成，是一种常用的换热器。套管内的流动又是管束间轴向流动的良好模型，在工业上颇有实际意义。下面考察套管环隙之间流体的轴向运动。

同心套管 图 2-9 示出了内径分别为 r_1 和 r_2 的同轴水平套管，流体在环隙间作层流运动。描述该流动的运动方程与圆管的相同，亦为式（2-48），但边界条件变更为：

$$r = r_1 \quad, \quad u = 0 \tag{2-65a}$$

$$r = r_2 \quad, \quad u = 0 \tag{2-65b}$$

$$r = r_{\max} \quad, \quad u = u_{\max} \quad, \quad \frac{\partial u}{\partial r} = 0 \tag{2-65c}$$

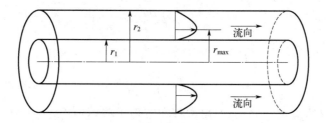

图 2-9 套管环隙间的流动

正是由于边界条件不同，套管环隙间的流动与圆管内的流动相比，具有许多不同的特点。例如，圆管内流动的最大速度总是发生在管中心，而套管环隙间的最大速度 u_{max} 对应的位置 r_{max} 则随 r_1、r_2 的值而有所不同，且符合下式：

$$r_{max} = \sqrt{\frac{r_2^2 - r_1^2}{2\ln(r_2/r_1)}} \tag{2-66}$$

式（2-66）给出了套管环隙间层流运动时最大速度的理论位置。

速度分布 环隙间速度分布表达式为：

$$u = \frac{\Delta p}{2\mu L}\left(\frac{r^2}{2} - \frac{r_2^2}{2} + r_{max}^2 \ln\frac{r_2}{r}\right) \tag{2-67}$$

根据式（2-67）可方便地得出其他一些具有重要意义的关系式，如体积流量、剪应力分布等。

体积流量 套管环隙间的体积流量 V' 为：

$$V' = \pi(r_2^2 - r_1^2)u_b = -\frac{\Delta p\pi}{8\mu L}\left[r_2^4 - r_1^4 - \frac{(r_2^2 - r_1^2)^2}{\ln(r_2/r_1)}\right] \tag{2-68}$$

剪应力分布

或

$$\tau_r = -\mu\frac{du}{dr} = -\frac{\Delta p r_2}{2L}\left(-\frac{r_2}{r} \times \frac{r_{max}^2}{r_2^2} + \frac{r}{r_2}\right)(r_{max} \leqslant r \leqslant r_2)$$

$$\tau_r = \mu\frac{du}{dr} = -\frac{\Delta p r_1}{2L}\left(\frac{r_1}{r} \times \frac{r_{max}^2}{r_1^2} - \frac{r}{r_1}\right)(r_1 \leqslant r \leqslant r_{max})$$

$$\tag{2-69}$$

当 $r_1 \to 0$ 时，上述方程式均可简化为圆管中对应的方程式。比较圆管与套管环隙的流动，可见，边界条件在决定流动特性（包括剪应力）时的重要作用。例如，当圆管中含一根直径很小的细丝，即使它所占流动截面几乎可以忽略不计，但由于 $r_1 \neq 0$，其对边界条件的修正，使管内速度分布和压降也会出现显著变化。

水力半径 如果管截面形状改变，例如为矩形、椭圆形或三角形等，也可以求出它们的速度分布、流量-压降关系，只是数学表达式比较复杂。通常针对非圆管的截面需要引入平均剪应力的概念导出**水力直径**，然后才能计算相关的参数。

对于非圆管流道，壁面**平均剪应力**的定义式为：

$$\bar{\tau}_w = \frac{1}{l}\int_0^l \tau_w ds \tag{2-70}$$

式中，$\bar{\tau}_w$ 为壁面平均剪应力，N/m^2；ds 为微元弧长，m；l 为流道截面周长，m。

在充分发展的任意管流中，取图 2-10 所示长条，进行力衡算，壁面剪应力与压差平衡（进、出动量通量相等），有下式成立：

$$dx \int_0^l \tau_w ds = -A dp \quad (2\text{-}71)$$

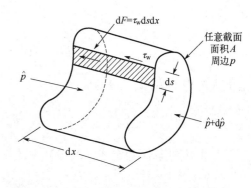

从平均剪应力的定义可知：

$$\bar{\tau}_w = \frac{A}{l} \left(-\frac{dp}{dx} \right) \quad (2\text{-}72)$$

图 2-10 充分发展任意管流中的力平衡

式（2-72）完全类似于圆管的式（2-62），其中 A/l 具有长度量纲；对于圆管，该值等于 $r_i/2$。对于非圆管，令 $\dfrac{A}{l} = \dfrac{d_h}{4}$，其中 d_h 称为该截面的**水力直径**。于是，有：

$$d_h = \frac{4A}{l} = \frac{4 \times 截面面积}{浸润周边} \quad (2\text{-}73)$$

非圆管范宁摩擦因数 f 与 Re_h 成反比，和圆管有同样形式，但 Re_h 基于水力直径 d_h：

$$f = \frac{A}{Re_h} \quad (2\text{-}74)$$

式中 A 随非圆管特征略有变化。

2.3 旋转层流流动

前面考察了直线层流流动，此处讨论**旋转层流流动**。同心套筒环隙中充满了牛顿流体如图 2-11 所示。内筒外径为 r_1，外筒内径为 r_2，当内筒以角速度 ω 旋转，称为旋转库特流，假定圆筒长度远大于半径，可忽略端效应。流动已达稳态，且具有轴对称性，即速度与压力沿 θ 方向不发生变化，在柱坐标系中，仅 u_θ 是非零速度分量，即：

$$u_r = u_z = 0; \quad u_\theta = u_\theta(r) \quad (2\text{-}75)$$

N-S 方程可简化为：

r 方向：
$$\frac{dp}{dr} = \rho \frac{u_\theta^2}{r} \quad (2\text{-}76a)$$

θ 方向：
$$\frac{d^2 u_\theta}{dr^2} + \frac{1}{r} \times \frac{du_\theta}{dr} - \frac{u_\theta}{r^2} = 0 \quad (2\text{-}76b)$$

边界条件：
$$r = r_1, \quad u_\theta = r_1 \omega_1 \quad (2\text{-}77a)$$
$$r = r_2, \quad u_\theta = r_2 \omega_2 \quad (2\text{-}77b)$$

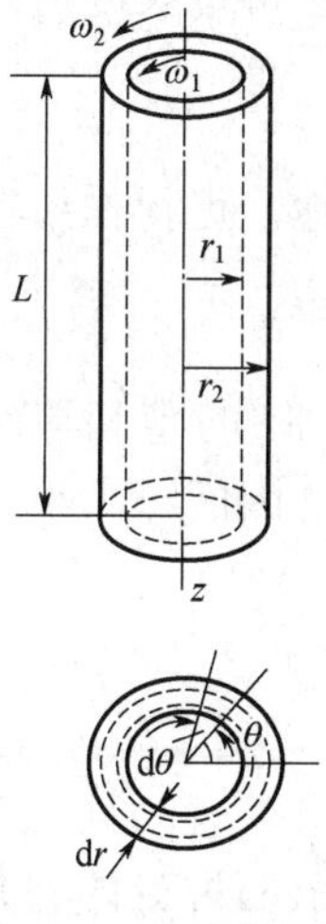

针对式（2-76b），**设解的形式**为 r^n，即 $u_\theta = r^n$，n 待定。代回该

图 2-11 环隙旋转流

式，得：

$$n(n-1)r^{n-2} + n\frac{1}{r}r^{n-1} - \frac{1}{r^2}r^n = 0 \tag{2-78}$$

由上式解得 $n = \pm 1$，于是：

$$u_\theta = C_1 r + \frac{C_2}{r} \tag{2-79}$$

根据边界条件确定式（2-79）中的常数 C_1、C_2，得速度分布为：

$$u_\theta = \frac{\omega_2 r_2^2 - \omega_1 r_1^2}{r_2^2 - r_1^2} \times r + \frac{(\omega_2 - \omega_1)r_1^2 r_2^2}{r_2^2 - r_1^2} \times \frac{1}{r} \tag{2-80}$$

当 $r_2 \to \infty$，$\omega_2 = 0$ 时，由上式可得单圆柱在无限流体中旋转时的速度分布函数为：

$$u_\theta = r_1^2 \times \frac{\omega_1}{r} \tag{2-81}$$

为了获取作用在圆筒面上的转矩，应先计算柱面上的剪应力。柱坐标系中的剪应力与速度梯度的关系式为：

$$\tau_{r\theta} = \mu\left(\frac{\partial u_\theta}{\partial r} - \frac{u_\theta}{r} + \frac{1}{r} \times \frac{\partial u_r}{\partial \theta}\right) \tag{2-82}$$

将式（2-80）代入式（2-82），并考虑到 $u_r = 0$，得：

$$\tau_{r\theta} = \frac{2\mu(\omega_2 - \omega_1)r_1^2 r_2^2}{(r_2^2 - r_1^2)r^2} \tag{2-83}$$

在给定内外圆筒的转速及半径的情况下，$\tau_{r\theta}$ 仅为 r 的函数，当 $r = r_1$ 时，由上式可得作用在圆筒上的剪应力为：

$$\tau_{r\theta} = (\tau_{r\theta})_{r=r_1} = \frac{2\mu(\omega_2 - \omega_1)r_2^2}{r_2^2 - r_1^2} \tag{2-84}$$

作用在单位长度内圆筒面上的转矩则为：

$$M_1 = 2\pi r_1 \times 1 \times (-\tau_{r\theta})r_1 = 4\pi\mu r_1^2 r_2^2 (\omega_1 - \omega_2)/(r_2^2 - r_1^2) \tag{2-85}$$

类似地，可得作用在单位长度外圆筒面上的转矩为：

$$M_2 = -4\pi\mu r_1^2 r_2^2 (\omega_1 - \omega_2)/(r_2^2 - r_1^2) \tag{2-86}$$

M_1 与 M_2 数值相等而方向相反，这是因为流体的总角动量应保持不变。同轴圆筒环隙间旋转流，因间隙大小、转速变化存在多种流型，上面给出的是最简单的一种。

2.4 振荡流动——非稳态流动

前面讨论的都是物理量不随时间变化的稳态流动，这里将研究运动物理量既随位置又随时间变化的非稳态流动。一个最典型的例子就是平板在静止流体上突然起动后的流体流动。

初始时刻，流体静止；平板突然起动且在水平方向获得速度 u_0 后，考察流体的运动。选择 x 轴为流体运动方向，$y=0$ 为壁面，速度分量 $u_y=u_z=0$，$u_x=u_x(y,\theta)$。因只有 x 方向的速度分量，为方便起见，在下面的讨论中将 u_x 的下标省掉，记为 u。

直角坐标系中 N-S 方程简化为：

$$\frac{\partial u}{\partial \theta} = \nu \frac{\partial^2 u}{\partial y^2} \tag{2-87}$$

式（2-87）与齐次热传导方程相似，已有诸多非定常解。整个空间压力为常数，初始条件和边界条件是：

$$\theta=0, \quad u=0 \text{（所有 } y \text{ 值）} \tag{2-88a}$$

$$\theta>0, \quad y=0, \quad u=u_0 \tag{2-88b}$$

$$y\to\infty, \quad u=0 \tag{2-88c}$$

引入如下变量：

$$\eta = \frac{y}{2\sqrt{\nu\theta}}, \quad u=u_0 f(\eta)$$

通过变量替换法，式（2-87）简化为常微分方程：

$$f'' + 2\eta f' = 0 \tag{2-89}$$

式（2-88）变换为：

$$\eta=0, \quad f=1; \quad \eta\to\infty, \quad f=0 \tag{2-90}$$

求解式（2-89）可得速度分布方程：

$$\frac{u}{u_0} = 1 - \frac{2}{\sqrt{\pi}} \int_0^\eta \exp(-\eta^2)\,\mathrm{d}\eta \tag{2-91}$$

平板突然启动后的流体速度分布示于图 2-12。

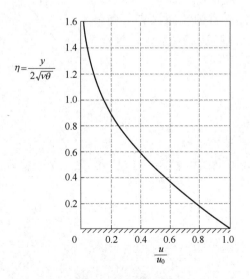

图 2-12 平板突然起动后流体的速度分布

2.5 流线和流函数

除了一般的层流流动之外,还有两类特殊流动也可用 N-S 方程描述,并可获得分析解:一是雷诺数很低的流动,二是雷诺数很高的流动。雷诺数 Re 的物理意义是**惯性力与黏性力之比**。当 Re 很低时,表明惯性力很小,流体流动主要由黏滞力控制;而当 Re 很高时,惯性力占主导,对流动起支配作用。因此,在某些特殊条件下,针对一个具体的流场,可视 Re 之值对运动方程作简化处理。特别是对于雷诺数很高的流动,在远离边界的主体流动区域,惯性力远远大于黏滞力,可视为**非黏性流体**,即**理想流体**。对于理想流体,常采用流线、流函数等概念,其中流函数的概念又可用于黏性流体流动的研究。本节将讨论流线和流线方程以及流函数的物理意义。

2.5.1 流线及其特性

根据式(1-73)可获得流体质点在指定时刻、指定位置的速度分布,如图 2-13 中的虚线所示,它形象地表达了整个流场中质点的运动图像。为了更清晰地表达流速,通常采用流线的概念。所谓**流线**,是指这样一条曲线,**该曲线上任意一点的速度方向与该点的切线方向相同**,如图 2-13 中的实线(第Ⅳ根流线)所示。由于速度不仅与位置有关,而且还是时间的函数,因此,流线具有如下特征:

① 在任一瞬时,通过流场中的任意一点都有一条流线,即流场中的流线是一族。

② 在**非稳态流场**中,任何一点处的流速都是随时间而变的,所以**流线族具有瞬时性**,即不同瞬时所对应的流线族是不同的。

③ 由于在每一空间点上,质点的速度只有一个确定的方向,因此一般情况下,同一瞬时,或在**稳态流场中,通过任一点的流线只有一条**,即流线互不相交,流体不能穿过流线流动。仅在速度为零的驻点、速度为无穷大的"奇点"以及流线相切处为例外。

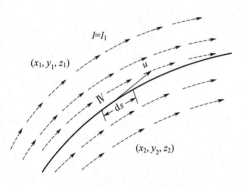

图 2-13 速度场流线示意图

2.5.2 流线方程

设流线上某一点 M 的速度为 u,其在三个坐标轴方向的分量分别为 u_x、u_y、u_z,在 $d\theta$ 时间内沿该点流线的切线方向的位移为 ds,且 ds 在三个坐标轴方向上的分量分别为 dx、dy、dz。则 M 点处的速度分量可表示为:

$$u_x = \frac{dx}{d\theta} , \quad u_y = \frac{dy}{d\theta} , \quad u_z = \frac{dz}{d\theta} \qquad (2\text{-}92)$$

由于式(2-92)中的 $d\theta$ 是相同的,故可导出下式:

$$d\theta = \frac{dx}{u_x} = \frac{dy}{u_y} = \frac{dz}{u_z} \qquad (2\text{-}93)$$

式（2-93）为三维空间任一流线的微分方程，简称**流线方程**（Streamline Equation）。对于二维流动（x-y 平面），流线微分方程为：

$$\frac{\mathrm{d}x}{u_x} = \frac{\mathrm{d}y}{u_y} \quad \text{或} \quad u_x\mathrm{d}y - u_y\mathrm{d}x = 0 \tag{2-94}$$

流线虽是纯几何概念，是一种假想的线（类似于电场的电力线概念），但用它可以清晰表示出流场的情况，特别适用于二维流动。在画流线时，其切线方向表示速度的方向，而其疏密度则表示速度的大小。图 2-14 为流体在渐缩管中流动时的流线示意图。由图可见，截面大处流线较稀，即速度较小；截面小处流线较密，即速度较大。

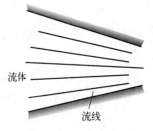

图 2-14 渐缩管中的流线

2.5.3 流管

在流场中画一非流线的任意闭合曲线，并画出经过闭合曲线上每一点的流线，这些流线就组成一条流管，如图 2-15 所示。因为流线的方向就是流动的方向，在该时刻不会有流体从流管的侧面流出或流入，所以在流管中的流体，就好似在固体管中一样。在处理比较简单的问题时（如管内流动），就可以把充满流体的整个空间作为一根流管。

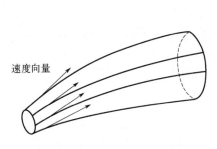

图 2-15 流管

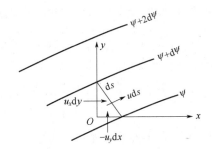

图 2-16 流函数推导示意图

2.5.4 流函数

大多数工程问题都可采用二维流动（平面流）来处理。所谓二维流动，是指所有流体质点的运动速度都与已知平面平行，而且所有平面上的流动情况都相同。对不可压缩流体（密度为 ρ）的稳态二维流动，如图 2-16 所示，设 x-y 平面有一流线族，因流体不可穿过流线，**设沿基准流线流动的质量流率为** G'，速度为 **u**，两条相邻流线间质量流率差为 $\mathrm{d}G'$，距离为 $\mathbf{d}s$，则两条相邻流线间（单位厚度）质量流率差为：

$$\mathrm{d}G' = \rho u \mathrm{d}s \tag{2-95}$$

另一方面，由于 $\mathrm{d}s$ 在 x、y 方向上分量分别是 $-\mathrm{d}x$、$\mathrm{d}y$，$\mathbf{u}$ 在 x、y 方向上分量分别是 u_x、u_y，选取图中单位厚度的**直角三角形微元体**进行质量衡算，有：

$$-\rho u_y \mathrm{d}x + \rho u_x \mathrm{d}y = \rho u \mathrm{d}s \tag{2-96}$$

将式（2-95）代入式（2-96），且两边同时除以 ρ，可得：

$$-u_y dx + u_x dy = dG'/\rho = d\psi \qquad (2\text{-}97)$$

式中 $\psi = G'/\rho$，其**物理意义是：对基准流线的单位厚度而言的体积流量**。

比较式（2-97）与流线方程（2-94），可得：

$$d\psi = 0 \qquad (2\text{-}98)$$

式（2-98）表明 ψ 为常数。反言之，ψ＝常数的曲线就是流线。给予一系列不同的常数值，则可得到一族流线。由于流体不可能穿越流线，物体表面一般也不为流体所穿透，所以物体表面也可看作是流线。通常以**零流线**，即 $\psi=0$ 的流线代表**物体表面**。

另一方面，由于流速是 x、y 的函数，所以 ψ 也是 x、y 的函数，其全微分可表达为：

$$d\psi = \frac{\partial \psi}{\partial x} dx + \frac{\partial \psi}{\partial y} dy \qquad (2\text{-}99)$$

比较式（2-99）和式（2-97）可得，函数 ψ 与速度分量的关系为：

$$u_x = \frac{\partial \psi}{\partial y} \quad , \quad u_y = -\frac{\partial \psi}{\partial x} \qquad (2\text{-}100\text{a,b})$$

式中 ψ 称为**流函数（Stream Function）**，式（2-100）就是直角坐标系中**流函数的定义式**。

引入流函数 ψ，连续性方程将自动满足：

$$\frac{\partial u_x}{\partial x} + \frac{\partial u_y}{\partial y} = \frac{\partial^2 \psi}{\partial x \partial y} - \frac{\partial^2 \psi}{\partial x \partial y} = 0 \qquad (2\text{-}101)$$

流函数的另一个重要**物理意义是**，流经单位厚度的任意曲面 AB 的流量，等于 A、B 的两个端点流函数之差，而与该曲线形状无关（参见图 2-17），即：

$$V' = \int_{\psi_B}^{\psi_A} d\psi = \psi_A - \psi_B \qquad (2\text{-}102)$$

柱坐标系中二维流函数的定义式为：

$$u_r = \frac{\partial \psi}{r \partial \theta} \quad , \quad u_\theta = -\frac{\partial \psi}{\partial r} \qquad (2\text{-}103\text{a,b})$$

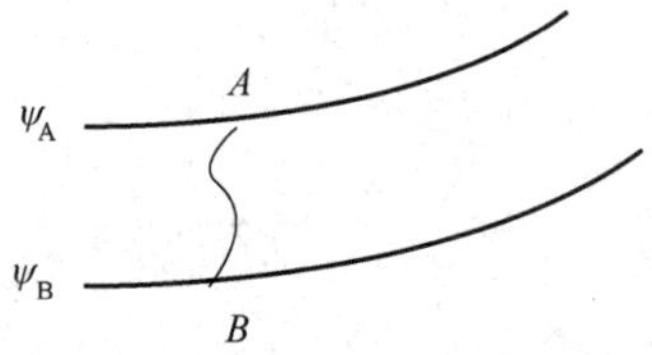

图 2-17 流函数与体积流量

稳态流动与非稳态流动，流线与轨线的进一步讨论如下。

一般来说，流体速度 u 是随时间变化的。某时刻的流线只反映该时刻所有质点的方向，表明一种流动的瞬时状态。显然，这和表示一个质点在一个时间段内的运动轨线是不同的。但是，当空间各流体质点的速度及表示流动的其他参数不随时间变化时，流线和轨线将重合，这种运动称为**稳态流动**；而流动参数随时间变化的流动，称为**非稳态流动**。非稳态流动在某一瞬时的特性（流场结构及作用于物体上的流体动力等），既与该时刻流场边界条件有关，又与初始条件及流动发展的历史有关，因而比稳态流动要复杂得多。

尽管流线和轨线在稳态流动时重合，但在概念上它们是完全不同的。这是应用两种不同考察方法所得的结果，**轨线**表示的是同一质点在一个时间段内的经历；**流线**表示的是同一时刻不同质点的速度方向。

应该指出的是：在某些情况下，改变坐标系，可使非稳态流动简化为稳态流动。这对流动问题的研究将带来很大方便。

【**例 2-3**】 非稳态流动时的流线

流场速度分布由下式给出 $u_x=2x^2$，$u_y=4xy\theta$，求流线方程以及 $\theta=1$ 和 $\theta=0.5$ 时经过点（1,3）的流线。

【**解**】 由流线的微分方程得：

$$\frac{dy}{dx}=\frac{u_y}{u_x}=\frac{4xy\theta}{2x^2}=2\frac{y}{x}\theta$$

θ 对 x、y 是常数，分离变量，积分上式，得：

$$\int\frac{dy}{y}=2\theta\int\frac{dx}{x}$$

$$\ln y=2\theta\ln x+\ln c$$

$$y=cx^{2\theta}$$

这是流线的一般方程。由流线过点（1,3）得 $c=3$，所以：

$$y=3x^{2\theta}$$

当 $\theta=1$ 时，$y|_{\theta=1}=3x^2$，流线如图 2-18 中的实线所示。当 $\theta=\frac{1}{2}$ 时，$y|_{\theta=\frac{1}{2}}=3x$，流线如图 2-18 中虚线所示。

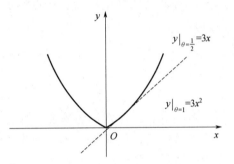

图 2-18 例 2-3 附图

2.6 势流

前已述及，当 Re 很大时，在远离边界的主体流动区域，可以忽略黏滞力的影响，而将流体视为理想流体，即非黏性流体。下面来分析一下理想流体流经一个无限长圆柱体时的速度分布和压力分布问题，同时给出势流的定义及其物理意义。

2.6.1 势流与欧拉方程

如图 2-19 所示，一圆柱体在 z 方向为无限长，当理想流体沿 x 方向流经圆柱体时，因无黏性，流体在圆柱体表面处不黏附而滑脱，它必定分开绕过柱体向下游流动。同样由于无黏性，流体在 y 方向上不存在速度梯度，对于理想流体，可用**伯努利方程**（Bernoulli Equation）来描述：

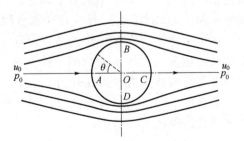

图 2-19 理想流体绕圆柱流动示意图

$$\frac{u^2}{2} + \frac{p}{\rho} = \frac{u_0^2}{2} + \frac{p_0}{\rho} \tag{2-104}$$

式中，u、p 分别为流线上任一点处的流速和压力；u_0、p_0 分别为远离柱体流线上的流速和压力。

式（2-104）表明，对于不可压缩理想流体而言，由于无黏性，不存在因黏性而产生的摩擦能耗，任意一点的动能与势能之和总是恒定的。藉此可分析图中四个特征点 A、B、C、D 的速度和压力变化情况。

因流体在 A 点被柱体挡住去路，流速为零，压力最大，由式（2-104）可得：

$$p_A = p_0 + \frac{u_0^2}{2} \tag{2-105}$$

p_A 称为停滞压力或动压力。B 点和 D 点速度最大，压力降至最小，C 点处流速又为零，即：

$$u_A = u_C = 0 \quad , \quad u_B = u_D = u_{max} \tag{2-106}$$

$$p_A = p_C \quad , \quad p_B = p_D = p_{min} + \frac{u_{max}^2}{2} \tag{2-107}$$

由此可见，在圆柱的周边，速度分布和压力分布是完全对称的，柱体本身未受流体任何曳力作用，柱面附近不会产生流体的旋转运动，通常将这种**不产生旋转的运动称作无旋运动或有势运动**，流体的有势运动又称作**势流**（Potential Flow）。

由于黏度为零，通常将理想流体流动视为 Re 很大、惯性力远远大于黏性力的流动，因此，不可压缩流体的 N-S 方程可写成：

$$u_x \frac{\partial u_x}{\partial x} + u_y \frac{\partial u_x}{\partial y} + u_z \frac{\partial u_x}{\partial z} + \frac{\partial u_x}{\partial \theta} = X - \frac{1}{\rho} \times \frac{\partial p}{\partial x} \tag{2-108a}$$

$$u_x \frac{\partial u_y}{\partial x} + u_y \frac{\partial u_y}{\partial y} + u_z \frac{\partial u_y}{\partial z} + \frac{\partial u_y}{\partial \theta} = Y - \frac{1}{\rho} \times \frac{\partial p}{\partial y} \tag{2-108b}$$

$$u_x \frac{\partial u_z}{\partial x} + u_y \frac{\partial u_z}{\partial y} + u_z \frac{\partial u_z}{\partial z} + \frac{\partial u_z}{\partial \theta} = Z - \frac{1}{\rho} \times \frac{\partial p}{\partial z} \tag{2-108c}$$

式（2-108）为理想流体的运动微分方程，又称为**欧拉方程**（Euler Equation）。它主要用来研究**气体动力学**中的有关问题。对于实际流体，则可用来计算远离边界的流场速度分布和压力分布问题。比如航天器外围空气或航海器外围海水的速度分布和压力分布。

由于欧拉方程为非线性偏微分方程，为了求解该方程，需引入一个新函数 φ，其目的是通过该函数将二维平面的两个速度分量统一起来，故又将这一函数称为**速度势函数**，简称**速度势或势函数**（Potential Function）。

为了便于理解速度势的概念，先从物理学上的势能说起。质量为 M 的流体在重力场中所具有的势能可表达为：

$$E_p = mgh \tag{2-109}$$

式中，E_p 为势能，J；m 为质量，kg；g 为重力加速度，9.8m/s^2；h 为流体在重力方向（与水平面垂直的方向）上相对于基准平面的高度，m。

设直角坐标系中 z 轴为垂直方向，则单位质量流体的势能变化 dE_p 为：

$$dE_p = -g dz \tag{2-110}$$

式中，负号表示重力与 z 轴方向相反；g 实际上为单位质量所具有的重力，称为质量力，其大小等于式（2-108c）中的 Z，但方向相反。式（2-110）表明，**势能的变化等于质量力乘以距离的变化**，且可导出下式：

$$Z = -g \frac{dE_p}{dz} \tag{2-111}$$

式（2-111）表明，**质量力可表示为势能梯度**。同样地，对于 $x\text{-}y$ 平面的二维流场，若引入一个速度势，记为 $\varphi(x, y)$，也可将**速度表示为速度势梯度**的形式：

$$u_x = \frac{\partial \varphi}{\partial x}, \quad u_y = \frac{\partial \varphi}{\partial y} \tag{2-112a,b}$$

式（2-112）即为不可压缩流体在二维流场中的**势函数 φ 的定义式**。

不可压缩流体在二维流场中的连续性方程为：

$$\frac{\partial u_x}{\partial x} + \frac{\partial u_y}{\partial y} = 0 \tag{2-113}$$

将式（2-112）代入式（2-113），可得：

$$\frac{\partial^2 \varphi}{\partial x^2} + \frac{\partial^2 \varphi}{\partial y^2} = 0 \tag{2-114}$$

式（2-114）表明势函数满足**二维拉普拉斯方程（Laplace Equation）**。如果势函数还满足适当的边界条件，就可借助数学知识求解拉普拉斯偏微分方程，获得 $\varphi(x, y)$ 的具体表达式，进而根据式（2-112）获得二维流场中的速度分布。

在以上推导过程中，其逻辑是先假设势函数存在，然后一步步导出了该函数满足拉普拉斯方程。而事实上，**势函数并非总是存在的**，只有当二维流场中的流体运动满足某些条件时，势函数才存在。下面将给出势函数存在应满足的条件。

将式（2-112a）和式（2-112b）分别对 y 和 x 求导数，得：

$$\frac{\partial u_x}{\partial y} = \frac{\partial^2 \varphi}{\partial y \partial x}, \quad \frac{\partial u_y}{\partial x} = \frac{\partial^2 \varphi}{\partial x \partial y} \tag{2-115a,b}$$

比较上述两式，可得：

$$\frac{\partial u_y}{\partial x} - \frac{\partial u_x}{\partial y} = 0 \tag{2-116}$$

式（2-116）左侧的量称为流体在 $x\text{-}y$ 平面运动时的**涡旋分量**。该量与流体绕 z 轴旋转的角速度 ω 有关。

如图 2-20 所示，在 $x\text{-}y$ 平面有一流体微元，因黏性作用其速度在 x、y 两个方向上均有梯度，导致两层流体在时间间隔 $d\theta$ 内位移不同，且使得流体微元绕 z 轴旋转。设上层流体在 x 方向多走了一段距离 ds_x，所产生的旋转角速度为 ω_x，旋转方向为顺时针，则有：

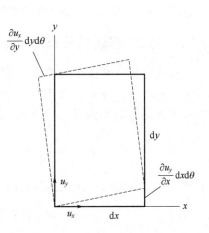

图 2-20　由黏性引起的微元旋转示意图

$$ds_x = -\frac{\partial u_x}{\partial y} dy d\theta \tag{2-117}$$

$$\omega_x = -\frac{u_x + \frac{\partial u_x}{\partial y} dy - u_x}{dy} = -\frac{\partial u_x}{\partial y} \tag{2-118}$$

式中负号表示顺时针方向旋转。

同理，在 y 方向也多走了一段距离 ds_y，所产生的逆时针方向旋转角速度为 ω_y，可导出下式：

$$\omega_y = \frac{\partial u_y}{\partial x} \tag{2-119}$$

由于 x、y 两个方向上的旋转速度不一定相等，所以对微元体而言绕 z 轴旋转的净角速度应为二者算术平均值，即：

$$\omega = \frac{1}{2}(\omega_x + \omega_y) \tag{2-120}$$

将式（2-118）和式（2-119）代入式（2-120），经整理得：

$$\frac{\partial u_y}{\partial x} - \frac{\partial u_x}{\partial y} = 2\omega \tag{2-121}$$

上式表明，流体在 x-y 平面运动时的涡旋分量等于流体绕 z 轴旋转角速度的 2 倍。而根据式（2-116）可知，**若势函数存在，则角速度 ω 为零**，即：

$$\frac{\partial u_y}{\partial x} - \frac{\partial u_x}{\partial y} = 2\omega = 0 \tag{2-122}$$

式（2-122）即为**势函数存在的条件**，它表明当 x-y 平面的流体做无旋运动时，**势函数存在**。这种概念可推广到三维流场。可以看出，势函数是以理想流体为基础提出来的，其存在条件也是根据理想流体推导出来的。事实上，由于理想流体本身无黏性，它在运动过程中不会受到剪应力作用，也就不会存在因剪应力而产生的旋转力矩，故理想流体微元本身就处于无旋状态，式（2-122）是自然满足的。而黏性流体的流动一般来说是有旋运动，只有满足式（2-122）才为势流。

2.6.2 势流的速度分布和压力分布——伯努利方程

前已述及，势流的速度分布和压力分布可通过求解欧拉方程式（2-108）获得。设一不可压缩流体在 x-y 平面作稳态势流流动，则 z 方向的速度分量为零，式（2-108）中有关时间的偏导数均为零，且 X、Y 均可表示为势能的偏导数，即：

$$u_z = 0, \quad \frac{\partial u_x}{\partial \theta} = 0, \quad \frac{\partial u_y}{\partial \theta} = 0, \quad X = \frac{\partial E_p}{\partial x}, \quad Y = \frac{\partial E_p}{\partial y} = 0 \tag{2-123}$$

据此，式（2-108a）和式（2-108b）可简化为：

$$u_x \frac{\partial u_x}{\partial x} + u_y \frac{\partial u_x}{\partial y} - \frac{\partial E_p}{\partial x} + \frac{1}{\rho} \times \frac{\partial p}{\partial x} = 0 \tag{2-124a}$$

$$u_x \frac{\partial u_y}{\partial x} + u_y \frac{\partial u_y}{\partial y} - \frac{\partial E_p}{\partial y} + \frac{1}{\rho} \times \frac{\partial p}{\partial y} = 0 \qquad (2\text{-}124\text{b})$$

将式（2-122）代入式（2-124），可得：

$$u_x \frac{\partial u_x}{\partial x} + u_y \frac{\partial u_y}{\partial x} - \frac{\partial E_p}{\partial x} + \frac{1}{\rho} \times \frac{\partial p}{\partial x} = 0 \qquad (2\text{-}125\text{a})$$

$$u_x \frac{\partial u_x}{\partial y} + u_y \frac{\partial u_y}{\partial y} - \frac{\partial E_p}{\partial y} + \frac{1}{\rho} \times \frac{\partial p}{\partial y} = 0 \qquad (2\text{-}125\text{b})$$

可以看出，式（2-125a）中各项均为对 x 的偏导数，将该式对 x 积分，得：

$$\frac{1}{2}(u_x^2 + u_y^2) - E_p + \frac{p}{\rho} = g_1 \qquad (2\text{-}126\text{a})$$

式中 g_1 为积分常数，它只是 y 的函数，而与 x 无关，记为 $g_1(y)$。

同理，将式（2-125b）对 y 积分，得：

$$\frac{1}{2}(u_x^2 + u_y^2) - E_p + \frac{p}{\rho} = g_2 \qquad (2\text{-}126\text{b})$$

式中 g_2 也为积分常数，它只是 x 的函数，而与 y 无关，记为 $g_2(x)$。

由于式（2-126a）和式（2-126b）的左边完全相同，故 $g_1(y)$ 和 $g_2(x)$ 也相同且为常数，即：

$$g_1(x) = g_2(x) = c \qquad (2\text{-}127)$$

对于二维流动，有：

$$u_x^2 + u_y^2 = u^2 \qquad (2\text{-}128)$$

将式（2-128）和式（2-127）代入式（2-126），得：

$$\frac{1}{2}u^2 - E_p + \frac{p}{\rho} = c \qquad (2\text{-}129)$$

式（2-129）即为**伯努利方程（Bernoulli Equation）**。将该方程用于流场中的 A、B 两点，可得：

$$\frac{1}{2}u_A^2 - E_{pA} + \frac{p_A}{\rho} = \frac{1}{2}u_B^2 - E_{pB} + \frac{p_B}{\rho} \qquad (2\text{-}130\text{a})$$

或

$$\frac{1}{2}\Delta u^2 - \Delta E_p + \frac{\Delta p}{\rho} = 0 \qquad (2\text{-}130\text{b})$$

根据式（2-111）可得：

$$\Delta E_p = -g\Delta z \qquad (2\text{-}131)$$

将式（2-131）代入式（2-130b），得：

$$\frac{1}{2}\Delta u^2 + g\Delta z + \frac{\Delta p}{\rho} = 0 \qquad (2\text{-}132)$$

式（2-132）为**伯努利方程的实际应用形式**，据此可计算流场中两点之间的压降或由某一点的速度计算另一点的速度等实际工程问题。需要指出,该方程只适用于惯性力为主导(忽略黏性力)的流场。对于圆管中的流动,伯努利方程中的速度 u 为某个截面的主体速度,同时也是该截面上任意一点的流速。这是由于对于无黏性力的流体,根据牛顿黏性定律可知,在垂直于流动方向上不存在速度梯度,也就是说,同一截面上的任意一点均具有相同的速度。有鉴于此,伯努利方程可用于分析皮托管流量计和锐孔流量计前后的流体流动。因为流体流过这些流量计时,流动截面由大变小,流体被加速到很高的速度,流体与截面之间的摩擦力很小,可忽略不计,惯性力占绝对优势,流动可视为有势运动,在流量计中面积最小截面上的所有点均具有相同的流速。

对于有势运动,势函数和流函数同时存在。与流函数相似,速度势也是位置(x、y)的函数,将 x-y 平面上速度势相等的点连接起来可得一条曲线,称为**等势线**。等势线方程为:

$$\varphi(x,y) = 常数 或 \mathrm{d}\varphi = 0 \tag{2-133}$$

对势函数作全微分,可得:

$$\mathrm{d}\varphi = \frac{\partial \varphi}{\partial x}\mathrm{d}x + \frac{\partial \varphi}{\partial y}\mathrm{d}y = 0 \tag{2-134}$$

将势函数定义式(2-112)代入上式,得:

$$\mathrm{d}\varphi = u_x\mathrm{d}x + u_y\mathrm{d}y = 0 \tag{2-135}$$

由式(2-135)和式(2-134)可知,等势线上任意一点(x, y)的法线向量 $\left(\dfrac{\partial \varphi}{\partial x}, \dfrac{\partial \varphi}{\partial y}\right)$ 正是该点的速度分量(u_x, u_y),故等势线上任意一点的速度方向都与其法线方向一致,而速度方向又与其流线的切线方向一致,由此可知,**等势线一定与流线正交**。图 2-21 示出了平面流场中的一组等势线和一组流线。

对于实际流体流经截面积变化不大的管道内的流动,黏性力不可忽略,式(2-132)是不适用的。事实上,对于这种实际流体流动来说,由于 x、y 两个方向均有速度梯度,且两个速度梯度并不相等,故式(2-116)不成立,通常将这类流动称为**有旋运动**,其势函数不存在,但流函数仍然存在。

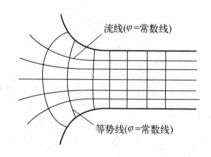

图 2-21 二维流场的流线和等势线示意图

【例 2-4】 已知二维流场中流函数为 $\psi = -u_0 xy$,试求该流场中速度 u 及其分量 u_x、u_y 的表达式,并求出该流场中位于点 $P(3, 4)$ 处的 $|u|$。

【解】 依题意,$u_x = \dfrac{\partial \psi}{\partial y} = -u_0 x$,$u_y = -\dfrac{\partial \psi}{\partial x} = u_0 y$

$$\boldsymbol{u} = -u_0 x\boldsymbol{i} + u_0 y\boldsymbol{j}$$

在 $P(3, 4)$ 处,$|\boldsymbol{u}| = \sqrt{(-3u_0)^2 + (4u_0)^2} = 5u_0$

2.7 爬流

爬流（creeping flow）是指 Re 很低（$Re<1$）的流动。当物体尺度很小、流体黏度很大或运动速度很小时就属于这种流动。例如，聚合物材料加工所涉及的体系黏度很大；尘粒、液滴、气泡等为小尺寸物体；多孔介质层（如催化剂层）中的流动速度很低。由此可见，爬流在实际应用中还是很广泛的。

本节将首先建立描述爬流的运动微分方程，然后结合绕球流动、润滑流、尖角流等实例，分别进行求解，获取其速度分布和压力分布信息。

2.7.1 爬流运动微分方程

当 Re 很小时，黏性力的作用远远超过惯性力，故可忽略惯性力的贡献。所谓惯性力，是指质量与加速度的乘积。在 N-S 方程中，代表惯性力的随体导数项可以近似为零；另外重力为质量与重力加速度的乘积，属于惯性力，也近似为零，故其在三个方向上的分量 X、Y、Z 也可忽略不计。对于不可压缩流体的爬流运动，连续性方程为式（1-79），N-S 方程可简化为：

$$\frac{\partial p}{\partial x} = \mu \left(\frac{\partial^2 u_x}{\partial x^2} + \frac{\partial^2 u_x}{\partial y^2} + \frac{\partial^2 u_x}{\partial z^2} \right) \tag{2-136a}$$

$$\frac{\partial p}{\partial y} = \mu \left(\frac{\partial^2 u_y}{\partial x^2} + \frac{\partial^2 u_y}{\partial y^2} + \frac{\partial^2 u_y}{\partial z^2} \right) \tag{2-136b}$$

$$\frac{\partial p}{\partial z} = \mu \left(\frac{\partial^2 u_z}{\partial x^2} + \frac{\partial^2 u_z}{\partial y^2} + \frac{\partial^2 u_z}{\partial z^2} \right) \tag{2-136c}$$

式（2-136）为**爬流运动微分方程**，它表明爬流流体中局部压力与黏性力成平衡，黏度则是压力场与速度场之间的比例系数。符合式（2-136）的爬流又称为**斯托克斯流（Stokes Flow）**。斯托克斯流在润滑、聚合物加工（注射成型）、通过多孔介质的流动等方面有着广泛的应用。

将式（2-136a）、式（2-136b）、式（2-136c）分别对 x、y、z 求导，然后相加，可得：

$$\frac{\partial^2 p}{\partial x^2} + \frac{\partial^2 p}{\partial y^2} + \frac{\partial^2 p}{\partial z^2} = \mu \frac{\partial}{\partial x}\left(\frac{\partial^2 u_x}{\partial x^2} + \frac{\partial^2 u_x}{\partial y^2} + \frac{\partial^2 u_x}{\partial z^2} \right) + \mu \frac{\partial}{\partial y}\left(\frac{\partial^2 u_y}{\partial x^2} + \frac{\partial^2 u_y}{\partial y^2} + \frac{\partial^2 u_y}{\partial z^2} \right)$$
$$+ \mu \frac{\partial}{\partial z}\left(\frac{\partial^2 u_z}{\partial x^2} + \frac{\partial^2 u_z}{\partial y^2} + \frac{\partial^2 u_z}{\partial z^2} \right) = \mu \left(\frac{\partial}{\partial x^2} + \frac{\partial}{\partial y^2} + \frac{\partial}{\partial z^2} \right)\left(\frac{\partial u_x}{\partial x} + \frac{\partial u_y}{\partial y} + \frac{\partial u_z}{\partial z} \right) \tag{2-137}$$

根据不可压缩流体的连续性方程式（1-79），可得：

$$\frac{\partial^2 p}{\partial x^2} + \frac{\partial^2 p}{\partial y^2} + \frac{\partial^2 p}{\partial z^2} = 0 \tag{2-138}$$

式（2-138）表明，爬流运动的压力场满足势流方程，故其压力为势函数。

三维爬流运动微分方程很难求解，利用流场几何特点，将其简化为二维或轴对称流，引进流函数，可为运动方程求解提供重要数学工具。下面针对二维流动，通过流线方程和连续性方程，并将流函数引入爬流运动微分方程进行求解。

2.7.2 绕球层流运动与斯托克斯分析解

如图 2-22 所示，一半径为 r_0 的小球，在不可压缩流体中以非常缓慢的速度 u_0 沉降。由于运动是相对的，如果以球体为参照物，则可认为流体由下而上以均匀速度 u_0 流过小球，u_0 可视为远离球体的流速，是未受干扰的流速。很显然，由于流体相对于球体而言可视为无穷大，故可假设流动沿 z 轴对称。

选用球坐标系，由于流体对于角 φ 是对称的，则 $\partial(\ )/\partial\varphi = 0$，$u_\varphi = 0$，故连续性方程可简化为：

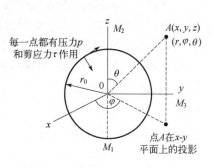

图 2-22 绕球层流运动（爬流）

$$\frac{1}{r^2} \times \frac{\partial}{\partial r}\left(r^2 u_r\right) + \frac{1}{r\sin\theta} \times \frac{\partial}{\partial \theta}\left(\sin\theta u_\theta\right) = 0 \quad (2\text{-}139)$$

引入流函数：

$$u_r = \frac{1}{r^2 \sin\theta} \times \frac{\partial \psi}{\partial \theta}, \quad u_\theta = -\frac{1}{r\sin\theta} \times \frac{\partial \psi}{\partial r}$$

流函数 ψ 所满足的方程是：

$$\left[\frac{\partial^2}{\partial r^2} + \frac{\sin\theta}{r^2} \times \frac{\partial}{\partial \theta}\left(\frac{1}{\sin\theta} \times \frac{\partial}{\partial \theta}\right)\right]^2 \psi = 0 \quad (2\text{-}140)$$

边界条件： $r = r_0, \quad u_r = 0, \quad u_\theta = 0 \quad (2\text{-}141\text{a})$

$r \to \infty, \quad u_r = u_0 \cos\theta, \quad u_\theta = -u_0 \sin\theta \quad (2\text{-}141\text{b})$

所以，$r \to \infty$ 时，流函数为：

$$\psi = \frac{1}{2}u_0 r^2 \sin^2\theta \quad (2\text{-}142)$$

边界条件通常可提示方程的解所应具有的形式。根据上述边界条件可以推知，微分方程式（2-140）的解 $\psi(r,\theta)$ 有如下形式：

$$\psi = f(r)\sin^2\theta \quad (2\text{-}143)$$

将式（2-143）代入式（2-140），得：

$$\left(\frac{d^2}{dr^2} - \frac{2}{r^2}\right)\left(\frac{d^2}{dr^2} - \frac{2}{r^2}\right)f(r) = 0 \quad (2\text{-}144)$$

这是线性齐次四阶常微分方程。取 $f(r) = Cr^n$，代入式（2-144），可求得 $n = -1, 1, 2, 4$，于是，函数 $f(r)$ 具有如下形式：

$$f(r) = \frac{A}{r} + Br + Cr^2 + Dr^4 \quad (2\text{-}145)$$

为使边界条件式（2-141）得到满足，D 应为零，C 则等于 $\frac{1}{2}u_0$，故流函数为：

$$\psi(r,\theta) = \left(\frac{A}{r} + Br + \frac{1}{2}u_0 r^2\right)\sin^2\theta \qquad (2\text{-}146)$$

由此得到两个速度分量为：

$$u_r = \frac{1}{r^2 \sin\theta} \times \frac{\partial \psi}{\partial \theta} = \left(u_0 + \frac{2A}{r^3} + \frac{2B}{r}\right)\cos\theta \qquad (2\text{-}147a)$$

$$u_\theta = -\frac{1}{r\sin\theta} \times \frac{\partial \psi}{\partial r} = -\left(u_0 - \frac{A}{r^3} + \frac{B}{r}\right)\sin\theta \qquad (2\text{-}147b)$$

利用边界条件得：

$$A = \frac{1}{4}u_0 r_0^3, \quad B = -\frac{3}{4}u_0 r_0$$

由此可得流函数为：

$$\psi = \frac{1}{2}u_0 r^2 \sin^2\theta \left[1 - \frac{3}{2}\left(\frac{r_0}{r}\right) + \frac{1}{2}\left(\frac{r_0}{r}\right)^3\right] \qquad (2\text{-}148)$$

从而求得速度分布为：

$$u_r = u_0 \left[1 - \frac{3}{2}\left(\frac{r_0}{r}\right) + \frac{1}{2}\left(\frac{r_0}{r}\right)^3\right]\cos\theta \qquad (2\text{-}149a)$$

$$u_\theta = -u_0 \left[1 - \frac{3}{4}\left(\frac{r_0}{r}\right) - \frac{1}{4}\left(\frac{r_0}{r}\right)^3\right]\sin\theta \qquad (2\text{-}149b)$$

由这些速度分量得到对称流型而无尾流。涡量计算得到：

$$\frac{\omega}{u_0 / r_0} = \frac{3}{2}\left(\frac{r_0}{r}\right)^2 \sin\theta \qquad (2\text{-}150)$$

由式（2-150）可知：
① 在前、后驻点（$\theta = \pi, 0$），涡量为零；在球的肩部（$\theta = \pi/2, 3\pi/2$），涡量升至最大。
② 随着 $r \to \infty$，涡量反比于 r^2，逐渐消失。

已知速度分布，即可由**斯托克斯流**的运动方程确定压力分布为：

$$p = p_0 - \frac{3}{2}u_0 \mu \frac{r_0}{r^2}\cos\theta \qquad (2\text{-}151)$$

由式（2-151）可知，ψ 对平面 $\theta = \dfrac{\pi}{2}$ 是对称的，所以球体首尾部的流线是对称的，这是因为忽略了方程中的惯性项，没有涡旋的对流，因而也就不存在尾流现象。

流函数式（2-148）可以分解成两部分。

第一部分为：

$$\psi = \frac{1}{2}u_0 r^2 \sin^2\theta \left[1 + \frac{1}{2}\left(\frac{r_0}{r}\right)^3\right] \qquad (2\text{-}152)$$

代表绕球的无旋流动，球表面上没有受到力的作用。

第二部分为：

$$\psi = -\frac{3}{4}u_0 r_0 r \sin^2\theta \qquad (2\text{-}153)$$

它代表绕球的有旋流动，其径向和横向速度分量分别为 $\left(-\dfrac{3}{2}u_0\dfrac{r_0}{r}\cos\theta\right)$ 和 $\left(-\dfrac{3}{4}u_0\dfrac{r_0}{r}\sin^2\theta\right)$（在 $r=0$ 处有一奇点）。第二部分还反映了球对流体流动的阻力。

图 2-23 示出了流体绕球爬流的流线、速度分布与压力分布。

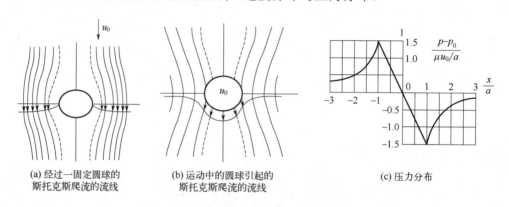

(a) 经过一固定圆球的斯托克斯爬流的流线　　(b) 运动中的圆球引起的斯托克斯爬流的流线　　(c) 压力分布

图 2-23　流体绕球爬流的流线、速度分布和压力分布示意图

斯托克斯流的特点　将上述表达式及流线图与理想流体的势流解及高雷诺数的流动对比，可以得到斯托克斯流具有以下特点：

① 由式（2-148）和式（2-149）可以看出，流函数和速度分布不会因流体黏度的不同而发生变化。

② 球体的首部与尾部的流线对称，无尾流（关于尾流，可见 **2.8** 节等有关内容），这是因为忽略了 N-S 方程的加速度项。而中等或高雷诺数流动的典型特征是，首、尾部流线不对称，并有一定宽度的尾流区。

③ 球体对流场的影响将延伸到相当远的距离。例如球中心轴左右两侧 $\theta=\pi/2$，在 10 倍于球的半径即 $r=10r_0$ 处，流速只比来流速度低 10%左右，而高雷诺数时的影响仅限于球体表面附近的薄层。

④ 球体附近的流动由于受到阻滞，速度低于 u_0，流场各处的流速亦均低于 u_0，而势流时，在球体表面处（$\theta=\pi/2$），则有 $u_\theta=1.5u_0$。

⑤ 由于球面上的法向速度梯度，球面上存在剪应力，产生了摩擦阻力。又由于首尾部压力不对称，产生了压差阻力。压力 p 与无限远处压力 p_0 之差与黏度有关，该值在球体前半部分（$\pi/2<\theta<\pi$）为正，后半部分（$0<\theta<\pi/2$）为负（见图 2-23）。压力分布是反对称的，首端最大，尾端最小（尽管速度相同）。而在高雷诺数下，对称的速度分布，意味着对称的压力分布。所以这种反对称行为是 Stokes 流的典型特征。

2.7.3　斯托克斯阻力定律

由式（2-151）得到球面（$r=r_0$）的压力分布为：

$$p = p_0 - \frac{3}{2r_0}\mu u_0 \cos\theta \tag{2-154}$$

在前、后驻点（M_1、M_2），压力分别为最大值和最小值，即：

$$p_{\max} = p_0 + \frac{3}{2}\times\frac{\mu u_0}{r_0}, \quad p_{\min} = p_0 - \frac{3}{2}\times\frac{\mu u_0}{r_0} \tag{2-155a,b}$$

式中，$p_{\max}$ 和 $p_{\min}$ 分别为前、后驻点处的压力。

式（2-155a）表明，在给定速度场中，前驻点的压力直接随流体黏度上升，根据压力系数定义，可得前驻点的**曳力因数**为：

$$\frac{p_{\max}-p_0}{\frac{1}{2}\rho u_0^2} = \frac{6}{Re} \tag{2-156}$$

显然，低 Re（$Re<1$）效应造成球上**前驻点曳力因数远大于理想流体之值**（1.0）。

球面上的剪应力分布可由下式计算：

$$\tau_{r\theta} = \mu\left[r\frac{\partial}{\partial r}\left(\frac{u_\theta}{r}\right) + \frac{1}{r}\times\frac{\partial u_r}{\partial\theta}\right] \tag{2-157}$$

将式（2-149）代入式（2-157），得：

$$\tau_{r\theta} = -\frac{3}{2}\times\frac{\mu u_0}{r_0}\sin\theta\times\left(\frac{r_0}{r}\right)^4 \tag{2-158}$$

当 $r=r_0$ 时，得：

$$\tau_{r\theta} = -\frac{3\mu u_0}{2r_0}\sin\theta \tag{2-159}$$

图 2-22 所示 M_3 处剪应力最大，其值为 $\frac{3}{2}\times\frac{\mu u_0}{r_0}$，等于 M_1 处压力升高或 M_2 处的压力降低。将球面的剪应力 $\tau_{r\theta}$ 及压力 p 投影在流动方向上进行积分，可得**总曳力**。其中压力作用于球体表面的每一点上，由此产生的曳力称为**形体曳力** F_{df}，因剪应力产生的曳力为**摩擦曳力** F_{ds}。如图 2-24 所示，$\tau_{r\theta}$ 在流动方向的分量为 $-\tau_{r\theta}\sin\theta$，压力 p 在流动方向的分量为 $-p\cos\theta$。在球坐标中，球面上的微元面积为 $r_0^2\sin\theta\mathrm{d}\theta\mathrm{d}\varphi$，形体曳力和摩擦曳力表达式分别为：

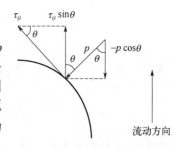

图 2-24 作用于球面上的力

$$\begin{aligned}F_{df} &= \int_0^{2\pi}\mathrm{d}\varphi\int_0^{\pi}(-p\cos\theta)r_0^2\sin\theta\mathrm{d}\theta \\ &= 2\pi r_0^2\int_0^{\pi}\left[\left(-p_0+\frac{3\mu}{2r_0}u_0\cos\theta\right)\cos\theta\right]\sin\theta\mathrm{d}\theta = 2\pi\mu r_0 u_0\end{aligned} \tag{2-160a}$$

$$F_{ds} = \int_0^{2\pi}\mathrm{d}\varphi\int_0^{\pi}(-\tau_{r\theta}\sin\theta)r_0^2\sin\theta\mathrm{d}\theta = 2\pi r_0^2\int_0^{\pi}\left[\left(\frac{3\mu}{2r_0}u_0\sin\theta\right)\sin\theta\right]\sin\theta\mathrm{d}\theta = 4\pi\mu r_0 u_0 \tag{2-160b}$$

总曳力 F_d 为：

$$F_d = F_{df} + F_{ds} = 6\pi\mu r_0 u_0 \tag{2-161}$$

因流体对球体的曳力与球体对流体的阻力为作用力与反作用力的关系,故式(2-161)又称为**斯托克斯阻力定律(Stokes Law of Resistance)**,是低雷诺数时阻力与速度的关系式,适用于 $Re<1$ 的流动。该式表明,球体对流体的阻力正比于速度的一次方,而与远处的压力 p_0 无关;阻力还与球体直径以及流体黏度成正比,而与流体密度无关。显然,这是忽略惯性力的结果。

阻力因数 为便于进行阻力计算,常按下述公式引进**阻力因数** C_D:

$$F_d = C_D \times \frac{\rho u_0^2}{2} \pi r_0^2 \quad \text{或} \quad C_D = \frac{F_d}{\frac{1}{2}\rho u_0^2 \pi r_0^2} \tag{2-162}$$

即**阻力因数是阻力与动压头之比**,πr_0^2 是圆球在垂直于流动方向的平面上的投影面积(受阻面积),定义 $Re = 2u_0 r_0/\nu$,改写式(2-162)可得:

$$C_D = \frac{24}{Re} \tag{2-163}$$

2.7.4 斯托克斯阻力定律的应用

斯托克斯阻力定律被广泛应用于电场影响下胶体粒子的运动、气溶胶粒子运动、沉降理论及聚合物溶液分子理论等领域。著名的密立根电荷实验就曾用该公式推算极小油滴的尺寸。下面就颗粒沉降、黏度测定等方面给出应用实例。

颗粒沉降终端速度 直径为 d_p 的小球在黏性流体中自由沉降,开始时有加速度,但当**重力、阻力和浮力达到平衡时,加速度为零**,小球将匀速下降。通常将匀速下降的速度称为终端速度 u_t。运用 Stokes 公式并根据力平衡原理,阻力与浮力之和等于重力,有:

$$3\pi\mu d_p u_t + \frac{1}{6}\pi d_p^3 \rho_f g = \frac{1}{6}\pi d_p^3 \rho_p g \tag{2-164}$$

式中,ρ_f、ρ_p 分别为流体及球的密度。解上式,得:

$$u_t = \frac{(\rho_p - \rho_f)d_p^2 g}{18\mu} = \frac{2(\rho_p - \rho_f)r_0^2 g}{9\mu} \tag{2-165}$$

式中,r_0 为小球半径,该式表明,小球下降的终端速度与其半径的平方成正比。

如果考虑加速阶段,由牛顿第二定律可知,颗粒沉降速度 u 随时间 θ 的变化 $du/d\theta$ 与质量的乘积等于合外力:

$$\frac{1}{6}\pi d_p^3 \left(\rho_p + \frac{1}{2}\rho_f\right)\frac{du}{d\theta} = (\rho_p - \rho_f)\frac{1}{6}\pi d_p^3 g - 3\pi\mu d_p u \tag{2-166}$$

式中考虑了小球加速度的附加质量。颗粒由静止启动,初始条件为 $\theta=0$,$u=0$。所得解为:

$$u = u_t[1 - e^{f(\theta)}] \tag{2-167a}$$

式中,

$$f(\theta) = -\frac{18\mu\theta}{d_p^2(\rho_p + \rho_f/2)} \tag{2-167b}$$

从理论上而言，当 $\theta \to \infty$，即得终端速度 $u = u_t$。但在实际工程中通常将 $0.99u_t$ 所对应的时间视为已经达到终端速度了。例如水滴在空气中的沉降，将相关数据代入上式，不难证明，对于小水滴几乎瞬间即可达到终端速度。

【例 2-5】 用落球法测定黏度

依据斯托克斯公式，导出用落球法测定黏度的计算式。

【解】 当小球在待测液体中均匀沉降时，令 ΔL 为小球下落的距离，$\Delta \theta$ 为通过该段距离所需要的时间，则其终端速度 $u_t = \dfrac{\Delta L}{\Delta \theta}$，代入式（2-165），并整理，得：

$$\mu = \frac{1}{18} \times \frac{d_P^2 (\rho_P - \rho_t) g}{\Delta L} \times \Delta \theta \tag{1}$$

当已知小球直径 d_P 和密度差时，测出小球通过 ΔL 所需时间 $\Delta \theta$，即可由上式算得液体的黏度。

小球在容器中沉降时，容器底部、侧壁、自由面对沉降速度均有影响，Brenner 给出圆筒中心线上小球的沉降速度是：

$$\frac{u_t}{u} = 1 + 2.105 \frac{r_0}{R_0} + \frac{9}{8} \left(\frac{r_0}{h} \right) + \frac{3}{4} \left(\frac{r_0}{H} \right) \tag{2}$$

式中，r_0 和 R_0 分别是小球和圆筒的半径；h 和 H 分别是球心至底面和自由面的距离。

2.7.5 奥森流

在斯托克斯阻力定律的推导过程中忽略了惯性力的影响，但这一假定只适合于物体附近。由于黏性效应的衰减速度比惯性效应快，随着距离增加，黏性力作用逐渐下降，至一定距离后便与惯性力相当，再远甚至小于惯性力，故对于较远处的流动不应再忽略惯性项。

奥森（Oseen）观察远离球体的流场，在 r 很大的区域，流体速度与来流速度已相差不大。据此，Oseen 保留了 N-S 方程中惯性项的主要部分，从而获得全流场一致成立的解。计算圆球对流体的总阻力为：

$$C_D = \frac{24}{Re} \left(1 + \frac{3}{16} Re \right) \tag{2-168}$$

式（2-268）称为**奥森阻力定律**（**Oseen Law of Resistance**），符合该定律的流动称为**奥森流**（**Oseen Flow**）。Oseen 解的概念总体较 Stokes 解严格，但计算总阻力的结果与实验相比，前者并不比后者有多大改进，这是因为绕球流动问题的关键影响是在球体附近的区域。

阻力公式的进一步讨论如下。

Stokes 公式和 Oseen 公式与工程上的工况并不十分相符，为拓宽应用，一些研究者进行了修正。

非球形物体 Stokes 公式指出，阻力正比于物体的平移速度及物体的特征尺寸。事实上对于任意有限大小的物体，在 Stokes 流近似之下，都有：

$$F_d = k \mu r_0 u_0 \tag{2-169}$$

式中的比例常数 k 随物体形状变化而不同，r_0 为物体的特征尺寸。对于非球形物体所受阻力要考虑该物体在流场中所处的方位，下面列举几个例子加以说明。

① 对于半径为 r_0 的平面圆盘，以速度 u_0 沿垂直于盘面的方向在流体中运动，阻力公式为：

$$F_d = 16\mu r_0 u_0 \quad (2\text{-}170)$$

② 对于同一圆盘，以速度 u_0 在其本身所处的平面内运动，阻力为：

$$F_d = \frac{32}{3}\mu r_0 u_0 \quad (2\text{-}171)$$

③ 对于圆柱，按 Oseen 解可得单位长度所受阻力为：

$$F_d = \frac{4\pi\mu u_0}{\dfrac{1}{2} - C - \ln\dfrac{\rho r_0 u_0}{4\mu}} \quad (2\text{-}172)$$

式中 $C = 0.577$，是欧拉常数。式（2-172）在 $Re \leqslant 1$ 的范围内与实验结果都符合得很好。

颗粒间的相互作用 当流场中有多个足够靠近的颗粒在运动时，彼此间的相互作用大小取决于颗粒形状、大小、间距、方位，以及相对于无限远处流体的移动和转动速度等多种因素。例如，对于两个相同的球以相同速度沿它们的中心线运动，当 $Re \leqslant 0.25$ 时，阻力相等，且符合下式：

$$F_d = 6\pi\mu r_0 u_0 \lambda \quad (2\text{-}173)$$

式中，λ 是考虑相互作用的校正系数，与间距 l 有关，参见图 2-25，当两颗粒相互接触时为 0.645，相距充分远时，$\lambda = 1$。

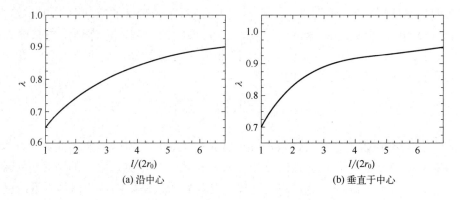

图 2-25 两圆球阻力影响系数

当雷诺数较大时，惯性力的影响增大。若两个降落的球相距不太远，且 B 在 A 之上，奥森给出两球所受的阻力分别为：

$$F_{dA} = 6\pi\mu r_0 u_0 \left(1 - \frac{3}{2} \times \frac{r_0}{l} + \frac{3}{16}Re\right) \quad (2\text{-}174a)$$

$$F_{dB} = 6\pi\mu r_0 u_0 \left(1 - \frac{3}{2} \times \frac{r_0}{l}\right) \quad (2\text{-}174b)$$

式中，r_0 是圆球半径；l 是球心间距。上述阻力公式表明，A 球所受阻力较大，这是由于先导球 A 给了周围流体能量，使之产生向前的运动，减小了作用于后球 B 上的阻力，因而 B 球的运动速度大于 A 球，有可能赶上 A 球。

若相距较近的两颗粒做平行运动，则由于颗粒间流速加快，静压力下降，产生的侧向力会使两颗粒碰撞。由此可知，在有大量颗粒存在的悬浮液中，颗粒之间难以维持相对位置，颗粒之间会彼此相撞，聚结成团，使颗粒沉降加速。

低雷诺数流动的研究，最早起始于 Stokes（1851）关于圆球在无界黏性流动中缓慢运动的精确解。该结果以 Stokes 阻力定律获得广泛应用，但其后 100 多年，进展缓慢，所得低雷诺数流动问题的解不多。主要成果总结在 Happel 和 Brenner 的名著《低雷诺数流体力学》(*Low Reynolds Number Hydro-dynamics*)。然而近 30 年来，低雷诺数流理论、计算、应用获得了迅速发展。新的计算方法，使以往大量的难题得到解决，包括三维流动、有界流动、可变形的液滴、气泡、多物体、小间距物体等的新解涌现出来，其中悬浮液黏度理论、流动、沉降、多孔介质中的流动、动电现象等对化学工程都具有重要意义。

2.8　边界层理论基础

一般认为，低雷诺数流动以黏性力为主，可忽略惯性力；高雷诺数流动以惯性力为主，可忽略黏性力。但在实践中，后一条规律并非完全合理。在本书 2.6 节，在探讨高雷诺数流动时所导出的欧拉方程只适用于其远离边界的主体区域，所得压力分布、速度分布、升力等，在一定范围内与实验结果相当符合，但如果将该结果推广到高雷诺数流动的整个流场时，就会出现很多违背事实的结论，突出的一例是"流体中运动的物体无阻力"。事实表明，常见的流体如空气、水，虽然黏度很低，但流道对其阻力仍然不可忽视。

20 世纪初（1904）德国力学家**普朗特**（**Prandtl**）基于实验观察，提出一个重大假定，**在高雷诺数下，黏性影响仅限于固体壁附近的薄层，并将该薄层命名为边界层**。边界层以外区域可以看成理想流体，而阻力问题则与边界层的特性有关。利用边界层很薄这一特性，普朗特通过简化 N-S 方程，建立了**边界层方程**，奠定了边界层理论的数学基础。边界层概念在黏性流体力学和理想流体力学之间架起了桥梁。**边界层理论**已经是黏性流体力学中一个极为重要的分支，其应用遍及航空、造船、气象以及化工等许多工业技术领域。它是分析阻力产生机理、寻求阻力计算方法的根据，是传热、传质理论的基础。本节将首先阐明平面、曲面上边界层的形成发展过程，然后建立边界层方程并求解。**重点是了解边界层厚度、流动状态、速度分布、压力分布与壁面剪应力等**。

2.8.1　边界层的形成

流体绕物体流动时，由于黏性与静止表面接触的流体无滑移，运动速度为零，表面附近流体的运动受阻。但在高雷诺数下，这种黏性影响仅限于很薄的一层。经过该薄层，流体速度从零变化为接近来流速度 u_0，层内法向速度梯度很大。根据牛顿黏性定律可知，即使流体黏度很低，黏性力也并不小。事实上，它与惯性力具有同样的数量级，不能忽略。而薄层以外区域，速度基本上不再变化，速度梯度近似为零，黏性力可忽略，可按理想流体处理。归纳起来，流体沿壁面的流动可划分为两个区域：紧贴壁面的边界层以及边界层以外的主体区域。在边界层内，须用黏性流体运动方程来描述，层内的法向速度梯度很大，运动是有旋的；在主体区，可视为理想流体，符合欧拉方程。

2.8.1.1 平壁边界层

边界层的形成 如图 2-26 所示，一流体以均匀速度 u_0 流经一平板壁面。因流体有黏性，紧靠壁面的一层流体就黏附在壁面上，速度为零；沿壁面的外法线方向速度逐渐增加，至某处，流速接近于来流速度 u_0。设该处与壁面的垂直距离为 δ，则 δ 称为**边界层厚度**。在平板前缘（即 $x=0$ 处），边界层厚度为零；离开前缘，边界层开始形成并发展，边界层厚度沿流动方向逐渐增加，理论上虽然无上限，但在实践中因其他壁面作用不会无限增长。通常 δ/x 很小，表明受黏性影响的流体层厚度相对于流体流动距离是很薄的。

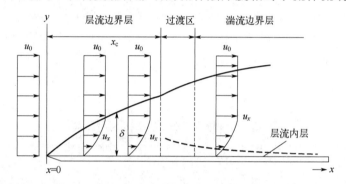

图 2-26 平壁边界层形成示意图

y 方向：在 $y=0$ 处，因流体黏性作用，壁面流体速度为零，该层静止流体对邻近流体施加黏性阻力，使第二层流速迅速减慢；损失了动量的第二层流体对第三层流体同样施加黏性阻力，导致第三层流体也损失了动量；依此逐层传递，直至某层流体流速与主体流速接近，到达边界层外围（$y=\delta$）。

x 方向：不同 x 处所对应的 δ 是不同的。随着 x 的增加，δ 也逐渐增加，也就是说边界层厚度沿流动方向不断增加。

边界层中的流动状态 在边界层形成初期，如图 2-26 所示的第一部分，**流动为层流**，此时边界层很薄，边界层内速度梯度很大，形成湍流的可能性很小；经过一段距离之后，边界层厚度也随之增加，只要平板足够长，流动状态会**由层流过渡到湍流**，并进一步形成充分发展的湍流区。

湍流边界层中流体微团急剧地脉动，其速度分布较层流边界层中更均匀。但即使在湍流边界层中也有一**近壁层**，其速度梯度比层流边界层的还要大，通常将该近壁层称为**层流内层**。层流边界层和湍流边界层的性质差别很大，后面将分别进行讨论。对于平板上的边界层，从层流向湍流的过渡，发生在**临界雷诺数** Re_{xc} 前后，与**临界雷诺数对应的 x 值称为临界距离 x_c**。x_c 的大小与壁面前缘的形状、表面粗糙度、流体黏度和流速等很多因素有关，临界雷诺数的定义为：

$$Re_{xc} = \frac{\rho x_c u_0}{\mu} \tag{2-175}$$

对于光滑平板，临界雷诺数的范围是：$2\times10^5 \sim 3\times10^6$。通常，为方便起见，可取 $Re_{xc}=5\times10^5$。

2.8.1.2 圆管内的边界层

边界层的形成 如图 2-27 所示,当流体以一均匀流速 u_0 流经一根圆管时,会在管内壁形成边界层。与平壁边界层类似,管内边界层厚度也会沿着流动方向(轴向)逐渐增加,边界层内的流动状态也会由层流过渡到湍流。但它们也有区别,主要在于平壁边界层厚度没有限制,而管内边界层厚度的上限为圆管半径。也就是说,只要圆管足够长,管内边界层将在管中心汇合,此后边界层厚度就维持不变,通常将这时的流动称为充分发展了的流动。若边界层汇合时流体的流动为层流,则管内流动为层流,参见图 2-27(a);若汇合时流体已经转变为湍流,则管内流动为湍流,参见图 2-27(b)。判断充分发展了的流动是层流还是湍流,可依据基于圆管直径和平均速度的雷诺数 Re,其定义式为:

$$Re = \frac{\rho u_b d}{\mu} \tag{2-176}$$

式中,d 为管径;u_b 为管内平均流速。

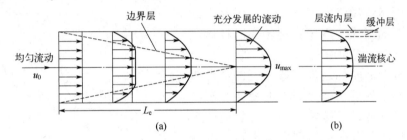

图 2-27 管内边界层形成示意图

2.8.1.3 边界层厚度的定义及估算

平壁边界层的速度从 0 到 u_0,具有渐近的性质。在边界层与主体流之间颇难划定一条明确的界线,这给边界层厚度的确定带来一定的困难。从理论上而言,只有在 y 方向经过无限长的距离之后,流体速度才能从壁面处的 0 变到 u_0。也就是说,严格意义上的边界层厚度应该为无限大。但在实际中通常应用下述两种具有实用价值的**边界层厚度**定义。

① 当流速达主体速度的 99% 时,所对应的 y 值即为边界层厚度,即 δ 符合下式:

$$\left.\frac{u}{u_0}\right|_{y=\delta} = 0.99 \tag{2-177}$$

② 假设一个边界层速度分布函数 $f(y)$,例如可以是关于 y 的线性函数或二次函数等,再令某一已知 x 处速度为 u_0,并根据该函数计算 y 值,即可获得该 x 处边界层厚度。

前已述及,δ 随 x 的增大而增大,也就是说速度分布函数 $f(y)$ 不仅是 y 的函数,也是 x 的函数。

对于圆管而言,在边界层未汇合前,边界层厚度的影响因素与平壁相同,但汇合后边界层厚度就等于圆管半径而不再变了。

2.8.2 边界层分离

不同形状物体表面上的边界层特征也各不相同。对于平板壁面,其边界层以外的流动是均匀的,无速度梯度,也无压力梯度;以后将证明,其边界层内压力在垂直于流动方向上的变化可以忽略，所以，在同一 x 距离处，边界层内外的压力均相同。

若在流动方向上通道截面积发生变化（收缩或扩张），则边界层外的速度和压力沿流动方向均会发生变化，它将对边界层内的流动有显著影响。正是边界层内的压力沿流动方向的急剧变化，引起了边界层分离这一重要现象。

边界层分离（boundary layer separation），是指在某些情况下，边界层内流体发生倒流，引起边界层与固体壁面的分离，并同时产生**漩涡**的现象。边界层分离是造成流体能量损失的主要原因之一。

2.8.2.1 边界层分离的形成过程

前已述及，理想流体流经无限长圆柱体时（参见图2-19），因流体无黏性，其在整个流场均无能量损失，在圆柱体四周的压力分布和速度分布完全对称，停滞点 A 的速度为零，压力最大；从 A 到 B，流速逐渐增加，压力逐渐减小，至 B 点处，速度达最大值，压力则为最小值。

当不可压缩流体流经圆柱体时，因黏性作用流体将在壁面形成边界层。现考察圆柱体上侧壁面的情况，边界层分离过程示于图 2-28，虚线表示流经壁面时的边界层厚度。图中表明了沿流动方向边界层中速度分布的变化。可以看出，在前半部分，其流线图形与理想流体基本相似，但后半部分的流线则完全不同。在 B 点以前，流体处于加速、减压状态，即 $du_x/dx>0$，$dp/dx<0$。在所损失的压头中，一部分转变为动能，另一部分用于克服黏性流动所产生的剪应力。到达 B 点时，速度增至最大值，压力则

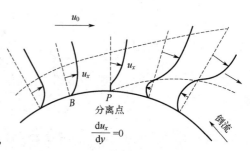

图 2-28 曲面上的边界层分离过程

降为最小值。而过了 B 点，流速开始减慢，主流体和边界层流体均处于**减速、增压状态**，称为**逆向压力梯度**，即 $du_x/dx<0$，$dp/dx>0$。在剪应力和逆向压力梯度的双重作用下，边界层流体的动能逐渐消耗殆尽，形成一个**新的停滞点** P，在该点处速度降为零，压力又增至极大值。由于流体是不可压缩的，故后续流体到达 P 点时，在高压作用下被迫离开壁面和原流线方向，将自身部分静压能转变为动能，脱离壁面并沿另一条新流线方向向下游流去。这样，P 点的下游就形成了空白区。在逆向压力梯度作用下，必有一股倒流的流体补充进来，但它们又不能靠近处于高压下的 P 点而被迫退回，如此"一进一退"便形成了漩涡。通常将上述边界层脱离壁面的现象称为边界层分离，P 点又称为**分离点**。分离点 P 可定义为，紧靠壁面的**边界层中顺流和倒流之间的分界限**，在该点处：

$$\left.\frac{\partial u_x}{\partial y}\right|_{y=0}=0 \tag{2-178}$$

在分离点之后，顺流与倒流两区之间必然存在一个分界面，称为**分离面**。它是不稳定的，任何微小的扰动，都会造成它的破裂，而发展成涡旋。

2.8.2.2 边界层分离的条件

如上所述，在边界层分离点前后的流线完全不同，特别是分离点 P 之后的流线，与

理想流体的下游流线相比发生了实质性的变化。相应地，压力分布也发生了很大变化，进而又影响到产生边界层分离的条件，也就是说，最终分离点的位置将取决于最终的压力分布和速度分布，而不是取决于最初的流线图形。如图 2-29 所示，分离点为 P，在该点处，速度分布曲线在壁面处的切线正好与壁面垂直。若流体速度较小，圆柱体壁面形成的边界层为层流边界层。在上述的流线变化过程中，分离点 P 将向上游移动，例如当 $Re_x = 1.9 \times 10^5$ 时，实验测出的层流分离点 P 为 $\theta = 85°$（从前驻点 $\theta = 0°$ 算起），参见图 2-29 (a)。若流速较大，圆柱体壁面所形成的边界层为湍流边界层，因仅靠壁面处层流内层的存在，也会产生边界层分离现象。只不过由于与层流内层毗邻的是湍流流体，这将有利于边界层的稳定，从而延缓了边界层分离现象的发生，即在湍流边界层中分离点的位置将向下游偏移。这是由于在湍流中流体质点间相互混合，动量传递速度更快，边界层内速度较慢的流体质点更容易获得动量，变成速度较快者。故湍流边界层中接近壁面处的流体速度较大。相应地，**湍流边界层有着较大的动能抵抗逆压梯度和黏性摩擦阻力**，便可使边界层分离点向圆柱体的右侧迁移。例如，当 $Re_x = 6.7 \times 10^5$ 时，实验测得的分离点可延缓至 $\theta = 140°$，参见图 2-29 (b)。

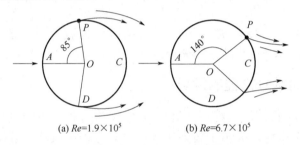

图 2-29　边界层分离示意图

上述分析表明，逆压梯度及壁面附近的黏性摩擦是引起边界层分离的两个必要因素，但并非充分条件。因此，不能认为只要存在逆压梯度，就会发生分离现象，而是要看压力梯度与剪应力梯度之比是否足够大。下面给出一个**定量判据**。

考虑层流边界层，速度梯度 $\partial u_x / \partial y \sim u_0 / \delta$，黏性剪应力为 $\mu u_0 / \delta$，故剪应力梯度近似为 $\mu u_0 / \delta^2$。后文将要证明[参见式（2-189）]，边界层内的压力等于其外缘处的压力，即边界层压力梯度与主体相等，由式（2-108a）可得 $dp/dx \sim -\rho u_0 du_0 / dx$。于是，逆压梯度与剪应力梯度之比为：

$$\Lambda = -\frac{\delta^2}{\nu} \times \frac{du_0}{dx} \tag{2-179}$$

根据实验结果，当 Λ 为 10~12 时，将会发生分离。在分离点之后，会形成尾涡区，同时在物体后端还会出现具有漩涡运动的尾流，从而导致了物体形体阻力（形体曳力）F_{df} 的产生。由于湍流边界层分离点较层流边界层要靠后一些，故湍流边界层分离时形成的尾流也较小，相应地，形体阻力也较层流边界层小。但并非意味着湍流时物体的总阻力要比层流小。一般来说，像圆柱体这样具有凸起形状的物体所产生的阻力主要来自压差所引起的形体阻力，只有在低 Re 下才考虑摩擦阻力。但是，当物体表面为流线型设计或平壁时，总阻力则以摩擦阻力为主，形体阻力反而可以忽略不计。一些典型的边界层分离现象示于图 2-30。

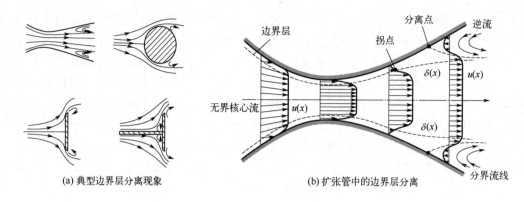

图 2-30　一些典型的边界层分离示意图

2.9　边界层运动微分方程

本节将以平壁层流为例，建立边界层运动微分方程，并根据布拉修斯相似原理（Blasuis Similarity Principle）讨论其分析解。

2.9.1　边界层运动微分方程的推导

普朗特运用边界层很薄这一特性，通过分析 N-S 方程中各项数量级，并忽略高阶小量，大大简化了 N-S 方程，导出了边界层运动微分方程，成功地解决了边界层的定量计算。**量级比较法**也由此成为分析、解决复杂工程问题的一种常用方法。本书将讲述应用这种方法的几个实例。

量级比较　假定流体沿 x 方向的直线边界流动并形成边界层，其厚度为 δ。忽略体积力时，N-S 方程有如下形式：

$$\frac{\partial u_x}{\partial \theta} + u_x \frac{\partial u_x}{\partial x} + u_y \frac{\partial u_x}{\partial y} = -\frac{1}{\rho} \times \frac{\partial p}{\partial x} + \nu \left(\frac{\partial^2 u_x}{\partial x^2} + \frac{\partial^2 u_x}{\partial y^2} \right) \quad (2\text{-}180\text{a})$$

$$\frac{\partial u_y}{\partial \theta} + u_x \frac{\partial u_y}{\partial x} + u_y \frac{\partial u_y}{\partial y} = -\frac{1}{\rho} \times \frac{\partial p}{\partial y} + \nu \left(\frac{\partial^2 u_y}{\partial x^2} + \frac{\partial^2 u_y}{\partial y^2} \right) \quad (2\text{-}180\text{b})$$

方程中的变量 y 限制在边界层之内，满足不等式 $0 \leqslant y \leqslant \delta$。也就是说，$y$ 与 δ 为同一量级，记为 $y \approx \delta$。δ 与 x 方向的距离相比要小很多，即 δ/x 是小量。

下面估计式（2-180）中各项的量级。

在壁上，$u_x = 0$；在边界层的外缘 u_x 具有 u_0 的量级，此处 u_0 是主流速度（来流速度）。当 y 由零变到 δ 时，u_x 由 0 变到 u_0，所以有：

$$\frac{\partial u_x}{\partial y} \approx \frac{u_x}{y} \approx \frac{u_0}{\delta} \quad , \quad \frac{\partial^2 u_x}{\partial y^2} \approx \frac{u_x}{y^2} \approx \frac{u_0}{\delta^2} \quad (2\text{-}181\text{a,b})$$

式中，符号 $\approx$ 表示数量级相同。同理，沿 x 方向有：

$$\frac{\partial u_x}{\partial x} \approx \frac{u_0}{x}, \quad \frac{\partial^2 u_x}{\partial x^2} \approx \frac{u_0}{x^2} \tag{2-182a,b}$$

由连续性方程,得:

$$\frac{\partial u_x}{\partial x} = -\frac{\partial u_y}{\partial y} \tag{2-183}$$

比较式(2-181a)、式(2-182a)和式(2-183)可得:

$$\frac{\partial u_y}{\partial y} \approx \frac{u_y}{y} \approx \frac{\partial u_x}{\partial x} \approx \frac{u_x}{x}$$

即

$$u_y \approx \frac{u_x}{x} y \approx \frac{u_0}{x} \delta \tag{2-184}$$

在壁面上 $u_y = 0$,并根据边界层内 u_y 的量级,从而得知:

$$\frac{\partial u_y}{\partial x} \approx \frac{u_0 \delta}{x^2}, \quad \frac{\partial^2 u_y}{\partial x^2} \approx \frac{u_0 \delta}{x^3} \tag{2-185a,b}$$

$$\frac{\partial^2 u_y}{\partial y^2} \approx \frac{u_0}{x\delta} \tag{2-185c}$$

比较式(2-180a)中各项的量级,有:

$$\frac{\partial u_x}{\partial \theta} + u_x \frac{\partial u_x}{\partial x} + u_y \frac{\partial u_x}{\partial y} = -\frac{1}{\rho} \times \frac{\partial p}{\partial x} + \nu \left(\frac{\partial^2 u_x}{\partial x^2} + \frac{\partial^2 u_x}{\partial y^2} \right) \tag{2-180a}$$

$$\frac{u_0^2}{x} \quad \frac{u_0^2}{x} \qquad \qquad \frac{u_0}{x^2} \quad \frac{u_0}{\delta^2}$$

显然,方程中的 $\frac{\partial^2 u_x}{\partial x^2}$ 与 $\frac{\partial^2 u_x}{\partial y^2}$ 相比可以忽略,故式(2-180a)简化为:

$$\frac{\partial u_x}{\partial \theta} + u_x \frac{\partial u_x}{\partial x} + u_y \frac{\partial u_x}{\partial y} = -\frac{1}{\rho} \times \frac{\partial p}{\partial x} + \nu \frac{\partial^2 u_x}{\partial y^2} \tag{2-186}$$

$$\frac{u_0^2}{x} \quad \frac{u_0^2}{x} \qquad \qquad \frac{u_0}{\delta^2}$$

在边界层内,黏性力与惯性力应有相同量级,故二者之比应近似为1,即:

$$\frac{u_0^2}{x} : \nu \frac{u_0}{\delta^2} = \frac{u_0 \delta^2}{\nu x} = \frac{u_0 x}{\nu} \left(\frac{\delta}{x} \right)^2 = Re \left(\frac{\delta}{x} \right)^2 \approx 1 \tag{2-187}$$

由此得出:

$$\frac{\delta}{x} \approx \frac{1}{\sqrt{Re}} \tag{2-188}$$

式(2-188)表明,**层流边界层厚度的量级为** $\frac{x}{\sqrt{Re}}$ 或 $\sqrt{\frac{\nu x}{u_0}}$。

再分析式(2-180b),其各项的量级如下:

$$\frac{\partial u_y}{\partial \theta} + u_x \frac{\partial u_y}{\partial x} + u_y \frac{\partial u_y}{\partial y} = -\frac{1}{\rho} \times \frac{\partial p}{\partial y} + \nu \left(\frac{\partial^2 u_y}{\partial x^2} + \frac{\partial^2 u_y}{\partial y^2} \right) \quad (2\text{-}180\text{b})$$

$$\frac{u_0^2 \delta}{x^2} \qquad \frac{u_0^2 \delta}{x^2} \qquad\qquad \frac{u_0^2 \delta}{x^3} \quad \frac{u_0}{x\delta}$$

惯性项 $u_x \frac{\partial u_y}{\partial x}$ 和 $u_y \frac{\partial u_y}{\partial y}$ 为同一量级，但小于 $u_x \frac{\partial u_x}{\partial x}$ 和 $u_y \frac{\partial u_x}{\partial y}$ 的量级，二者相差 δ/x 倍，是一个小量；至于 $\frac{\partial u_y}{\partial \theta}$，一般可认为具有惯性项的量级，即 $\frac{\partial u_y}{\partial \theta} \sim \frac{u_0^2 \delta}{x^2}$。于是，式（2-180b）左端三项均系小量，可以忽略。另一方面，$\frac{\partial^2 u_y}{\partial x^2}$ 比之 $\frac{\partial^2 u_y}{\partial y^2}$ 是小量，可忽略；而 $\frac{\partial^2 u_y}{\partial y^2}$ 与 $\frac{\partial^2 u_x}{\partial y^2}$ 相比也可忽略，故式（2-180b）就简化为：

$$\frac{\partial p}{\partial y} = 0 \quad (2\text{-}189)$$

式（2-189）表明，压力与 y 无关，只是 x 的函数。因此，在 y 方向上，**边界层内压力不变，且等于边界层外缘处的压力**。事实上，通过势流理论计算得到的边界层外缘处压力，与实验测得的物体表面压力吻合，也可证明式（2-189）的正确性。此式颇为重要，据此可直接根据欧拉方程计算边界层外缘处压力，从而获得边界层中的压力。

边界层运动方程 经量级比较，式（2-180）的两个方程只留下一个，其中有两个未知数 u_x 和 u_y。假定压力已经预先确定，再加上连续性方程，对稳态流动，$\partial u_x / \partial \theta = 0$，$\partial p / \partial x$ 写成 $\mathrm{d}p / \mathrm{d}x$，式（2-180）简化为：

$$u_x \frac{\partial u_x}{\partial x} + u_y \frac{\partial u_x}{\partial y} = -\frac{1}{\rho} \times \frac{\mathrm{d}p}{\mathrm{d}x} + \nu \frac{\partial^2 u_x}{\partial y^2} \quad (2\text{-}190)$$

二维连续性方程为：

$$\frac{\partial u_x}{\partial x} + \frac{\partial u_y}{\partial y} = 0 \quad (2\text{-}191)$$

式（2-190）为**普朗特边界层运动微分方程**，适用于平壁稳态不可压缩流体流动。因假设 x 远远大于 δ，且边界层已达稳态，故该式不适用于平壁前缘。

可以看出，式（2-190）仍然是非线性的，但较之 N-S 方程已大大简化，不仅黏性力项数减少了，而且压力为已知量；另一方面，与欧拉方程相比，该式右端含有 $\nu \frac{\partial^2 u_x}{\partial y^2}$ 项，正是这一项使边界层方程与欧拉方程有原则区别，使运动方程没有降阶。

边界条件 边界层运动方程的边界条件是：

$$y = 0, \quad u_x = u_y = 0 \quad (2\text{-}192\text{a})$$
$$y \to \infty, \quad u_x = u_0 \quad (2\text{-}192\text{b})$$

后文将根据布拉修斯相似原理求解边界层运动方程，可得出 $u_x(x,y)$、$u_y(x,y)$ 和 $p(x,y)$，再按牛顿黏性定律，就可得出平壁剪应力及摩擦阻力。

【例 2-6】 边界层中速度分布特点的一般分析

试由边界层方程（2-190），讨论边界层中速度分布随压力梯度变化的特点。

【解】 按式（2-190），考虑边界条件，当 $y=0$ 时，$u_x = u_y = 0$，得：

$$\mu \left(\frac{\partial^2 u_x}{\partial y^2} \right)_{y=0} = \frac{\mathrm{d}p}{\mathrm{d}x} \tag{1}$$

上式对 y 求导，得：

$$\left(\frac{\partial^3 u_x}{\partial y^3} \right)_{y=0} = 0 \tag{2}$$

式（1）表明：

① 在紧靠壁面处，速度剖面的曲率仅取决于压力梯度；

② 在壁面上，速度剖面曲率的符号随压力梯度改变。

③ 对减压流，即加速流，$\dfrac{\mathrm{d}p}{\mathrm{d}x} < 0$，所以沿整个边界层均有 $\dfrac{\partial^2 u_x}{\partial y^2} < 0$。

④ 对于压力增大的区域，即减速流，$\dfrac{\mathrm{d}p}{\mathrm{d}x} > 0$，则有 $\dfrac{\partial^2 u_x}{\partial y^2} > 0$，但在任何情况下，远离壁面处必定有 $\dfrac{\partial^2 u_x}{\partial y^2} < 0$，考虑到该二阶偏导的连续性，故在 y 方向必存在 $\dfrac{\partial^2 u_x}{\partial y^2} = 0$ 的点，即边界层中速度剖面上的拐点，参见图 2-31。由图可知，在势流受阻滞的区域，边界层中的速度分布必然出现拐点。这一分析有助于理解边界层分离现象。

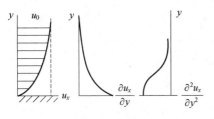
(a) 压力减低时边界层中的速度分布

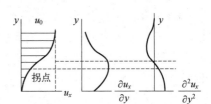
(b) 压力升高时边界层中的速度分布

图 2-31　例 2-6 附图

2.9.2　边界层运动微分方程的精确解——布拉修斯相似原理

图 2-32 为平壁边界层速度分布示意图，边界层外主体流速为 u_0，图中示出了相距 Δx 的两截面的速度分布曲线，考察这两截面上的 4 个点（1、2、3、4）的压力和速度。前已述及，边界层中的压力 p 与 y 无关，故 $p_1 = p_2$，$p_3 = p_4$。因点 2 和点 4 均处于边界层以外，故 p_2 和 p_4 的关系符合伯努利方程：

$$\frac{u_2^2}{2} + \frac{p_2}{\rho} = \frac{u_4^2}{2} + \frac{p_4}{\rho} \tag{2-193}$$

式中，u_2 和 u_4 分别为点 2 和点 4 处的速度，显然有：

$$u_2 = u_4 = u_0 \tag{2-194}$$

将上式代入式（2-193），可得：

$$p_2 = p_4 \tag{2-195a}$$

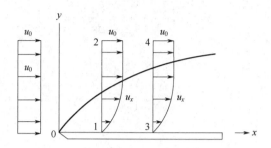

图 2-32　边界层中速度分布的相似性示意图

由此可得：

$$p_1 = p_3 \tag{2-195b}$$

式（2-195）表明，在边界层内，压力不随 x 而变，即

$$\frac{dp}{dx} = 0 \tag{2-196}$$

将式（2-196）代入式（2-190）得简化后的普朗特边界层方程：

$$u_x \frac{\partial u_x}{\partial x} + u_y \frac{\partial u_x}{\partial y} = \nu \frac{\partial^2 u_x}{\partial y^2} \tag{2-197}$$

由于 δ 随 x 增大而逐渐变大，每一个 x 处都存在相应的速度分布曲线（参见图 2-32），且具有共同特征：壁面速度为零，边界层外缘速度为 u_0。也就是说它们是相似的。布拉修斯最先观察到这一特征，并假设**在距平壁前缘不同的距离（x）处，速度分布的形状是相似的**，即：

$$\frac{u_x}{u_0} \backsim \frac{y}{\delta} \tag{2-198}$$

式（2-198）即为**布拉修斯相似原理（Blasuis Similarity Principle）**的数学表达式。式中符号"$\backsim$"表示两者相似。将式（2-188）代入式（2-198）可得：

$$\frac{u_x}{u_0} \backsim y\sqrt{\frac{u_0}{\nu x}} \tag{2-199}$$

式（2-199）右侧的量为 x 和 y 的函数，可用 $\eta(x,y)$ 表示，即：

$$\eta(x,y) = y\sqrt{\frac{u_0}{\nu x}} \tag{2-200}$$

由式（2-200）和式（2-199）可知，u_x/u_0 与 $\eta(x,y)$ 相似。所谓相似，即表明二者之间存在某种函数关系，故可得：

$$\frac{u_x}{u_0} = \phi(\eta) \quad 或 \quad u_x = u_0 \phi(\eta) \tag{2-201}$$

由此可见，**通过引进无量纲变量 η，可将两个独立自变量 x、y 合二为一**。考虑到流函数 ψ 与两个因变量 u_x 和 u_y 有关，但 ψ 是有量纲的，故还需要寻找一个无量纲的流函数将 u_x 和 u_y 统一起来。

将流函数的定义式（2-100a）代入式（2-201）得：

$$\frac{\partial \psi}{\partial y} = u_0 \phi(\eta) \tag{2-202}$$

积分式（2-202）得：

$$\psi = \int u_0 \phi(\eta) \, \mathrm{d}y \tag{2-203}$$

将式（2-200）对 y 求导，得：

$$\mathrm{d}y = \sqrt{\frac{\nu x}{u_0}} \mathrm{d}\eta \tag{2-204}$$

将式（2-204）代入式（2-203），经整理得：

$$\psi = \int u_0 \phi(\eta) \, \mathrm{d}y = \sqrt{\nu x u_0} \int \phi(\eta) \mathrm{d}\eta \tag{2-205}$$

式（2-205）中的积分项虽然无法获知其具体函数形式，但可推知它必为 η 的函数，故可令：

$$f(\eta) = \int \phi(\eta) \mathrm{d}\eta \tag{2-206}$$

将式（2-205）代入式（2-206），得：

$$f(\eta) = \frac{\psi}{\sqrt{\nu x u_0}} \tag{2-207}$$

由于 $f(\eta)$ 是无量纲的，故式（2-207）右边的量也是无量纲的，可理解为**无量纲流函数**。由此可得速度分量 u_x 和 u_y 分别为：

$$u_x = \frac{\partial \psi}{\partial y} = \frac{\partial \psi}{\partial \eta} \times \frac{\partial \eta}{\partial y} = u_0 f'(\eta) \tag{2-208a}$$

$$u_y = -\frac{\partial \psi}{\partial x} = -\sqrt{\nu x u_0} f'(\eta) \frac{\partial \eta}{\partial x} - \frac{1}{2}\sqrt{\frac{\nu u_0}{x}} f(\eta) = \frac{1}{2}\sqrt{\frac{\nu u_0}{x}}(\eta f' - f) \tag{2-208b}$$

u_x 和 u_y 的一阶导数和二阶导数分别为：

$$\frac{\partial u_x}{\partial x} = -\frac{1}{2} \times \frac{u_0}{x} \eta f'' \quad , \quad \frac{\partial u_x}{\partial y} = u_0 \sqrt{\frac{u_0}{\nu x}} f'' \quad , \quad \frac{\partial^2 u_x}{\partial y^2} = \frac{u_0^2}{\nu x} f''' \tag{2-209a,b,c}$$

将式（2-208）和式（2-209）代入式（2-197），得：

$$-\frac{u_0^2}{2x} \eta f' f'' + \frac{u_0^2}{2x}(\eta f' - f) f'' = \nu \frac{u_0^2}{x \nu} f''' \tag{2-210}$$

将式（2-210）简化后得关于 $f(\eta)$ 的微分方程为：

$$f f'' + 2 f''' = 0 \tag{2-211}$$

相应的边界条件变为：

$$\eta = 0, \quad f = f' = 0; \quad \eta \to \infty, \quad f' = 1 \tag{2-212}$$

由此可知，经过上述相似变换，普朗特边界层运动方程已由二阶非线性偏微分方程转换成三阶非线性常微分方程。下面将结合式（2-212）所示的三个边界条件，求取 $f(\eta)$ 的精确解。

因方程式（2-211）是非线性的，难以直接获得精确解。布拉修斯用幂级数将其解表达为：

$$f(\eta) = a_0 + a_1\eta + \frac{a_2}{2!}\eta^2 + \frac{a_3}{3!}\eta^3 + \frac{a_4}{4!}\eta^4 + \cdots \tag{2-213}$$

式中，a_0，a_1，a_2，$\cdots$ 为待定系数，根据边界条件加以确定。

将式（2-213）依次对 η 求一阶导数、二阶导数和三阶导数，得：

$$f'(\eta) = a_1 + a_2\eta + \frac{a_3}{2!}\eta^2 + \frac{a_4}{3!}\eta^3 + \frac{a_5}{4!}\eta^4 + \cdots \tag{2-214a}$$

$$f''(\eta) = a_2 + a_3\eta + \frac{a_4}{2!}\eta^2 + \frac{a_5}{3!}\eta^3 + \cdots \tag{2-214b}$$

$$f'''(\eta) = a_3 + a_4\eta + \frac{a_5}{2!}\eta^2 + \cdots \tag{2-214c}$$

将边界条件 $f(0) = 0$ 代入式（2-213），得：$a_0 = 0$。将边界条件 $f'(0) = 0$ 代入式（2-214a）得：$a_1 = 0$。在此基础上，将式（2-213）、式（2-214b）和式（2-214c）代入式（2-211），并合并同类项，得：

$$2a_3 + 2a_4\eta + \frac{\eta^2}{2!}(a_2^2 + 2a_5) + \cdots = 0 \tag{2-215}$$

式（2-215）为一恒等式，因其右侧为零，故左侧多项式中各项的系数均为零，得：

$$2a_3 = 0, \; 2a_4 = 0, \; a_2^2 + 2a_5 = 0, \cdots \tag{2-216}$$

由此可得：

$$a_3 = 0, \; a_4 = 0, \; a_5 = -\frac{a_2^2}{2}, \cdots \tag{2-217}$$

式（2-217）表明，除了为零的系数以外，所有非零项系数均可表达为 a_2 的函数。将各系数代入式（2-213），得：

$$f(\eta) = \frac{a_2}{2!}\eta^2 - \frac{1}{2} \times \frac{a_2^2}{5!}\eta^5 + \frac{11}{4} \times \frac{a_2^3}{8!}\eta^8 - \frac{375}{8} \times \frac{a_2^4}{11!}\eta^{11} + \cdots \tag{2-218}$$

式中系数 a_2 可根据边界条件 $f'(\infty) = 1$，采用数值计算法确定，结果为：

$$a_2 = 0.33206\cdots \tag{2-219}$$

将 a_2 值代入式（2-218），可得 $f(\eta)$ 的表达式为：

$$f(\eta) = 0.16603\eta^2 - 0.00045943\eta^5 + 0.0000024972\eta^8 + \cdots \tag{2-220}$$

该式为**普朗特边界层运动方程的精确解**，是由布拉修斯（**Blasuis**）于1908年提出的，又称**布拉修斯精确解**。它适用于平板壁面上不可压缩流体的层流流动。由于式（2-220）

为一无穷级数之代数和，为方便起见，研究者们已将上式列成表格形式，参见**附录 V**。

由式（2-220）出发，可依次求出层流边界层内速度分布函数、边界层厚度、摩擦阻力（曳力）或摩擦因数（曳力因数）等。

速度分布 将式（2-220）代入式（2-208）可得边界层内的速度分布（u_x 和 u_y）的表达式。在壁面附近，当 $\eta \leqslant 1$ 时，可忽略函数 $f(\eta)$ 中的高阶项，只保留首项，可得其速度分布函数为：

$$u_x = 0.332 \frac{y}{x} Re_x^{\frac{1}{2}} u_0 \quad , \quad u_y = 0.083 \frac{y^2}{x^2} Re_x^{\frac{1}{2}} u_0 \qquad (2\text{-}221\text{a,b})$$

边界层厚度 根据速度边界层的定义求解如下：$y=\delta$ 时，$u_x = 0.99 u_0$。由 $u_x = u_0 f'(\eta)$，可知 $f'(\eta) = 0.99$，查表（**附录 V**）可得所对应的 $\eta = 5.0$，于是有：

$$\delta = 5.0 \sqrt{\frac{\nu x}{u_0}} \qquad (2\text{-}222)$$

上式又可变形为：

$$\frac{\delta}{x} = 5.0 Re_x^{-1/2} \qquad (2\text{-}223)$$

根据牛顿黏性定律可得壁面剪应力为：

$$\tau_{wx} = \mu \left(\frac{\partial u_x}{\partial y} \right) \bigg|_{y=0} = \mu u_0 \sqrt{\frac{u_0}{\nu x}} f''(0) = 0.332 \rho u_0^2 Re_x^{-1/2} \qquad (2\text{-}224)$$

其中 $f''(0) = 0.332$。

摩擦阻力 对于长为 L，宽为 b 的平板，其一侧的摩擦阻力为：

$$F_{ds} = b \int_0^L \tau_w dx = \mu a b u_0 \sqrt{\frac{u_0}{\nu}} \int_0^L \frac{dx}{\sqrt{x}} = 0.664 b u_0 \sqrt{\mu \rho L u_0} \qquad (2\text{-}225)$$

摩擦因数或曳力因数 根据平壁摩擦因数或曳力因数定义，有：

$$C_D = \frac{F_{ds}}{(\rho u_0^2 / 2) bL} = \frac{1.328}{\sqrt{u_0 L / \nu}} = 1.328 Re_L^{-1/2} \qquad (2\text{-}226)$$

上述分析和计算对平板前缘附近，即 L 很小时是不适用的。这是由于此时不能满足建立边界层方程所作的假定 $\left| \frac{\partial^2 u_x}{\partial x^2} \right| \ll \left| \frac{\partial^2 u_x}{\partial y^2} \right|$。

2.9.3 位移厚度与动量厚度

边界层与外流之间并无明显的界线，故规定边界层厚度的方法带有任意性，以速度达到主流速度 99% 处作为边界层厚度的规定，不便进行解析计算。为了更严谨地给出边界层的特征尺寸，可定义位移厚度和动量厚度。

参见图 2-33，其中图（a）为边界层的速度分布；图（b）为主体势流（速度均一）。比较（a）、（b）二种情况可见，由于边界层内速度减慢，与主体势流相比，通过同样区域的质量流量将减少。这种减少（或称"亏损"）相当于将势流流线向上推移了一段距离 [图 2-33（c）]，这段距离称为**位移厚度** δ^*，又称排挤厚度。确定 δ^* 的方法如下：令流经该厚度的流量与因边界层所造成的流量亏损量相等，即令图 2-33（a）和图 2-33（c）中阴影面积相等，下式成立：

$$u_0 \delta^* = \int_0^\infty (u_0 - u_x) \, dy \tag{2-227}$$

由式（2-227）可得位移厚度为：

$$\delta^* = \int_0^\infty \left(1 - \frac{u_x}{u_0}\right) dy \tag{2-228}$$

如果已知 u_x/u_0 与 y 的函数关系，则可积分上式求得 δ^*。δ^* 是一个客观的边界层特征尺寸。

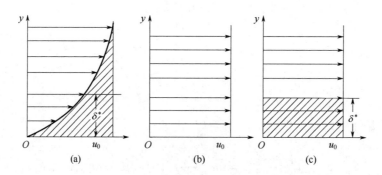

图 2-33 边界层的位移厚度

将式（2-220）代入式（2-228）可得平壁**边界层位移厚度**为：

$$\delta^* = \int_0^\infty \left(1 - \frac{u_x}{u_0}\right) dy = \sqrt{\frac{\nu x}{u_0}} \int_0^\infty [1 - f'(\eta)] \, d\eta = 1.73 \sqrt{\frac{\nu x}{u_0}} \tag{2-229}$$

类似的，可引出**动量厚度** ϑ 的定义。边界层内速度减慢，相应地使动量减少。设想有一厚度为 ϑ、运动速度为 u_0 的流体，其动量等于边界层中损失的动量。边界层中的动量损失是 $\rho \int_0^\infty u_x (u_0 - u_x) \, dy$，于是有：

$$\rho u_0^2 \vartheta = \rho \int_0^\infty u_x (u_0 - u_x) \, dy \tag{2-230}$$

整理式（2-230）可得动量厚度为：

$$\vartheta = \int_0^\infty \frac{u_x}{u_0} \left(1 - \frac{u_x}{u_0}\right) dy \tag{2-231}$$

将式（2-220）代入式（2-231）可得平壁**边界层动量厚度**为：

$$\vartheta = \int_0^\infty \frac{u_x}{u_0} \left(1 - \frac{u_x}{u_0}\right) dy = \sqrt{\frac{\nu x}{u_0}} \int_0^\infty f'(1 - f') \, d\eta = 0.664 \sqrt{\frac{\nu x}{u_0}} \tag{2-232}$$

由此可见，对于平板上的层流边界层，位移厚度约为边界层厚度的三分之一，动量厚度约为边界层厚度的 13%。

2.9.4 圆管进口段的流动

圆管进口段内发展着的流动和绕流时壁面附近的流动具有相似之处，因而分析进口段流动的特点和计算进口段的长度可以借助边界层理论。

进口段流动的发展 进口处边界层厚度为零，沿管长厚度逐渐增加，离开圆管进口不同距离处的速度分布，如图 2-34 所示，沿流动方向压力降低，推动中心部分加速，存在着轴向速度梯度 $\partial u_z / \partial z$。至压降与剪应力平衡，速度分布不再变化，边界层充满了整个流动截面，建立了所谓充分发展了的流动。**从管道进口到充分发展这一段距离称为进口段长度 L_e**，此后的速度分布呈抛物面型——充分发展型，速度大小与 z 无关，仅为 r 的函数，有：

$$u = u(r) = 2u_b[1-(r/r_i)^2] \tag{2-56}$$

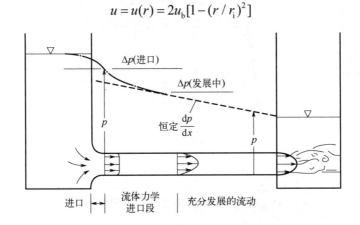

图 2-34 压力驱动管内流动

进口段的流动状态 当流率较小，充分发展后的流动为层流时，管道进口的形状对管内流动的影响不大；并且不论进口处的流动是层流还是湍流，边界层中的流动通常都为层流。然而，当管内充分发展后的流动是湍流时，进口形状对下游的流动将产生重要影响。

进口段长度 分析进口段流动时，有两个不同含义的进口段长度，即形成充分发展的速度分布所需长度以及壁面剪应力达到充分发展之值所需的长度。对于后者，流体进入管道时，壁面的速度梯度理论上为无穷大，在相当短的距离中，壁面附近流体的速度分布将变为有限值。因此，在进口附近摩擦因数最高，然后逐渐减低为充分发展之值，而形成充分发展的速度分布则需要相当大的长度。计算进口段长度 L_e，可参照以下两式：

当 $Re<2100$ 时

$$\frac{L_e}{d} = 0.055Re \tag{2-233}$$

在湍流情况下

$$\frac{L_e}{d} = 1.4(Re)^{\frac{1}{4}} \tag{2-234}$$

由于湍流边界层的厚度要比层流边界层的增长得快，因此，湍流时的进口段比层流时短。当粗略计算时，可取层流进口段长度为 $100d$，湍流为 $50d$，d 为管径。在许多工程应用中，进口效应在 $10d$ 之外已不显著，也可取 $L_e \sim 10d$。

进口段压降 进口段中的流体未充分发展，往往导致压降增加，进口段压降可用下式估算：

$$\frac{\Delta p}{\frac{1}{2}\rho u_0^2} = \lambda \frac{z}{d} + m \qquad (2\text{-}235)$$

式中，λ 是流动作为充分发展时的摩擦阻力因数；m 是校正系数，可由图 2-35 查得。工程上，通常取 $m = 1.31$ 估算压降。

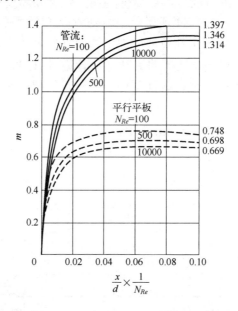

图 2-35　管道入口段的层流压降参数

壁面剪应力　管壁的剪应力 τ_w 决定于壁面速度分布曲线在壁面处的斜率。τ_w 在进口处为最大值，随后将逐渐降低直至充分发展，之后因速度分布不再变化，τ_w 也趋于常数，这一点与压降变化规律相似。

2.10　边界层积分动量方程

2.10.1　边界层积分动量方程的推导

普朗特边界层方程虽然比 N-S 方程有了很大简化，但仍然是非线性的，求解这种方程还是存在不少困难，至今能够求出精确解的场合也很有限。为此德国科学家**冯·卡门**（**von Kármán**）提出了一种积分法，它不考虑边界层内的每一点是否满足边界层微分方程，而要求这些点满足一个积分关系式。积分法是一种近似方法，不仅适用于层流边界层，还适用于湍流边界层的计算。其思路是在速度边界层内选取一微元体，进行动量衡算，导出边界层积分动量方程。

如图 2-36 所示，选取图中虚线所示的微元体为控制体，它在 x、y 和 z 方向的长度分别为 dx、δ 和 1.0。

设不可压缩流体的密度为 ρ，黏度为 μ，主体流速为 u_0，不考虑 z 方向的动量变化，且壁面无流体进出，故进、出该控制体的流体共有三股（左侧、右侧和上侧）。设左侧流

体速度为 u_x，则左侧输入控制体的流体质量流率和动量速率分别为：

$$G_1' = \rho \int_0^\delta u_x \mathrm{d}y \quad , \quad P_1' = \rho \int_0^\delta u_x^2 \mathrm{d}y \quad (2\text{-}236\text{a,b})$$

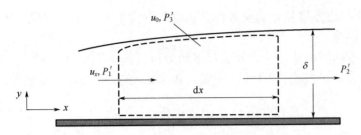

图 2-36　边界层积分动量衡算控制体

从右侧输出控制体的流体质量流率和动量速率分别为：

$$G_2' = \rho \int_0^\delta u_x \mathrm{d}y + \rho \frac{\partial}{\partial x}\left(\int_0^\delta u_x \mathrm{d}y\right)\mathrm{d}x \quad (2\text{-}237\text{a})$$

$$P_2' = \rho \int_0^\delta u_x^2 \mathrm{d}y + \rho \frac{\partial}{\partial x}\left(\int_0^\delta u_x^2 \mathrm{d}y\right)\mathrm{d}x \quad (2\text{-}237\text{b})$$

对于稳态流动过程，微元体内无质量积累，根据质量守恒定律，上述两股流体的质量流率之差等于从上侧输入控制体的流体质量流率，即：

$$G_3' = \rho \left(\frac{\partial}{\partial x}\int_0^\delta u_x \mathrm{d}y\right)\mathrm{d}x \quad (2\text{-}238\text{a})$$

因上侧流体在边界层外缘，其速度在 x 方向分量为 u_0，故从上侧输入控制体的动量速率为：

$$P_3' = \rho \left(\frac{\partial}{\partial x}\int_0^\delta u_0 u_x \mathrm{d}y\right)\mathrm{d}x \quad (2\text{-}238\text{b})$$

由式（2-236b）、式（2-237b）和式（2-238b）可知，控制体内沿 x 方向净动量速率增量为：

$$P_x' = P_2' - (P_1' + P_3') = \frac{\mathrm{d}P_x}{\mathrm{d}\theta} = \rho \left[\frac{\partial}{\partial x}\int_0^\delta (u_x - u_0)u_x \mathrm{d}y\right]\mathrm{d}x \quad (2\text{-}239)$$

式中，$\mathrm{d}P_x/\mathrm{d}\theta$ 为 x 方向的动量随时间的变化率。根据牛顿第二定律，$\mathrm{d}P_x/\mathrm{d}\theta$ 应等于 x 方向作用于控制体的合外力，即：

$$\sum F_x = \frac{\mathrm{d}P_x}{\mathrm{d}\theta} \quad (2\text{-}240)$$

x 方向作用于控制体的外力为压力和剪应力，分别为：

作用于微元体两侧的总压力差：$-\frac{\partial p}{\partial x}(\mathrm{d}x)\delta(1) = -\delta\frac{\partial p}{\partial x}\mathrm{d}x$

作用于微元体的剪应力：$-\tau_w(\mathrm{d}x)(1) = -\tau_w \mathrm{d}x$

式中负号表示作用力的方向与 x 轴的正方向相反。故 x 方向作用于控制体的合外力为：

$$\sum F_x = -\tau_w \mathrm{d}x - \delta\frac{\partial p}{\partial x}\mathrm{d}x \quad (2\text{-}241)$$

将式（2-241）和式（2-239）代入式（2-240），并两边均除以 dx，得：

$$\rho \frac{\partial}{\partial x} \int_0^\delta (u_0 - u_x) u_x dy = \tau_w + \delta \frac{\partial p}{\partial x} \tag{2-242}$$

式（2-242）为**卡门边界层积分动量方程**，由德国科学家冯·卡门首先导出。它既适用于层流，也适用于湍流。

若只考虑 x 方向的流动，对边界层数量级分析可得 $\partial p / \partial y = 0$，故式（2-242）中的偏微分可写为全微分，又由式（2-196）可知，$dp/dx = 0$，故上式可简化为：

$$\frac{d}{dx}\int_0^\delta [u_x(u_0 - u_x)] dy = \frac{\tau_w}{\rho} \tag{2-243}$$

式中，对不可压缩流体而言，通常已知 u_0 和 ρ，而未知数共有三个：u_x、δ 和 τ_w。故须补充两个方程：边界层中的速度分布函数以及剪应力与速度的函数关系。前者一般是预先假设某种函数形式，后者则符合牛顿黏性定律。下面将针对不可压缩流体的稳态层流流动，应用积分动量方程求解其边界层速度分布。

2.10.2 层流边界层的近似计算

速度分布函数 已知流体的运动黏性系数 ν，外流速度 u_0，平板长度 L，设边界层内速度分布函数 u_x 可用 y 的三次多项式表示：

$$u_x = a + by + cy^2 + dy^3 \tag{2-244}$$

式中，a、b、c 和 d 为待定系数，可由边界条件决定。边界条件如下：

① 壁面速度为零，即 $y = 0$，$u_x = 0$；
② 边界处速度等于主体速度，即 $y = \delta$，$u_x = u_0$；
③ 边界处速度梯度为零，即 $y = \delta$，$\left(\dfrac{du_x}{dy}\right)_{y=\delta} = 0$；
④ 在壁面，由边界层微分方程可知，$\left(\dfrac{\partial^2 u_x}{\partial y^2}\right)_{y=0} = \dfrac{1}{\mu} \times \dfrac{dp}{dx}$，而 $\dfrac{dp}{dx} = 0$，故 $\left(\dfrac{\partial^2 u_x}{\partial y^2}\right)_{y=0} = 0$。

由上述四个边界条件可求解四个系数，结果为：

$$a = 0 \quad, \quad b = \frac{3}{2} \times \frac{u_0}{\delta} \quad, \quad c = 0 \quad, \quad d = -\frac{u_0}{2\delta^3}$$

将上述结果代入式（2-244），经整理得速度分布函数为：

$$\frac{u_x}{u_0} = \frac{3}{2}\left(\frac{y}{\delta}\right) - \frac{1}{2}\left(\frac{y}{\delta}\right)^3 \tag{2-245}$$

将式（2-245）代入式（2-243）的积分项，为：

$$\int_0^\delta (u_0 - u_x)u_x dy = \int_0^\delta u_0^2 \left(\frac{u_x}{u_0}\right)\left(1 - \frac{u_x}{u_0}\right) dy$$
$$= u_0^2 \int_0^\delta \left[\frac{3}{2}\left(\frac{y}{\delta}\right) - \frac{1}{2}\left(\frac{y}{\delta}\right)^3\right]\left[1 - \frac{3}{2}\left(\frac{y}{\delta}\right) + \frac{1}{2}\left(\frac{y}{\delta}\right)^3\right] dy = \frac{39}{280}u_0^2 \delta \tag{2-246}$$

将式（2-245）代入牛顿黏性定律，可得壁面剪应力为：

$$\tau_w = \mu\left(\frac{du_x}{dy}\right)_{y=0} = \frac{3}{2}\mu\frac{u_0}{\delta} \tag{2-247}$$

将式（2-247）和式（2-246）代入式（2-243），有：

$$\frac{d}{dx}\left(\frac{39}{280}\delta\, u_0^2\right) = \frac{3}{2}\times\frac{\mu}{\rho}\times\frac{u_0}{\delta} \tag{2-248}$$

将式（2-248）对 x 积分，得：

$$\frac{13}{280}\rho u_0 \delta^2 = \mu x + C \tag{2-249}$$

边界层厚度 因为当 $x=0$ 时，$\delta=0$，故 $C=0$，代入式（2-249），经整理可得：

$$\delta = 4.64\sqrt{\frac{\nu x}{u_0}} \quad \text{或} \quad \frac{\delta}{x} = 4.64 Re_x^{-1/2} \tag{2-250}$$

摩擦阻力和摩擦因数 下面计算作用在宽度为 b，长度为 L 的平板上的摩擦阻力。

平壁单位面积上的力为 τ_w，故微分面积 $dA = bdx$ 上的作用力为：

$$\tau_w dA = \tau_w b dx \tag{2-251}$$

积分上式可得作用在平壁上的总摩擦力为：

$$F_{ds} = \int_o^L \tau_w b dx \tag{2-252}$$

将式（2-247）代入式（2-252），得

$$F_{ds} = \int_o^L \mu \times \frac{3}{2}\times\frac{u_0}{\delta} b dx \tag{2-253}$$

将式（2-250）中 δ 代入式（2-253）积分，得：

$$F = \frac{1.292 b}{2}\sqrt{\mu\rho u_0^3 L} \tag{2-254}$$

将式（2-254）的分子分母各乘以 $\rho L u_0^2$，得到：

$$F_{ds} = \frac{1.292}{\sqrt{Re}}\times\frac{\rho u_0^2}{2}\times A \tag{2-255}$$

根据摩擦因数定义式，可得层流边界层摩擦因数或曳力因数：

$$C_{DL} = \frac{1.292}{\sqrt{Re_L}} \tag{2-256}$$

式（2-256）与布拉修斯精确解的结果基本相符。

2.11 案例分析——圆管入口段层流速度分布的理论预测及实验验证

案例背景 由于管道入口的速度分布与局部压力分布和传热传质系数密切相关，不少学者对此进行了系统研究。基于近似 N-S 方程的解析解与精确 N-S 方程数值解之间存

在差异,前者预测的速度最大值始终在管道中心处,而后者认为,在最初的一段距离内,速度最大值从管壁向管道中心移动,然后保持在管道中心。该案例将利用磁共振(MR)技术测定圆管入口段层流速度分布,考察雷诺数对入口段速度分布的影响,从而获得圆管入口段层流速度分布特征,同时还可以用来验证或反驳计算流体动力学(CFD)的结果,进而用于设计入口流量重要的仪器和设备,如毛细管流变仪、微流体通道、过滤设备、注射成型和撞击射流系统。

2.11.1 管内近似 N-S 方程解析解

如图 2-37 所示,匀速运动的牛顿流体进入圆管后会在壁面形成边界层,并在 L_e 处边界层涵盖整个管截面。假设在入口的最初一段距离内,普朗特关于边界层各参数的数量级分析仍然有效,则 N-S 方程可简化为:

$$\frac{\partial(ru_x)}{\partial x}+\frac{\partial(ru_y)}{\partial r}=0 \tag{2-257a}$$

$$\begin{cases} u_x\frac{\partial u_x}{\partial x}+u_y\frac{\partial u_x}{\partial r}=-\frac{1}{\rho}\times\frac{\partial p}{\partial x}+\frac{\nu}{r}\times\frac{\partial}{\partial r}\left(r\frac{\partial u_x}{\partial r}\right) \\ \frac{\partial p}{\partial r}=0 \end{cases} \tag{2-257b}$$

边界条件为:

① $r=R$ 时(壁面处无滑移),$u_x=u_y=0$;

② 当 $0\leqslant r\leqslant R-\delta$ 时(自由流),$\left.\begin{matrix}u_x=u_0\\ \partial u_x/\partial r=0\end{matrix}\right\}$;

③ 当 $0\leqslant r\leqslant R-\delta$ 时,$\frac{\partial^2 u_x}{\partial r^2}=0$;

④ $\left[\frac{u_y}{r}\times\frac{\partial}{\partial r}\left(r\frac{\partial u_x}{\partial r}\right)\right]_{r=R}=\frac{1}{\rho}\times\frac{\partial p}{\partial x}$。

上述方程称为管内近似 N-S 方程,其解析解由 Reci 等获得,图 2-37(a)示出了该解析解所预测的入口段速度分布,从图中可以看出,管内任何截面的最大速度均在管中心。

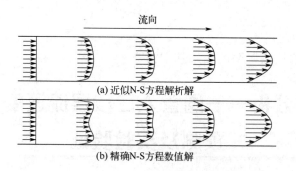

图 2-37 层流圆管入口段速度分布发展示意图

2.11.2 精确 N-S 方程数值解

从严格意义上而言,圆管入口的最初一段区域不再符合普朗特边界层假设,但仍然服从 N-S 方程,即精确 N-S 方程,只是该方程太过复杂,无法获得解析解。为此,Hornbeck、Christiansen 和 Kanda 等先后应用有限元差分法对其进行求解,获得的数值解所预测的圆管入口段速度分布参见图 2-37(b)。由图可见,在最初的一段距离内,横截面上的最大速度并非总是在管中心,而是从靠近壁面处逐渐向管中心移动,并最终稳定在管中心。

2.11.3 雷诺数对圆管入口段速度分布的影响

Reci 和 Sederman 等对非常靠近圆管入口的层流轴向速度分布发展进行了实验研究,旨在验证上述两种方法的理论预测的合理性。如图 2-38 所示,实验在一个由内径 $D=16mm$ 的垂直圆柱形管道组成的流动回路上进行,流体为 0.36mmol/L $GdCl_3 \cdot 6H_2O$ 水溶液,由泵将流体向上驱动,流经长度 100mm 的匀速器(整个长度上具有 $0.4mm^2$ 的方形通道,如图 2-39 所示),以获得圆管入口处的均匀速度分布。测试流体平均速度分别为 0.8cm/s、1.6cm/s、3.1cm/s 和 6.9cm/s,对应的雷诺数 Re_p 为 120、250、500 和 1100,每个单独通道中的雷诺数 Re_c 约为 6、10、21 和 46。Re_c 是根据水道的水力直径来计算的。所有实验均在 AV-400 Bruker 磁共振仪上进行,在 400.25MHz 谐振频率下进行 ^1H 观测。

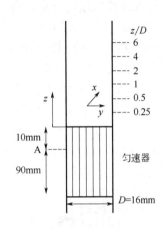

图 2-38 匀速器示意图(位置 A)及其出口处和管道入口段

本节将首先给出匀速器内部的速度实测值和管道入口处速度分布的实测数据,然后将这些数据与上述两种理论预测结果进行比较。

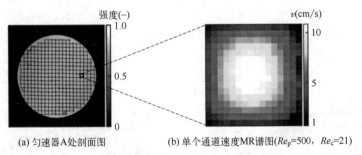

(a) 匀速器A处剖面图　　(b) 单个通道速度MR谱图(Re_p=500,Re_c=21)

图 2-39 匀速器截面及其单通道测速 MR 谱图

匀速器出口处的速度分布　图 2-39(a)示出了匀速器的方形通道在截面 A 的剖面图,通道壁厚为 0.15mm;图 2-39(b)示出了该处一个代表性单通道轴向速度的 MR 谱图,所对应的 Re_p=500、Re_c=21。已有实验数据证实,在低雷诺数下(Re_p<2000 或 Re_c≤80),单个方形通道内充分流动所需的入口长度<5mm。因此,在位于匀速器出口前 10mm 的成像截面上(A 位置),即使在所研究的最高雷诺数下,每个通道也预计会有充分发展的层流流动。

当匀速器出口处对应的雷诺数 Re_p 分别为 120、250、500 和 1100 时,对 A 截面的所有通道的速度进行了 MR 测试，然后对每个通道中的平均速度进行径向平均，以得到匀速器整个横截面上的速度分布，每个雷诺数下的速度分布如图 2-40 所示。由图可见，在所研究的雷诺数下，匀速器横截面上的速度分布很好地近似于均匀速度分布。靠近管壁的通道的非理想性是造成靠近管壁的通道与均匀流速分布稍有偏差的原因。该区域对应的 r/R 在 0.9~1.0 范围内，正是在这个区域，在图 2-40 中观察到与均匀速度分布有轻微的偏差。

管道入口段的速度分布发展 在圆管入口的 z（z/D=0.25，0.5，1，2，4，6）处进行 MR 测速采集，雷诺数 Re_p 分别为 120、250、500 和 1100 的轴向速度分布实验结果如图 2-41 所示。从图中可

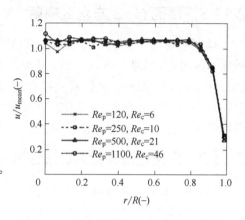

图 2-40 四个雷诺数下匀速器 A 截面径向平均轴向速度分布实测值

以看出，在 Re_p=120~1100 范围内，在从管道入口的最初一小段距离内（z_c/D），横截面上速度的最大值不在管道中心。更具体来说，随着 Re_p 的增加，该现象会持续到更长距离。例如，当 Re_p=120 时 z_c/D 约为 0.5，而当 Re_p=1100 时 z_c/D 增加到约 6。众所周知，边界层在低雷诺数时发展较快，这就是为什么在低雷诺数时，充分发展的层流入口长度较小。这些实验数据验证了精确 N-S 方程数值解的预测，而与近似 N-S 方程的解析解不一致。

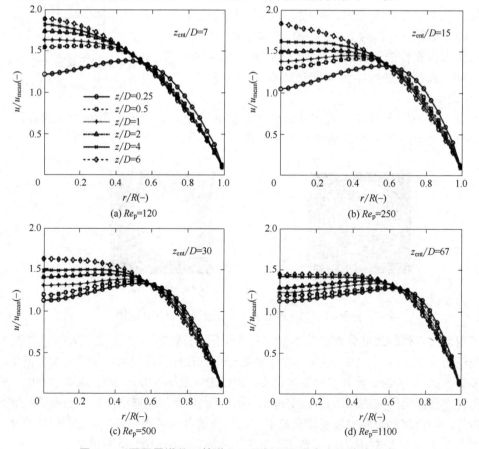

图 2-41 不同雷诺数下管道入口最初一段距离内的速度分布

案例小结 本案例基于 N-S 方程的两种解,研究了圆管入口段速度分布规律。实验数据表明,牛顿流体在圆柱形管道入口的层流发展过程中,速度分布的最大值并非总是处于管道中心,而是由边缘逐渐向管中心移动,最后稳定在管中心。这一现象以前曾在精确 N-S 方程的数值解中报道过,但未被边界层近似 N-S 方程解析解所预测,也未被任何其他实验数据所证实。实验中所存在的微小差异是由入口边界条件并非完全均速所致。

思考题

2.1 简述流线的主要特点。
2.2 简述势流的主要特征。
2.3 在一般实际流场中需要满足什么条件才存在势函数?
2.4 简述 Stokes 假设的主要思想。
2.5 Stokes 流的速度分布有哪些典型特征?
2.6 为什么爬流时可忽略惯性力,而高雷诺数流不能忽略黏滞力?
2.7 实际流体流经一圆柱物体时速度分布和压力分布有何特点?
2.8 边界层理论的核心思想是什么?
2.9 简述边界层分离现象。
2.10 边界层分离过程中为什么会出现逆流压力梯度现象?
2.11 简述 Blasuis 相似原理的核心思想及其主要作用。
2.12 圆管进口段流动有何特征?
2.13 磁共振测速实验中入口段的均匀速度是如何获得的?
2.14 简述圆管入口段径向速度分布特点。

习题

2.1 试简述流函数的物理意义,并从数学上加以证明。
2.2 二维流场中一流函数为 ψ,已知速度向量为 $u=2y\mathbf{i}+3x\mathbf{j}$,试求 ψ 的表达式。
2.3 已知流场中的流速由下列各式表达:

(a) $u = \dfrac{2y}{x^2+y^2}\mathbf{i} - \dfrac{2x}{x^2+y^2}\mathbf{j}$; (b) $u = 3y\mathbf{i} - 3x\mathbf{j}$

(c) $u = \dfrac{2y}{x^2+y^2}\mathbf{i} + \dfrac{2x}{x^2+y^2}\mathbf{j}$; (d) $u = 3y\mathbf{i} + 3x\mathbf{j}$

试问上述各速度场是否存在?若存在,请求出对应的流函数。

2.4 已知二维流场中势函数为 $\phi = \dfrac{u_0 L}{2}xy$,试求该流场中的流函数 ψ,并求出该流场中位于点 $P(3,4)$ 处的 $|u|$。

2.5 设流体各向黏性相同,试根据牛顿黏性定律导出下式:

$$\tau_{xy} = \tau_{yx} = \mu\left(\frac{\partial u_x}{\partial y} + \frac{\partial u_y}{\partial x}\right)$$

2.6 试证明二维流动的流函数 ψ 满足不可压缩流体的连续性方程。

2.7 不可压缩流体在水平圆管中作一维层流流动,已知管内径为 r_i,流动已达稳态,试求:(1)与平均流速 u_b 相应的速度出现在何处(表达为 r_i 的函数);(2)沿径向的剪应力分布函数。

2.8 两块相距为 $2L$ 的无限大平板,下板静止不动,上板以速度 u_0 沿水平方向(x 方向)移动,试导出平板间流体作层流流动时的速度分布。

2.9 300K 空气以 40m/s 的流速流过一块平板,试问在距平板前沿多远处发生从层流到湍流的转变?已知临界雷诺数为 $Re_x = 2 \times 10^6$。

2.10 已知 303K、101.3kPa 的空气以 30m/s 的流速流过一块平板。(1)试确定距平板前沿 0.1m、0.3m、0.8m、1.2m 处横向速度 u_y 的表达式;(2)当 $\eta = 3.5$ 时,根据计算所得 u_y 绘出其曲线。

2.11 现有温度为 298K 的水流经宽 2.0m、高 1.0m 的矩形流道,已知水的体积流率为 $10m^3/h$。试求:(1)主体流速 u_0;(2)通过单位长度流道的压降;(3)横截面上速度分布函数,并绘出其侧形图。

2.12 298K 的水在水平套管环隙中流过,体积流率为 $2m^3/h$,内管外径 $r_1 = 25mm$,外管内径 $r_2 = 50mm$,试求:(1)最大速度 u_{max} 以及该处的半径 r_{max};(2)dp/dz;(3)速度分布表达式;(4)r_1 和 r_2 处剪应力。

2.13 常压下 298K 的空气流经一平板,流速为 30m/s,设其所形成的边界层内速度分布符合线性方程,试导出边界层厚度与流动距离的关系式,并求距平板前沿 0.3m 处边界层厚度。

2.14 常压下 300K 的空气流经一平板,流速为 10m/s,设其所形成的边界层内速度分布符合抛物线方程,试导出边界层厚度与流动距离的关系式,并求距平板前沿 0.5m 处的边界层厚度。

2.15 常压下 303K 的空气流经一平板,流速为 10m/s,试用布拉修斯精确解求算距离平板前沿 0.2m 处的边界层厚度,并计算该处 y 方向上距离壁面 0.01m 处的速度(u_x、u_y)。

2.16 在边界层内,不可压缩流体流动的动量厚度为:

$$\vartheta = \int_0^\infty \frac{u_x}{u_0}\left(1 - \frac{u_x}{u_0}\right)dy$$

试求下述两种情况下动量厚度与边界层厚度的比值:(1)u_x 为线性分布;(2)$u_x = a\sin(by)$。

第 3 章

湍流动量传递

第 2 章系统地介绍了几种经典的层流流动,并导出了相应的速度分布精确解。然而,层流流动的实际应用场景并不多。与之相比,湍流是自然界和实际工程中更普遍存在的一类流动状态,其运动规律完全不同于层流。事实上,湍流与航空、环保、气象、化工、船舶、水利、医学等许多学科密切相关。如果能掌握湍流的运动规律,并对其进行有效的控制和合理的应用,将具有重大的理论意义和社会经济效益。

早在 1839 年,法国工程师**哈根(Hagen)**通过测定管道流动阻力,研究压降与流量的关系时就发现:在较低流量下,压降 Δp 与体积流量 V' 呈线性关系($\Delta p \propto V'$);但当流量超过一定值,二者之间的线性关系不再成立,而是符合 $\Delta p \propto V'^{1.75}$。而产生这种差异的内在原因,是后来由**雷诺(Reynolds)**揭示出来的,雷诺提出了**雷诺数(Re)**的概念并通过著名的**雷诺流动试验**观察到:当 $Re<2100$ 时,管内流动为**层流**;而当 $Re>2100$ 时,流动出现**局部紊乱**现象,且当其逐渐增大到某一值时,管内流动就**完全紊乱**,转变为**湍流**。湍流是一种十分复杂的现象,至今还没有一个定义能全面表述湍流的所有特征。人们对湍流的认识是一个不断积累的过程。从 19 世纪开始,存在一种经典看法——**湍流是完全不规则的随机运动**。因此,**雷诺**首创统计平均法来描述湍流运动。1937 年,泰勒(Taylor)和冯·卡门(von Kármán)也指出,湍流是一种不规则运动,是在流体流经固体壁面或者相邻不同速度流体层相互流过时产生的。在此基础上,Hinze 认为,湍流流体的速度、压强、温度等在时间与空间坐标中都是随机变化的。然而,从 20 世纪 70 年代初开始,也有很多学者认为**湍流并不是完全随机的运动**,在湍流流体中存在一种可以被检测和显示的**拟序结构**,亦称**大涡拟序结构**。总之,从雷诺试验以来,湍流方面的研究虽已取得重大进展,但对湍流机理至今仍未完全清楚。

有关湍流的研究主要包括三个方面:①**湍流的特征和起源**;②**湍流的运动规律及数学模型**;③**湍流的控制**。

本章将首先介绍湍流的主要特点和湍流的基本结构,并简述湍流的起源,然后再分别探讨主要的湍流理论,包括唯象理论和统计理论。有关工程应用方面,则结合两种典型湍流现象(壁面湍流和自由湍流)对湍流的传递规律(湍流速度分布、雷诺应力等)作进一步论述。至于湍流控制,不仅具有理论意义,实践上也极为重要,是近年来湍流研究的热点之一,读者可参考相关专著。

3.1 湍流的特征

3.1.1 湍流的主要特征

高频脉动性 对于恒定压力梯度下在管内做湍流运动的流体,可应用激光测速仪进行速度测定。图 3-1 示出了管内某固定点处速度随时间变化的情况，它表明该点的瞬时速度大小和方向总是处于不断变化之中，且变化频率很高，变化幅度有时也很大，可达平均速度的 10%~30%，但总是围绕着某一定值上下波动，这种现象称为速度的高频脉动。脉动发生在 x、y、z 三个方向上，并具有自持性。同样地，湍流流体的其他特性如压力、密度等都可能具有类似特征。综上所述，**所谓湍流，就是流体的速度和压力都随时间呈无规则高频脉动的流动**。简言之，质点的高频脉动是湍流的本质特征。

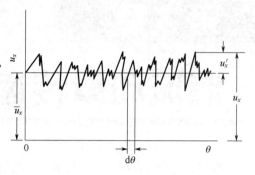

图 3-1 湍流瞬时速度与时均速度

湍流仍有运动的主流方向，例如管内湍流，用毕托管测出的湍流速度正是这种主体运动的速度，该值与主体运动方向的速度脉动所围绕的"一定值"基本相符。工程上的一些参数，如阻力、传热速率等，都是一段时间或一定面积上的平均值，这使**时均化**有了实践基础。

湍流时，流体质点间发生强烈混合，在混合过程中质点间会相互碰撞，由此导致流体前进阻力大增。相对而言，由流体黏性所产生的剪切力就微不足道了，可以忽略不计。而且，流体质点间的强烈混合，使得流动在 y 方向的速度梯度较小，横截面上的速度分布较层流均匀得多。此外，无论主体湍流多么剧烈，在壁面附近，总是存在一层极薄的层流内层，其速度梯度又较层流时大。

扩散性 相隔较远的流体质点，因湍流的涡旋运动而能快速接近，故湍流能促进物质间的混合，提高扩散速率；有温差时，则可加速换热速率；同时，湍流也会使流动阻力增大。总之，湍流传递速率比分子扩散速率要大几个数量级，因此化工过程常在湍流状态下进行。当然，其缺点是湍流的阻力较大。

间歇性 从湍流形成到充分发展，存在一定的过渡区。在过渡区，湍流与非湍流在时间上交替、空间上并存，有明显的分界面，即湍流具有间歇性。间歇性是近代湍流研究的重大发现之一。

拟序性 在湍流的产生和发展过程中，存在着间歇现象和周期性的猝发过程，湍流流动并非完全杂乱无序，而是存在某种近似有组织的结构——拟序结构。具体而言，流体的湍流运动是由尺度和涡量各异的涡旋叠加而成的，其中最大涡尺度与流动环境密切相关，最小涡尺度则由黏性确定；流体在运动过程中，涡旋不断破碎、合并，流体质点轨迹不断变化。流体的运动时而呈非线性完全随机性、时而又出现随机性与拟序性并存状态。条带结构、猝发结构和涡旋结构形成壁面附近湍流结构的特征。总而言之，**湍流兼有随机性和有序性**，是有序和随机状态的混合。基本结构之一是**各种尺度的涡（Eddy）**，既有大量的随机的小涡构成背景流场，又有大尺度的拟序涡结构存在。

3.1.2 时均值与脉动值

湍流在微观上是杂乱无章的，但在宏观上又是有序的。也就是说，单独考察湍流流体的一个质点，其速度具有瞬时性和不确定性。但如果在一段时间间隔内考察湍流的主体，其速度却是固定的。由于这种极端复杂性，通常采用统计法来描述湍流。以流速为例，可将湍流中任一质点的速度分解为如下两部分：**时均速度和脉动速度**。时均速度不随时间而改变，而脉动速度具有瞬时性，每时每刻都在变化，其波动幅度即为湍流速度的波动幅度。在直角坐标系中，湍流的速度可表达为：

$$u_x = \bar{u}_x + u'_x \quad , \quad u_y = \bar{u}_y + u'_y \quad , \quad u_z = \bar{u}_z + u'_z \quad (3\text{-}1\text{a}\sim\text{c})$$

式中，u_x，u_y，u_z 分别为瞬时速度在 x、y、z 方向上的分量；$\bar{u}_x$，$\bar{u}_y$，$\bar{u}_z$ 分别为时均速度在 x、y、z 方向上的分量；u'_x，u'_y，u'_z 分别为脉动速度在 x、y、z 方向上的分量。

式（3-1）表明，湍流的速度可用时均速度与脉动速度之代数和表示。同样地，对于其他物理量，如压力、密度、温度和浓度等，均可采用类似的表达式，即：

$$\text{瞬时值=时均值+脉动值} \quad (3\text{-}1\text{d})$$

所谓**时均值**，是指一定时间间隔内的平均值。如图 3-1 所示，以 x 方向的速度分量 u_x 为例，时均速度 $\bar{u}_x$ 就是 u_x 在 $0\sim\theta$ 范围内的平均值，即：

$$\bar{u}_x = \frac{1}{\theta}\int_0^\theta u_x \mathrm{d}\theta \quad (3\text{-}2)$$

只要时间足够长（一般只需要几秒），时均速度是能够维持恒定的。下面将证明，脉动值的时均值必为零。以脉动速度 u'_x 为例，依定义，有：

$$\overline{u'_x} = \frac{1}{\theta}\int_0^\theta u'_x \mathrm{d}\theta \quad (3\text{-}3)$$

将式（3-1a）代入式（3-3），经整理得：

$$\overline{u'_x} = \frac{1}{\theta}\int_0^\theta u'_x \mathrm{d}\theta = \frac{1}{\theta}\int_0^\theta u_x \mathrm{d}\theta - \frac{1}{\theta}\int_0^\theta \bar{u}_x \mathrm{d}\theta = \bar{u}_x - \bar{u}_x = 0 \quad (3\text{-}4)$$

类似，有：$\overline{u'_y} = 0$，$\overline{u'_z} = 0$，$\overline{p'} = 0$。

下面给出时均值的若干运算规则。设 f 和 g 是时均运算的两个因变量，则：

$$\bar{\bar{f}} = \bar{f} \quad (3\text{-}5\text{a})$$

$$\overline{f + g} = \bar{f} + \bar{g} \quad (3\text{-}5\text{b})$$

$$\overline{\bar{f} \cdot g} = \bar{f} \cdot \bar{g} \quad (3\text{-}5\text{c})$$

$$\overline{\frac{\partial f}{\partial x}} = \frac{\partial \bar{f}}{\partial x} \quad (3\text{-}5\text{d})$$

$$\overline{\int f \mathrm{d}x} = \int \bar{f} \mathrm{d}x \quad (3\text{-}5\text{e})$$

如果时均速度只在 x 方向分量不为零，即 $\bar{u}_y = 0$，$\bar{u}_z = 0$，则湍流的瞬时速度为：

$$u_x = \bar{u}_x + u'_x \quad , \quad u_y = u'_y \quad , \quad u_z = u'_z \quad (3\text{-}6)$$

式（3-6）中瞬时速度可用热丝风速计测定，时均速度可用皮托管测定。

上述讨论均是以稳态湍流为基础的，所谓**稳态湍流**，是指时均速度不随时间而变的湍流。

3.1.3 湍动强度

如前所述，脉动是湍流的本质特征，故脉动速度的大小与湍流的湍动强度是密切相关的。通常用脉动速度与时均速度的比值来表达，例如，可用 $u'_x / \bar{u}_x$ 表示流体质点在 x 方向的湍动强度。考虑到脉动速度有正、有负，且三个方向上均有脉动速度分量，故更合理的办法是先计算 x、y、z 三个方向上脉动速度的均方值的算术平均值，再取其方根值，来代替 u'_x，由此可得**湍动强度 I** 的定义式为：

$$I = \frac{\sqrt{\frac{1}{3}\left(u'^2_x + u'^2_y + u'^2_z\right)}}{\bar{u}_x} \tag{3-7}$$

若 x、y、z 三个方向湍动同性，则式（3-7）可简化为：

$$I = \frac{\sqrt{u'^2_x}}{\bar{u}_x} \tag{3-8}$$

对于不同情形的湍流，湍动强度的数值也各不相同。例如，圆管中湍动强度一般为 1%～10%，而尾流和自由喷射等高湍流体系，其湍动强度可达 40%。

3.1.4 湍流的起源

通常，处于平衡的系统的稳定性，取决于系统抗干扰的能力。流动系统也不例外，如果流动使扰动逐渐减弱且最后消失，并使整个流场恢复到扰动以前的状态，则流动是稳定的；相反，则流动是不稳定的。不稳定的层流就会逐步转变为湍流，并在此基础上形成了最初的流动稳定性理论。实际上，层流失稳可以是从一种层流状态转变为另一种层流状态，也可以是从层流转变为过渡态进而变为湍流。但此处仅讨论后者。

3.1.4.1 层流稳定性与临界雷诺数

当层流流体的雷诺数逐渐增大到某一临界值以上时，层流就有可能发展为湍流。前已指出，管内流动的临界雷诺数 Re 为 2100（这是临界值的下限），即 Re 数低于此值，无论存在多么强烈扰动，流动仍为层流，而超过此值，流动将可能转变为湍流。若能避免流动中的扰动，就可延缓湍流的形成。已有实验表明，层流转变为湍流的临界雷诺数可以高达 10^5，这还未必是上限。

流动状态的稳定性与其速度分布类型具有非常密切的关系，图 3-2 给出几种速度分布模型，其中，分布曲线上有拐点的尾流和射流，易于失去稳定性。因而可以推论，不同的流动状况将在不同的临界 Re 时发生状态转变。

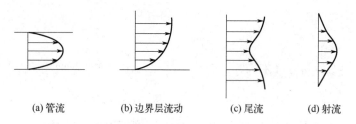

(a) 管流　　　(b) 边界层流动　　　(c) 尾流　　　(d) 射流

图 3-2　速度分布模型

绕平板流动时，过渡区的范围随外流湍动强度而变化。当湍动强度小于 0.1% 时，过渡区 $Re_x = 3 \times 10^6 \sim 4 \times 10^6$；当湍动强度大于 0.1% 时，临界 Re 将显著减小。一般认为临界 Re 的上、下限分别为 $Re_x = 5 \times 10^6$ 和 $Re_x = 8 \times 10^4$。计算雷诺数时，以主流速度为特征速度，离开前缘距离 x 为特征尺寸。

对于绕圆柱体流动,临界 $Re=3\times10^5$,以柱体直径为特征尺寸。

对于射流,圆射流 $Re_d<300$ 为层流,平面射流过渡区 $Re_d=30\sim50$。

对于一些化工设备,固定床内 $Re<10$ 时为层流;搅拌槽内 $Re<30$ 时为层流,过渡区很宽:$30<Re<10000$。

3.1.4.2 过渡区特征——状态转变是一个过程

仔细观察管内流动状态的转变过程可以发现,湍流开始发生在壁面附近的很小区域内,然后迅速扩展到整个管截面,形成一小段湍流区,称为湍流塞,其上、下游仍为层流区,而靠近湍流区的层流流体则不断地被卷入湍流流体,使湍流区不断扩展,它随时间的发展过程如图3-3所示。

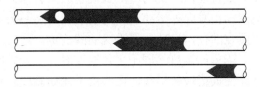

图 3-3 湍流塞的增长(阴影部分是湍流,非阴影部分是层流)

到另一瞬间,新的湍流塞以同样方式产生,先前的湍流塞已向下游移去,因而新生湍流塞的下游又是层流流体。湍流塞有时随机地产生,有时周期性地产生。当一个湍流塞的前边界与另一个湍流塞的后边界相接时,两者合并,出现更长的湍流塞,其结果是使管内固定点处的流体交替地呈现层流与湍流,如图3-4所示。图中 a 表示湍流塞中的速度脉动,b 表示层流与湍流之间局部平均速度的变化。湍流维持的时间占总时间的分数,称为间歇因子 γ。显然 $\gamma=1$ 相当于连续湍流,$\gamma=0$ 是连续层流。γ 在 0 到 1 之间为转变阶段。

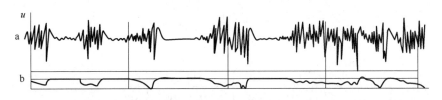

图 3-4 管中心处的速度脉动($Re=2550, L/d=322$)

在一定雷诺数下,γ 随轴向距离 x 的增加而增加。在雷诺数接近临界值下限时,转变为充分发展的湍流需延伸很长的距离。对于自由湍流,例如射流的边缘也存在间歇现象。

间歇因子的发现是对湍流认识的重要发展。在过渡状态下,呈现流动的复杂性,其基本特征是层流与湍流共存。空间固定位置上不同时间可能出现不同的流动状态;层流和湍流随时间出现交替;同一时间不同位置出现不同状态,层流和湍流分别在不同空间位置出现。

3.1.4.3 影响状态转变的因素

流动状态的稳定性,除依赖于雷诺数外,还有一些因素需要考虑,如湍动强度、压力梯度、壁面热状态(加热或冷却)、表面粗糙度等。下面分别加以探讨。

湍动强度的影响 早期试验已经证明:湍动强度 $I=0.35$ 时,临界雷诺数较"静"无扰动时下降50%。另外还发现激发驻波、行进波与声波等不同类型的扰动对状态转变的影响有显著差异。

压力梯度的影响 在稳定性理论的早期研究中,得到一个重要定理:速度分布图形上有拐点是流动不稳定的充要条件。以此为依据，可以估计压力梯度对稳定性的影响。对于内部问题：在收缩通道中，具有顺压梯度，速度分布曲线比较饱满，没有拐点；在扩张通道中，具有逆压梯度，速度分布曲线尖峭，有拐点。对于外部绕流：按边界层理论，在压力沿流动方向减低的区域，速度分布曲线上无拐点；而在压力增加的区域，当压力梯度足够大时，就有可能出现拐点。因此，有无拐点相应于存在何种压力梯度。一般说来，顺压梯度使流动稳定，而逆压梯度则增大了流动的不稳定性。

表面弯曲与离心力的影响 旋转的两个同心圆筒环隙间的流动，可作为弯曲通道中离心力影响流动稳定性的一个例子。当内圆筒静止，外圆筒均匀旋转时，环隙间的速度分布从内壁面上的零，线性地变化到外壁面的圆周速度。此时，离开轴较远的流体质点所受的离心力大于离轴较近者，因而能抵抗向内的扰动，受到扰动后将有向外返回到原来位置的趋势。同理，离轴较近的流体质点则很难向外运动，因为它所受的离心力小于远处质点。总之，在这种情况下，离心力阻碍质点的径向运动，促进流动的稳定。这一问题下面将进一步论述。

壁面受热状况的影响 当壁面温度不同于主体温度时，二者之间存在热量传递，传热可以增加流动的稳定性或者促使失稳现象早现，这取决于流体黏度和温度的关系，运用前述关于拐点的定理可以作出有益的分析。

按边界层理论，平板边界层方程为：

$$\rho\left(u_x\frac{\partial u_x}{\partial x}+u_y\frac{\partial u_x}{\partial y}\right)=-\frac{\mathrm{d}p}{\mathrm{d}x}+\frac{\partial}{\partial y}\left(\mu\frac{\partial u_x}{\partial y}\right) \tag{3-9}$$

式（3-9）中将 μ 放在微分之内是因为考虑到 μ 随温度（或位置）变化。

对于水平放置的平板，$\frac{\mathrm{d}p}{\mathrm{d}x}=0$，在壁面，$u_x=u_y=0$，于是有：

$$\frac{\mathrm{d}}{\mathrm{d}y}\left(\mu\frac{\mathrm{d}u_x}{\mathrm{d}y}\right)=0 \tag{3-10}$$

即

$$\left(\frac{\mathrm{d}^2 u_x}{\mathrm{d}y^2}\right)=-\frac{1}{\mu_w}\left(\frac{\mathrm{d}\mu}{\mathrm{d}y}\right)_w\left(\frac{\mathrm{d}u_x}{\mathrm{d}y}\right)_w \tag{3-11}$$

如果壁面被加热，$T_w>T_0$，壁面处温度梯度为负，即 $\frac{\mathrm{d}T}{\mathrm{d}y}|_w<0$，对于气体，黏度随温度增加，$\frac{\mathrm{d}\mu}{\mathrm{d}y}<0$，而在壁面处，速度梯度为正 $\left(\frac{\mathrm{d}u_x}{\mathrm{d}y}>0\right)$，由式（3-11）可得壁面处：

$$\frac{\mathrm{d}^2 u_x}{\mathrm{d}y^2}|_w>0 \tag{3-12}$$

而在边界层外缘，有 $\frac{\mathrm{d}^2 u_x}{\mathrm{d}y^2}<0$，故在边界层内必定存在着 $\frac{\mathrm{d}^2 u_x}{\mathrm{d}y^2}=0$ 的拐点。这就意味着，热量从壁面向流过表面的气流传递会促使流动不稳定，类似于流动方向压力增大的情况。同样的道理，壁面被冷却可使流动稳定，类似于流动方向压力减小的情况。

液体的黏度随温度升高而减低，与气体情况正好相反，因而传热对液体流动稳定性的影响也和气体相反。

抽吸的影响 设想流体以速度 u_0 沿多孔壁面运动，并有流体以速度 u_{yw} 通过壁面被吸入

或排出,如图 3-5 所示。抽吸时,$u_{yw}<0$;吹送时,$u_{yw}>0$。但两种情况均有 $|u_{yw}|\ll u_0$。在这种情况下,边界层中流动状态的转变与无抽吸时的情况相差很大,此时临界雷诺数 $\left(\dfrac{u_0\delta^*}{\nu}\right)_{cr}=$ 70000(δ^* 为位移厚度),比非多孔平板时大 130 倍。

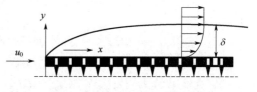

图 3-5 具有均匀吸入的边界层

抽吸之所以会影响稳定性,主要基于以下两种效应:一是由于流体抽吸减小了边界层的厚度,而较薄的边界层转变为湍流的倾向较小;二是抽吸所产生的层流速度分布具有更高的稳定极限。壁面与流体之间的传质对状态转变的影响等同于抽吸所起的作用。

表面粗糙度的影响 粗糙度对流动状态的转变具有实质性的影响,但人们对该因素的认识仍然依靠实验。一般来说,粗糙峰将促使转变提前,即粗糙壁上发生转变的临界雷诺数比光滑壁的低。从稳定性理论看,粗糙峰的出现,引起层流中的附加扰动,如果粗糙度很低,产生的扰动低于其他扰动,粗糙峰的出现将不影响稳定性。如果这一扰动大于其他扰动,则将使稳定性降低。

两个实例 层流向湍流过渡,必从失稳开始。但失稳以后,可能转变为另一种层流,而不一定立即过渡为湍流。朗道 1944 年提出一种可能的过渡形式:随着某种流动参数(Re)的逐渐增大,原生的层流失稳,并变为另一种稳定的层流,此层流将再失稳而变为另一种更复杂的层流,如此继续,而最终失去层流的规则性,转变为湍流,这种过程称为重复分岔。

(1) 转动柱面间的流动和泰勒涡

(a) 缓慢,纯剪切流动　　(b) 发生不稳定的涡旋

图 3-6 同心轴圆柱间的流动,内圆筒旋转快于外圆筒

如图 3-6 所示,两同心轴圆柱体,流体处于环隙间,内外圆柱以不同速度旋转,流体除了简单流动,还有可能出现复杂流型,泰勒(Taylor)首先研究了这一问题。泰勒导出并经实验证实,狭环隙中形成涡旋的条件为泰勒数(Ta)高于临界泰勒数(Ta_c)。

当 $\left(\dfrac{L}{r_i}\right)\approx 0$,

$$Ta_c = \dfrac{\omega_i r_i L}{\sigma}\left(\dfrac{L}{r_i}\right)^{1/2} = 41.2 \tag{3-13}$$

式中,Ta_c 为临界泰勒数;L 为环隙宽度;r_i 为内圆柱半径;ω_i 为内圆柱角速度;σ 为流体的表面张力。

随着内圆柱的转速 ω_i 增加，Ta 显著超过临界值，存在以下几种**泰勒涡（Taylor Eddy）**旋流工况：

① $Ta = 15Ta_c \sim 30Ta_c$，出现涡旋和螺旋涡旋；
② $Ta = 30Ta_c \sim 160Ta_c$，流动变为湍流，但仍保留涡旋运动，与两圆柱半径比有关；
③ 完全湍流大约发生在 $Ta = 250Ta_c$。

（2）平行板间的对流和博拉德涡

相隔狭小距离（h）的两平板间，液体静止，上、下板温度分别为 T_2 和 T_1，且 $T_1 > T_2$，即下板被加热。板间液体因温差，下层密度小，上层密度大，这是一种不稳定的静态。任何扰动会引起密度大的流体向下、密度小的液体向上的热对流，但这种倾向受到黏性力和热传导的抵抗。当温差足够大时，起不稳定作用的浮力将促使平衡状态失稳，产生热对流。如图 3-7 所示的蜂窝状涡胞，通称为**博拉德涡（Bernad Eddy）**。涡胞中心液体上升，相邻涡胞附近的液体下降。涡胞平面形状接近于正凸多边形（四到七边形），一般是六角形，边界面是垂直的。形成**博拉德涡**的临界条件由 Rayleigh 数表示：

$$Ra = \frac{\rho C_p g \beta \Delta T h^3}{\kappa \nu}$$

式中，β 是液体的热膨胀系数；ν 是运动黏度；κ 是热导率。临界值约为 $Ra = 1700$。

图 3-7　博拉德涡（Bernad Eddy）

博拉德涡与泰勒涡作为失稳现象，颇多类似，以浮力代替离心力成为失稳机理，其数学处理也有许多共同特点。

综上所述，流体由层流转变为湍流需具备两项必要条件：①形成涡旋；②形成的涡旋脱离原来的流层进入邻近的流层。而形成涡旋又取决于如下两个因素：①流体具有黏性；②层流的波动。

3.2　湍流基本方程——雷诺方程

随着计算机与实验观测技术的发展，对湍流的探索正沿着多种途径进行，但**统计方法**与**时均化方法**仍是两种最基本的途径。

湍流脉动是一种随机现象，将经典的流体力学与统计方法结合起来研究湍流，考察湍流的统计规律性。依据这种方法，着眼于分析脉动本身，寻求脉动速度的概率分布、平均值、均方根值、相关能谱等，由此探索湍流的微结构。

瞬时湍流运动可分解为对时间的平均运动以及对平均运动的偏离。因此，可以对湍流机理做出某种假定，建立半经验湍流唯象理论和各种湍流模型，并考察平均运动规律如速度分布、摩擦阻力等。

对于工程上的许多问题，例如管流、边界层流，通常只需了解湍流运动的平均速度变化。

下面将着重讨论这种方法,而对统计理论只作简要介绍。

3.2.1 雷诺转换与雷诺方程

尽管湍流中存在很小的湍动尺度,但这种尺度比大气条件下气体分子的平均自由程大得多,所以湍动流体仍可视为连续介质。现有的实验结果表明,在与最小湍动尺度相当的距离以及与最小脉动周期相近的时间内,湍流中的特征量呈现连续的变化规律,在空间和时间上是可微的,因而可用常规的描述一般流体运动的方法来建立数学模型。也就是说,无论是层流还是湍流,对于流体微元而言,并无实质上的区别。第1章导出的连续性方程和所有传递微分方程同样能描述湍流流体。而实际中湍流运动的复杂性,使得上述方程在解决湍流问题时困难重重。为此,雷诺提出,**以时均值和脉动值之和来代替原方程中的瞬时量,然后对方程两侧各项取时均值**,可导出对应的新方程,这个方法称为**雷诺转换**(Reynolds Transformation)。广义上,所有经雷诺转换导出的方程均称为**雷诺方程**(Reynolds Equation);而狭义上,雷诺方程又特指经雷诺转换的 N-S 方程。一个多世纪以来,人们将 N-S 方程作为湍流运动的基本方程,由此所得到的一些湍流理论、计算结果与实验结果吻合得很好。

下面分别针对连续性方程和 N-S 方程进行雷诺转换。

以时均速度表达的连续性方程 不可压缩流体的连续性方程为:

$$\frac{\partial u_x}{\partial x} + \frac{\partial u_y}{\partial y} + \frac{\partial u_z}{\partial z} = 0 \tag{3-14}$$

将式(3-1)代入式(3-14),有:

$$\frac{\partial \overline{u}_x}{\partial x} + \frac{\partial u'_x}{\partial x} + \frac{\partial \overline{u}_y}{\partial y} + \frac{\partial u'_y}{\partial y} + \frac{\partial \overline{u}_z}{\partial z} + \frac{\partial u'_z}{\partial z} = 0 \tag{3-15}$$

根据时均值运算的规则式(3-5),逐一求出各项时均值,得:

$$\frac{\partial \overline{u}_x}{\partial x} + \frac{\partial \overline{u}_y}{\partial y} + \frac{\partial \overline{u}_z}{\partial z} = 0 \tag{3-16}$$

由式(3-15)减去式(3-16),得:

$$\frac{\partial u'_x}{\partial x} + \frac{\partial u'_y}{\partial y} + \frac{\partial u'_z}{\partial z} = 0 \tag{3-17}$$

式(3-16)和式(3-17)表明,湍流运动时,时均速度分量和脉动速度分量都满足不可压缩流体的连续性方程。

雷诺方程和雷诺应力 湍流时各速度分量瞬时值服从以应力表示的运动微分方程。下面以式(2-11a)为例,导出狭义雷诺方程,并由此提出雷诺应力的概念和定义式。

将式(2-11a)中的随体导数展开,得:

$$\rho\left(u_x \frac{\partial u_x}{\partial x} + u_y \frac{\partial u_x}{\partial y} + u_z \frac{\partial u_x}{\partial z} + \frac{\partial u_x}{\partial \theta}\right) = \rho X + \frac{\partial \tau_{xx}}{\partial x} + \frac{\partial \tau_{yx}}{\partial y} + \frac{\partial \tau_{zx}}{\partial z} \tag{3-18}$$

将式(3-14))两边同时乘以 ρu_x,整理得:

$$\rho u_x \frac{\partial u_x}{\partial x} + \rho u_x \frac{\partial u_y}{\partial y} + \rho u_x \frac{\partial u_z}{\partial z} = 0 \tag{3-19}$$

将式（3-18）和式（3-19）相加，经整理得：

$$\rho \frac{\partial u_x}{\partial \theta} = \rho X + \frac{\partial}{\partial x}(\tau_{xx} - \rho u_x^2) + \frac{\partial}{\partial y}(\tau_{yx} - \rho u_y u_x) + \frac{\partial}{\partial z}(\tau_{zx} - \rho u_z u_x) \quad (3\text{-}20)$$

对式（3-20）进行雷诺转换，可得狭义雷诺方程的 x 方向分量：

$$\rho \frac{\partial \bar{u}_x}{\partial \theta} = \rho X + \frac{\partial}{\partial x}(\bar{\tau}_{xx} - \rho \bar{u}_x^2 - \rho \overline{u_x'^2}) \\ + \frac{\partial}{\partial y}(\bar{\tau}_{yx} - \rho \bar{u}_y \bar{u}_x - \rho \overline{u_y' u_x'}) + \frac{\partial}{\partial z}(\bar{\tau}_{zx} - \rho \bar{u}_z \bar{u}_x - \rho \overline{u_z' u_x'}) \quad (3\text{-}21)$$

式（3-21）称为**狭义雷诺方程**。将式（3-21）与式（3-20）比较可知，虽然两式左边有同样的形式，但式右边多出了三项：$-\rho \overline{u_x'^2}$、$-\rho \overline{u_y' u_x'}$、$-\rho \overline{u_z' u_x'}$。这些项具有应力的量纲，称为**雷诺应力**（**Reynolds Stress**），分别表示为：

$$\bar{\tau}_{xx}^r = -\rho \overline{u_x'^2}, \quad \bar{\tau}_{xy}^r = -\rho \overline{u_x' u_y'}, \quad \bar{\tau}_{zx}^r = -\rho \overline{u_z' u_x'} \quad (3\text{-}22a\sim c)$$

同样，在 y、z 方向的雷诺方程中也各多出三项，因此雷诺应力共有九个分量，写成矩阵形式为：

$$\begin{matrix} -\rho \overline{u_x'^2} & -\rho \overline{u_x' u_y'} & -\rho \overline{u_x' u_z'} \\ -\rho \overline{u_y' u_x'} & -\rho \overline{u_y'^2} & -\rho \overline{u_y' u_z'} \\ -\rho \overline{u_z' u_x'} & -\rho \overline{u_z' u_y'} & -\rho \overline{u_z'^2} \end{matrix} \quad (3\text{-}23)$$

在雷诺应力中，三个是法向应力，六个是剪切应力，它们代表脉动的影响，表示脉动速度产生的附加应力，其值较黏性应力大得多，是湍流时均速度分布不同于层流速度分布的主要诱因。

雷诺方程式（3-21）与时均连续性方程式（3-16）可用来描述湍流运动，但这一组方程是不封闭的，方程中除 u_x、u_y、u_z 和 ρ 四个未知数外，湍流附加应力也是未知的。为了使方程封闭，必须补充所缺少的方程，这正是湍流理论所需解决的难题。

3.2.2 动量传递与湍流附加应力

下面用动量传递的概念，阐明湍流附加应力产生的机理。考虑如图3-8所示的湍流流动，$\bar{u}_x = \bar{u}_x(y)$，$\bar{u}_y = \bar{u}_z = 0$，速度梯度 $\dfrac{\mathrm{d}\bar{u}_x}{\mathrm{d}y} > 0$。由于脉动的存在，流场中不断有流体微团互换位置。由于存在大于零的 y 方向的脉动速度（即 $u_y' > 0$），流体微团从下面（图中 A 处以下）向上运动，因该微团原来的时均速度较小，故微团到达新的位置时，会获得动量，并使该处运动有减慢的趋向，导致负的速度分量 $u_x'(u_x'<0)$ 的产生。相反，若流体微团由于向下的速度脉动 ($u_y'<0$)，微团从上面（A 处以上）转移到下面，其速度较周围流体微团大，因而给出动量，造成该处运动有加速

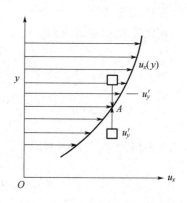

图 3-8 脉动速度所引起的动量传递

的趋向，导致正的速度分量 $u'_x(u'_x>0)$ 的产生。由于湍流脉动的随机性，虽然不能认为一定出现上述情况，但总的说来，"多数"情况下正的 u'_y 与负的 u'_x 相联系，而负的 u'_y 则与正的 u'_x 相联系，亦即纵向与横向速度脉动有某种关联。微团的这种位置交换，造成了动量传递。动量传递相当于一种作用力，作用于单位截面的就是应力。这不同于层流运动中气体分子动量交换所引起的黏性力，因而被称为湍流附加应力。

用动量定理也可以导出这种附加应力的表达式，且与式（3-22）相同。

【例 3-1】 雷诺应力的数量级

假定脉动速度为平均速度的 10%，试估计雷诺应力的数量级。

【解】 按给定数值 $u'_x \sim u'_y \sim 0.1 u_0$，由式（3-22）得，$\overline{\tau}^r \sim 0.01 \rho u_0^2$。

在管内，若平均速度梯度是 u_0/d，其中 d 是管径，黏性应力 τ 的量级为 $\mu \dfrac{u_0}{d}$，于是

$$\frac{\overline{\tau}^r}{\tau} = 0.01 \frac{u_0 d}{\nu} = 0.01 Re$$

当 $Re=100000$ 时，得 $\overline{\tau}^r/\tau = 1000$，即湍流时的附加应力比层流时的剪切应力大 1000 倍。此例表明，尽管脉动速度通常只不过是平均速度的 10%，但其影响却十分显著。

3.3 普朗特动量传递理论

描述湍流运动的雷诺方程也是不封闭的，正如以应力分量表示的运动微分方程。对湍流运动也应补充适当的方程，使方程组封闭，才能使湍流问题可解。最早且较为成功的一种方法是仿照牛顿定律，建立雷诺应力与局部时均速度梯度之间的函数关系，因所得结果中包含需要由实验测定的常数，故通常将这种方法称为半经验理论。这些理论虽然还很不完善，但由于在工程应用上对处理湍流问题有着十分迫切的需要，作为一种近似方法，得到了广泛的应用。

3.3.1 涡流黏度

1877 年波希涅斯克（**Boussinesq**）提出，雷诺应力与时均流动的关系可用类似牛顿黏性定律的形式来表示，即**湍流应力与时均速度梯度成正比**，对于 x 方向的一维稳态湍流，有：

$$\tau^r_{xy} = \rho \varepsilon \frac{\mathrm{d}\overline{u}_x}{\mathrm{d}y} \tag{3-24}$$

式中 ε 称为**涡流黏度（Eddy Viscosity）**。它与牛顿黏性定律中黏度所表达的含义类似，但二者有着本质上的不同。**涡流黏度远大于分子黏度**，除壁面附近外，黏性应力与雷诺应力相比常可忽略不计。还需注意，ε 并非物性参数，它与温度、流场坐标、时均速度等许多因素有关，且随时间、空间的变化很大，甚至有数量级上的差异。现有实验表明，湍流的阻力与速度梯度的平方成正比，从式（3-24）可以推知，ε 应该与速度梯度呈线性关系。由于壁面附近的湍流脉动为零，故雷诺应力也为零，而该处速度梯度不为零，故壁面处 ε 必为零。一般而言，涡流黏度在距离湍流中心一半处达到最大值。

应用涡流黏度进行计算十分方便，特别是涉及热量和质量传递速率的计算时，使用更为广泛。由于它与流场性质有关，因此，建立它和其他因素的关系式是应用成功的关键。

3.3.2 普朗特混合长

由于涡流黏度必须通过实验获得，故仅仅依靠式（3-24）仍然不能确定雷诺应力与时均速度的关系。这一难题直到普朗特提出动量传递理论之后才得以解决。为此，普朗特针对平壁上的一维稳态湍流（参见图 3-9），进行了如下三项创新性工作。

（1）提出了普朗特混合长（Prandtl Mixing Length）的概念

以气体分子运动论为基础，普朗特假设：湍流时，流体微元的运动类似于气体分子的随机运动，

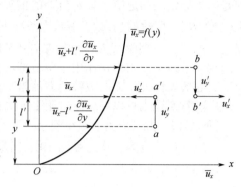

图 3-9 动量传递混合长推导示意图

每个微元可以在纵向或横向经历一段距离，而保持各自的动量，也就是说，流体微元在该距离范围内，时均速度恒定。通常将这段距离称为普朗特混合长，类似于气体分子平均自由程的概念。

（2）建立了相互正交的脉动速度之间的函数关系

普朗特认为，在某一瞬间，沿 x 方向的脉动速度 u'_x，必然会引起 y 方向的脉动速度 u'_y，且二者数量级相同，符号相反。其原理参见本书 3.2.2 小节。根据该假设，两相互正交的脉动速度 u'_y 和 u'_x 之间符合下式：

$$u'_y = -c_1 u'_x \tag{3-25}$$

（3）导出了脉动速度与时均速度梯度之间的函数关系

如图 3-9 所示，流体在 x 方向作一维稳态湍流流动，$\bar{u}_y = 0$，$\bar{u}_z = 0$。由于 y 方向脉动，速度为 $\bar{u}_x(y - l')$ 的流体微元，在 y 方向被排挤一段距离 l'，自 $(y - l')$ 层到达新的位置 y，在经历这段路程期间，流体微元保持着自己原来的动量，故在 y 处，其时均速度小于周围的速度，速度差为：

$$\Delta u_{x1} = \bar{u}_x(y) - \bar{u}_x(y - l') \approx l' \left(\frac{d\bar{u}_x}{dy} \right)_{y=y} \tag{3-26}$$

式（3-26）是将函数 $u_x(y-l')$ 展开成泰勒级数，忽略所有高阶项以后得到的。在 y 向运动中，$u'_y > 0$。

类似地，当 $u'_y < 0$ 时，流体微元从 $y + l'$ 运动到 y，其时均速度将超过周围流体速度，差值是：

$$\Delta u_{x2} = \bar{u}_x(y + l') - \bar{u}_x(y) \approx l' \left(\frac{d\bar{u}_x}{dy} \right)_{y=y} \tag{3-27}$$

普朗特假设，在 y 方向的湍流脉动速度分量 u'_y 与因脉动产生的速度差成正比，即：

$$u'_y = c_2 l' \frac{d\bar{u}_x}{dy} \tag{3-28}$$

将式（3-28）和式（3-25）代入式（3-22b）得：

$$\bar{\tau}_{xy}^{\mathrm{r}} = -\rho \overline{u_x' u_y'} = -\rho \left(-\frac{c_2}{c_1} l' \frac{\mathrm{d}\bar{u}_x}{\mathrm{d}y}\right)\left(c_2 l' \frac{\mathrm{d}\bar{u}_x}{\mathrm{d}y}\right) = \rho \frac{c_2^2 l'^2}{c_1}\left(\frac{\mathrm{d}\bar{u}_x}{\mathrm{d}y}\right)^2 = \rho l^2 \left(\frac{\mathrm{d}\bar{u}_x}{\mathrm{d}y}\right)^2 \quad (3\text{-}29)$$

式中，$l^2 = c_2^2 l'^2 / c_1$，l 也称为**普朗特混合长**，它是与 l' 成正比的物理量。

考虑到 τ_{xy}^{r} 的符号必定和速度梯度一致，式（3-29）可改写为：

$$\tau_{xy}^{\mathrm{r}} = \rho l^2 \left(\frac{\mathrm{d}\bar{u}_x}{\mathrm{d}y}\right)\left|\frac{\mathrm{d}\bar{u}_x}{\mathrm{d}y}\right| \quad (3\text{-}30)$$

式（3-30）即为**普朗特混合长模型**，它是建立在普朗特动量传递理论基础上的。将式（3-30）与式（3-24）比较，可得**涡流黏度与普朗特混合长的关系**为：

$$\varepsilon = l^2 \left|\frac{\mathrm{d}\bar{u}_x}{\mathrm{d}y}\right| \quad (3\text{-}31)$$

由式（3-31）可知，若通过实验确定 $\bar{u}_x \sim y$ 之间的函数关系，就可由普朗特混合长 l 估算涡流黏度 ε 值。虽然 l 也是一个未知数，但其变化范围要比 ε 小得多，可以根据流道尺寸和时均速度分布函数进行合理的估算。在许多情况下，可以确定混合长与流场特征长度之间的简单关系。例如，对于光滑壁面的湍流，在壁面上 $l=0$；在壁面附近，l 正比于离开壁面的距离。而对于粗糙壁面的湍流，在壁面附近，混合长与粗糙峰有同样数量级。

由式（3-29）可知，若混合长 l 与速度大小无关，则由湍流脉动所引起的**雷诺应力与速度梯度的平方成正比**。此结论与实验结果相符，这正是混合长理论的成功之处。混合长理论已经相当成功地用于沿固体壁面的湍流和自由湍流。

3.4 光滑管中的湍流

本节将应用混合长理论探讨光滑管中一维湍流的速度分布。为简化起见，在以下推导中**将省掉时均应力和时均速度的上下标**，又由于是一维流动，速度分量只有 x 方向不为零，故 $\bar{u}_x$ 将记为 u，$\bar{\tau}_{xy}^{\mathrm{r}}$ 记为 τ^{r} 等。

湍流流体微元之间的相对运动必定产生黏性应力和雷诺应力，从而产生流体阻力。圆管内湍流流体会同时受到黏性应力和雷诺应力的作用，但随着离开壁面距离的不同，两种应力的相对大小会发生逆转。一般说来，离壁面愈近，黏性应力愈大，在紧邻壁面的层流内层，流体阻力主要源于黏性应力；在管中心区的湍流主体，流体阻力主要源于雷诺应力；而在这两者之间的过渡区，黏性应力和雷诺应力均不可忽略。

在第 2 章，针对不可压缩流体在水平圆管中作一维稳态层流的速度分布进行了推导，并获得壁面剪应力与管径的关系式为：

$$\tau_{\mathrm{w}} = \left(-\frac{\Delta p}{2L}\right) r_{\mathrm{i}} \quad (2\text{-}62)$$

由式（2-62）可导出管中径向任一位置的剪应力为：

$$\tau_r = \left(-\frac{\Delta p}{2L}\right) r \quad (3\text{-}32)$$

式中，r 为该处的径向坐标，若设它与壁面距离为 y，则有 $r = (r_{\mathrm{i}} - y)$，代入式（3-32）并将 τ_r

的下标略去，得：

$$\tau = \left(-\frac{\Delta p}{2L}\right)(r_i - y) \tag{3-33}$$

比较式（3-33）和式（2-62），得：

$$\tau = \tau_w(1 - y/r_i) \tag{3-34}$$

式（2-34）表明，**剪应力与径向距离呈线性函数关系**。对于不可压缩流体，可近似认为这种函数关系同样适用于**水平圆管中的一维稳态湍流**，但式中的 τ 不再是剪应力，而是**总应力**。具体来说，在层流内层，τ 为剪应力；在湍流主体，τ 为雷诺应力，而在过渡区，τ 为剪应力和雷诺应力之和。依据管内湍流的这种特性，可以采用多层模型处理湍流边界层。

3.4.1 层流内层的速度分布

对于不可压缩流体在水平圆管中的一维稳态湍流，设流动方向为 x 轴，则时均运动与 x 无关，$u = u(y)$，$\partial p/\partial x = 0$，且仅在 y 方向有动量传递。雷诺方程可简化为：

$$\mu\frac{d^2 u}{dy^2} + \frac{d\tau^r}{dy} = 0 \tag{3-35}$$

积分式（3-35），得：

$$\mu\frac{du}{dy} + \tau^r = c \tag{3-36}$$

在壁面处，$y = 0$，$u'_x = u'_y = 0$，故 $\tau^r = 0$，$\tau = \tau_w$，于是积分常数 $c = \tau_w$，即：

$$\mu\frac{du}{dy} + \tau^r = \tau_w \tag{3-37}$$

由于层流内层的脉动速度为零，故 $\tau^r = 0$，式（3-37）简化为：

$$\mu\frac{du}{dy} = \tau_w \tag{3-38}$$

再积分式（3-38）得：

$$u = \tau_w \frac{y}{\mu} \tag{3-39}$$

式（3-39）表明，**层流内层的速度分布符合线性关系**。

将式（3-39）中的黏度用运动黏度表达，并整理为下式：

$$\sqrt{\frac{\tau_w}{\rho}} = \sqrt{\frac{uv}{y}} \tag{3-40}$$

式中，$\sqrt{\tau_w/\rho}$ 为速度量纲，通常称为**摩擦速度** u^*，记为：

$$u^* = \sqrt{\tau_w/\rho} \tag{3-41}$$

将式（3-39）除以式（3-41），得：

$$\frac{u}{u^*} = \frac{y\tau_w/(\rho v)}{\sqrt{\tau_w/\rho}} = \frac{y\sqrt{\tau_w/\rho}}{v} = \frac{yu^*}{v} \tag{3-42}$$

式（3-42）左侧为无量纲速度 u^+，右侧为无量纲距离 y^+，于是有：

$$u^+ = y^+ \tag{3-43}$$

式（3-43）即为**层流内层的通用速度分布函数**。

3.4.2 湍流主体的速度分布

在湍流主体，雷诺应力远大于黏性应力，分子传递可以忽略，由式（3-37）可得：

$$\tau^r = \tau_w \tag{3-44}$$

将式（3-29）代入式（3-44），得：

$$\rho l^2 \left(\frac{du}{dy}\right)^2 = \tau_w \tag{3-45}$$

由于式中 l 尚属未知，因此必须做出合理的假设，才能对式（3-45）进行积分来获得速度分布函数表达式。

对于沿光滑壁面的湍流，普朗特假设**壁面附近的混合长 l 和 y 成比例**，即：

$$l = \kappa y \tag{3-46}$$

此处 κ 为无量纲常数，由实验测定。尼古拉则（Nikuradse）后来通过实验表明，当 $Re_d \geqslant 10^5$ 时，$\kappa = 0.4$。

将式（3-46）代入式（3-45），经整理得：

$$u^* = \kappa y \frac{du}{dy} \tag{3-47}$$

积分式（3-47），经整理得：

$$u = \frac{u^*}{\kappa} \ln y + C' \tag{3-48a}$$

式中，C' 为积分常数，具有速度的量纲。将式（3-48a）中速度 u 和距离 y 进行无量纲化变换，有：

$$\frac{u}{u^*} = \frac{1}{\kappa} \ln \frac{yu^*}{v} - \frac{1}{\kappa} \ln \frac{u^*}{v} + \frac{C'}{u^*} \tag{3-48b}$$

令 $C = -\frac{1}{\kappa} \ln \frac{u^*}{v} + \frac{C'}{u^*}$，则式（3-48b）可简化为：

$$u^+ = \frac{1}{\kappa} \ln y^+ + C \tag{3-48c}$$

式中，C 和 κ 均为无量纲常数，可根据实验数据确定。其中 κ 与管壁性质无关，为表征湍流的一个通用常数，而 C 与管壁光滑度有关。为此，尼古拉则将光滑管中获得的 u^+ 和 y^+ 的实验数据在半对数坐标纸上作图，如图 3-10 所示。由图可见，当 $y^+ \geqslant 30$ 时，u^+ 与 $\ln y^+$ 呈现如下的线性关系：

$$u^+ = 2.5\ln y^+ + 5.5 \quad (3\text{-}49)$$

由此可得：
$$\kappa = 0.4, \quad C = 5.5 \quad (3\text{-}50)$$

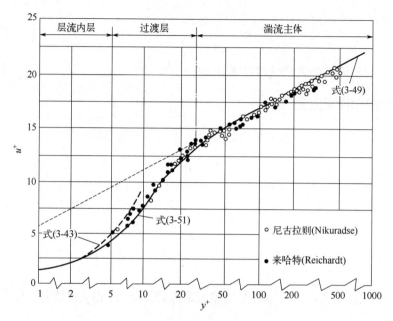

图 3-10 光滑管中流体通用速度分布

图 3-10 示出了式（3-49）与实验数据的对比情况，由此可见，在湍流主体，即 $y^+ \geqslant 30$ 时，式（3-49）与实验数据吻合良好。该式即为光滑圆管中**湍流主体的通用速度分布方程**。

3.4.3 过渡层的速度分布

前已述及，层流内层和湍流主体之间存在一层过渡层，在过渡层内，黏性应力和雷诺应力均不可忽略，式（3-37）不能进一步化简，故不能从理论上导出该层的速度分布方程形式。但我们可从实验数据获得相应的关联式。

尼古拉则在图 3-10 中同时也将层流内层和过渡层的 u^+ 和 y^+ 的实验数据标绘了出来，由图可见，当 $y^+ < 30$ 时，实验数据与式（3-49）明显不符。但同时也发现了下面的规律：

① 当 $y^+ \leqslant 5.0$ 时，实验数据与式（3-43）吻合良好，表明该区域为层流内层；

② 当 $5 < y^+ < 30$ 时，这一区域的实验数据既不符合层流内层的速度分布方程式（3-43），也明显偏离湍流主体的速度分布方程式（3-49），表明该区域为过渡层，且其实验数据也呈现线性关系：

$$u^+ = 5.0\ln y^+ - 3.05 \quad (3\text{-}51)$$

式（3-51）即为光滑管内**湍流过渡层的通用速度分布方程**。

由以上讨论可知，**层流内层的厚度 δ_i** 可近似符合下式：

$$y^+ = \frac{\delta_i u^*}{\nu} = 5 \quad (3\text{-}52)$$

由式（3-52）得：

$$\delta_l = \frac{5\nu}{u^*} \tag{3-53}$$

3.4.4 速度衰减定律

将湍流主体的速度分布方程式（3-48c）用于管中心处，有：

$$u_{\max}^+ = \frac{1}{\kappa} \ln y_{\max}^+ + C \tag{3-54}$$

式中，$u_{\max}^+ = u_{\max}/u^*$；$y_{\max}^+ = r_i u^*/\nu$。其中 r_i 为管内径，$u_{\max}$ 为管中心速度。

将式（3-54）与式（3-48c）相减，经整理得：

$$u_{\max}^+ - u^+ = \frac{1}{\kappa} \ln \frac{r_i}{y} \tag{3-55}$$

上式即为**速度衰减定律**。由于式中没有常数 C，而 C 与壁面光滑度有关，故定律既适用于光滑管，又适用于粗糙管。

3.4.5 流动阻力与摩擦因数

通常将流动阻力与管截面平均速度 u_b 相关联，而 u_b 与局部速度 u 之间的关系符合下式：

$$u_b = \frac{1}{\pi r_i^2} \iint_A u r \mathrm{d}r \mathrm{d}\theta \tag{3-56}$$

式中，A 为管截面积；r_i 为管内径，$r = r_i - y$。

由于在整个管截面上，层流内层和过渡层所占份额较少，故可近似将式（3-49）代入上式积分，计算所得平均速度为：

$$u_b = u^* \left(2.5 \ln \frac{r_i u^*}{\nu} + 1.75 \right) \tag{3-57}$$

将式（3-50）代入式（3-54）可得：

$$u_{\max} = u^* \left(2.5 \ln \frac{r_i u^*}{\nu} + 5.5 \right) \tag{3-58}$$

上两式相减得：

$$u_{\max} - u_b = 3.75 u^* = \frac{3 u^*}{2\kappa} \tag{3-59}$$

将式（3-54）代入上式，整理得：

$$\frac{1}{\kappa} \ln \frac{r_i u^*}{\nu} + C - \frac{u_b}{u^*} = \frac{3}{2\kappa} \tag{3-60}$$

式（3-60）适用于光滑管和粗糙管，而式（3-50）只适用于光滑管中的湍流主体。

通过式（3-60）可针对给定的 u_b 计算摩擦速度 u^*，进而计算 τ_w、压降 $\Delta p/L$、阻力 F_d 以及**曳力因数** C_D（**drag coefficient**）或范宁摩擦因数 f（**Fanning friction factor**）。

管内流体曳力因数的定义式为：

$$C_D = \frac{2F_d}{\rho u_b^2 A} \tag{3-61}$$

式中，A 为管内壁表面积，$A=\pi dL$。对于直径为 d，管长为 L 的阻力可由下式计算：

$$F_d = -\Delta p \pi d^2 / 4 \tag{3-62}$$

将式（3-62）代入式（3-61）得：

$$-\Delta p = 4C_D \frac{L}{d} \times \frac{\rho u_b^2}{2} \tag{3-63}$$

式中，参数 $4C_D$ 为流体在管内流动时的**摩擦因数** λ（**friction factor**）。若令范宁摩擦因数 $f = \lambda/4$，则有：

$$f = \frac{\lambda}{4} = C_D \tag{3-64}$$

另一方面，流体对管壁施加的曳力 F_d 可表达为：

$$F_d = \tau_w A \tag{3-65}$$

将式（3-65）和式（3-64）代入式（3-61），得：

$$f = \frac{2\tau_w}{\rho u_b^2} \tag{3-66}$$

将式（3-41）代入式（3-66），得：

$$u^* = u_b \sqrt{f/2} \tag{3-67}$$

将上式代入式（3-60），可得管中湍流区的范宁摩擦因数表达式：

$$\frac{1}{\kappa}\ln(Re\sqrt{f/8}) + C - \frac{3}{2\kappa} = \sqrt{2/f} \tag{3-68}$$

对于光滑管内湍流，可将式（3-50）代入上式，经整理得：

$$2.5\ln(Re\sqrt{f/8}) + 1.75 = \sqrt{2/f} \tag{3-69}$$

上式即为基于普朗特动量传递理论和实验数据的范宁摩擦因数表达式，又称为卡门方程，它适用于光滑管中的湍流，雷诺数范围为 $4\times10^3 \leqslant Re \leqslant 3.4\times10^6$。

3.4.6 范宁摩擦因数的经验关联式

尼古拉则、布拉修斯等根据实验数据也获得了有关范宁摩擦因数的关联式，分别简介如下。

（1）尼古拉则关联式

$$\frac{1}{\sqrt{f}} = 4.0\lg(Re\sqrt{f}) - 0.4 \tag{3-70}$$

式（3-70）的雷诺数适用范围：$4\times10^3 \leqslant Re \leqslant 3.4\times10^6$。

（2）布拉修斯关联式

$$f = 0.079Re^{-1/4} \tag{3-71}$$

式（3-71）的雷诺数适用范围：$3\times10^3 \leqslant Re \leqslant 1\times10^5$。

（3）化工设计中常用的经验关联式

$$f = 0.046Re^{-1/5} \tag{3-72}$$

式（3-72）的雷诺数适用范围：$5\times10^3 \leqslant Re \leqslant 2\times10^5$。

$$f = 0.0014 + 0.125Re^{-0.32} \tag{3-73}$$

式（3-73）的雷诺数适用范围：$3\times10^3 \leqslant Re \leqslant 3\times10^6$。

图 3-11 分别示出了这些关联式与实验数据的对比情况。此外，图中还标绘出层流区计算 f 的表达式，即哈根-泊肃叶方程：

$$f = 16/Re \tag{3-74}$$

由图可见，上式各湍流关联式在雷诺数 $Re \leqslant 1\times10^5$ 时，都与实验值吻合良好，但当雷诺数继续增大时，式（3-71）就明显地偏离了实验值，而式（3-70）、式（3-72）、式（3-74）等方程仍能较好地与实验数据保持一致。

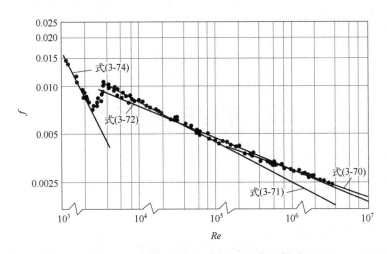

图 3-11 范宁摩擦因数关联式与实验值的比较

【例 3-2】 管中湍流速度分布和阻力因数的计算

温度为 293K，压力为 1.0133×10^5 Pa 的空气以 850m³/h 的体积流量流经内径为 0.2m 的光滑圆管，假定流动已充分发展，试计算管内速度分布。已知空气的运动黏度 $\nu = 1.49\times10^{-5}$ m²/s。

【解】 ① 计算管中平均流速：

$$u_b = \frac{V'}{\frac{\pi}{4}d^2} = \frac{850}{\frac{\pi}{4}\times 0.2^2 \times 3600} \approx 7.5(\text{m/s})$$

② 判别管中流体的流动状态：

$$Re = \frac{u_b d}{\nu} = \frac{7.5\times 0.2}{1.49\times 10^{-5}} \approx 10^5$$

因此管内为湍流运动。

③ 由 Re 计算阻力因数,若选用式（3-72）,则:

$$f = 0.046Re^{-1/5} = 0.046 \times (10^5)^{-1/5} = 0.0046$$

④ 应用式（3-67）,可得 u^* 为:

$$u^* = u_b\sqrt{\frac{f}{2}} = 7.5 \times \sqrt{\frac{0.0046}{2}} \approx 0.36$$

⑤ 代入通用速度分布式,则可得速度分布（y 为离壁距离）。
对 $y^+<5$,即 $y<0.0002$m 时

$$u_x = u^* y^+ = 0.36 \times \frac{0.36y}{1.49 \times 10^{-5}} = 8698y$$

$5<y^+<30$,即 2×10^{-4}m$<y<1.2\times10^{-3}$m 时

$$\begin{aligned}u_x &= u^*[5.0\ln(u^*y/\nu) - 3.05] = 0.36 \times 5.0\ln(0.36 \times 10^5 y/1.49) - 0.36 \times 3.05\\&= 16.9 + 1.8\ln y\end{aligned}$$

$y^+>30$,即 $y>1.2\times10^{-3}$m 时

$$u_x = u^*[2.5\ln(u^*y/\nu) + 5.5] = 11 + 0.9\ln y$$

3.5 粗糙管中的流动

3.5.1 粗糙度与范宁摩擦因数

实际中使用的圆管绝大多数并非上节所说的光滑管,而是具有一定粗糙度的管子,称为粗糙管,并常用粗糙度加以表征。很显然,越粗糙的管管内流体阻力越大。一般设管内壁凸起峰的平均峰高为 ε,称为绝对粗糙度,而绝对粗糙度与管径之比 ε/d 称为相对粗糙度。

尼古拉则对粗糙管内的流动阻力进行过系统的实验测试。在实验中,将一定大小的沙粒紧密地黏附在圆管内壁上,并选用不同直径的管子和不同大小的沙粒进行实验,在相对粗糙度为 0.0001~0.04 的范围内,测试了范宁摩擦因数与雷诺数之间的函数关系,参见图 3-12。由图可得如下结论:

① 在层流阶段,粗糙管与光滑管的摩擦因数相同,壁面粗糙度对流体阻力的影响可忽略不计。管内流动处于水力光滑状态。

② 在所考察的相对粗糙度范围内,无论粗糙度如何改变,管内流动由层流转变为湍流的临界雷诺数几乎相同,均为 2000 左右。

③ 在湍流区,当相对粗糙度小于 0.001 且雷诺数小于 10^4 时,粗糙管与光滑管的摩擦因数基本相同,粗糙管可视为水力光滑管,管内流动处于水力光滑状态。

④ 在湍流区,当相对粗糙度大于 0.01 或雷诺数大于 10^4 时,摩擦因数随相对粗糙度的增大而增大;但它与雷诺数的关系则较复杂,当雷诺数较小时,f 随 Re 的增大而减小,当雷

诺数足够大超过某一值时，f 不再随 Re 的增大而有任何变化。

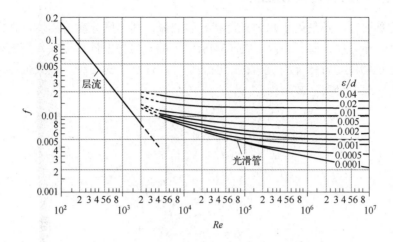

图 3-12 粗糙管中的范宁摩擦因数

下面分别对水力光滑状态、过渡状态和完全粗糙状态作进一步说明。

水力光滑状态 所谓水力光滑是指流体虽在粗糙壁面流动，但壁面的粗糙度对流体流动没有任何干扰和影响，流体的流动状态和规律与流经光滑壁面完全相同。

理论上而言，当层流内层厚度 δ_i 大于绝对粗糙度 ε 时，所有粗糙峰都被埋藏在层流流体之中，它们不会影响层流内层的流动，也不会引起边界层分离，此时粗糙管如同光滑管一样。由式（3-52）可知，层流内层厚度近似为：

$$\delta_i = \frac{5\nu}{u^*} \tag{3-53}$$

故水力光滑的条件是 ε 满足式（3-75）：

$$\varepsilon \leqslant \frac{5\nu}{u^*} \quad \text{或} \quad \frac{\varepsilon u^*}{\nu} \leqslant 5 \tag{3-75}$$

用 ε 除以式（3-53）的两边各项，可得：

$$\frac{\varepsilon}{\delta_i} = \frac{1}{5} \times \frac{\varepsilon u^*}{\nu} \tag{3-76}$$

式（3-76）表明，绝对粗糙度与层流内层厚度之比与无量纲数群 $\varepsilon u^*/\nu$ 成正比，而该数群具有雷诺数的形式。该比值小于 1 即可视为水力光滑状态。因此可以预见，管内流动的雷诺数越小，层流内层越厚，越是能在更大的绝对粗糙度范围内将粗糙管视为光滑管。

过渡状态 当绝对粗糙度大于层流内层厚度，且满足 $1 < \varepsilon/\delta_i \leqslant 14$ 时，粗糙峰一部分已处于层流内层之外，而层流内层以外的流体流经这些凸出峰时，产生形体阻力致使边界层分离进而出现漩涡，粗糙管流体阻力大于光滑管，摩擦因数既与粗糙度有关，也与雷诺数有关。

完全粗糙状态 当绝对粗糙度继续增大，且满足 $\varepsilon/\delta_i > 14$ 时，几乎所有粗糙峰均伸出层流内层之外，流体流经粗糙峰所形成的漩涡明显增加，形体阻力成为流体阻力的主要贡献者，摩擦因数与雷诺数无关，流体阻力与流速的平方成正比。

3.5.2 速度分布方程与流动阻力

对于粗糙管而言，凡是处于水力光滑状态的湍流，其速度分布方程均可直接套用光滑管内湍流的速度分布方程，前已述及，式（3-48c）中的 κ 与管壁性质无关，为表征湍流的一个通用常数，而 C 的值与管壁光滑度有关。也就是说，只要改变 C 值，该式也可用来描述粗糙管中的湍流主体速度分布，故可得：

$$u^+ = \frac{1}{\kappa}\ln y^+ + C_1 \tag{3-77}$$

将式（3-77）变形为：

$$u^+ = \frac{1}{\kappa}\ln\frac{y}{\varepsilon} + \frac{1}{\kappa}\ln\frac{\varepsilon u^*}{\nu} + C_1 \tag{3-78}$$

令

$$C_2 = \frac{1}{\kappa}\ln\frac{\varepsilon u^*}{\nu} + C_1 \tag{3-79}$$

将式（3-79）代入式（3-78），得：

$$u^+ = \frac{1}{\kappa}\ln\frac{y}{\varepsilon} + C_2 \tag{3-80}$$

式（3-80）即为粗糙管内湍流速度分布方程，式中 κ 为 0.4，而 C_2 则依粗糙状态取不同的值。对于完全粗糙状态而言，C_2 为 8.5，代入上式，得：

$$u^+ = 2.5\ln\frac{y}{\varepsilon} + 8.5 \tag{3-81}$$

式（3-81）的适用范围是：$\varepsilon/\delta_1 > 14$。

从式（3-81）出发，参照式（3-60）的推导思路，同样可得下式：

$$\frac{1}{\kappa}\ln\frac{r_i}{\varepsilon} + C_2 - \frac{u_b}{u^*} = \frac{3}{2\kappa} \tag{3-82}$$

将 $\kappa=0.4$、$C_2=8.5$ 代入式（3-82），得：

$$2.5\ln\frac{r_i}{\varepsilon} + 8.5 - \frac{u_b}{u^*} = 3.75 \tag{3-83}$$

将式（3-67）代入式（3-83），经整理，得：

$$\frac{1}{\sqrt{f}} = 1.768\ln\frac{r_i}{\varepsilon} + 3.359 \tag{3-84}$$

式（3-84）即为完全粗糙状态下管内湍流主体的范宁摩擦因数表达式。

综上所述，将粗糙管内范宁摩擦因数计算方法归纳如下。

① 层流状态下，粗糙管为水力光滑状态，哈根-泊肃叶方程适用，即：

$$f = \frac{16}{Re} \tag{3-74}$$

由式（3-74）和式（3-66）及式（3-67）可知，流体阻力 F_d 与平均速度 u_b 之间呈线性的关系，即：

$$F_d \propto u_b \tag{3-85}$$

② 水力光滑湍流状态下，粗糙管流动规律与光滑管相同，布拉修斯经验方程适用，即：

$$f = 0.079 Re^{-1/4} \tag{3-71}$$

同样地，由式（3-71）和式（3-66）及式（3-67）可知，流体阻力 F_d 与平均速度 u_b 之间的关系为：

$$F_d \propto u_b^{7/4} \tag{3-86}$$

③ 完全粗糙的湍流状态下，摩擦因数符合式（3-84），表明 f 与 u_b 无关，由式（3-66）及式（3-67）可知，流体阻力 F_d 与平均速度 u_b 之间的关系为：

$$F_d \propto u_b^2 \tag{3-87}$$

3.6 平板壁面的湍流边界层

3.6.1 边界层速度分布方程

基于普朗特动量传递理论的速度分布方程 设光滑平板被置于均匀流体中，流体在平板壁面形成边界层。为简单起见，假定从前缘起就已经是湍流。对于光滑壁面而言，平板壁面湍流边界层也分为层流内层、过渡层和湍流主体，上节导出的各层速度分布方程仍然适用，即：

层流内层： $u^+ = y^+$ （$y^+ \leqslant 5$） (3-88a)

过渡层： $u^+ = 5.0 \ln y^+ - 3.05$ （$5 < y^+ \leqslant 30$） (3-88b)

湍流主体： $u^+ = 2.5 \ln y^+ + 5.5$ （$y^+ > 30$） (3-88c)

指数型速度分布方程 对于平壁湍流边界层，布拉修斯提出了著名的七分之一次方定律，即：

$$\frac{u}{u_0} = \left(\frac{y}{\delta}\right)^{1/7} \quad (10^6 < Re_x = xu_0/\nu < 2\times 10^7) \tag{3-89}$$

式中，δ 为湍流边界层厚度；u_0 为边界层外流体速度。需特别指出，该式不适用于层流内层。

3.6.2 边界层厚度

前已述及，卡门边界层积分动量方程既适用于层流边界层，也适用于湍流边界层。前提是流体不可压缩，且已知边界层速度分布函数形式。下面将以式（3-89）为基础，应用卡门边界层积分动量方程计算平板壁面湍流边界层厚度。

由于是一维流动，式（2-243）中的 u_x 可用 u 代替，并变形为：

$$\frac{d\delta}{dx}\int_0^1 \left[\frac{u}{u_0}\left(1-\frac{u}{u_0}\right)\right] d\left(\frac{y}{\delta}\right) = \frac{\tau_w}{\rho u_0^2} \tag{3-90}$$

将式（3-89）代入式（3-90）积分整理，得：

$$\frac{d\delta}{dx} = \frac{36}{7} \times \frac{2\tau_w}{\rho u_0^2} \tag{3-91}$$

由于式（3-89）不适用于层流内层，也就不能用来获取 τ_w 与 δ 的函数关系。为此，可借用圆管中布拉修斯范宁摩擦因数经验关联式来达到上述目的：

$$f = 0.079\left(\frac{u_b d}{\nu}\right)^{-1/4} \tag{3-71}$$

式中雷诺数范围是 $3\times10^3 \leqslant Re_d \leqslant 1\times10^5$，该范围与式（3-89）是相符的。但需要指出，该雷诺数本来是基于圆管直径 d 的，当应用于平板壁面时，应以边界层厚度来替代，令：

$$d = 2\delta, \quad u_b = 0.817 u_{max} = 0.817 u_0 \tag{3-92}$$

将式（3-92）代入式（3-71），可得适用于平板壁面湍流边界层的摩擦因数关联式：

$$f = 0.079\left(\frac{1.634\delta u_0}{\nu}\right)^{-1/4} \tag{3-93}$$

f 的定义式为：

$$f = \frac{2\tau_w}{\rho u_b^2} \tag{3-66}$$

将式（3-92）和式（3-93）代入式（3-66），得：

$$\frac{2\tau_w}{\rho(0.817u_0)^2} = 0.079\left(\frac{1.634\delta u_0}{\nu}\right)^{-1/4} \tag{3-94}$$

解上式可得 τ_w 与 δ 的函数关系，为：

$$\frac{2\tau_w}{\rho u_0^2} = 0.046\left(\frac{\delta u_0}{\nu}\right)^{-1/4} \tag{3-95}$$

将式（3-95）代入式（3-91），得：

$$\frac{d\delta}{dx} = 0.2366\left(\frac{\delta u_0}{\nu}\right)^{-1/4} \tag{3-96}$$

已知边界条件是：

$$x = 0, \quad \delta = 0; \quad x = L, \quad \delta = \delta \tag{3-97}$$

利用上式所示边界条件对式（3-96）积分，得：

$$\frac{\delta}{L} = 0.376\left(\frac{u_0 L}{\nu}\right)^{-1/5} \tag{3-98}$$

式（3-98）描述了平板壁面长度为 L 处的边界层厚度与 L 表示的雷诺数之间的函数关系，若将其写成一般形式，有：

$$\frac{\delta}{x} = 0.376 Re_x^{-1/5} \tag{3-99}$$

3.6.3 流动阻力

不可压缩流体在平板壁面形成湍流边界层时，长度为 L 的单位宽度壁面对流体的阻力 F_d 由下式计算：

$$F_d = \int_0^L \tau_{wx} dx \tag{3-100}$$

式中，τ_{wx} 为壁面处局部剪应力，它是 x 的函数，由式（3-95）可得：

$$\tau_w = 0.023\rho u_0^2 \left(\frac{\delta u_0}{\nu}\right)^{-1/4} \tag{3-101}$$

将式（3-99）代入上式，经整理，得 x 处的剪应力 τ_{wx} 为：

$$\tau_{wx} = 0.0294\rho u_0^2 \left(\frac{xu_0}{\nu}\right)^{-1/5} \tag{3-102}$$

将式（3-102）代入式（3-100），积分得：

$$F_d = 0.0368 u_0^{9/5} \rho^{4/5} \mu^{1/5} L^{4/5} \tag{3-103}$$

上式表明，湍流时阻力正比于 $u_0^{9/5}$ 和 $L^{4/5}$。而层流时阻力正比于 $u_0^{3/2}$ 和 $L^{1/2}$。

另一方面，F_d 又可由阻力因数表达为：

$$F_d = C_D \frac{\rho u_0^2}{2} L \tag{3-104}$$

由此可得阻力因数表达式为：

$$C_D = \frac{2F_d}{\rho u_0^2 L} \tag{3-105}$$

将式（3-103）代入式（3-105），得阻力因数表达式，为：

$$C_D = 0.0736 Re_L^{-1/5} \tag{3-106a}$$

也可将阻力因数表达式写成一般形式：

$$C_D = 0.0736 Re_x^{-1/5} \tag{3-106b}$$

上式适用范围是 $5\times10^5 < Re_x < 10^7$。

3.7　自由湍流

前几节讨论的都是流体沿固体壁面的湍流，但工程上和自然界还有另一类湍流，即不受固体壁面约束的**自由湍流**。例如，流体自小孔喷射而出（射流），流体绕过物体后的流动（尾流），具有不同速度的两股流体相遇（剪切层或混合层流动）等，见图 3-13。

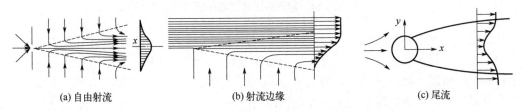

图 3-13　自由剪切流动

对于自由湍流而言，虽然没有壁面的约束，便于理论分析，但由于这类流动的结构沿着流动方向不断变化，又给理论处理带来了困难。因而，可先从实验入手了解这类现象。大量实验表明，射流对于周围流体具有强烈的卷吸作用，使得射流宽度沿流动方向不断增加，但该宽度仍远小于射流的长度；在射流中垂直于流动方向的速度梯度远大于沿流动方向的速度梯度，这些正是边界层流动的特点。因此，可应用边界层理论处理射流问题。从这个意义上说，自由湍流又和壁流有着某些共同的特点。

本节将在实验基础上，分别阐述简单射流的基本现象及其物理量之间的某些联系，主要包括射流宽度、中心速度衰减和横向速度分布等。

3.7.1 自由射流的发展

流体从小孔、喷嘴或管道进入较大的空间，继续扩散流动形成射流。此空间中的介质可以是流动的，也可以是静止的。流体自圆孔射出，形成轴对称射流，亦称圆射流；自狭缝射出，则为平面射流。射流流体与周围静止流体互溶时，称为自由射流。在不同条件下形成的射流，各有不同的特点，但作为射流又有许多相同点，下面讨论自由射流，并阐述这些特性。

流体以速度 u_0 自直径为 d 的管嘴流出，若周围是静止的相同流体，只要流出速度不是很低，则射流经过很短的距离，即变成完全湍流。由于湍流脉动，射流与周围静止流体相混，周围流体则被射流卷吸而向下游流动，射流宽度不断扩展，扩张角为 12°～14°，其速度则不断减慢，最后消失，在这段距离内，经历了从发展到消失的过程，下面结合图 3-14 对该过程概述如下。

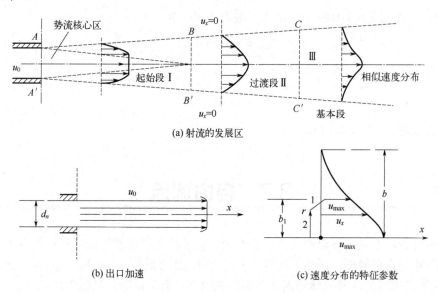

图 3-14 射流的发展过程示意图

起始段 射流刚离开管嘴，在 AA' 截面处，其速度可视为均一的。随着沿 x 轴方向向下游流动，卷入了周围流体，射流加宽，但中心部分有一个楔形区域，其中速度保持为从管嘴流出时的起始速度，这一区域称为势流核心区。在这个区域中，流体运动速度并不减小，流体黏性可以忽略，但该区域的宽度随 x 增长而逐渐减小，直至其值为零，起始段结束。势流核心区的外围是混合区，混合区内有速度梯度，流动速度沿径向逐渐减小，至外边界处速度为零。混合区的宽度随 x 增加而增加。起始段的长度约为 $6.4d_n$。

过渡段 从这段开始，射流轴线上的速度已经降低，不再保持为起始速度。在过渡段内，速度分布趋于完成，整个区域均属混合区，这一段很短，其长度在 x 轴上约为 $6.4d_n\sim 8d_n$。作为工程上的近似，常可忽略过渡段，此时图中的 BB' 和 CC' 将重合。

基本段 从 CC' 截面开始，射流已充分发展，沿 x 方向，轴向时均速度的横向分布，在不同截面上具有相似的几何形状，即有相似的"钟形"速度分布，这种相似性对射流计算十分重要。这一段可延长到 $100d_n$ 或更长。

当射流中心速度为零，射流能量完全消失在周围空间时，射流终结。

层流射流与湍流射流 射流中的运动状态，依据雷诺数的大小可以是层流或湍流。对于圆射流，其特征雷诺数用孔口雷诺数表示，$Re=\dfrac{u_0 d_n}{\nu}$。当 $Re<300$ 时，射流为层流。

对于平面射流，从层流转变为湍流的雷诺数为 30~50，这里的雷诺数，采用局部特征速度和射流宽度表示，因而不能像圆射流那样保持为常数，而是随轴向距离增大而增大。

不同研究者所得状态转变的临界值有较大的差异，这和应用的喷嘴情况有关，例如流体进入喷嘴时可能经历了强烈的收缩，或者通过了一段长导管等。

工程上所遇到的射流，多数处于湍流状态。对于层流射流，只能依靠分子运动传递能量，其卷吸能力较湍流射流差得多。除了在实验室，较少应用层流射流，所以本章着重讨论的是湍流射流。

3.7.2 卷吸机理

射流的重要特点是卷吸周围流体。实验观察表明，射流自喷嘴射出，在紧靠喷嘴的一个相当短的过渡区内，高速射流造成剪切层，随着剪切层非稳定性的迅速增长，便形成了涡旋，从而导致射流对周围流体的卷吸。关于剪切层形成涡旋的过程，可通过图 3-15 作进一步说明。

首先扰动（小振幅波）使含有涡量区域的边界变形(a)，并进一步周期性地增厚和减薄(b)，涡旋区即将出现（c），最后形成单个涡旋（d）。由于流体黏性的作用，每个涡旋诱导的流体运动又影响其他涡旋，使相邻涡旋配对。两个涡旋接近，不断地相互绕着旋转，以致产生合并和缠绕，形成新的更大尺度的涡旋。这些涡旋运动同时将湍流射流流体带至周围无旋流体，也将周围无旋流体卷入射流中，如图 3-16 所示。上述过程不断发生，使射流宽度不断增加。

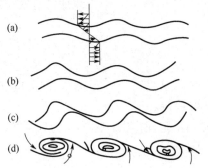

图 3-15 剪切层涡旋形成过程示意图

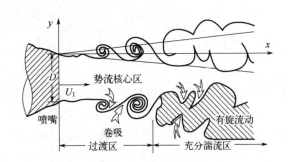

图 3-16 湍流射流的涡旋生长和卷吸示意图

3.7.3 自由射流特性参数的估计

高雷诺数射流会在充满静止流体的空间扩展。除起始段外，它的宽度与距离 x 成正比，速度则随 x 增加而减小；实验表明，射流流体内的压力几乎与周围流体的压力相等，故在 x 方向，射流动量守恒。基于上述特性，可根据普朗特动量传递理论讨论如下。

自由湍流中的混合长 自由湍流，不存在壁面摩擦，也不存在壁附近黏性底层中湍流脉动为零那样的限制。当不考虑边界处有层流与湍流交替出现的间歇现象时，假定混合长 l 正比于射流的宽度 b，且不随 y 变化（这与沿壁面流动的情况不同），即：

$$l = \beta b \tag{3-107}$$

式中，β 为比例系数。

还假定射流宽度随时间的增长率正比于脉动速度 u'_y，

$$\frac{db}{d\theta} \propto u'_y \tag{3-108}$$

根据普朗特的假设，有：

$$u'_y \propto l\frac{\partial u_x}{\partial y} \tag{3-109}$$

由式（3-109）和式（3-108），得：

$$\frac{db}{d\theta} \propto l\frac{\partial u_x}{\partial y} \tag{3-110}$$

再假定 $\frac{\partial u_x}{\partial y} \sim \frac{u_{max}}{b}$，$u_{max}$ 是截面上的最大速度，即射流中心速度。因此，有：

$$\frac{db}{d\theta} \propto l\frac{u_{max}}{b} \propto \beta u_{max} \tag{3-111}$$

射流宽度的增长 利用以上所建立的关系，即可估计射流宽度随距离 x 的变化。对于圆射流和平面射流，均有：

$$\frac{db}{d\theta} \propto u_{max}\frac{db}{dx} \tag{3-112}$$

比较式（3-111）和式（3-112），有：

$$\frac{db}{dx} \propto \beta = 常数$$

故 $b \propto x$，可写成：

$$b = kx \tag{3-113}$$

上式表明射流宽度将随 x 增加而增加，式中常数 k 由实验决定。

射流中心速度的衰减 u_{max} 和 x 之间的关系可以由动量定理得出。因为压力为常数，故 x 方向的动量沿整个截面上的积分是常数，与 x 无关，即：

$$P = \rho \int u_x^2 dA = 常数 = P_0 \tag{3-114}$$

式中，P_0 是射流离开孔口时的动量。

在圆射流的情况下，动量 $P = c\rho u_{max}^2 b^2$，故有：

$$u_{\max} = \frac{c}{b}\sqrt{\frac{P}{\rho}} \tag{3-115}$$

式中，c 为常数。考虑式 (3-113)，有：

$$u_{\max} = 常数 \times \frac{1}{x} \times \sqrt{\frac{P}{\rho}} \tag{3-116}$$

式 (3-116) 表明，圆射流中心速度随距离 x 的增加而减小，常数由实验给出。对于平面射流以及尾流也可作类似估计。现将有关结果列于表 3-1，层流情况也一并给出，以资比较。

表 3-1　射流的宽度及中心速度随 x 变化的指数关系

流动状态 参数	层流		湍流	
	b	$u_{\max}$	b	$u_{\max}$
平面射流	$x^{\frac{2}{3}}$	$x^{-\frac{1}{3}}$	x	$x^{-\frac{1}{2}}$
圆射流	x	x^{-1}	x	x^{-1}
平面射流	$x^{\frac{1}{2}}$	$x^{-\frac{1}{2}}$	$x^{\frac{1}{2}}$	$x^{-\frac{1}{2}}$
圆尾流	$x^{\frac{1}{2}}$	x^{-1}	$x^{\frac{1}{3}}$	$x^{-\frac{2}{3}}$

3.7.4　自由射流的实验观测

对自由射流早就进行过详细的实验，下面介绍一些主要结果。

势流核心区的长度　前已述及，雷诺数不同，势流核心区的最大长度也不同。当孔口雷诺数为 $10^4 \sim 10^5$ 时，这一长度约为 $6.4 d_n$。

喷嘴出口处的速度分布对势流核心区的长度也有一定的影响。均匀分布只是一种近似，实际中喷嘴壁面上存在着边界层。如果射流经过一段长管，则出口处将具有管流时的速度分布。此外，势流核心区的长度在更大程度上将取决于出口处流体的湍流脉动速度大小，湍流的出现将使势流核心区的长度急剧减小。

射流宽度　射流宽度和边界层厚度一样，其定义有任意性，一般取 $u_x = 0.01 u_{\max}$ 处的 y 值为 b（中心轴线处 y 值为零）。根据研究问题的需要，通常规定 $u_x = 0.5 u_{\max}$ 处的 y 值为 $b_{1/2}$（后面称之为长度比尺）。但需要注意的是，这里 b 未必等于 $2 b_{1/2}$。此外，射流宽度随 x 增大而增大。

平面射流：　　　　　　　　$b = 2 b_{1/2}, \quad b \approx 0.23 x$ 　　　　　　　　(3-117)

圆射流：　　　　　　　　　$b \approx 2.5 b_{1/2}, \quad b \approx 0.212 x$ 　　　　　　　(3-118)

速度分布　在势流核心区速度为常数 u_0；在核心区以外（$x > x_1$），中心速度减小；横向速度远比纵向（轴向）速度小。工程上常采用轴向射流速度 u_x 表征整个射流的速度特性，但边界上除外。

在射流充分发展区，不同截面上 x 方向的速度分布如图 3-17（a）所示。在每一截面上，u_x 从中心的最大值 $u_{\max}$ 不断降低，直至离中心一定距离处变为零。将上述分布曲线无量纲化，获得 $u_x / u_{\max} \sim y / b_{1/2}$ 曲线，如图 3-17（b）所示，该图表明，不同截面上的速度分布，在同一条曲线上重叠，即速度分布是相似的。图中 $\bar{x}$ 为离开喷嘴的距离，u_{max} 和 $b_{1/2}$ 均随 x 变化而变化。由于在不同截面使用了不同的比例尺进行度量，从而使速度分布具有相似性，故又称 u_{max} 和 $b_{1/2}$ 分别为速度比尺和长度比尺。射流中的速度分布具有高斯分布的形式。

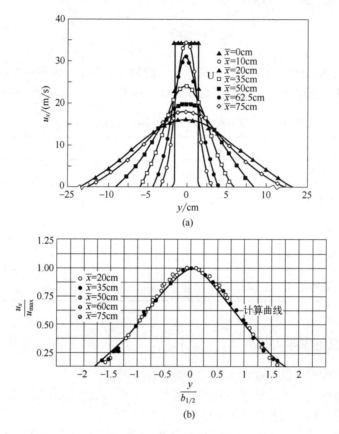

图 3-17 平面射流的速度分布

平面射流的速度分布为：

$$\frac{u_x}{u_{max}} = \exp\left[-0.69\left(\frac{y}{b_{1/2}}\right)^2\right] \tag{3-119}$$

圆射流的速度分布为：

$$\frac{u_x}{u_{max}} = \exp\left(\frac{r}{b_{1/2}}\right)^2 \tag{3-120}$$

3.8 案例分析——表面活性剂对湍流边界层速度分布的影响及其减阻功能

案例背景 在流体流经管道的过程中，由于摩擦阻力和形体阻力而形成拖拽力。在圆管中，压降与摩擦因数和速度的平方皆成正比。工业上往往采用湍流流动来提高生产效率，而为了确保流量稳定，这些压力损失需要通过额外的泵进行功率补偿。因此，有必要研究如何降低湍流的阻力。本案例讨论了**表面活性剂对湍流边界层速度分布的影响及其减阻功能**。

早在 20 世纪 50 年代末，Toms 观察到在恒定的压力梯度下，通过添加高分子聚合物可以增加流速，也就是说，在流速不变时，长链物质可以从本质上减少湍流的阻力。人们普遍认为，阻力的减小与添加剂溶液的黏弹性特点有关，减小阻力的流动仍然是湍流，但湍流的结构被改变了。由于在超过临界剪切应力的情况下，聚合物链会断裂，发生不可逆的降解，这导致减阻功能的损失。表面活性剂的特点是分子结构由一个疏水基团和一个亲水基团组成，疏水部分一般是一个长链烷基，因此也具有减阻潜能。由于其分子量比聚合物低，并在浓度超过临界胶束浓度时形成胶束，即使在非常高的应力区域，其降解也只是暂时的。因此，表面活性剂在再循环系统中具有潜在应用，如区域供热和区域制冷系统。

3.8.1 表面活性剂的减阻机理

目前众多实验数据表明，表面活性剂的减阻效果应归因于其分子间形成的棒状胶束结构。在超过剪切应力的临界值后，棒状胶束在流动方向上完全对齐，形成一个永久定向的黏弹性网络，称为"剪切诱导状态（SIS）"，如图 3-18 所示。

虽然在非常高的剪切应力下，胶束会被分解，减阻能力下降，但这种状况是可逆的，因为当剪切应力降低到临界值以下时，表面活性剂分子可以在短时间内重新组合并修复胶束杆，最终恢复其减阻能力。

现有实验数据表明，季铵型阳离子表面活性剂是最有效的减阻剂，因此可适用于区域供热和区域制冷系统。本案例采用十六烷基二甲基-羟乙基-3-羟基-2-萘甲酸铵。

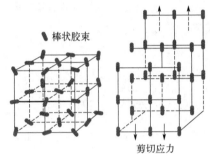

图 3-18 黏弹性结构及 SIS 状态下的排列

3.8.2 表面活性剂对湍流速度分布的影响

普朗特混合长度假说由于其简单和精致，在湍流边界层的雷诺应力建模中被广泛使用。雷诺应力符合表达式（3-30）。但是，来自黏性和弹性层的实验数据表明，对于减阻流体，u'_x 和 u'_y 并非同一个数量级，二者相差 10 倍，即普朗特的第二个假设[式（3-25）]不成立，导致式（3-30）不再适用。为此，Haritonidis 提出了一个瞬时混合长（l^t）假说，u'_y 与 l^t 的函数关系表达为：

$$u'_y = \frac{\partial l^t}{\partial \theta} \tag{3-121}$$

而 l^t 又是距离 y 和时间 θ 的函数，如式（3-122）所示：

$$l^t = (y^+)^n y f(\theta) \tag{3-122}$$

由式（3-26）、式（3-121）和式（3-122）可得雷诺应力分量的表达式为：

$$-\overline{u'_x u'_y} = \frac{\partial \overline{u_x}}{\partial y} \overline{\left(l^t \frac{\partial l^t}{\partial \theta} \right)} = \frac{\partial \overline{u_x}}{\partial y} y^{+2n} y^2 \overline{\left(f(\theta) \frac{\partial f(\theta)}{\partial \theta} \right)} \tag{3-123}$$

参数 n 和函数 $f(\theta)$ 是表征添加剂的减阻效果的。式（3-123）末尾的时均项可视为待定常数。水在渠道或管道中流动的雷诺方程以无量纲形式给出，即：

$$\frac{\partial u^+}{\partial y^+} + \tau^{r+} = 1 - \frac{y^+}{Re^*} \tag{3-124}$$

其中无量纲剪应力和无量纲雷诺数由式（3-125）定义：

$$\tau^{r+} = \frac{\tau^r}{\tau_w} = \frac{-\overline{u'_x u'_y}}{u^{*2}} \tag{3-125a}$$

$$Re^* = \frac{u^* d}{\nu} \tag{3-125b}$$

式中，参数 d 为管道直径或通道厚度。

式（3-124）左侧第一项为层流剪应力，取决于流体的黏度。从图 3-19 可以看出，表面活性剂水溶液的黏度较高，其速度分布曲线的斜率比纯水的低。因此需要添加因子 m 对该项进行修正，于是可得表面活性剂水溶液的速度曲线的新模型为：

$$\frac{\partial u^+}{\partial y^+}\left[m + \alpha y^{+2(n+1)}\right] = 1 - \frac{y^+}{Re^*} \tag{3-126a}$$

式中，常数 α 定义为：

$$\alpha = \frac{\nu}{u^{*2}}\overline{\left(f(\theta)\frac{\partial f(\theta)}{\partial \theta}\right)} \tag{3-126b}$$

积分式（3-126a），可得：

$$u^+ = \int_0^{y^+} \frac{(1 - y^+/Re^*)}{m + \alpha y^{+2(n+1)}} dy^+ \tag{3-127}$$

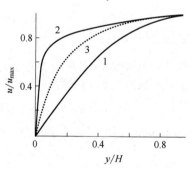

图 3-19 流体的速度分布示意图（H 为半径或半厚度）

1—层流（水）；2—湍流（水）；3—湍流（表面活性剂水溶液）

选择参数 n、α 和 m 的值，可用数值积分法获得速度分布函数（$u^+ \sim y^+$ 的函数关系）。通常参数 n 为 0~0.5。图 3-20、图 3-21 和图 3-22 分别示出了上述三个参数取不同值时表面活性剂水溶液的速度分布。

参数 m 取决于表面活性剂溶液的流变学特性，因表面活性剂溶液的黏度比水高，黏性层会更厚，故 m 越大，速度曲线的斜率越小。见图 3-22。根据公式（3-126a）计算，$y^+=0$ 时的

斜率为 $1/m$。在小的壁面距离上测量速度曲线是非常困难的。幸运的是，在 m 导致弹性层曲线的平行移动中，能够得到相应实验结果。较厚的黏性层在弹性层中给出较高的曲线，适当的 m 值可以通过这种方式找到。

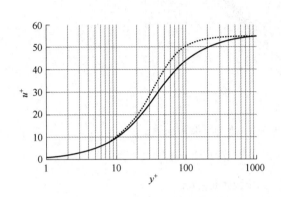

图 3-20　不同 n 值的流体速度分布

n：—(0.5)；⋯(0.0)

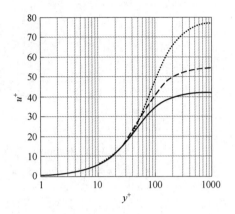

图 3-21　不同 α 值的流体速度分布

$10^5\alpha$：—(5.0)；---(2.5)；⋯(1.0)

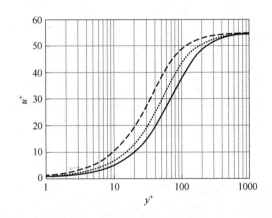

图 3-22　不同 m 值的流体速度分布

m：—(2.0)；⋯(1.5)；---(1.0)

Chara、Bewersdorff 和 Ohlendorf 等分别测定了 500μg/g 的季铵盐阳离子表面活性剂 Habon-G 溶液在不同雷诺数下的时均速度分布。利用式（3-127）对实验数据进行关联，通过最优化回归可获得模型参数 n、m 和 α 的值（见表 3-2）。图 3-23 示出了模型计算的时均速度分布曲线与实验结果的比较情况。从图中可以看出，模型计算的时均速度分布函数为 S 形曲线，它与实验结果有很好的一致性。

此外，还可以从图中看到，该无量纲速度分布曲线可分为三个区域：

① 在 $y^+=20\sim100$ 的范围内呈现线性关系，其斜率随着雷诺数的增加而增大；

② 当 $y^+<20$ 时，二者的线性关系不再符合，且时均速度分布与雷诺数无关；

③ $y^+>100$ 时，二者的线性关系也不再符合，且随着雷诺数的增加，越接近管中心（湍流主体区域），其时均速度上升也越明显，减阻效果的增加也是如此。

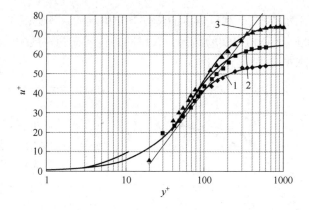

图 3-23　Habon-G 溶液的速度分布实验值和模型值的比较

实验值：◆(40500)，■(76620)，▲(132200)；模型值：1(40500)，2(76620)，3(132200)

表 3-2　不同雷诺数下的模型参数回归值

Re	m	n	$10^5\alpha$
40500	1.7	0.3	2.483
76620	1.7	0.3	1.608
132200	1.7	0.2	2.998

从表中可以看出，当 $Re=13220$ 时，n 值（0.2）较低，这可能是在如此高的 Re 下，高剪应力导致的部分脱乳化的结果。由于溶液的黏度增加，表面活性剂溶液在层流内层中的速度低于纯水，这与 Ohlendorf 等观察到的层流中较高的摩擦因数是一致的。湍流核心区的速度梯度很小。因此，计算出的时均速度曲线几乎是平坦的，并且渐进地接近于管轴处的速度值。

案例小结　本案例研究了表面活性剂对湍流速度分布的影响及其减阻机理。实验结果表明，在流体中添加少量表面活性剂可大大减小阻力，这在实际应用中提供许多益处，如更高的流速、节能、降低运营成本等。它们在具有湍流状态的水运输系统中很有效，这在工业管网和远距离供热管道中很常见。

思考题

3.1　试简述湍流的特点及其形成过程。
3.2　简述雷诺转换的规则。
3.3　简述狭义雷诺方程的理论意义。
3.4　试用动量传递概念揭示雷诺应力的本质。
3.5　简述普朗特动量传递理论的核心思想及其主要结论。
3.6　简述湍流边界层的结构特征。
3.7　自由湍流有何特点？
3.8　简述表面活性剂的减阻机理。

习题

3.1 设壁面处的剪应力符合下式：

$$\tau_w = 0.023 \rho u_b^2 \left(\frac{\nu}{u_b \delta}\right)^{1/4}$$

湍流主体速度分布符合 $1/n$ 指数定律，试导出边界层厚度表达式（为 Re 和 n 的函数）。

3.2 水在光滑管中作稳态湍流流动，已知管径为 0.075m，壁面剪应力为 0.15Pa，水的密度为 $1000 kg/m^3$，黏度为 $0.001 Pa \cdot s$。试估算 $y=r/2$ 处的涡流黏度。

3.3 温度为 303K 的空气流经一平板，流速为 20m/s，设临界雷诺数为 $2×10^5 \sim 3×10^6$，试绘出该气流在平板壁面所形成的边界层示意图，分别标出层流内层、过渡层和湍流主体。

3.4 298K 的空气流经一块长 2.0m、宽 0.5m 的薄板，已知气流方向与宽平行，试分别计算该薄板处于层流和湍流中所受到的曳力。

3.5 298K 的水以平均流速 1.0m/s 流经内径为 0.2m 的光滑圆管，假设其边界层已经充分发展，试求该区域内层流内层、过渡层和湍流主体的厚度。

3.6 常压下 303K 的空气流经一光滑平板，速度为 25m/s，设临界雷诺数为 $4×10^5$，试求：（1）距离平板前沿 2.0m 处的边界层厚度；（2）该平板最初的 3.0m 中每米宽度上所受到的总曳力。

3.7 298K 的水流经内径为 0.05m 的光滑水平管，当主体流速分别为（1）2.0m/s 和（2）0.02m/s 时，试求离管壁 0.01m 处的速度、剪应力以及涡流黏度。

3.8 不可压缩流体的湍流速度可用时均速度与脉动速度来描述，试证明时均速度仍然符合连续性方程。

3.9 303K 的水流经内径为 0.25m 的水平光滑圆管，设临界雷诺数为 $4×10^3$，压力梯度为多大时流动会变为湍流？

3.10 293K 的水流经内径为 0.06m 的水平光滑圆管，试求水流量分别为（1）$1.0×10^{-3} m^3/s$ 和（2）$1.0×10^{-5} m^3/s$ 时，离管壁 0.02m 处的剪应力、涡流黏度和混合长。

热量传递篇

第4章

能量方程与导热

前两章在探讨动量传递时均假设流体为等温体系,而实际流体运动中,当流体温度与壁面温度不一致时(有热源),流体内将产生温度梯度,变成非等温体系。即使没有热源,也会因黏性摩擦作用致使一部分机械能转变为热能而耗散,引起系统的温度分布发生变化。对于非等温流体流动,系统中除了速度、压力等变化外,还伴有温度的变化,故必须同时用动量传递微分方程及传热微分方程来加以描述。本章和第5章将讨论热量传递的有关问题,即传热学。传热学所探讨的是因物体温差所产生的能量传递的规律。

以热的形式进行能量传递,是一种常见的自然现象,也几乎涉及所有的工程技术领域。例如,气温突然大幅下降后建筑物内的温度会逐渐下降,精馏塔冷凝器中冷却水与气相物料间的传热,固定床反应器中反应热的移出或供给,等等。如何控制热量传递的速率,使相关过程按照人们的设计方式进行,如何合理地利用能源等问题,都与传热学有关。

通常热量传递有三种方式:**热传导、对流传热和辐射传热**。

热量传递与动量传递具有相似性,特别是对流传热,其规律与动量传递具有非常密切的关联;但两者又有区别,主要表现在导热和相间传热方面。

本章将从传热方式和传热机理出发,将热量传递加以分类,以传热微分方程(能量方程)为基础,讨论热传导基本方程及其特殊解、层流流动下对流传热的分析解、热边界层内能量方程及其解,并利用卡门传热积分边界层方程求解热边界层内的传热问题等。

4.1 传热方式与传热机理

4.1.1 分子传递与热传导

当物体内存在温度梯度时,热量将依靠分子、自由电子等微观粒子的运动从高温区传递到低温区,这种热量传递方式称为热传导,简称导热。某一静止物体内或两个静止物体之间发生的热量传递通常是以热传导的方式进行的,导热现象既存在于固体中,也存在于流体中。流体和非金属固体内的导热是由分子的微观运动引起的,而金属的导热则是因自由电子的流动所致。从传热机理而言,为方便起见,一般将这类因分子水平级微粒的无规则运动所致传热称为分子传递。

一维导热过程可用**傅里叶定律**来描述,即:

$$\frac{q}{A} = -k\frac{dT}{dy} \tag{1-6}$$

二维导热或更复杂的导热问题则需要运用能量方程进行求解。

4.1.2 涡流传递与对流传热

在实际过程中,也经常遇到流体的传热问题。例如,流体与固体壁面之间存在温度差时所发生的热量传递,其传热机理就与流体的宏观运动状况密切相关。当流体为层流流动时,相邻流体间的传热仍以导热为主;而当流体为湍流状态时,虽然其**层流内层仍遵循导热机理**,但**湍流主体则以涡流传热为主**,此时涡流引起流体微元穿过流线的运动,导致了流体微元在流体内部的快速传递;而对于过渡层,导热和涡流传热兼而有之。因此,对于这种运动流体的传质,因其传热机理复杂,为方便起见,通常将它们总称为对流传热。

对流传热通量 q 常用**牛顿冷却定律**加以描述:

$$\frac{q}{A} = h(T_b - T_w) \tag{4-1}$$

式中,h 为传热系数;T_b 和 T_w 分别为主体平均温度和壁面温度。该式为**传热系数的定义式**,其形式虽然简单,但并未从根本上解决对流传热的计算问题,只不过是将传热问题转化为传热系数的问题。故所谓对流传热问题,即如何通过理论或实验的方法确定传热系数的问题。

传热系数与很多因素有关。按照运动发生的原因,流体的运动可以分为自然对流和强制对流两大类。自然对流是由流体各部分的温度差异使其密度不同所引起的运动。强制对流是流体受外力作用,如泵、风机等的作用而产生的运动。流体自然对流运动时的速度,通常比它作强制运动时的速度小得多,因此自然对流时的传热强度也比强制对流时的传热强度低得多。本书第 5 章将对此作详细探讨。

4.1.3 辐射传热

由温差引起的电磁传播称为热辐射。理想的热辐射体或黑体发射能量的速率正比于物体热力学温度的四次方和物体的表面积,即:

$$q_e = \sigma A T^4 \tag{4-2}$$

式中,$\sigma = 5.669 \times 10^{-8} \text{ W}/(\text{m}^2 \cdot \text{K}^4)$,称为 Stefan-Boltzmann 常数。式(4-2)称为 Stefan-Boltzmann 热辐射定律,仅适用于黑体。

在两个黑体表面之间的净辐射能量交换正比于热力学温度四次方之差,即:

$$\frac{q_e}{A} \propto \sigma(T_1^4 - T_2^4) \tag{4-3}$$

若不是理想黑体,而是灰体,可引入黑度 ε 来表征灰体的发射率,再考虑两平面间接受辐射能的分率 φ,则有:

$$q = \varphi A \varepsilon \sigma(T_1^4 - T_2^4) \tag{4-4}$$

辐射传热的典型例子是太阳能对地球大气层的传热和原子能反应堆中的传热等。由于化工生产中的温度一般在 400℃ 以下,辐射传热所占比例相对较小,可以忽略不计,因此后面将不再探讨该传热方式的影响。

4.2 能量方程——传热微分方程

前已述及,傅里叶定律只适用于一维稳态导热。对于二维和三维稳态导热、包括一维非稳态导热在内的所有非稳态导热以及所有的对流传热问题,则需要应用传热微分方程(能量方程)加以解决。本节将运用拉格朗日法,以热力学第一定律为基础导出能量方程。

4.2.1 直角坐标系中能量方程的推导

下面考察不可压缩流体运动时的能量关系。应用拉格朗日法,选取质量固定的微元体,体积为 $dV = dxdydz$,密度为 ρ,故 $dm = \rho dV$ = 常数。因微元体与流体随行,故二者的相对速度为零,二者之间的传热方式为导热。在对微元体进行能量衡算时,只需考察内能、导热、膨胀功、摩擦热和内生热等项,而辐射传热在通常温度下作用不大,可以忽略。

根据热力学第一定律,在 $d\theta$ 时间内微元体内能 dU 的增长等于加入的热量 dQ 和表面应力对其所做的功 dW,写成随体导数的形式,有:

$$\rho \frac{DQ}{D\theta} dxdydz = \rho \frac{DU}{D\theta} dxdydz + \rho \frac{DW}{D\theta} dxdydz \tag{4-5}$$

式中,U 为单位质量流体的内能;Q 为单位质量流体吸收的热量;W 为表面应力对单位质量流体所做的功。

热流速率 参见图 4-1,微元与其周围流体的传热方式为导热。设热导率各向同性,根据傅里叶定律,沿 x 方向有:

输入微元体的热流速率 $= -k \dfrac{\partial T}{\partial x} dydz$

输出微元体热流速率 $= -\left[k \dfrac{\partial T}{\partial x} + \dfrac{\partial}{\partial x}\left(k \dfrac{\partial T}{\partial x}\right)dx\right]dydz$

净输入微元体的热流速率 $= \dfrac{\partial}{\partial x}\left(k \dfrac{\partial T}{\partial x}\right)dxdydz$

同理可得 y、z 两方向净输入微元体的热流速率分别为 $\dfrac{\partial}{\partial y}\left(k \dfrac{\partial T}{\partial y}\right)dxdydz$ 和 $\dfrac{\partial}{\partial z}\left(k \dfrac{\partial T}{\partial z}\right)dxdydz$。

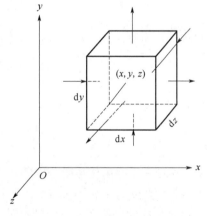

图 4-1 拉格朗日微元体导热示意图

如果考虑到流体微元内部释放的热能,且设单位体积流体内释放的热速率为 $\dot{q}$,则可得**净输入微元体的总热流速率**为:

$$\rho \frac{DQ}{D\theta} dxdydz = \left[\frac{\partial}{\partial x}\left(k \frac{\partial T}{\partial x}\right) + \frac{\partial}{\partial y}\left(k \frac{\partial T}{\partial y}\right) + \frac{\partial}{\partial z}\left(k \frac{\partial T}{\partial z}\right)\right]dxdydz + \dot{q}dxdydz \tag{4-6}$$

表面应力所做的功率 总的有用功,包括法向应力和剪应力所做功之和。由于应力与形变速率之间的关系非常复杂,故其所做的功也很难精确地表达,这里将作简化处理。法向应力使得微元体压缩或膨胀,前已述及,微元体膨胀速率为 $\dfrac{1}{v} \times \dfrac{Dv}{D\theta}$,故单位体积流体的膨胀功

率为 $p\frac{1}{v}\times\frac{Dv}{D\theta}$。根据式（1-72）并考虑到压力方向与法线方向相反，膨胀功率又可表达为：$-p\left(\frac{\partial u_x}{\partial x}+\frac{\partial u_y}{\partial y}+\frac{\partial u_z}{\partial z}\right)$。

另一方面，剪应力在扭变流体中所做的功使得流体产生摩擦热，通常这种功又称为散逸热，设单位体积流体内的散逸热速率（又称散逸能）为 Φ，则**表面应力对流体微元所做的功率**可表达为：

$$\rho\frac{DW}{D\theta}\mathrm{d}x\mathrm{d}y\mathrm{d}z=-p\left(\frac{\partial u_x}{\partial x}+\frac{\partial u_y}{\partial y}+\frac{\partial u_z}{\partial z}\right)\mathrm{d}x\mathrm{d}y\mathrm{d}z+\Phi\mathrm{d}x\mathrm{d}y\mathrm{d}z \tag{4-7}$$

将式（4-7）、式（4-6）代入式（4-5），经整理可得：

$$\rho\frac{DU}{D\theta}+p\left(\frac{\partial u_x}{\partial x}+\frac{\partial u_y}{\partial y}+\frac{\partial u_z}{\partial z}\right)=k\left(\frac{\partial^2 T}{\partial x^2}+\frac{\partial^2 T}{\partial y^2}+\frac{\partial^2 T}{\partial z^2}\right)+\dot{q}+\Phi \tag{4-8}$$

由单位质量流体焓的定义可知：

$$H=U+\frac{p}{\rho} \tag{4-9}$$

将式（4-9）两边取随体导数并同时乘以流体密度 ρ 得：

$$\rho\frac{DH}{D\theta}=\rho\frac{DU}{D\theta}+\frac{Dp}{D\theta}-\frac{p}{\rho}\times\frac{D\rho}{D\theta} \tag{4-10}$$

将连续性方程式（1-68）代入式（4-10），得：

$$\rho\frac{DU}{D\theta}+p\left(\frac{\partial u_x}{\partial x}+\frac{\partial u_y}{\partial y}+\frac{\partial u_z}{\partial z}\right)=\rho\frac{DH}{D\theta}-\frac{Dp}{D\theta} \tag{4-11}$$

比较式（4-11）和式（4-8）可得，用焓表示的能量方程为：

$$\rho\frac{DH}{D\theta}=\frac{Dp}{D\theta}+k\left(\frac{\partial^2 T}{\partial x^2}+\frac{\partial^2 T}{\partial y^2}+\frac{\partial^2 T}{\partial z^2}\right)+\dot{q}+\Phi \tag{4-12}$$

式（4-12）为**通用传热微分方程**，即**普遍化能量方程**。式中各项均表示单位体积流体的能量速率，量纲为 $[J\cdot m^{-3}\cdot s^{-1}]$。该式能描述可压缩流体和不可压缩流体，适用于有内热源、有摩擦热生成的普遍情况。但针对某个具体实际问题，往往可对上式进行化简，得到相应的能量方程的特殊形式。例如，式中的散逸能 Φ 为单位体积流体所产生的摩擦热速率，其大小主要与黏度和变形运动有关：黏度越大，散逸能越大；变形率越大，耗散的能量也越大。在有些情况，例如聚合物加工时，由于黏度大的物料被迅速挤出，耗散热很大，就必须考虑因黏性而产生的热量。此外，高速流动时边界层中的耗散热通常也不能忽略。但对于一般工程问题中的牛顿型流体，其流速和黏度均不是很大，故在下面的讨论中，散逸能 Φ 一项将忽略不计。

4.2.2 不可压缩流体的能量方程

对于不可压缩流体，ρ 为常数，在无内热源的情况下，式（4-12）可简化为：

$$\rho\frac{DH}{D\theta}=\frac{Dp}{D\theta}+k\left(\frac{\partial^2 T}{\partial x^2}+\frac{\partial^2 T}{\partial y^2}+\frac{\partial^2 T}{\partial z^2}\right) \tag{4-13}$$

另一方面，因 ρ 为常数，若设流体的恒容比热容为 c_V，并将内能用该比热容来表达，由式（4-10）可得：

$$\rho \frac{DH}{D\theta} = \rho c_V \frac{DT}{D\theta} + \frac{Dp}{D\theta} \tag{4-14}$$

对于不可压缩流体或固体，恒容比热容近似于恒压比热容，即 $c_V \approx c_p$，则上式又可写为：

$$\rho \frac{DH}{D\theta} = \frac{Dp}{D\theta} + \rho c_p \frac{DT}{D\theta} \tag{4-15}$$

由式（4-13）和式（4-15）可得：

$$\frac{DT}{D\theta} = \alpha \left(\frac{\partial^2 T}{\partial x^2} + \frac{\partial^2 T}{\partial y^2} + \frac{\partial^2 T}{\partial z^2} \right) \tag{4-16}$$

式中，$\alpha = k/(\rho c_p)$，称为**热扩散系数**或**导温系数**，它也是一个重要的热物性参数，表征材料在热传导过程中热量扩散的能力。

式（4-16）可用来描述所有液体的对流传热问题。对于气体而言，当密度变化不大时（例如温差不是很大的体系），该式也可近似适用。

4.2.3 固体的导热

固体体系有两个重要特点：密度恒定及无宏观运动。故能量方程（4-12）中所有随体导数均简化为偏导数，有：

$$\rho \frac{\partial H}{\partial \theta} - \frac{\partial p}{\partial \theta} = k \left(\frac{\partial^2 T}{\partial x^2} + \frac{\partial^2 T}{\partial y^2} + \frac{\partial^2 T}{\partial z^2} \right) + \dot{q} \tag{4-17}$$

另一方面，因 ρ 为常数，设固体比热容为 c_p，并将内能用 c_p 来表达，由式（4-15）可得：

$$\rho \frac{\partial H}{\partial \theta} - \frac{\partial p}{\partial \theta} = \rho c_p \frac{\partial T}{\partial \theta} \tag{4-18}$$

由式（4-17）和式（4-18）可得：

$$\frac{\partial T}{\partial \theta} = \alpha \left(\frac{\partial^2 T}{\partial x^2} + \frac{\partial^2 T}{\partial y^2} + \frac{\partial^2 T}{\partial z^2} \right) + \frac{\dot{q}}{\rho c_p} \tag{4-19}$$

式（4-19）为有内热源的固体导热微分方程。

傅里叶第二定律 若固体内部无热源，则式（4-19）简化为：

$$\frac{\partial T}{\partial \theta} = \alpha \left(\frac{\partial^2 T}{\partial x^2} + \frac{\partial^2 T}{\partial y^2} + \frac{\partial^2 T}{\partial z^2} \right) \tag{4-20}$$

式（4-20）可用来描述固体中无内热源的非稳态导热，通常称为**傅里叶第二定律**。

泊松方程 在稳态且有内热源时，式（4-19）简化为：

$$\frac{\partial^2 T}{\partial x^2} + \frac{\partial^2 T}{\partial y^2} + \frac{\partial^2 T}{\partial z^2} = -\frac{\dot{q}}{k} \tag{4-21}$$

式（4-21）称为**泊松方程**，适用于有内热源的稳态导热体系。

拉普拉斯方程 在稳态且无内热源条件下，上式可进一步简化为**拉普拉斯方程**：

$$\frac{\partial^2 T}{\partial x^2} + \frac{\partial^2 T}{\partial y^2} + \frac{\partial^2 T}{\partial z^2} = 0 \tag{4-22}$$

4.2.4 柱坐标系和球坐标系中的能量方程

前面讨论了各种情况下的传热问题,并给出了对应的直角坐标系的能量方程,这些方程均可在柱坐标系和球坐标系中导出,下面针对对流传热中最常用的能量方程式(4-16),给出其在柱坐标系和球坐标系中的相应表达式,推导过程可查阅相关参考书。

柱坐标系中的能量方程:

$$\frac{\partial T}{\partial \theta'} + u_r \frac{\partial T}{\partial r} + \frac{u_\theta}{r} \times \frac{\partial T}{\partial \theta} + u_z \frac{\partial T}{\partial z} = \alpha \left[\frac{1}{r} \times \frac{\partial}{\partial r} \left(r \frac{\partial T}{\partial r} \right) + \frac{1}{r^2} \times \frac{\partial^2 T}{\partial \theta^2} + \frac{\partial^2 T}{\partial z^2} \right] \tag{4-23}$$

式中,θ' 为时间;r 为径向坐标;z 为轴向坐标;θ 为方位角;u_r、u_θ、u_z 分别为流速在柱坐标系中 r、θ、z 方向的分量。

球坐标系中的能量方程:

$$\begin{aligned}
&\frac{\partial T}{\partial \theta'} + u_r \frac{\partial T}{\partial r} + \frac{u_\theta}{r} \times \frac{\partial T}{\partial \theta} + \frac{u_\varphi}{r \sin \theta} \times \frac{\partial T}{\partial \varphi} \\
&= \alpha \left[\frac{1}{r^2} \times \frac{\partial}{\partial r} \left(r^2 \frac{\partial T}{\partial r} \right) + \frac{1}{r^2 \sin \theta} \times \frac{\partial}{\partial \theta} \left(\sin \theta \frac{\partial T}{\partial \theta} \right) + \frac{1}{r^2 \sin^2 \theta} \times \frac{\partial^2 T}{\partial \varphi^2} \right]
\end{aligned} \tag{4-24}$$

式中,θ' 为时间;r 为径向坐标;φ 为方位角;θ 为仰角;u_r、u_φ、u_θ 分别为流速在球坐标系中 r、φ、θ 方向的分量。

4.2.5 边界条件

在求解实际导热问题时,往往对不同的具体问题采用不同的坐标系,以减少导热方程中的自变量数,并使边界条件更简化。

导热微分方程描述了导热问题的共性,但要得到一个导热问题的解(温度分布),还需要边界条件和初始条件。导热问题中常见的边界条件可以归纳为以下三类。

① 第一类边界条件,直接给出边界上的温度分布及其随时间的变化规律。例如,在两边界面处:

$$T|_{x=0} = T_1(\theta) \quad , \quad T|_{x=L} = T_2(\theta) \tag{4-25a}$$

式中,$T_1(\theta)$、$T_2(\theta)$ 分别表示两边界上温度随时间变化的函数关系。若两边界温度均不随时间变化,则有:

$$T|_{x=0} = T_1 \quad , \quad T|_{x=L} = T_2 \tag{4-25b}$$

② 第二类边界条件,直接给定热通量 q 在边界上的分布及其随时间的变化规律。例如,在两边界面处:

$$kA \frac{\partial T}{\partial x} \bigg|_{x=0} = q_1(\theta) \quad , \quad kA \frac{\partial T}{\partial x} \bigg|_{x=L} = q_2(\theta) \tag{4-26a}$$

式中,$q_1(\theta)$、$q_2(\theta)$ 分别表示两边界上热通量随时间变化的函数关系。若两边界热通量均不随时间变化,则有:

$$kA\frac{\partial T}{\partial x}\bigg|_{x=0} = q_1 \quad , \quad kA\frac{\partial T}{\partial x}\bigg|_{x=L} = q_2 \tag{4-26b}$$

若 $q_1 = q_2 = 0$，则称为绝热边界条件，也是第二类齐次边界条件。

③ 第三类边界条件，给定环境介质温度 T_b 以及边界上的对流传热系数 h。例如，在边界面 S 处：

$$kA\frac{\partial T}{\partial x}\bigg|_{x=0} = h(T_0 - T_b) \quad , \quad kA\frac{\partial T}{\partial x}\bigg|_{x=L} = h(T_0 - T_b) \tag{4-27}$$

式中，T_0、T_L 分别为两边界处温度，它们均可随时间而变。$h=0$ 变成绝热边界条件，$h \to +\infty$ 则变成第一类边界条件。

求解导热问题的方法很多，有**解析法**、**近似解析法**、**数值法**、模拟法及图解法。解析法常用的有直接积分法、分离变量法、拉普拉斯变换法及热源法等，仅适用于求解平板、矩形柱体、圆柱、圆管及球体等几何形状简单的物体中的线性导热问题，只有极少数简单的非线性导热问题可用解析法。数值法是用空间和时间区域内有限个离散点（称为节点）的温度来代替物体内的连续温度分布，然后由导热方程及边界条件，导出各节点温度所遵循的代数方程组（称为离散方程），求解此方程组，得到节点温度值。只要节点分布得足够密，数值解就有足够的精度。求解导热问题的数值方法有：**有限差分法**、有限元法、边界元法和有限分析法。随着计算机技术的飞速发展，作为近似解法之一的数值法已得到广泛的应用，成为解决各种实际工程问题最有力的工具。有关导热问题的求解将在下面几节依次加以介绍。

4.3 稳态导热

稳态导热问题仅考虑温度在空间的分布而与时间无关。事实上，完全属于稳态的导热现象并不存在，但当温度随时间变化相对较小时，可近似为稳态导热。求解这类问题，首要目的是获得物体内部的温度分布，并进一步求出导热速率和热通量。一维稳态导热由导热微分方程直接积分求解。对于多维稳态导热，涉及偏微分方程的求解方法，其中两种经典有效的解法是：分离变量法和拉普拉斯变换法。

4.3.1 无内热源的一维稳态导热

在一维稳态温度场中，只有一个自变量，是一种物理模型上的简化。许多工程问题可以简化成一维问题，使得数学处理大大简化。

平壁导热 如图 4-2 所示的大平壁稳态导热，无内热源，已知壁厚为 L，两表面的温度分别为 T_1、T_2。导热微分方程简化为一维拉普拉斯方程：

$$\frac{d^2 T}{dx^2} = 0 \tag{4-28}$$

方程的通解为：

$$T = C_1 x + C_2 \tag{4-29}$$

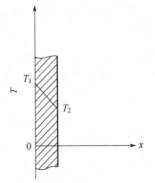

图 4-2 一维稳态热传导

问题的边界条件为:

$$x = 0 \quad , \quad T = T_1 \tag{4-30a}$$

$$x = L \quad , \quad T = T_2 \tag{4-30b}$$

由边界条件确定通解中的两常数,得平壁内温度分布为:

$$T = T_1 - \frac{T_1 - T_2}{L} x \tag{4-31}$$

由傅里叶定律确定导热速率和热通量

$$\frac{q}{A} = -k \frac{dT}{dx} = k \frac{T_1 - T_2}{L} \tag{4-32}$$

式中,A 为导热面积,该截面与热流方向垂直。

对无内热源的一维导热,还可直接从傅里叶定律积分确定导热速率和热通量,读者可自行推导。

圆筒壁导热 无内热源的圆筒壁导热,可用柱坐标系拉普拉斯方程,其一维形式为:

$$\frac{d}{dr}\left(r \frac{dT}{dr}\right) = 0 \tag{4-33}$$

相应的边界条件为:

$$r = r_1 \quad , \quad T = T_1 \tag{4-34a}$$

$$r = r_2 \quad , \quad T = T_2 \tag{4-34b}$$

将式(4-33)两次积分得:

$$T = C_1 \ln r + C_2 \tag{4-35}$$

利用边界条件,分别求出常数 C_1、C_2,可得壁内径向温度分布方程为:

$$T = T_1 + \frac{T_2 - T_1}{\ln(r_2 / r_1)} \ln \frac{r}{r_1} \tag{4-36}$$

根据柱坐标系中的傅里叶定律可得管壁 r 处的热通量为:

$$\frac{q_r}{A_r} = -k \frac{dT}{dr} \tag{4-37}$$

式中,q_r 为径向距离 r 处的导热速率;A_r 为径向距离 r 处的导热面积,且 $A_r = 2\pi r L$,其中 L 为管壁长度。以单位管长表示的管壁导热速率为:

$$\frac{q_r}{L} = -2k\pi r \frac{dT}{dr} \tag{4-38}$$

将式(4-36)代入式(4-38),可得:

$$\frac{q_r}{L} = -2k\pi \frac{T_1 - T_2}{\ln(r_2 / r_1)} \tag{4-39}$$

球壁导热 同样,用球坐标系中的一维拉普拉斯方程,可求解无内热源的空心圆球径向导热速率为:

$$q = -\frac{4k\pi r_1 r_2 (T_1 - T_2)}{r_2 - r_1} \tag{4-40}$$

4.3.2 有内热源的一维稳态导热

有内热源的导热也较常见,如电热棒、管式反应器等,通常呈圆柱体,当其长度足够大,且温度分布为轴对称时,可视为有内热源的一维稳态导热。用柱坐标系能量方程为:

$$\frac{1}{r} \times \frac{\mathrm{d}}{\mathrm{d}r}\left(r \frac{\mathrm{d}T}{\mathrm{d}r}\right) = -\frac{\dot{q}}{k} \tag{4-41}$$

该式可描述具有均匀内热源、沿径向作一维稳态导热的体系。连续两次积分上式,得:

$$T = -\frac{\dot{q}}{4k} r^2 + C_1 \ln r + C_2 \tag{4-42}$$

式中,C_1 和 C_2 为积分常数,可根据两个具体的边界条件确定。

4.3.3 二维稳态导热

如前所述,二维或三维稳态导热,在物性恒定的条件下,可由泊松方程或拉普拉斯方程描述。对于少数具有特定几何形状和边界条件的问题,可获得温度分布的解析解。本节将用分离变量法求解二维稳态导热的解析解。而各种实际工程问题还需利用数值法才能求解。

如图 4-3 所示的矩形截面,其温度场仅是 x,y 的函数,材料热导率各向同性且为常数 k,物体内没有内热源。当导热达到稳态时,截面温度分布满足二维拉普拉斯方程。引进过余温度 $\Theta = T - T_0$,可使 3 个等温边界条件变为齐次。故物体内温度场的数学描述为:

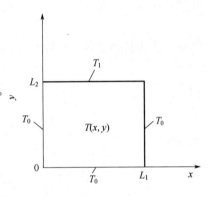

图 4-3 无内热源的二维稳态导热

$$\frac{\partial^2 \Theta}{\partial x^2} + \frac{\partial^2 \Theta}{\partial y^2} = 0 \tag{4-43}$$

相应的边界条件为:

$$x = 0, \quad \Theta = 0 \tag{4-44a}$$

$$x = L_1, \quad \Theta = 0 \tag{4-44b}$$

$$y = 0, \quad \Theta = 0 \tag{4-44c}$$

$$y = L_2, \quad \Theta = T_1 - T_0 \tag{4-44d}$$

假定解的形式为 $\Theta = X(x)Y(y)$,代入方程(4-43),分离变量得到:

$$-\frac{X''}{X} = \frac{Y''}{Y} = \beta^2 \tag{4-45}$$

式中,β 是待定常数,称为特征值。上式可变为如下两个常微分方程:

$$X'' + \beta^2 X = 0 \tag{4-46}$$

$$x = 0, \quad X = 0 \tag{4-47a}$$

$$x = L_1, \quad X = 0 \tag{4-47b}$$

和

$$Y'' - \beta^2 Y = 0 \tag{4-48}$$

$$y = 0, \quad Y = 0 \qquad (4\text{-}49\text{a})$$

$$y = L_2, \quad Y = T_1 - T_0 \qquad (4\text{-}49\text{b})$$

上述两常微分方程的解为：

$$X = A\cos(\beta x) + B\sin(\beta x) \qquad (4\text{-}50\text{a})$$

$$Y = C\operatorname{sh}(\beta y) + D\operatorname{ch}(\beta y) \qquad (4\text{-}50\text{b})$$

由式（4-47）的边界条件得：$A = 0$，$\sin(\beta L_1) = 0$。

β 有无穷多个解。根据解的对称性，取正解，即：

$$\beta_m = \frac{m\pi}{\delta} \qquad (m = 1, 2, \cdots) \qquad (4\text{-}51)$$

从而，有：

$$X_m = B_m \sin(\beta_m x) \qquad (4\text{-}52)$$

同样，由边界条件式（4-49），得 $D = 0$。

$$Y = C_m \operatorname{sh}(\beta_m y) \qquad (4\text{-}53)$$

相应地，有：

$$\varTheta_m = C_m \sin(\beta_m x)\operatorname{sh}(\beta_m y) \qquad (m = 1, 2, \cdots) \qquad (4\text{-}54)$$

解叠加，有：

$$\varTheta = \sum_{m=1}^{\infty} C_m \sin(\beta_m x)\operatorname{sh}(\beta_m y) \qquad (4\text{-}55)$$

再由式（4-49）的边界条件，得：

$$\sum_{m=1}^{\infty} C_m \sin(\beta_m x)\operatorname{sh}(\beta_m L_2) = T_1 - T_0 \qquad (4\text{-}56)$$

利用三角函数的正交性，可得：

$$C_m = \frac{2}{L_1} \times \frac{\int_0^{L_1} (T_1 - T_0)\sin(\beta_m x)\mathrm{d}x}{\operatorname{sh}(\beta_m L_2)} = \frac{2}{\pi} \times \frac{T_1 - T_0}{\operatorname{sh}(\beta_m L_2)} \times \frac{1 - (-1)^m}{m}$$

最后得到原问题的解为：

$$\varTheta(x,y) = \frac{2\varTheta_1}{\pi} \sum_{m=1}^{\infty} \frac{1 - (-1)^m}{m\operatorname{sh}\left(\dfrac{m\pi}{L_1}L_2\right)} \operatorname{sh}\left(\frac{m\pi}{L_1}y\right) \sin\left(\frac{m\pi}{L_1}x\right) \qquad (4\text{-}57)$$

4.4 非稳态导热

　　非稳态导热的导热微分方程在偏微分方程的分类中属于抛物线型方程。对于方程和边界条件均为齐次的问题，可以通过解析法求解，而复杂的问题只能通过数值法求解。本节以两个例子简要介绍用解析法求解一维非稳态导热问题。

4.4.1 半无限固体的非稳态导热

图 4-4 为一半无限固体,始于左端,右端无限长。例如,无限厚的平板或无限长的圆柱体等。半无限固体的一维非稳态导热只有一个边界,整个过程都处于非稳态。

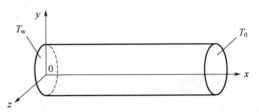

图 4-4 半无限固体非稳态导热

设半无限固体初始温度为 T_0,并在起始时刻边界温度突然升高到 T_w 然后保持不变。则该问题的数学描述为:

$$\frac{1}{\alpha} \times \frac{\partial T}{\partial \theta} = \frac{\partial^2 T}{\partial x^2} \tag{4-58}$$

$$\theta = 0, \quad T = T_0, \quad x \geqslant 0 \tag{4-59a}$$

$$x = 0, \quad T = T_w, \quad \theta > 0 \tag{4-59b}$$

$$x \to \infty, \quad T = T_0, \quad \theta > 0 \tag{4-59c}$$

该问题可用相似性变换法和拉普拉斯变换法求解,这里只介绍前者。

相似变换法求解温度分布

引入无量纲温度 $T^+ = \dfrac{T - T_0}{T_w - T_0}$,式(4-58)变为:

$$\frac{1}{\alpha} \times \frac{\partial T^+}{\partial \theta} = \frac{\partial^2 T^+}{\partial x^2} \tag{4-60}$$

$$\theta = 0, \quad T^+ = 0, \quad x \geqslant 0 \tag{4-61a}$$

$$x = 0, \quad T^+ = 1, \quad \theta > 0 \tag{4-61b}$$

$$x \to \infty, \quad T^+ = 0, \quad \theta > 0 \tag{4-61c}$$

为了将上述偏微分方程转化为常微分方程,特引入新变量 ξ,并令:

$$\xi = \frac{x}{\sqrt{4\alpha\theta}} \tag{4-62}$$

根据式(4-62),将 T^+ 对 x 和 θ 的偏导数转换成对 ξ 的偏导数,可得:

$$\frac{\partial T^+}{\partial \theta} = \frac{\partial T^+}{\partial \xi} \times \frac{\partial \xi}{\partial \theta} = -\frac{\xi}{2\theta} \times \frac{\partial T^+}{\partial \xi} \tag{4-63}$$

$$\frac{\partial^2 T^+}{\partial x^2} = \frac{\partial \left(\dfrac{\partial T^+}{\partial x}\right)}{\partial \xi} \times \frac{\partial \xi}{\partial x} = \frac{\partial}{\partial \xi}\left(\frac{\partial T^+}{\partial \xi} \times \frac{\partial \xi}{\partial x}\right)\frac{\partial \xi}{\partial x} = \frac{1}{4\alpha\theta} \times \frac{\partial^2 T^+}{\partial \xi^2} \tag{4-64}$$

将式(4-63)和式(4-64)代入式(4-60),得:

$$\frac{\partial^2 T^+}{\partial \xi^2} + 2\xi \frac{\partial T^+}{\partial \xi} = 0 \tag{4-65}$$

上式自变量只要唯一的 ξ,其偏导数即全导数,故可得常微分方程和相应的边界条件:

$$\frac{d^2 T^+}{d\xi^2} + 2\xi \frac{dT^+}{d\xi} = 0 \qquad (4\text{-}66)$$

$$\xi = 0, \quad T^+ = 1 \qquad (4\text{-}67\text{a})$$

$$\xi \to \infty, \quad T^+ = 0 \qquad (4\text{-}67\text{b})$$

求解式（4-66）可得：

$$T^+ = C_1 \int_0^\xi \exp(-\xi^2) d\xi + C_2$$

利用两个边界条件，确定积分常数 $C_1 = -2/\sqrt{\pi}$ 和 $C_2 = 1$，由此得原问题的解：

$$T^+ = 1 - \text{erf}(\xi) \qquad (4\text{-}68)$$

或

$$\frac{T - T_0}{T_w - T_0} = 1 - \text{erf}\left(\frac{x}{\sqrt{4\alpha\theta}}\right) \qquad (4\text{-}69)$$

式中，$\text{erf}(z) = \frac{2}{\sqrt{\pi}} \int_0^z \exp(-\xi^2) d\xi$ 为误差函数，其值参见**附录VI**，也可由下式计算：

$$\text{erf}(z) = \frac{2}{\sqrt{\pi}} \sum_{n=0}^{\infty} \frac{(-1)^n z^{2n+1}}{(2n+1)n!} = 1 - C^{-8} \qquad (4\text{-}70)$$

$$C = 1.0 + 0.14112821z + 0.08864027z^2 + 0.0274339z^3 - 0.00039446z^4 + 0.00328975z^5 \qquad (4\text{-}71)$$

相应的温度分布如图4-5所示。由温度分布可以计算平板内任一时刻任一位置的导热速率，表达式为：

$$q(x,\theta) = -k\frac{\partial T}{\partial x} = \frac{k(T_w - T_0)}{\sqrt{\pi\alpha\theta}} \exp\left(-\frac{x^2}{4\pi\theta}\right) \qquad (4\text{-}72)$$

在壁面处，即 $x = 0$ 处，导热速率 q_w 为：

$$q_w = \frac{k}{\sqrt{\pi\alpha\theta}}(T_w - T_0) \qquad (4\text{-}73)$$

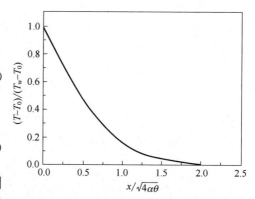

图 4-5　半无限固体非稳态导热的温度分布

可参照边界层厚度的近似方法，定义某时刻所对应的热渗透层厚度 δ_T，即在该时刻 T_w 所能影响的终极厚度，在 δ_T 处用数学表达为：

$$\left.\frac{T - T_0}{T_w - T_0}\right|_{x=\delta_T} = 0.01 \qquad (4\text{-}74)$$

将式（4-74）代入式（4-69）并令 $x = \delta_T$，可得：

$$\text{erf}(\delta_T / \sqrt{4\alpha\theta}) = 0.99 \qquad (4\text{-}75)$$

查附录VI可知 $\delta_T / \sqrt{4\alpha\theta} = 2$，于是有：

$$\delta_T = 4\sqrt{\alpha\theta} \qquad (4\text{-}76)$$

可见热渗透层厚度随 $\theta^{1/2}$ 而变化，而壁面热通量随 $\theta^{-1/2}$ 而变化。

4.4.2 平板两端面温度恒定的非稳态导热

如图4-6所示,大平板的两个端面相互平行,宽度为$2L$,初温均为T_0。现令两端面的温度突然变为T_w,且在整个过程中维持不变。

能量方程仍为式(4-58)。由于大平板的温度分布沿中心面完全对称,可取平板的一半进行研究,坐标原点可由板中心开始,故能量方程及其相应的初始条件与边界条件为:

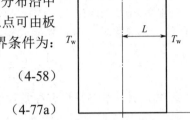

图4-6 大平板的非稳态导热

$$\frac{1}{\alpha} \times \frac{\partial T}{\partial \theta} = \frac{\partial^2 T}{\partial x^2} \quad (4\text{-}58)$$

初始条件: $\theta = 0, \quad T = T_0 \quad (4\text{-}77a)$

边界条件: $x = \pm L, \quad T = T_w \quad (4\text{-}77b)$

$x = 0, \quad \dfrac{\partial T}{\partial x} = 0 \quad (4\text{-}77c)$

为便于求解,先将边界条件齐次化。为此,引入如下几个无量纲变量,即无量纲温度T^+、无量纲长度L^+、无量纲时间(傅里叶数Fo),其定义式分别为:

$$T^+ = \frac{T - T_w}{T_0 - T_w}, \quad L^+ = \frac{x}{L}, \quad Fo = \frac{\alpha \theta}{L^2} \quad (4\text{-}78a\sim c)$$

将式(4-78)代入式(4-58),即得:

$$\frac{\partial T^+}{\partial Fo} = \frac{\partial^2 T^+}{\partial L^{+2}} \quad (4\text{-}79)$$

而对应的初始条件与边界条件为:

$Fo = 0, \quad T^+ = 1 \quad (4\text{-}80a)$

$L^+ = \pm 1, \quad T^+ = 0 \quad (4\text{-}80b)$

$L^+ = 0, \quad \dfrac{\partial T^+}{\partial L^+} = 0 \quad (4\text{-}80c)$

式(4-79)中T^+为L^+和Fo的函数。可采用分离变量法求解上述方程,令$T^+(L^+, Fo)$为两函数$X(L^+)$、$Y(Fo)$的乘积,即:

$$T^+(L^+, Fo) = X(L^+)Y(Fo) \quad (4\text{-}81)$$

由于式中$X(L^+)$仅为L^+的函数,$Y(Fo)$仅为Fo的函数,于是可写出:

$$\frac{\partial^2 T^+}{\partial L^{+2}} = Y \frac{\partial^2 X}{\partial L^{+2}} \quad (4\text{-}82a)$$

及

$$\frac{\partial T^+}{\partial Fo} = X \frac{\partial Y}{\partial Fo} \quad (4\text{-}82b)$$

将式(4-82)代入式(4-79),得:

$$X\frac{\partial Y}{\partial Fo} = Y\frac{\partial^2 X}{\partial L^{+2}} \tag{4-83}$$

将式（4-83）分离变量后，得：

$$\frac{1}{Y} \times \frac{\partial Y}{\partial Fo} = \frac{1}{X} \times \frac{\partial^2 X}{\partial L^{+2}} \tag{4-84}$$

式（4-84）左侧是 Fo 的函数，而右侧又仅与 L^+ 有关，在此情况下，只有式（4-84）左右两侧都同时等于某一个常数时，该式才能成立，即：

$$\frac{1}{Y} \times \frac{\partial Y}{\partial Fo} = \frac{1}{X} \times \frac{\partial^2 X}{\partial L^2} = 常数 \tag{4-85}$$

由数学分析得知，式（4-85）只有在常数值小于零的情况下，才可能有非零解，故设常数值为（$-\varphi^2$），式（4-85）可改写成如下两个常微分方程：

$$\frac{d^2 X}{dL^{+2}} + \varphi^2 X = 0 \quad , \quad \frac{dY}{dFo} + \varphi^2 Y = 0 \tag{4-86a,b}$$

分别求解上述两方程，可得：

$$X = C_1 \sin(\varphi L^+) + C_2 \cos(\varphi L^+) \tag{4-87a}$$

$$Y = C_3 e^{-\varphi^2 Fo} \tag{4-87b}$$

将式（4-87）代入式（4-81），即得 $T^+(L^+, Fo)$ 的解为：

$$T^+ = XY = [C_1 \sin(\varphi L^+) + C_2 \cos(\varphi L^+)]C_3 e^{-\varphi^2 Fo} \tag{4-88a}$$

或写成：

$$T^+ = [A\sin(\varphi L^+) + B\cos(\varphi L^+)]e^{-\varphi^2 Fo} \tag{4-88b}$$

其中

$$A = C_1 C_3, B = C_2 C_3$$

式中，φ 为特征值；A、B 为积分常数，可以利用定解条件确定如下。

根据式（4-80c），有：

$$\left.\frac{\partial T^+}{\partial L^+}\right|_{L^+=0} = [A\varphi\cos(\varphi L^+) - B\varphi\sin(\varphi L^+)]e^{-\varphi^2 Fo}\bigg|_{L^+=0} = A\varphi e^{-\varphi^2 Fo} = 0 \tag{4-89}$$

由于 $\varphi \neq 0$，故 $A = 0$。

式（4-88b）变为：

$$T^+ = B\cos(\varphi L^+)e^{-\varphi^2 Fo} \tag{4-90}$$

根据式（4-80c），有：

$$T^+\big|_{L^+} = Be^{-\varphi^2 Fo}\cos\varphi = 0 \tag{4-91}$$

常数 A 和 B 不可能同时为零，而 $A = 0$，故 $B \neq 0$，在式（4-91）中：

$$\cos\varphi = 0 \tag{4-92}$$

由此可知，特征值 φ 可以有无限多个，即：

$$\varphi_1 = \pi/2, \quad \varphi_2 = 3\pi/2, \quad \cdots, \quad \varphi_i = \frac{2i-1}{2}\pi \, (i=1,2,3,\cdots) \tag{4-93}$$

将式（4-93）代入式（4-90），得：

$$T^+ = B_i \cos(\varphi_i L^+) e^{-\varphi_i^2 Fo} \tag{4-94}$$

式（4-94）为式（4-79）的一个解，由于式（4-79）的线性齐次性，其所有解叠加起来仍能满足该方程，因此可得：

$$T^+ = \sum_{i=1}^{\infty} B_i \cos\left(\frac{2i-1}{2}\pi L^+\right) e^{-\left(\frac{2i-1}{2}\pi\right)^2 Fo} \tag{4-95}$$

根据初始条件（4-80a），即可求出常数 B_i 为傅氏系数，如下式所示：

$$B_i = \frac{2}{1}\int_0^1 (1)\cos\left(\frac{2i-1}{2}\pi L^+\right)dL^+ \tag{4-96}$$

将上式积分，解得：

$$B_i = \frac{-4\times(-1)^i}{(2i-1)\pi} \quad (i=1,2,\cdots) \tag{4-97}$$

最后得 T^+ 的表达式：

$$T^+ = \frac{4}{\pi}\left[e^{-(\pi/2)^2 Fo}\cos\left(\frac{\pi}{2}L^+\right) - \frac{1}{3}e^{-(3\pi/2)^2 Fo}\cos\left(\frac{3\pi}{2}L^+\right) + \frac{1}{5}e^{-(5\pi/2)^2 Fo}\cos\left(\frac{5\pi}{2}L^+\right) - \cdots\right] \tag{4-98}$$

根据给定的时间和位置，即可确定 Fo 和 L^+ 的值，然后通过上式求算 T^+ 的值，最后即可获得在给定时间和给定位置下的温度 T。

用上述结论可求中心面温度，设平板中心面处的温度为 T_c，在该处，$x=0$，即 $L^+=0$，由式（4-98）可得：

$$T^+(0) = \frac{T_c - T_w}{T_0 - T_w} = \frac{4}{\pi}\left[e^{-(\pi/2)^2 Fo} - \frac{1}{3}e^{-(3\pi/2)^2 Fo} + \frac{1}{5}e^{-(5\pi/2)^2 Fo} - \cdots\right] \tag{4-99}$$

由上式可知，中心面处的温度 T_c 为 Fo 的函数，而 Fo 又是时间 θ 的函数，由式（4-99）即可求算平板中心面处的温度 T 随时间的变化规律。

如图 4-6 所示，其中心面处的温度梯度为零，这正是绝热边界条件。因此，对称大平板中的一半又可视为一端面绝热的非稳态导热问题，也就是说完全可以用式（4-98）计算具有绝热端面温度场中任一瞬间、任一位置处的温度值。最常见的例子是防火墙，即墙的一面骤然被加热至 T_w，热流不稳定地通入墙壁，墙的另一面绝热。虽然真实的防火墙并非完全绝热，但应用上式进行理论估算仍有一定的实际意义。

将式（4-98）用于防火墙的导热分析，可得出两点结论。

① 后墙面的温度 T_c 是傅里叶数 Fo $(\alpha\theta/L^2)$ 的函数，而为了说明 T_c 与导温系数 α 之间的简单关系，可假定 $T_0=0$，代入式（4-98）并取级数的第一项近似得：

$$T_c = T_w\left[1 - \frac{4/\pi}{e^{(\pi/2)^2 \alpha\theta/L^2}}\right] \tag{4-100}$$

作为防火墙，T_c 应越低越好。由式（4-100）可知，若要 T_c 较低，防火墙材料的热导率 k 应愈小愈好，而比热容 c_p 和密度 ρ 应愈高愈好。

② 由于 $Fo = \alpha\theta/L^2$，即 Fo 与 θ 成正比而与 L^2 成反比。又由式（4-99）看出，T_c^+ 仅为 Fo

的函数,故当 θ 和 L^2 做同样程度的改变时,将不影响后墙面温度的变化,亦即后墙面温度升到某一定数值所经历的时间与墙厚度的平方成正比。这就是衡量防火墙效能的一项重要指标。

上述结论在工程实践中已经得到了证实。此外,木板的蒸汽加热、橡胶板的硫化、钢板的淬火等均为平板的加热或冷却的实例。

【例 4-1】 一块厚 20mm 的钢板,其初始温度各处均匀,为 20℃,突然将其置于某介质中,两表面的温度骤然升至 180℃,并维持不变。试求钢板中心面温度上升至 178℃时所经历的时间。已知钢的导温系数 $\alpha = 2.60 \times 10^{-4}$ m^2/h。

【解】 中心面的无量纲温度差为:

$$T_c^+ = \frac{T_c - T_w}{T_0 - T_w} = \frac{178 - 180}{20 - 180} = 0.0125$$

由式(4-99)可得:

$$0.0125 = \frac{4}{\pi}\left[e^{-(\pi/2)^2 Fo} - \frac{1}{3}e^{-(3\pi/2)^2 Fo} + \frac{1}{5}e^{-(5\pi/2)^2 Fo} - \cdots\right]$$

故需用试差法求解 Fo。取前三项应用计算机试差可得,当 $Fo = 2.006$ 时,上式右边为 0.01249。

由此可得所需时间为:

$$\theta = Fo L^2 / \alpha = 2.006 \times 0.01^2 / (2.6 \times 10^4) = 0.77 \text{(h)}$$

4.4.3 具有两个对流传热边界的大平板非稳态导热

如图 4-7 所示,有限厚度大平板在等温介质中被冷却。厚度为 L 的大平板在 $x=0$ 处为绝热边界,在 $x=L$ 处与温度恒定为 T_b 的环境介质进行对流换热。已知平壁中的初始温度均匀且为 T_0。以无量纲温度 $T^+ = \dfrac{T - T_0}{T_b - T_0}$ 描述的平板非稳态导热能量方程为:

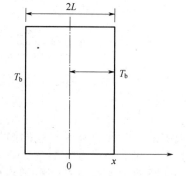

图 4-7 有限厚大平板非稳态导热

$$\frac{1}{\alpha} \times \frac{\partial T^+}{\partial \theta} = \frac{\partial^2 T^+}{\partial^2 x} \quad (4\text{-}101)$$

初始条件和边界条件为:

$$T^+ = 1, \quad x \geq 0, \quad \theta > 0 \quad (4\text{-}102a)$$

$$\frac{\partial T^+}{\partial x} = 0, \quad x = 0, \quad \theta > 0 \quad (4\text{-}102b)$$

$$k\frac{\partial T^+}{\partial x} + hT^+ = 0, \quad x = L, \quad \theta > 0 \quad (4\text{-}102c)$$

假定解的形式为 $T^+ = X(x)Y(\theta)$,代入方程(4-101),得到:

$$X(x)Y'(\theta) = \alpha X''(x)Y(\theta) \quad (4\text{-}103)$$

类似于二维稳态热传导的求解方法,通过分离变量法最后得到原定解问题的解为:

$$T^+ = \sum_{i=1}^{\infty} \frac{2\sin\varepsilon_i}{\varepsilon_i + \sin\varepsilon_i \cos\varepsilon_i} \cos\left(\frac{\varepsilon_i}{L}x\right) \exp\left(-\varepsilon_i^2 \frac{\alpha\theta}{L^2}\right)$$
(4-104)

式中 ε_i 是式（4-105）的根：

$$\varepsilon_i = \lambda_i L \quad (4\text{-}105)$$

$$\cot(\lambda L) = \frac{k\lambda}{h} \quad (4\text{-}106)$$

式（4-104）中的 ε_i 值可通过图解得到，如图 4-8 所示，由 $\cot(\lambda L)$ 与 $(k\lambda/h)$ 两曲线交点的横坐标（$\lambda_1, \lambda_2, \lambda_3, \cdots$）即可获得 $\varepsilon_1, \varepsilon_2, \varepsilon_3, \cdots$。

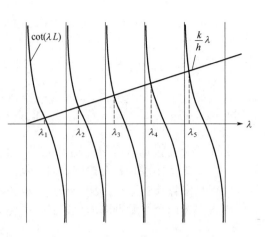

图 4-8 λ 的解

【例 4-2】 现有塑料、玻璃和黄铜三种材料，其热惯性 $k\rho c_p$ 分别为人体正常组织的 0.01、1.00 和 100 倍，试估算这三种材料在与人体接触时的最高允许温度。设皮肤导温系数 $\alpha = 1.3 \times 10^{-7} \text{m}^2/\text{s}$，正常温度为 $T_0 = 33$℃，最长暴露时间为 100s，皮肤 80μm 深处的极限温度为 48℃。

【解】 对两相互接触的物体，其交界面上的温度和热通量必定相等，可以证明交界面温度对所有时间 $\theta > 0$ 均为常数：

$$T_w - T_0 = \frac{T_{m0} - T_0}{1 + \sqrt{(k\rho c_p)_\theta / (k\rho c_p)_m}}$$

式中，下标 m 代表与皮肤接触的物体。

对塑料，由式 $T^+ = \text{erf}\left(\dfrac{x}{\sqrt{4\alpha\theta}}\right)$，求得：

$$T_w = \frac{48 - 33 \times 1.252 \times 10^{-2}}{1 - 1.252 \times 10^{-2}} = 48.2(\text{℃})$$

则

$$T_{m0} = 33 + (48.2 - 33) \times 11 = 200.0(\text{℃})$$

同样，对于玻璃 $T_w = 48.2$℃，$T_{m0} = 63.4$℃；对于黄铜 $T_w = 48.2$℃，$T_{m0} = 49.7$℃。

可见，为避免皮肤灼伤，接触皮肤的物体其热惯性越大，温度应该越低。

4.4.4 一维非稳态导热的简易图算法

由式（4-104）可看出，无量纲温度 T^+ 为 x、θ、λ_i、α、L 等因素的函数，这些影响因素可归纳成若干个无量纲数群。

由式（4-105）和式（4-106）可得：

$$\varepsilon_i \tan\varepsilon_i = \frac{hL}{k} \quad (4\text{-}107)$$

由式(4-107)可知，ε_i 是数群 hL/k 的函数，hL/k 又称**毕渥数**（**Biot Number**，Bi）。故式（4-104）中的 T^+ 可表示为三个无量纲数群（hL/k）、（$\alpha\theta/L^2$）及（x/L）的函数关系，即：

$$T^+ = f\left(\frac{hL}{k}, \frac{\alpha\theta}{L^2}, \frac{x}{L}\right) \tag{4-108}$$

令无量纲温度　　$T_b^+ = \dfrac{T-T_b}{T_0-T_b}$　　（4-109a）　　无量纲时间　　$Fo = \dfrac{\alpha\theta}{x_1^2}$　　（4-109c）

相对热阻　　$m = \dfrac{k}{hx_1} = \dfrac{1}{Bi}$　　（4-109b）　　相对位置　　$n = \dfrac{x}{x_1}$　　（4-109d）

上面四个无量纲数群中：T_0 为物体的初始温度，T_b 为周围流体介质的温度（恒量），T 为 θ 时刻 x 处的温度，h 为物体表面与周围流体介质之间的对流传热系数，x_1 为平板的半厚度或由绝热面算起的厚度，相当于式（4-104）中的 L。

引入上述四个无量纲数群后，式（4-104）便可用下面的函数形式表述：

$$T_b^+ = f(m, Fo, n) \tag{4-110}$$

针对物体的几何特性，式（4-110）的函数关系已制成简易算图，参见附录Ⅶ。

图Ⅶ-1 为无限大平板的非稳态传热与传质算图。

圆柱体（假定轴向为无限长）和球体中沿径向进行一维不稳态导热时，由分析求解结果亦可确定出 T_b^+ 与 m、Fo、n 的函数关系，其非稳态导热算图，亦示于图Ⅶ-2 及图Ⅶ-3 中。此二图中的 x_1 为圆柱体或球体的半径，x 为由中心到某定点的径向距离。

上述这些算图的应用条件是物体内部无热源、一维不稳态导热、物体的初始温度均匀为 T_0、物体的热导率 k 为常数，当 $\theta > 0$ 时，物体界面的温度虽随时间而变，但流体介质的主体温度 T_b 则为定值。

【例 4-3】 一厚度为 46.2mm、温度为 278K 的方块奶油由冷藏室移至 298K 环境中。奶油盛于容器中，除顶面与环境接触外，各侧面和底面均为容器所包裹。设容器为绝热体，试求算 5h 后奶油顶面、中心面及底面处的温度。

已知奶油的热导率 k、比热容 c_p 及密度 ρ 分别为 0.179W/(m·K)、2300J/(kg·K)、998kg/m³，其表面与环境间的对流传热系数 h 为 8.52W/(m²·K)。

【解】 可认为本题属于平板一维非稳态导热问题，故可应用简易图算法求解。由于底面为绝热面，故 x_1 为奶油的厚度，即 $x_1 = 0.0462$ m。

$$\alpha = \frac{k}{\rho c_p} = \frac{0.197}{998 \cdot 2300} = 8.58 \times 10^{-8} \text{ (m}^2\text{/s)}$$

（1）对于顶面

$$x = 0.0462 \text{ m}$$

$$m = \frac{k}{hx_1} = \frac{0.197}{8.52 \times 0.0462} = 0.50$$

$$Fo = \frac{\alpha t}{x_1^2} = \frac{8.58 \times 10^{-8} \times 5 \times 3600}{0.0462^2} = 0.726$$

$$n = \frac{x}{x_1} = \frac{0.0462}{0.0462} = 1$$

查图Ⅶ-1，得 $T_b^+ = 0.25$，即

$$\frac{T - T_b}{T_0 - T_b} = \frac{T - 298}{278 - 298} = 0.25$$

故得 $T = 293\,\text{K}$。

（2）对于中心面

$$x = \frac{0.0462}{2} = 0.0232\,\text{m}, \quad n = \frac{0.0232}{0.0462} = 0.50, \quad m = 0.50, \quad Fo = 0.0726$$

查附录图Ⅶ-1，得 $T_b^+ = 0.47$，即

$$\frac{T - T_b}{T_0 - T_b} = \frac{T - 298}{278 - 298} = 0.47$$

故得 $T = 288.6\,\text{K}$。

（3）对于底面

$$x = 0\,\text{m}, \quad n = 0, \quad m = 0.50, \quad Fo = 0.726$$

查附录图Ⅶ-1，得 $T_b^+ = 0.55$，即

$$\frac{T - T_b}{T_0 - T_b} = \frac{T - 298}{278 - 298} = 0.55$$

故得 $T = 287\,\text{K}$。

4.5 二维稳态导热的数值解

如 4.3.3 所述，对于二维稳态导热问题，只有当边界具有简单几何形状，且边界条件也极其简单时，才能获得温度分布分析解。但实际中往往很难碰到这些特例，对于大多数二维导热问题，只能借助数值法求解。随着计算机技术的进步，目前数值法已能够在很短时间内完成了。本节将针对二维稳态导热，简略地介绍数值法，即将能量方程和边界条件数值化的方法和步骤，详细过程可参阅有关专著。

下面以二维稳态无内热源导热为例加以说明。在一个任意形状的二维区域内，温度 T 满足拉普拉斯方程，当该区域为平面时，可用直角坐标表示为：

$$\frac{\partial^2 T}{\mathrm{d}x^2} + \frac{\partial^2 T}{\mathrm{d}y^2} = 0 \tag{4-111}$$

从理论上说，$T(x,y)$ 为 x、y 的连续函数，据此可计算导热区内每一点的温度值。所谓数值法，就是先将该区域数字化，具体做法是将其分成若干个小方格，得 n 个结点，并用这些结点来代表整个区域。结点个数可根据计算精度进行调整，精度要求越高，结点个数就越多。设结点共有 n 个，要想获得 n 个结点处的温度值，须建立 n 个方程。

结点分为内部结点和边界结点,内部结点满足方程式(4-111),边界结点除了要满足该方程之外,还要满足边界条件。如图 4-9 所示,在导热区内任取一点 i,该点为内部结点,考察该点温度(T_i)与其周围四个点 1、2、3、4 的温度(T_1、T_2、T_3、T_4)之间的关系。

由于两相邻结点之间的距离足够小,可用有限差分近似替代偏微分,有:

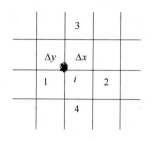

图 4-9 导热区域的内部结点

$$\frac{\partial T}{\partial x}\Big|_{x=i} = \frac{T_2 - T_i}{\Delta x} \qquad (4-112)$$

$$\frac{\partial^2 T}{\partial x^2}\Big|_{x=i} = \frac{\partial (\partial T/\partial x)}{\partial x}\Big|_{x=i} = \frac{\frac{T_2 - T_i}{\Delta x} - \frac{T_i - T_1}{\Delta x}}{\Delta x} = \frac{T_1 + T_2 - 2T_i}{\Delta x^2} \qquad (4-113)$$

同理有:

$$\frac{\partial^2 T}{\partial y^2}\Big|_{y=i} = \frac{T_3 + T_4 - 2T_i}{\Delta y^2} \qquad (4-114)$$

将式(4-113)和式(4-114)两边相加,并根据式(4-111),有:

$$\frac{\partial^2 T}{\partial x^2}\Big|_{x=i} + \frac{\partial^2 T}{\partial y^2}\Big|_{y=i} = \frac{T_1 + T_2 - 2T_i}{\Delta x^2} + \frac{T_3 + T_4 - 2T_i}{\Delta y^2} = 0 \qquad (4-115)$$

在分割小方块时,具有一定的随意性,为方便起见,可按正方形来分格($\Delta x = \Delta y$),故式(4-115)可简化为:

$$T_1 + T_2 + T_3 + T_4 - 4T_i = 0 \qquad (4-116)$$

上式表明,对于任一内部结点 i,其温度值都可表示成其周围相邻的四个结点温度值的算术平均值。若共有 n_1 个内部结点,则能列出 n_1 个类似的线性方程。

下面再来看看边界上的结点:若结点 i 位于边界上,则不一定都有四个相邻的结点,故式(4-116)不适用,须建立相应的方程,可按以下三种情况分别加以讨论。

(1)恒温边界

因边界温度恒定,只须将该恒定值直接赋予 T_i 即可。

(2)绝热边界

如图 4-10(a)所示,若边界与外界无热量交换,选择以虚线包围的范围为面积,以垂直于纸面方向上的单位长度为高所组成的控制体,进行热量衡算,有:

$$k\frac{T_1 - T_i}{\Delta x}\Delta y(1.0) + k\frac{T_2 - T_i}{\Delta y} \times \frac{\Delta x}{2}(1.0) + k\frac{T_3 - T_i}{\Delta y} \times \frac{\Delta x}{2}(1.0) = 0 \qquad (4-117)$$

将 $\Delta x = \Delta y$ 代入式(4-117),经整理得:

$$2T_1 + T_2 + T_3 - 4T_i = 0 \qquad (4-118)$$

(3)对流传热边界

该边界与外界有热量交换。处于对流边界上的结点,依其所处位置不同又可分为三种情形,如图 4-10(b)~(d)所示。

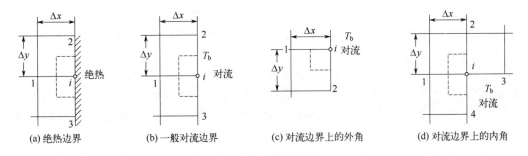

图 4-10 绝热边界和对流传热边界结点

① 普通结点。如图 4-10（b）所示，i 处在对流传热边界，既非外角也非内角，与之相邻的结点数为 3，这类节点称为普通结点。设外界温度为 T_b，选择上述类似的控制体，进行热量衡算，有：

$$k\frac{T_1-T_i}{\Delta x}\Delta y(1) + k\frac{T_2-T_i}{\Delta y}\times\frac{\Delta x}{2}(1) + k\frac{T_3-T_i}{\Delta y}\times\frac{\Delta x}{2}(1) = h(T_i-T_b)\Delta y \quad (4-119)$$

经整理得：

$$\frac{1}{2}(2T_1+T_2+T_3)-\left(\frac{h\Delta x}{\alpha}+2\right)T_i = -\frac{h\Delta x}{k}T_b \quad (4-120)$$

② 外角结点。当结点位于对流边界外角时，与之相邻的结点数为 2，称为外角结点，如图 4-10（c）所示。对于该结点 i，同样可导出下面的方程：

$$T_1+T_2-2\left(\frac{h\Delta x}{k}+1\right)T_i = -2\frac{h\Delta x}{k}T_b \quad (4-121)$$

③ 内角结点。当结点位于对流边界内角时，与之相邻的结点数为 4，称为内角结点，如图 4-10（d）所示。该结点温度所遵循的方程为：

$$2T_1+2T_2+T_3+T_4-2\left(\frac{h\Delta x}{k}+3\right)T_i = -2\frac{h\Delta x}{k}T_b \quad (4-122)$$

通过以上分析可知，对于一个具有任意几何形状的对流边界上的所有结点，都可以写出式（4-120）、式（4-121）或式（4-122）中的一个，也就是说，对于一个二维无内热源稳态导热问题，无论它具有何种边界条件，都可以将其数值化，并转换成求解一组线性方程组的问题。设所有结点数为 n，并统一编号，则可得由 n 个结点方程所组成的方程组：

$$\begin{cases}a_{11}T_1+a_{12}T_2+\cdots+a_{1n}T_n=c_1\\a_{21}T_1+a_{22}T_2+\cdots+a_{2n}T_n=c_2\\\vdots\\a_{n1}T_1+a_{n2}T_2+\cdots+a_{nn}T_n=c_n\end{cases} \quad (4-123)$$

式（4-123）是一个 n 阶线性方程组，虽然每个方程均有 n 个未知数，$T_1,T_2,\cdots,T_n$，但从上面分析可以看出每个方程最多只包含 5 个未知数，即一个本位温度 T_i 及其周围的 4 个温度。借助计算机求解这样的方程组是十分便利的，最终可得到 n 个结点的温度值，这就相当于获得了整个导热区域的温度分布。

【例 4-4】 一个截面为正方形的空心导管，其内、外表面温度分别保持在 200K 和 100K，已知管壁材料的热导率是 1.21W/(m·K)。求这个导管的热面和冷面之间的稳定传热量。导管的结构、尺寸如图 4-11（a）所示。

【解】 由于管壁截面是对称的，只需求出其中四分之一范围内的温度分布即可，为此将其分成如图 4-11（b）所示的八块简单正方形方格。正方形的方格边长为 $\Delta x = \Delta y = 0.5$m。格子内部共有 5 个结点，其中 $T_1 = T_1'$，$T_2 = T_2'$，且 T_1、T_2 和 T_3 都可以用方程式（4-119）来求，分别为：

$$T_1 = \frac{200+100+2T_2}{4}, \quad T_2 = \frac{200+100+T_1+T_3}{4}, \quad T_3 = \frac{100+100+2T_2}{4}$$

这一组方程，有三个未知数，因而可以很容易解出，其结果是：

$$T_1 = 145.83\text{K}, \quad T_2 = 141.67\text{K}, \quad T_3 = 120.83\text{K}$$

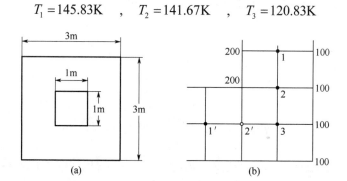

图 4-11 例 4-4 附图

现在可以利用上面求出的温度来求传热量。从热表面到管壁内部只向结点 1、2 传递热量 q_1；而向冷表面传递的热量 q_2，则是从结点 1、2、3 三处传来的。q_1 与 q_2 应该相等，且该热量为总传热量的八分之一。从结点 1 传入和传出的热量，只有一半是属于所分析的单元体的部分，则以每米管长计，有：

$$\frac{q_1}{L} = \frac{k(200-T_1)}{2} + k(200-T_2) = 85.41k \text{ （W/m）}$$

用类似的方法计算，热流从结点 1、2、3 向冷表面的传热量，应是：

$$\frac{q_2}{L} = \frac{k(T_1-100)}{2} + k(T_2-100) + k(T_3-100) = k\left[\left(\frac{145.83-100}{2}\right) + (141.67-100) + (120.83-100)\right]$$
$$= 85.41k(\text{W/m})$$

可以看出，两种不同的解法，却得到完全相同的值，可作为对列方程和数值计算正确性的检验。由此可得导管每米长度上的总传热量是：$q/L = 8q_1/L = 826.8$W/m。

4.6 案例分析——红外测温技术在非稳态导热研究中的应用

案例背景 随着现代小型红外摄像机和智能手机红外模块的发展，可以使用多功能且相对廉价的工具来研究温度分布及其随时间的变化。本案例应用**红外测温技术研究非稳态热传导过程**,其特点在于:①可视化温度分布;②能得到热导率的正确数量级。具体而言就是设计一个简单的非稳态热传导实验,将胡萝卜在恒温热水中浸泡一定时间后,通过切片测量其横截面上的温度分布,获得温度随时间和位置的变化规律,再结合理论模型,估算出热导率和热扩散系数。此外,还探讨了热传导和扩散、几何效应、传热阻力以及测量程序对结果的影响。

4.6.1 无限长圆柱体在恒温介质中的非稳态导热模型

恒温热水中浸泡胡萝卜的导热,可视为无限长圆柱体在恒温介质中的非稳态导热。其温度分布在 φ、z 两个方向是均匀的、无梯度的。也就是说,温度分布只是半径 r 和时间 θ 的函数。在柱坐标系下,其内部温度与时间和位置的函数关系符合如下热扩散方程:

$$\frac{\partial T}{\partial \theta} = \alpha \left[\frac{1}{r} \times \frac{\partial}{\partial r} \left(r \frac{\partial T}{\partial r} \right) \right] \tag{4-124}$$

式(4-124)为二阶偏微分方程,可通过分离变量的方法求解。通常,温度是两个变量(r、θ)的函数,可表达为:

$$T(r,\theta) = \tilde{T}(r)\Theta(\theta) \tag{4-125}$$

将式(4-125)代入式(4-124),经整理可得:

$$\frac{1}{\Theta} \times \frac{\partial \Theta}{\partial \theta} = \alpha \left[\frac{1}{\tilde{T}} \times \frac{1}{r} \times \frac{\partial}{\partial r} \left(r \frac{\partial \tilde{T}}{\partial r} \right) \right] \tag{4-126}$$

由于上式两边分别是时间和位置的函数,若要二者相等,其必须等于常数 $-\beta$,故有:

$$\frac{\partial \Theta}{\partial \theta} = -\beta \Theta \tag{4-127}$$

常数 $-\beta$ 的选择决定了时间 θ 的函数形式。$-\beta$ 如果是一个复数,则式(4-127)的解通常是振荡谐波函数乘以时间的指数递增或递减函数。

在实验开始时,胡萝卜的温度为 $T_0(r)$。在 $\theta=0$ 时,它被放入温度为 T_1 的介质中,预计胡萝卜中每个点的温度在足够长时间之后都将趋近 T_1 且没有振荡。因此,指数增加和振荡的可能性被排除。这意味着 $\beta>0$ 必须是一个实数,使得 $\Theta(\theta)=\exp(-\beta\theta)$ 指数递减。式(4-125)变为:

$$T(r,\theta) = \tilde{T}(r)\exp(-\beta\theta) \tag{4-128}$$

将式(4-128)代入式(4-124)得:

$$\frac{d^2\tilde{T}}{dr^2} + \frac{1}{r} \times \frac{d\tilde{T}}{dr} + \frac{\beta}{\alpha}\tilde{T} = 0 \tag{4-129}$$

设无量纲变量 x:

$$x = \sqrt{\frac{\beta}{\alpha}} r \tag{4-130}$$

将式(4-130)代入式(4-129),得到 Bessel 零阶微分方程:

$$x^2 \frac{d^2 \tilde{T}}{dx^2} + x \frac{d\tilde{T}}{dx} + x^2 \tilde{T} = 0 \quad (4\text{-}131)$$

式（4-131）有两个独立的解，第一类贝塞尔方程 $J_0(x)$ 和第二类 $Y_0(x)$。由于 $Y_0(x)$ 在 $x=0$ 处发散，而胡萝卜中心的温度保持有限。因此，$Y_0(x)$ 不是无限圆柱导热的有效解，于是可得胡萝卜内温度分布的一般解为：

$$T(r,\theta) = T_1 + \sum_{n=0}^{\infty} c_n J_0\left(\sqrt{\frac{\beta_n}{\alpha}} r\right) \exp(-\beta_n \theta) \quad r \leqslant R \quad (4\text{-}132)$$

式（4-132）中级数的加和项随时间延长呈指数减少，即当时间足够长后，式右边的值接近环境温度 T_1。c_n 和 β_n 可分别由初始条件和边界条件确定：

$$\theta = 0, \quad T = T_0 \qquad (r = 0 \sim R) \quad (4\text{-}133a)$$

$$r = R, \quad -k\frac{\partial T}{\partial r} = -h(T_1 - T) \qquad (\theta = 0 \sim \infty) \quad (4\text{-}133b)$$

其中，h 为传热系数。

对于 $dJ_0(x)/dx = -J_1(x)$ 有：

$$Bi J_0(x_n) = x_n J_1(x_n) \quad (4\text{-}134)$$

式（4-134）有无穷多个根 x_n。$J_1(x)$ 是第一类一阶贝塞尔函数，$Bi = hR/k$ 是毕渥数，即界面间的有效热导率 hR 与主体的热导率 k 之比。如果 Bi 很大，热传导过程将以胡萝卜内部的热扩散为主，表面温度接近介质温度；如果 Bi 很小，热传导将由界面间热传递主导，并最终在 $Bi=0$ 时停止，届时没有热量从介质传递到胡萝卜。

由式（4-134）可得 β_n 为：

$$\beta_n = x_n^2 \frac{\alpha}{R^2} \quad (4\text{-}135)$$

引入扩散时间 τ 来描述胡萝卜中心达到环境温度的时间：

$$\tau = \frac{R^2}{\alpha} \quad (4\text{-}136)$$

则温度的通解可写为：

$$T(r,\theta) = T_1 + \sum_{n=0}^{\infty} c_n J_0\left(x_n \frac{r}{R}\right) \exp\left(-x_n^2 \frac{\theta}{\tau}\right), \qquad r \leqslant R \quad (4\text{-}137a)$$

其中，系数 c_n 由初始条件确定如下：

$$c_n = \frac{2Bi}{(Bi^2 + x_n^2) J_0(x_n)} (T_0 - T_1) \quad (4\text{-}137b)$$

4.6.2 非稳态导热的可视化温度分布及其影响因素

实验选择了易于切片的胡萝卜，因为其热扩散系数很小、导热过程相应较慢。使用分辨率为 140×140 像素的红外相机，型号为 FLIR I7，在 25℃ 时的热灵敏度 <0.1℃。

从一批胡萝卜中选出两组：第 1 组直径为（19±1）mm，第 2 组直径为（27±1）mm。将胡萝卜浸入温度为 70℃ 的恒温槽中。经过一段时间 θ 后，从水中取出所有胡萝卜切片并拍摄横截面的 IR 图像（切片和成像需要 5～10s）。图 4-12 示出了第 2 组胡萝卜不同水煮时间后的红外摄像机图像。从灰度图像中可以确定胡萝卜径向温度分布。

胡萝卜中心温度随时间的变化是用铂丝温度计测量的。为比较，在水浴中经过一定时间间隔后，还用红外相机测量了同组另一个胡萝卜的表面温度，但该表面温度只是一个下限，因为它是在从水浴取出几秒后测量的；此外，电线的热传导可能会影响中心温度读数。图 4-13 显示了第 1 组胡萝卜中心和表面温度随时间的变化情况，图中还示出了由式(4-133a)得到的一组温度变化模型曲线，每条曲线对应不同的 Bi 值。扩散时间 τ 的选择应确保两条实验曲线（表面和中心）在一定 Bi 值范围内同时与模型曲线一致。由图可见，当 $\tau=(400\pm50)$s、$Bi=(3\pm0.5)$ 时实验值与模型值吻合良好。再根据半径值，即可获得热扩散系数 α 为 $(2.3\pm0.4)\times10^{-7}$m²/s，传热系数 h 和热导率 k 之间的比率，$h/k=(315\pm55)$m^{-1}。热扩散系数的文献值为 1.7×10^{-7}m²/s 和 1.43×10^{-7}m²/s。本实验值比文献值大 35%～60%，鉴于实验安排简单，仅给出了正确的数量级估计。

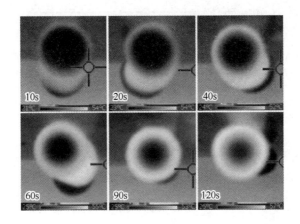

图 4-12　第 2 组胡萝卜不同水煮时间后的红外摄像机图像

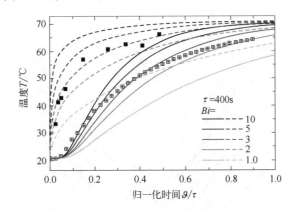

图 4-13　第 1 组胡萝卜表面和中心温度的实验值和模型值

实验值：■（表面），⊞（中心）；模型值：—中心；---表面

图 4-14 示出了第 1 组胡萝卜非稳态导热的温度分布实验值和模型值，所用模型参数 τ 和 Bi 分别为 400s 和 3.0。从图中可观察到，实测表面温度明显低于水温（70℃），表明水-胡萝卜边界的传热在温度分布的变化中起着决定性的作用；随着水煮时间的延加，表面和主体的

温度也随之升高，但即使在 60s 后，表面温度仍比水温低 20℃；在中心附近，测量值和计算值显示出合理的一致性，但在表面附近，计算值与径向坐标几乎呈线性变化，而测量值在此处趋于稳定。

图 4-15 示出了第 2 组胡萝卜非稳态导热的温度分布实测值。这里同样出现了不寻常特征：在表面附近，温度分布趋于稳定。这一观察结果与扩散机制相矛盾，因为表面的热流应该最大，因此，根据傅里叶第一定律，温度分布的斜率应最大。这种结果是由测量过程而并非理想所导致的，与水煮时间相比，熟练的实验者切片胡萝卜和成像横截面所需的时间大约是 5s，这是不可忽视的。实验之所以成功，是因为胡萝卜和空气之间的传热系数很小，保持了胡萝卜内部的温度分布。然而，在这短短 5s 的测量过程中，温度梯度较大的表面附近也会与空气之间产生传热。因此，在进行模型计算时需进行如下改进：

① 将胡萝卜浸泡一段时间 θ，热量从水中传递到胡萝卜中，传热系数为 h_W；
② 胡萝卜在空气中保持 5s，热量从胡萝卜中传递至空气中，传热系数为 h_A。

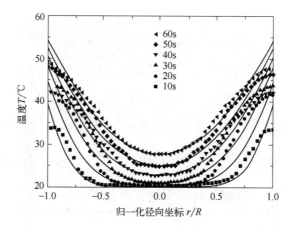

图 4-14　第 1 组胡萝卜在不同水煮时间的温度分布函数

散点—实验值；实线—模型值

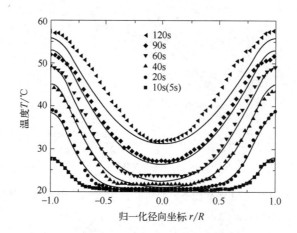

图 4-15　第 2 组胡萝卜在不同水煮时间的温度分布函数

散点—实验值；实线—模型值

计算这两个阶段过程时，模型参数 Bi 分别为 5.0±0.5（水）和 0.1±0.01（空气），扩散时间 τ 为(800±50)s。改进后的非稳态温度分布模型曲线如图 4-15 所示。总的来说，测量和计算的温度分布非常一致。热扩散系数为(2.3±0.2)×10^{-7}m^2/s，与上述估算一致。胡萝卜比热容 c_p 为(3.849±0.231)kJ/(kg·K)，密度 ρ 为(1030±50)kg/m^3。由此可得热导率 k 为(0.9±0.1)W/(m·K)。而文献值为 k=0.58～0.67W/(m·K)（随温度线性增加），明显小于计算值。这是由于胡萝卜的热扩散系数估计得偏高，表明实验可能存在系统误差。

本案例模拟了胡萝卜从水浴中取出后胡萝卜-空气边界的径向传热的影响，获得了胡萝卜-水的传热系数，h_W=(333±50)W/(m^2·K)，胡萝卜-空气传热系数，h_A=(7±1)W/(m^2·K)。这些与自然对流中水和空气的文献值一致。

案例小结 本案例借助红外成像技术将胡萝卜在恒温热水中进行非稳态导热时的温度分布可视化，获得温度随时间和半径的变化规律，通过无限长圆柱假设，建立了胡萝卜内非稳态导热微分方程，并获得其解析解-温度分布的理论模型，应用该模型对实验数据进行关联，最优化回归可得热扩散系数和热导率值，探讨了影响测量精度的因素。

思考题

4.1 传热方式有哪些?各遵循什么方程?

4.2 简述固体内的传热机理。

4.3 简述导温系数 α 的物理意义，它与运动黏度 ν 和扩散系数 D_{AB} 有何相似之处?

4.4 推导能量方程时应用拉格朗日法有何优势?

4.5 推导能量方程的理论基础是什么?简述其推导步骤。

4.6 试导出傅里叶第二定律。

4.7 影响防火墙效果的因素有哪些?

4.8 简述二维稳态热传导的数值解求解步骤。

4.9 红外测温技术应用于非稳态导热时产生误差的原因有哪些?

习题

4.1 证明单位质量流体所做的膨胀功为 $W=-p\left(\dfrac{\partial u_x}{\partial x}+\dfrac{\partial u_y}{\partial y}+\dfrac{\partial u_z}{\partial z}\right)$。

4.2 一根输送液态金属的导管，嵌埋进壁内。进入壁的这一点的温度是 650K。这个壁的厚度是 1.2m，壁材料的热导率随温度变化的关系式为 $k=0.073(1+0.0054T)$，式中，T 的单位为 K，k 的单位为 W/(m·K)，壁内表面温度保持在 925K，壁外表面暴露在 300K 的空气中，壁面和空气的对流传热系数是 23W/(m^2·K)，管子应安装在距热表面多远比较合适?壁的热通量有多大?

4.3 一张厚度是 0.025m 的塑料板[k=2.42W/(m·K)]粘在厚度为 0.05m 的铝板上。用以黏结的胶，当温度保持在 325K 时才能达到最好的黏结效果。而热黏结需要的热量则由辐射热源来保证，塑料和铝的两个外表面与空气的对流传热系数是 12W/(m^2·K)，周围的空气温度是 295K。假如（a）热辐射至塑料表面，（b）热辐射至铝表面，试问各需要多大的热通量?

4.4 如图所示,有一长的圆柱形核燃料棒,外包环形铝壳层,燃料棒内因裂变而发热,其单位体积发热速率与位置的关系近似为:

$$\dot{q} = \dot{q}_0[1 + b(r/R_f)^2],$$

式中,$\dot{q}_0$ 和 b 为已知常数,求燃料棒中的最高温度。设包壳外表面与温度为 T_0 的冷却剂相接触,在铝壳和冷却剂界面上的传热系数为 h,燃料棒和铝壳热导率分别为 k_f 和 k。

4.5 根据傅里叶定律,利用欧拉观点,推导三维导热方程,设热导率各向同性均为 k(常数)。

4.6 如图所示,将柱坐标系的能量方程简化为沿 θ 方向的一维稳态导热方程。已知边界条件为 $\theta=0$, $T=T_0$, $\theta=\pi$, $T=T_\pi$,并导出温度分布方程。

4.7 试推导单层圆筒壁中,轴对称、无轴向温度梯度、无内热源、稳态导热时的温度分布方程。

4.8 如图所示的平板,其中温度分布对称,体积发热速率为 q,设平板内温度只沿 x 方向变化,平板表面维持恒定温度 T,试计算平板内的温度分布 $T(x)$。

4.9 要建造一防火墙,一侧绝热,另一侧与高温接触,若墙的初始温度为 293K,发生火灾时,一侧温度突然升高至 1293K 并维持不变。已知使绝热侧壁温升至 493K 时需经历 1h,防火墙要建造多厚才符合要求?已知防火墙的导温系数为 0.0010m²/h。

4.10 如图所示,炉墙的内壁面温度为 390K,壁面外空气温度 T_b=290K,对流传热系数 h=55W/(m²·K)。假设炉两侧绝热,墙体的热导率 k=45W/(m·K),如取 $\Delta x = \Delta y$=0.1m 时,试求算各点的温度。

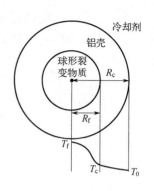

习题 4.4 图

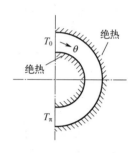

习题 4.6 图

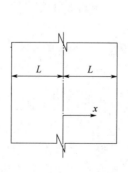

习题 4.8 图

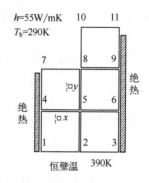

习题 4.10 图

第 5 章

对流传热

在本书的前几章分别导出了连续性方程、运动方程和能量方程。若要解决对流传热问题，必须联合求解上述方程。但实际上能真正获得解析解的体系极少，目前只限于极少数层流传热问题。因此，本章仅限于讨论物性恒定的不可压缩流体在无内热源情况下的层流传热，对应的连续性方程为式（1-79）、运动方程为式（2-23），而能量方程则可简化为：

$$\frac{DT}{D\theta} = \alpha \left(\frac{\partial^2 T}{\partial x^2} + \frac{\partial^2 T}{\partial y^2} + \frac{\partial^2 T}{\partial z^2} \right) \tag{5-1}$$

式（5-1）左边随体导数包含速度项，为了获得对流传热的温度分布，首先需**联合求解连续性方程和运动方程**，获得速度分布函数 $u(x, y, z)$，然后将 $u(x, y, z)$ 代入式（5-1），获得温度分布函数 $T(x, y, z)$。由于运动方程和能量方程的非线性特征，至今尚未从理论上获得其通解表达式，只能针对少数简单流动体系求取其特解，除此之外的大多数体系都将依赖于数值解。

本章主要内容：①从传热机理和温度边界层的概念入手，导出层流边界层能量方程，分别针对平壁和圆管内充分发展的层流对流传热问题，求解温度分布及对流传热系数；②导出湍流能量方程以及涡流热扩散系数与普朗特混合长的关系，并用类似律求解湍流传热系数；③简单介绍冷凝传热和沸腾传热机理及其传热系数关联式。

5.1 对流传热概论

5.1.1 对流传热基本概念

对流传热机理 如图 5-1 所示，当流体流过一固体壁面时，无论主体流动处于何种状态，在靠近壁面附近都存在极薄的一层层流流体（或层流内层），它与壁面间的传热机理为导热。若主体流动为层流，壁面与流体之间及流体内部的传热都以导热为主。若主体流动呈湍流，壁面与流体主体之间所形成的速度边界层由三部分造成：紧邻壁面处为层流内层，然后是过渡层，最外层为湍流主体。在**层流内层**以**导热**为主；在**湍流主体**，大量漩涡的出现，导致流体微团穿越流线而运动，传热以**涡流传递**为主；而**过渡层**内，在任一瞬间，都是一部分流体处于层流状态，另一部分则为涡流流动，因此**既有导热，又有涡流传热**。

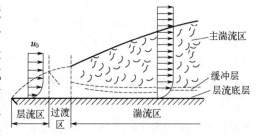

图 5-1 对流传热机理示意图

温度边界层　如上所述，传热机理与速度边界层状态密切相关。而事实上，在速度边界层形成过程中，温度边界层也同步形成了。一般可近似认为，流体与壁面间的传热阻力，全部集中在紧靠壁面的、具有温度梯度的流层内，通常称该层流体为**温度边界层**（或**热边界层**）。在温度边界层外，温度梯度为零。

图 5-2 和图 5-3 分别示出了流体流经平板壁面和圆管时，温度边界层与速度边界层同时形成的过程。

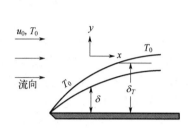
图 5-2　平壁流体的速度和温度边界层

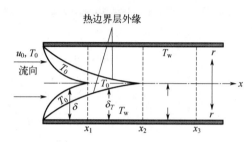
图 5-3　管内流体的速度和温度边界层

温度边界层厚度 δ_T　从图 5-2 和图 5-3 中均可看出，速度边界层厚度（δ）和温度边界层厚度（δ_T）均随着 x 的增加而增大，但二者并不一定相等。

若 $\delta > \delta_T$，根据温度边界层定义可知，在 x_L 处，$y = \delta_T$ 时，温度已达到主体温度 T_0，而此时速度尚未达到主体速度 u_0，表明从 δ_T 到 δ 之间虽存在速度梯度，但该速度梯度对传热并无影响；反之，若 $\delta < \delta_T$，根据速度边界层定义，在 x_L 处，$y = \delta$ 时，速度已达 u_0，而温度尚未达到 T_0，表明从 δ 到 δ_T 之间虽已不存在速度梯度，但流体流动对传热仍有影响。

为方便起见，通常规定，当**温度差**达到**最大温差的 99%** 时所对应的 y 值即为温度边界层厚度，即在 $y = \delta_T$ 处，温度满足下式：

$$\frac{T - T_w}{T_0 - T_w} = 0.99 \tag{5-2}$$

式中，T_w 为壁面温度；T_0 为主体温度。

传热进口段长度 L_T　流体流经圆管所形成的温度边界层与平板壁面类似，不同之处在于，平壁上的边界层厚度随着 x 的增加会一直增大，而圆管内边界层厚度有一个上限，即圆管半径。一般将边界层厚度达到圆管半径时 x 方向的距离，称为**传热进口段长度** L_T。

5.1.2　对流传热系数——传热膜系数

当主体流动为**层流**时，传热机理为导热，整个流体层均存在温度梯度并可视为传热膜；若主体流动处于**湍流状态**，在紧靠壁面处也有一层层流流体（**层流内层**），其传热为**导热**，而**湍流主体**则为**涡流传热**。就热阻而论，层流内层将占据总热阻的大部分，虽然它很薄，但其热阻却很大，温度梯度也很大。湍流核心的热阻则很小，温度梯度也很小。由流体主体至壁面的温度分布如图 5-4 中的实线所示。图中 T_f 和 T_w 分别为流体主体温度和壁面温度。

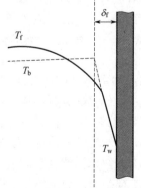
图 5-4　流体与管壁之间的温度分布

对于封闭流道，在工程实践中往往采用流体平均主体温度（T_b）与壁面温度之差（$T_b - T_w$）作为流体与壁面的温差，T_b 可通过定义**虚拟传热膜**的概念来确定，即假定**全部对流传热的热阻均集中在壁面附近厚度为 δ_f 的流体膜内**，如图 5-4 中的**垂直虚线**所示，**垂直虚线**与层流内层温度分布线之**延伸虚线**的交点即为 T_b。该**垂直虚线的确定方法**是使得 T_b 所对应**水平虚线**与**实际温度分布线**的交点两侧的面积近似相等。虚拟传热膜之内为导热，之外可视为恒温区（无热阻）。很显然，对于层流边界层，δ_f 与 δ_T 相等，但对于非层流（过渡区或湍流）边界层，$\delta_f > \delta_T$。

由于虚拟传热膜内的传热方式可视为导热，根据傅里叶定律，可得传热速率表达式：

$$\frac{q}{A} = \frac{k}{\delta_f}(T_b - T_w) \tag{5-3}$$

式中，δ_f 为虚拟导热膜厚度，对于非层流边界层，其值与很多因素有关，且无法测定。通常令：

$$h = k/\delta_f \tag{5-4}$$

将式（5-4）代入式（5-3）可得：

$$q/A = h(T_b - T_w) \tag{5-5}$$

式（5-5）称为**牛顿冷却定律**，其中 h 为**对流传热系数**。

对流传热系数的计算非常复杂。它与流体的物理性质、壁面的几何形状和粗糙度、流体的速度、流体与壁面之间的温度差等诸多因素有关。多年来，人们就此进行了深入的研究，旨在获得对流传热系数的准确计算方法。

由于对流传热的热阻均集中在壁面附近作层流流动的流体薄层中，且其传热方式为导热，由式（5-5）可知，对流传热系数又与此薄层流体的厚度有关，故**对流传热系数 h 又称为"传热膜系数或膜系数"**。

式（5-5）中膜系数 h 的定义虽是根据湍流传热导出的，但对其他对流传热亦适用。层流传热时，虚拟导热膜厚度较大；对有相变的传热而言，式（5-5）中的 T_b 确定如下：蒸气冷凝传热时采用冷凝温度，沸腾传热时，则采用液体沸腾温度。

在许多场合，膜系数在流动方向上的不同位置是各不相同的。故在实际对流传热计算中，膜系数取流体流过一段距离 L 的平均值 h_m，h_m 与局部膜系数 h_x 的关系可用下式定义：

$$h_m = \frac{1}{L}\int_0^L h_x \mathrm{d}x \tag{5-6}$$

通常将膜系数与壁面附近流体的温度梯度联系起来。以流体流过平板壁面为例，由于壁面附近流体的传热方式为导热，故传热速率可用傅里叶定律描述。通过紧贴壁面一层静止流体的导热速率 q 可表示为：

$$q/A = k\left.\frac{\mathrm{d}T}{\mathrm{d}y}\right|_{y=0} \tag{5-7}$$

式（5-7）所表达的热量必以对流方式传递到流体主体中去。将式（5-5）用于平板壁面上的边界层时，则通过边界层传递到流体主体中的对流传热速率可表示为：

$$q/A = h(T_0 - T_w) \tag{5-8}$$

式中，T_0 为边界层外流体的温度，由于该流道为开放式的，所以主体平均温度 T_b 等于边界层外的流体温度 T_0。

传热过程达到稳态时，y 方向上各处热通量相等，比较式（5-7）与式（5-8），可得 h 与壁面流体温度梯度的关系为：

$$h = \frac{k}{T_0 - T_w} \times \left.\frac{dT}{dy}\right|_{y=0} \tag{5-9a}$$

或

$$h = k \frac{d\left(\dfrac{T - T_w}{T_0 - T_w}\right)}{dy}\Bigg|_{y=0} \tag{5-9b}$$

由式（5-9）可知，对流传热系数除了与热导率 k 有关外，还与壁面温度梯度有关，而温度梯度又与流动状态有关，故求解 h 的关键在于求解温度分布函数，后面将对此进行探讨。

将式（5-9）写成无量纲形式，为：

$$\frac{hL}{k} = \frac{\left.\dfrac{d(T - T_w)}{dy}\right|_{y=0}}{(T_0 - T_w)/L} \tag{5-10}$$

式中，L 为特征长度，指从壁面到流体主体的距离。右侧可看成壁面温度梯度与总体温度梯度之比，左侧的无量纲数为**努赛尔数**，记为 Nu，即：

$$Nu = \frac{hL}{k} \tag{5-11}$$

5.2 平壁层流边界层能量方程精确解

对于二维不可压缩流体与平壁的稳态传热，由式（5-1）化简可得**边界层能量方程**为：

$$u_x \frac{\partial T}{\partial x} + u_y \frac{\partial T}{\partial y} = \alpha \left(\frac{\partial^2 T}{\partial x^2} + \frac{\partial^2 T}{\partial y^2}\right) \tag{5-12}$$

由于 $x \gg y$，故 $\partial^2 T / \partial x^2 \ll \partial^2 T / \partial y^2$，前者可忽略，式（5-12）简化为：

$$u_x \frac{\partial T}{\partial x} + u_y \frac{\partial T}{\partial y} = \alpha \frac{\partial^2 T}{\partial y^2} \tag{5-13}$$

边界条件为：

$$y = 0，\quad T = T_w \text{（恒壁温）}\quad (u_x = u_y = 0)$$
$$y \to \infty，\quad T = T_0 \text{（主体温度）}(u_x = u_0)$$

边界层能量方程的求解 引入无量纲温度 $T^+ = \dfrac{T - T_w}{T_0 - T_w}$，则边界层能量方程式（5-13）变为：

$$u_x \frac{\partial T^+}{\partial x} + u_y \frac{\partial T^+}{\partial y} = \alpha \frac{\partial^2 T^+}{\partial y^2} \tag{5-14}$$

与布拉修斯解类似，引入变量 $\eta = y\sqrt{\dfrac{u_0}{\nu x}}$ 和无量纲流函数 $f(\eta) = \psi/\sqrt{\nu u_0 x}$，对式（5-14）进行相似变换，可得无量纲二阶线性齐次常微分方程：

$$T^{+\prime\prime} + \frac{Pr}{2} f\, T^{+\prime} = 0 \tag{5-15}$$

相应的无量纲边界条件为：

$$\eta = 0,\ T^+ = 0;\ \eta \to \infty,\ T^+ = 1 \tag{5-16}$$

波尔豪森（Pohlhausen）首先获得了常微分方程（5-15）的解，为：

$$T^+(\eta) = C_0 \int_0^\eta \exp\left[-\frac{Pr}{2}\int_0^\eta f(\beta)\mathrm{d}\beta\right]\mathrm{d}\gamma \tag{5-17}$$

式中，C_0 为积分常数，由边界条件式（5-16），得：

$$C_0 = 1 \Big/ \int_0^\infty \exp\left[-\frac{Pr}{2}\int_0^\eta f(\beta)\mathrm{d}\beta\right]\mathrm{d}\gamma \tag{5-18}$$

由此可得温度分布函数为：

$$T^+ = \frac{T - T_\mathrm{w}}{T_0 - T_\mathrm{w}} = \frac{\displaystyle\int_0^\eta \exp\left[-\frac{Pr}{2}\int_0^\eta f(\beta)\mathrm{d}\beta\right]\mathrm{d}\gamma}{\displaystyle\int_0^\eta \exp\left[-\frac{Pr}{2}\int_0^\eta f(\beta)\mathrm{d}\beta\right]\mathrm{d}\gamma} \tag{5-19}$$

由式（5-19）可以看出，温度是 Pr 和 η 的函数，而 η 又是 x、y 的函数。波尔豪森采用数值法求解式（5-19），所得结果参见图 5-5。该图以 Pr 为第三参数，示出了无量纲温度 T^+ 与 η 的函数关系，Pr 的取值范围为 0.016~1000。

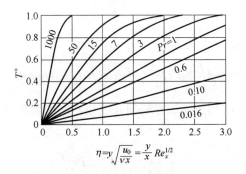

图 5-5 波尔豪森解

对流传热系数　由于对流传热系数是 x 的函数，所以局部对流传热系数与壁面温度梯度之间的关系为：

$$h_x = \frac{k}{T_0 - T_\mathrm{w}} \times \frac{\mathrm{d}T}{\mathrm{d}y}\Big|_{y=0} \tag{5-20}$$

式（5-20）又可写成：

$$h_x = k\frac{\mathrm{d}\left(\dfrac{T - T_\mathrm{w}}{T_0 - T_\mathrm{w}}\right)}{\mathrm{d}y}\Big|_{y=0} = k\sqrt{\frac{u_0}{\nu x}} \times \frac{\mathrm{d}T^+}{\mathrm{d}\eta}\Big|_{\eta=0} \tag{5-21}$$

由式（5-17）可得：

$$\left.\frac{dT^+}{d\eta}\right|_{\eta=0} = C_0 \quad (5\text{-}22)$$

将式（5-22）代入式（5-21），可得局部对流传热系数为：

$$h_x = \frac{k}{x} C_0 Re_x^{1/2} \quad \text{或} \quad Nu_x = C_0 Re_x^{1/2} \quad (5\text{-}23\text{a,b})$$

C_0 是 Pr 的函数，波尔豪森对 $Pr=0.6\sim 15$ 范围内的流体进行了研究，发现以 T^+ 为纵坐标，$\eta Pr^{1/3}$ 为横坐标，可得一条单一曲线，参见图 5-6。该曲线在原点处的斜率为 0.332。表 5-1 列出了不同 Pr 值所对应的 C_0 值，由表 5-1 可知，在 $Pr=0.6\sim 15$ 的范围内，C_0 值近似等于 $0.332Pr^{1/3}$（最大误差约为 2%），故有：

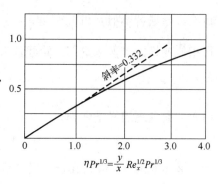

图 5-6 T^+ 与 $\eta Pr^{1/3}$ 之间的关系曲线

$$h_x = 0.332 \frac{k}{x} Re_x^{1/2} Pr^{1/3} \quad \text{或} \quad Nu_x = 0.332 Re_x^{1/2} Pr^{1/3} \quad (Pr=0.6\sim 15) \quad (5\text{-}24\text{a,b})$$

表 5-1 与 Pr 值对应的 C_0 值

Pr	0.6	0.7	0.8	1.0	1.3	3.0	7.0	10	15
C_0	0.276	0.293	0.307	0.332	0.478	0.478	0.645	0.730	0.835
$0.332Pr^{1/3}$	0.280	0.295	0.308	0.332	0.479	0.479	0.635	0.715	0.819

长度为 L 的平壁平均对流传热系数 h_m 可根据下式计算：

$$h_m = \frac{1}{L}\int_0^L h_x dx \quad (5\text{-}25)$$

将式（5-24a）代入式（5-25）积分得：

$$h_m = 0.664 \frac{k}{L} Re_L^{1/2} Pr^{1/3} \quad \text{或} \quad Nu_m = 0.664 Re_L^{1/2} Pr^{1/3} \quad (5\text{-}26\text{a,b})$$

δ_T 和 δ 之间的关系 利用速度边界层和温度边界层的求解结果，可估算 δ_T 与 δ 的函数关系。由式（5-22）得：

$$\left.\frac{dT^+}{d\eta}\right|_{\eta=0} = 0.332 Pr^{1/3} \quad (5\text{-}27)$$

又由式（2-208a）和式（2-220）可得：

$$\left.\frac{d(u_x/u_0)}{d\eta}\right|_{\eta=0} = \left.\frac{df'}{d\eta}\right|_{\eta=0} = f''(0) = 0.332 \quad (5\text{-}28)$$

在边界层内，无量纲温度梯度和无量纲速度梯度近似为恒定，由此可得：

$$\left.\frac{dT^+}{d\eta}\right|_{\eta=0} = \frac{T_0^+ - T_w^+}{\eta_0 - \eta_w} = \frac{\dfrac{T_0-T_w}{T_0-T_w} - \dfrac{T_w-T_w}{T_0-T_w}}{\delta_T\sqrt{u_0/\nu x} - 0} = \frac{1}{\delta_T\sqrt{u_0/\nu x}} \quad (5\text{-}29)$$

$$\left.\frac{\mathrm{d}\left(\frac{u_x}{u_0}\right)}{\mathrm{d}\eta}\right|_{\eta=0} \doteq \frac{\left(\frac{u_x}{u_0}\right)_0 - \left(\frac{u_x}{u_0}\right)_\mathrm{w}}{\eta_0 - \eta_\mathrm{w}} = \frac{\frac{u_0}{u_0} - \frac{0}{u_0}}{\delta\sqrt{u_0/(\nu x)} - 0} = \frac{1}{\delta\sqrt{u_0/(\nu x)}} \quad (5\text{-}30)$$

由式（5-29）和式（5-27）可得：

$$\frac{1}{\delta_T \sqrt{u_0/(\nu x)}} = 0.332 Pr^{1/3} \tag{5-31}$$

由式（5-30）和式（5-28）可得：

$$\frac{1}{\delta \sqrt{u_0/(\nu x)}} = 0.332 \tag{5-32}$$

对比式（5-31）和式（5-32）可得：

$$\frac{\delta}{\delta_T} = Pr^{1/3} \tag{5-33}$$

液态金属　对于液态金属，Pr 很小，由式（5-33）可知 $x\delta \ll \delta_T$，故可近似把热边界层内流体速度取为主流速度 u_0，即 $f'(\eta) = 1$，$f = \eta$，代入式（5-15）积分，整理后可得：

$$Nu_x = 0.564 Re_x^{1/2} Pr^{1/3} \quad (Pr \to 0) \tag{5-34}$$

有机液体　对于高 Pr 值的有机液体，$\delta_T \ll \delta$，因此可认为温度边界层内的速度分布是线性的，即 $f'(\eta) = c\eta$。在这种情况下，求解式（5-15）可得下列准数方程：

$$Nu_x = 0.339 Re_x^{1/2} Pr^{1/3} \tag{5-35}$$

5.3　平壁层流传热的近似解

上述基于布拉修斯相似原理的层流传热精确解，只适用于平壁层流传热。对于非平面或非层流体系的传热，则必须利用其他方法。下面介绍一种近似法——卡门积分法，它不仅适用于层流边界层，还特别适用于湍流边界层的计算。该法已成功应用于动量传递，参见本书 2.10。下面将导出边界层能量积分方程，并求解。

边界层积分能量方程　在温度边界层内选取一微元体进行能量衡算，即可导出边界层积分能量方程。如图 5-7 所示，选取图中虚线所示的微元体为控制体，它在 x、y 和 z 方向的长度分别为 $\mathrm{d}x$、δ_T 和 1.0。

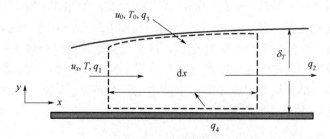

图 5-7　边界层积分能量衡算控制体

设不可压缩流体的密度为 ρ，黏度为 μ，恒压比热容为 c_p，主体流速为 u_0。不考虑 z 方向的能量变化，因壁面无流体进出，故进出该控制体的流体共有三股：左侧、右侧和上侧。设左侧流体速度为 u，则从左侧输入控制体的质量流率 G_1' 和能量速率 q_1 分别为：

$$G_1' = \rho \int_0^{\delta_T} u \mathrm{d}y \tag{5-36a}$$

$$q_1 = c_p \rho \int_0^{\delta_T} uT \mathrm{d}y \tag{5-36b}$$

从右侧输出控制体的质量流率 G_2' 和能量速率 q_2 分别为：

$$G_2' = \rho \int_0^{\delta_T} u \mathrm{d}y + \rho \frac{\partial}{\partial x}\left(\int_0^{\delta_T} u \mathrm{d}y\right) \mathrm{d}x \tag{5-37a}$$

$$q_2 = c_p \rho \int_0^{\delta_T} uT \mathrm{d}y + c_p \rho \frac{\partial}{\partial x}\left(\int_0^{\delta_T} uT \mathrm{d}y\right) \mathrm{d}x \tag{5-37b}$$

对于稳态流动过程，微元体内无质量积累，根据质量守恒定律，上述两股流体的质量流率之差等于从上侧输入控制体的流体质量流率 G_3'，即：

$$G_3' = \rho \left(\frac{\partial}{\partial x}\int_0^{\delta_T} u \mathrm{d}y\right) \mathrm{d}x \tag{5-38a}$$

由于上侧流体位于边界层外缘，其温度为 T_0，故从上侧输入控制体的能量速率 q_3 为：

$$q_3 = c_p \rho \left(\frac{\partial}{\partial x}\int_0^{\delta_T} T_0 u \mathrm{d}y\right) \mathrm{d}x \tag{5-38b}$$

下侧虽无质量进出，但仍有能量输入控制体，由傅里叶定律可知，此项热速率 q_4 为：

$$q_4 = -k \mathrm{d}x \left.\frac{\mathrm{d}T}{\mathrm{d}y}\right|_{y=0} \tag{5-39}$$

在稳态条件下，对控制体作能量衡算，有：

$$q_2 = q_1 + q_3 + q_4 \tag{5-40}$$

将式（5-36b）、式（5-37b）、式（5-38b）和式（5-39）代入式（5-40），整理得：

$$\frac{\mathrm{d}}{\mathrm{d}x}\int_0^{\delta_T} u(T_0 - T) \mathrm{d}y = \alpha \left.\frac{\mathrm{d}T}{\mathrm{d}y}\right|_{y=0} \tag{5-41}$$

式中，$\alpha = k/(\rho c_p)$，为流体**热扩散系数**。

式（5-41）即为**边界层能量积分方程**，其求解方法与边界层动量积分方程类似。在求解过程中，假定壁面温度 T_w 和主体温度 T_0 维持不变，且主体速度 u_0 也恒定。平板前缘长度为 x_0 的一段距离未被加热，故位于此段的流体温度也为 T_0。如图 5-8 所示，速度边界层由平壁前缘开始发展，而温度边界层始于 x_0 处，两边界层厚度均沿流动方向逐渐增加。

由于式（5-41）中含有两个未知量 u、T，故需先假定速度分布方程和温度分布方程。对于层流，速度分布方程已在第 2 章中给出，参见式（2-245）。只要温度边界层的厚度 δ_T 小于速度边界层厚度 δ，即可认为温度边界层中的速度分布亦符合该式。与速度分布相似，边界层温度分布亦可采用下述多项式表示：

$$T = a + by + cy^2 + dy^3 \tag{5-42}$$

式中，a、b、c、d 为待定常数。

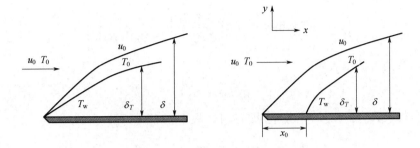

图 5-8 平壁速度边界层和温度边界层的形成示意图

边界条件：

$$y = 0, \quad T = T_w \quad (5\text{-}43\text{a})$$

$$y = \delta_T, \quad T = T_0 \quad (5\text{-}43\text{b})$$

$$y = \delta_T, \quad \frac{\partial T}{\partial y} = 0 \quad (5\text{-}43\text{c})$$

$$y = 0, \quad \frac{\partial^2 T}{\partial y^2} = 0 \quad (5\text{-}43\text{d})$$

一方面，由于边界层外缘温度已达 T_0 而不再改变，故该处温度梯度为零，边界条件式（5-43c）成立；另一方面，由于壁面处传热为导热，傅里叶定律 $q = -kA \left. \dfrac{\partial T}{\partial y} \right|_{y=0}$ 适用，式中的 k、A 为定值，在稳态下，热通量为常数，故 $\left(\dfrac{\partial T}{\partial y} \right)_{y=0} =$ 常数，边界条件式（5-43d）成立。

将上述边界条件依次代入式（5-42）中，经计算后，可得待定常数分别为：

$$a = T_w \quad (5\text{-}44\text{a})$$

$$b = \frac{3}{2} \times \frac{T_w - T_0}{\delta_T} \quad (5\text{-}44\text{b})$$

$$c = 0 \quad (5\text{-}44\text{c})$$

$$d = -\frac{1}{2} \times \frac{T_0 - T_w}{\delta_T^3} \quad (5\text{-}44\text{d})$$

由此可得边界层内温度分布方程：

$$T - T_w = \frac{3}{2}(T_0 - T_w)\left(\frac{y}{\delta_T}\right) - \frac{1}{2}(T_0 - T_w)\left(\frac{y}{\delta_T}\right)^3 \quad (5\text{-}45\text{a})$$

或

$$\frac{T - T_w}{T_0 - T_w} = \frac{3}{2} \times \frac{y}{\delta_T} - \frac{1}{2}\left(\frac{y}{\delta_T}\right)^3 \quad (5\text{-}45\text{b})$$

令 $\Gamma = T - T_w$，$\Gamma_0 = T_0 - T_w$，代入式（5-45b），可得：

$$\frac{\Gamma}{\Gamma_0} = \frac{3}{2} \times \frac{y}{\delta_T} - \frac{1}{2}\left(\frac{y}{\delta_T}\right)^3 \quad (5\text{-}46)$$

将式（2-245）和式（5-46）代入式（5-41），其左边的积分部分为：

$$\int_{\delta_T}^{0} (T_0 - T) u \, dy = \int_{\delta_T}^{0} (\Gamma_0 - \Gamma) u \, dy = \Gamma_0 u_0 \int_{0}^{\delta_T} \left[1 - \frac{3}{2} \times \frac{y}{\delta_T} + \frac{1}{2}\left(\frac{y}{\delta_T}\right)^3\right]\left[\frac{3}{2} \times \frac{y}{\delta} + \frac{1}{2}\left(\frac{y}{\delta}\right)^3\right] dy$$

积分上式，并整理后得：

$$\int_{\delta_T}^{0}(T_0-T)u\mathrm{d}y = \varGamma_0 u_0\delta\left[\frac{3}{20}\left(\frac{\delta_T}{\delta}\right)^2 - \frac{3}{280}\left(\frac{\delta_T}{\delta}\right)^4\right] \tag{5-47}$$

假定 $\delta_T < \delta$，且两者的比值为：

$$\zeta = \delta_T/\delta \quad (<1) \tag{5-48}$$

将式（5-48）代入式（5-47），并考虑到 $\zeta < 1$，故 $\zeta^4 \ll \zeta^2$，有：

$$\int_{\delta_T}^{0}(T_0-T)u\mathrm{d}y = \varGamma_0 u_0\delta \times \frac{3}{20}\zeta^2 \tag{5-49}$$

将式（5-49）代入式（5-41），有：

$$\frac{3}{20}\varGamma_0 u_0\frac{\mathrm{d}}{\mathrm{d}x}(\delta\zeta^2) = \alpha\frac{\mathrm{d}T}{\mathrm{d}y}\bigg|_{y=0} \tag{5-50}$$

将式（5-46）代入式（5-50）可得：

$$\frac{3}{20}\varGamma_0 u_0\frac{\mathrm{d}}{\mathrm{d}x}(\delta\zeta^2) = \frac{3}{2}\alpha\frac{\varGamma_0}{\zeta\delta} \tag{5-51}$$

式（5-51）可重写为：

$$\frac{1}{10}u_0\left(2\delta^2\zeta^2\frac{\mathrm{d}\zeta}{\mathrm{d}x} + \zeta^3\delta\frac{\mathrm{d}\delta}{\mathrm{d}x}\right) = \alpha \tag{5-52}$$

将动量积分方程求得的 $\delta^2 = \frac{280}{13} \times \frac{\nu x}{u_0}$ 及 $\delta\frac{\mathrm{d}\delta}{\mathrm{d}x} = \frac{140}{13} \times \frac{\nu}{u_0}$ 代入式（5-52），从 $x=x_0$ 开始积分，整理后得：

$$\zeta = \frac{\delta_T}{\delta} = \frac{1}{1.026}Pr^{-1/3}\left[1-\left(\frac{x_0}{x}\right)^{3/4}\right]^{1/3} \tag{5-53}$$

式中，$Pr=\nu/\alpha$。当平板在整个长度上加热，$x_0=0$，上式简化为：

$$\zeta = \frac{\delta_T}{\delta} = \frac{1}{1.026}Pr^{-1/3} \quad \text{或} \quad \frac{\delta}{\delta_T} \doteq Pr^{1/3} \tag{5-54a,b}$$

根据式（5-54）或式（5-53）即可由 δ 值计算 δ_T 值，进而由式（5-45b）计算温度分布。由式（5-53）还可获得如下推论：

① 当 $x_0=0$，$Pr=1$ 时，$\delta_T=\delta$，温度边界层与速度边界层重叠。

② 前面曾经假定 $\zeta<1$，这对 Pr 值大于 0.7 的流体是满足的，但不适用于 Pr 值极低的液态金属。

③ 对于 $Pr=0.5\sim1$ 范围内的介质，$0<x_0/x<1$ 时，可得出 $\delta_T<\delta$，故式（5-53）仍然适用于气体介质。

传热膜系数 由牛顿冷却定律可得出壁面的对流传热系数：

$$h = \frac{-k(\mathrm{d}T/\mathrm{d}y)_\mathrm{w}}{T_\mathrm{w}-T_0} = \frac{3k}{2\delta_T} = \frac{3k}{2\zeta\delta} \tag{5-55}$$

代入边界层厚度，则得局部 Nu_x：

$$Nu_x = \frac{h_x x}{k} = 0.332 Re_x^{1/2} Pr^{1/3} \left[1 - \left(\frac{x_0}{x} \right)^{3/4} \right]^{1/3} \tag{5-56}$$

若无初始加热段（$x_0 = 0$），式（5-56）与精确解完全一致。

在整个平板上积分可得到平均对流传热系数和 Nu：

$$h_m = \frac{1}{L} \int_0^L h_x \mathrm{d}x = 2h_L \tag{5-57}$$

$$Nu_{Lm} = \frac{h_m L}{k} = 2Nu_L = 0.664 Re_L^{1/2} Pr^{1/3} \tag{5-58}$$

由于假定流体物性在流动过程中保持不变，因此当壁面和流体主体间温差较大时，推荐物性按膜平均温度取值，即：

$$T_b = \frac{T_w + T_0}{2} \tag{5-59}$$

【例5-1】 温度为333K的热水以0.15m/s的主体流速流过一平板壁面，壁面温度为293K，已知313K的水：$\mu = 65.6 \times 10^{-5} Pa \cdot s$，$\rho = 992.2 kg/m^3$，$k = 63.38 \times 10^{-2} W/(m \cdot K)$，$Pr = 4.32$，临界雷诺数 $Re_{xc} = 5 \times 10^5$。试求：

（1）离平板前缘1.0m处的温度边界层厚度；
（2）通过平板前缘长1m、宽1m的平板壁面的总传热速率。

【解】（1）$T_m = 313K$，求 x_1 处的 Re_x 为：$Re_{x1} = \frac{Lu\rho}{\mu} = 2.268 \times 10^5 < Re_{xc}$，故在 x_1 处为层流，

$$\frac{\delta}{x_1} = 5.0 Re_{x1}^{-\frac{1}{2}}, \quad \delta = 0.0105 \mathrm{m}$$

由 $\frac{\delta}{\delta_{T,1}} = Pr^{\frac{1}{3}}$，得 $\delta_{T,1} = 0.0064 \mathrm{m}$。

（2）求1.0m处的平均传热系数

$$Nu_x = \frac{h_x x}{k} = 0.332 Re_x^{\frac{1}{2}} Pr^{\frac{1}{3}}$$

求出 $h_{x1} = 163.2 W/(m^2 \cdot K)$，$h_{m1} = 326.4 W/(m^2 \cdot K)$

$$\frac{q}{A} = h_m (T_0 - T_w) = 13056 W/m^2$$

5.4 圆管层流传热

圆管内不可压缩流体沿轴向作一维稳态流动，并与管壁发生对流传热，柱坐标系内的能量方程式（4-23）可简化为：

$$u_z \frac{\partial T}{\partial z} = \alpha \left[\frac{1}{r} \times \frac{\partial}{\partial r} \left(r \frac{\partial T}{\partial r} \right) + \frac{\partial^2 T}{\partial z^2} \right] \tag{5-60}$$

式中，u_z 为管截面速度分布函数，当流动充分发展后，u_z 只是 r 的函数，与 z 无关。但在圆管进口段，速度边界层和温度边界层均处于形成过程之中，u_z 既是 r 的函数，也是 z 的函数，而且流体的 Pr 值不一定为 1.0，温度边界层厚度与速度边界层厚度不一定相等，导致进口段的传热问题非常复杂。本节只讨论**速度边界层和温度边界层均已充分发展的层流传热**。

对于已充分发展的层流边界层，式（5-60）中的 u_z 为：

$$u_z = 2u_b \left[1-(r/r_i)^2\right] \tag{2-56}$$

式中，u_b 为管内平均速度。通常 x 方向的导热项 $(\partial^2 T/\partial z^2)$ 比对流传热项 $(\partial T/\partial z)$ 要小得多，故 $(\partial^2 T/\partial z^2)$ 项可忽略，式（5-60）可简化为：

$$2u_b\left[1-\left(\frac{r}{r_i}\right)^2\right]\frac{\partial T}{\partial z} = \frac{\alpha}{r}\times\frac{\partial}{\partial r}\left(r\frac{\partial T}{\partial r}\right) \tag{5-61}$$

所谓温度边界层已充分发展，即温度分布已充分发展，无量纲温度 $(T-T_w)/(T_b-T_w)$ 与 z 无关，仅为 r/r_i 的函数，有：

$$\frac{\partial}{\partial z}\left(\frac{T-T_b}{T_w-T_b}\right)=0 \tag{5-62}$$

即：

$$\frac{T-T_b}{T_w-T_b} = \varphi(r/r_i) \tag{5-63}$$

式中，r_i 为圆管半径；T_w 为管壁温度，是 z 的函数；T_b 为流体平均温度，也是 z 的函数，由下式定义：

$$T_b = \frac{\int_0^{r_i} 2\pi r u_z T \mathrm{d}r}{\int_0^{r_i} 2\pi r u_z \mathrm{d}r} \tag{5-64}$$

管内传热膜系数与壁面温度梯度之间的关系与平壁相似，可表达为：

$$h = -\frac{k}{T_b-T_w}\times\frac{\mathrm{d}T}{\mathrm{d}r}\bigg|_{r=r_i} = -\frac{k}{R}\times\frac{\mathrm{d}}{\mathrm{d}(r/r_i)}\left(\frac{T-T_w}{T_b-T_w}\right)\bigg|_{r=r_i} \tag{5-65}$$

上式表明，管内温度分布充分发展后，传热膜系数与 z 无关，仅是 r 的函数。求解膜系数的关键，在于求解能量方程获得温度分布表达式。下面就管壁热通量恒定和壁温恒定两类不同边界条件求解该方程。

5.4.1 管壁热通量恒定的传热

若有一恒定热通量通过管壁传给流体，例如将电热丝均匀缠绕在导管上，根据牛顿冷却定律，可得管内传热膜系数的定义式为：

$$\frac{q}{A} = h(T_b - T_w) \tag{5-66}$$

由于 q/A 恒定，故而 (T_b-T_w) 为常数，结合式（5-62），可得：

$$\frac{\partial T_b}{\partial z} = \frac{\partial T_w}{\partial z} = \frac{\partial T}{\partial z} = 常数 \tag{5-67}$$

由此可见，能量方程式（5-61）可写成常微分方程为：

$$\frac{d}{dr}\left(r\frac{dT}{dr}\right) = \frac{2u_b}{\alpha}\left[1-\left(\frac{r}{r_i}\right)^2\right]r\frac{dT}{dz} \tag{5-68}$$

该问题的边界条件为：

$$r = 0, \quad \partial T/\partial r = 0 \quad ; \quad r = r_i, \quad T = T_w \tag{5-69}$$

对式（5-68）进行一次积分，得：

$$r\frac{dT}{dr} = \frac{2u_b}{\alpha}\left(\frac{r^2}{2} - \frac{r^4}{4r_i^2}\right)\frac{dT}{dz} + c_1 \tag{5-70}$$

再对式（5-70）积分可得：

$$T = \frac{2u_b}{\alpha}\left(\frac{r^2}{4} - \frac{r^4}{16r_i^2}\right)\frac{dT}{dz} + c_1 \ln r + c_2 \tag{5-71}$$

利用边界条件可求得两个积分常数为：

$$c_1 = 0, \quad c_2 = T_w - \frac{3u_b}{8\alpha}r_i^2\frac{dT}{dz} \tag{5-72}$$

将两个常数代入式（5-71），可得管壁热通量恒定时温度分布方程为：

$$T_w - T = \frac{u_b}{8\alpha r_i^2}(3r_i^4 - 4r_i^2 r^2 + r^4)\frac{dT}{dz} \tag{5-73}$$

将式（5-73）在 $r=r_i$ 处对 r 求导，可得：

$$\left.\frac{d(T_w - T)}{dr}\right|_{r=r_i} = -\frac{u_b r_i}{2\alpha} \times \frac{dT}{dz} \tag{5-74}$$

另一方面，将式（5-73）代入式（5-64）积分，可得（$T_w - T_b$）为：

$$T_w - T_b = \frac{\int_0^{r_i} 2\pi r u(r)(T_w - T)dr}{\int_0^{r_i} 2\pi r u(r)dr} \tag{5-75}$$

从而有

$$T_w - T_b = \frac{11}{48} \times \frac{u_b r_i^2}{\alpha} \times \frac{dT}{dz} \tag{5-76}$$

将式（5-74）和式（5-76）代入式（5-65），可得管内传热膜系数为：

$$h = \frac{48k}{11d} \tag{5-77}$$

整理成无量纲形式：

$$Nu = \frac{hd}{k} = \frac{48}{11} = 4.36 \tag{5-78}$$

Nu 为传热过程**努赛尔数**（Nusselt number）。可见管内充分发展区层流传热系数 h 和 Nu 都是常数。上述分析解也可用**斯坦顿数**（Stanton number）表示。管内传热的斯坦顿数 St 定义为：

$$St = \frac{h}{\rho c_p u_m} = \frac{hd/k}{(\rho u_m d/\mu)(\mu c_p/k)} = \frac{Nu}{RePr} \tag{5-79}$$

式中，$Pr = \dfrac{c_p \mu}{k}$ 为普朗特数，表示物性对传热的影响。

圆管内层流充分发展区传热的斯坦顿数为：

$$StPr = \frac{4.36}{Re} \tag{5-80}$$

式（5-80）与摩擦因数表达式（2-64）之间有着类似的形式，因 Pr 只和流体物性有关，是一个定值，故 St 和 f 之比值也是一个常数。

5.4.2 管壁温度恒定的传热

若管内层流传热时壁温恒定，则流体温度 T 不再满足式（5-67），无量纲温度 T^+ 用壁温 T_w 和平均温度 T_b 表示：

$$T^+ = \frac{T - T_w}{T_b - T_w} \tag{5-81}$$

对充分发展层流流动，T^+ 只是 r 的函数，故有：

$$\frac{\partial T^+}{\partial z} = \frac{\partial}{\partial z}\left(\frac{T - T_w}{T_b - T_w}\right) = 0 \tag{5-82}$$

$T_w =$ 常数，展开式（5-82）并整理后有：

$$\frac{\partial T}{\partial z} = T^+ \frac{dT_b}{dz} \tag{5-83}$$

恒壁温条件下流体的平均温度 T_b 随 z 增大而升高或下降，但不呈线性关系（与热通量恒定时不同）。将式（5-83）代入式（5-61），有：

$$\frac{1}{2u_b[1-(r/r_i)]} \times \frac{1}{r} \times \frac{\partial}{\partial r}\left(r\frac{\partial T}{\partial r}\right) = \frac{T^+}{\alpha} \times \frac{dT_b}{dz} \tag{5-84}$$

上式即为壁温恒定的能量方程。其求解过程要比式（5-68）复杂一些，通常用迭代法通过计算机数值求解。Greatz 首先运用此法得到恒壁温条件下 Nu 值为：

$$Nu = \frac{hd}{k} = 3.66 \tag{5-85}$$

由此可见，壁温恒定的 Nu 也是一个常数，但比热通量恒定的低。在换热器设计时应注意这一点，要尽量按热通量恒定的条件设计。

5.4.3 圆管入口段传热

在工程上经常涉及进口段的流动和传热，下面讨论壁温恒定时圆管进口段的对流传热。对于不可压缩流体的稳态层流流动，速度边界层已经充分发展，圆管热进口段无量纲形式的能量方程为：

$$(1-\gamma^2)\frac{\partial T^+}{\partial \chi} = \frac{1}{\gamma} \times \frac{\partial}{\partial \gamma}\left(\gamma \frac{\partial T^+}{\partial \gamma}\right) \tag{5-86}$$

式中

$$T^+ = \frac{T-T_w}{T_0-T_w}, \quad \gamma = \frac{r}{r_i}, \quad \chi = \frac{z}{r_i RePr}$$

进口条件和边界条件分别是：

$$T^+(0,\gamma) = 1, \quad T^+(\chi,1) = 0, \quad T^+(\chi,0) = 0 \tag{5-87a~c}$$

Graetz 对圆管进口段传热进行了分析，通过分离变量法得到温度分布的级数解：

$$T^+(\gamma,\chi) = \sum_{n=0}^{\infty} C_n T_{Rn}^+(\gamma) \exp(-\lambda_n^2 \chi) \tag{5-88}$$

λ_n^2 是本征值，$T_R^+(\eta)$ 是和本征值 λ_n^2 对应的本征函数，系数 C_n 可利用式 $T^+(0,\gamma) = 1$ 求得，即 $\sum_{n=0}^{\infty} C_n T_{Rn}^+(\gamma) = 1$。

将式（5-88）对 γ 求导，可得壁面的热通量：

$$q_w(\chi) = \frac{2k}{r_i}(T_{in} - T_w)\sum_{n=0}^{\infty} G_n \exp(-\lambda_n^2 \chi) \tag{5-89}$$

式中 $G_n = C_n T_R^{+'}(1)/2$，表 5-2 列出 λ_n^2、G_n 前五项的值。由表可看出，随着 n 的增大，λ_n^2 迅速增大，则 $\exp(-\lambda_n^2 \chi)$ 迅速减小，故在式（5-88）或式（5-89）中，只要取前几项就足够精确了。

由热平衡关系可确定流体混合平均温度：

$$T_b - T_0 = \frac{2}{\rho c_p u_b r_i}\int_0^z q_w dz = \frac{4r_i}{k}\int_0^\chi q_w d\chi \tag{5-90}$$

将式（5-89）代入式（5-90）并积分，得到无量纲混合平均温度：

$$T_b^+(\chi) = \frac{T_b - T_w}{T_0 - T_w} = 8\sum_{n=0}^{\infty} \frac{G_n}{\lambda_n^2}\exp(-\lambda_n^2 \chi) \tag{5-91}$$

表 5-2 恒壁温圆管热进口区的级数解

n	0	1	2	3	4
λ_n^2	7.312	44.62	113.8	215.2	348.5
G_n	0.749	0.544	0.463	0.414	0.382

局部 Nu_x 为：

$$Nu_x(\chi) = \frac{2q_w r_i}{k(T_b - T_w)} = \frac{\sum_{n=0}^{\infty} G_n \exp(-\lambda_n^2 \chi)}{2\sum_{n=0}^{\infty} \frac{G_n}{\lambda_n^2}\exp(-\lambda_n^2 \chi)} \tag{5-92}$$

按管长平均的传热系数 h_m 和平均 Nu_m 为：

$$h_m = \frac{1}{\chi}\int_0^\chi h_x \mathrm{d}\chi \quad , \quad Nu_m = \frac{h_m d}{k} \tag{5-93}$$

表 5-3 列出了恒壁温下圆管热进口段的局部努塞尔数 Nu_x、平均努塞尔数 Nu_m 和无量纲温度 T_b^+ 之值。

表 5-3　恒壁温圆管热进口段的局部 Nu_x、Nu_m 和 T_b^+ 值

χ	Nu_x	Nu_m	T_b^+	χ	Nu_x	Nu_m	T_b^+
0	∞	∞	1.000	0.08	3.77	4.86	0.459
0.001	12.80	19.29	0.962	0.10	3.71	4.64	0.396
0.004	8.03	12.09	0.908	0.20	3.66	4.15	0.190
0.01	6.00	8.92	0.837	∞	3.66	3.66	0
0.04	4.17	5.81	0.628				

从表中数据可知，当 $\chi \geq 0.1$ 时，Nu_x 之值已接近速度和温度边界层都充分发展后的值。故通常规定 $\chi = 0.1$ 作为圆管热进口段的无量纲长度，由此可得温度边界层进口段长度 L_T 为：

$$\frac{L_T}{d} = 0.05 Re Pr \tag{5-94}$$

式中，d 为圆管直径。

随着 χ 值的增大，式（5-88）中的级数收敛很快，当 $\chi \geq 0.1$ 时，取级数中的第一项也相当准确，由表 5-2 中的数值可得：

$$Nu_x(\chi) = \frac{G_0 \exp(-\lambda_0^2 \chi)}{2\frac{G_0}{\lambda_0^2}\exp(-\lambda_0^2 \chi)} = \frac{\lambda_0^2}{2} = 3.66 \tag{5-95}$$

这个值与表 5-3 中给出的值已基本一致。

5.5　自然对流传热

自然对流是由密度变化引起的，自然对流传热不同于强制对流传热主要表现在两个方面：①二者所遵循的数学方程明显不同，在自然对流传热过程中，流场与温度场具有耦合性，温度的变化将引起密度的变化；②边界条件不同，自然对流的速度 u_0 为零，且最大速度在边界层内。下面介绍自然对流传热的特点及能量方程。

5.5.1　传热特点及基本方程

5.5.1.1　自然对流边界层的形成与发展

温度为 T_0 的静止流体与温度为 T_w（$T_w \neq T_0$）的壁面接触时，壁面附近流体就会被加热或冷却而引起密度的变化，使流体沿壁面向上或向下流动。图 5-9 给出 T_w 大于 T_0 时垂直平壁流体边界层的形成与发展示意图。

垂直平壁边界层温度分布与水平平壁的类似，但靠近壁面处的温度变化较快，离壁面距离越远，温度变化也越小，在边界层外缘处，流体温度近似为 T_0。

垂直平壁边界层内的速度分布与水平平壁明显不同。由于流体的黏性，紧贴壁面的流体速度为零。在边界层外缘，流体温度近似为 T_0，流体速度为零。故边界层内形成了两侧速度为零、中间有峰值的速度分布[见图 5-9（a）]。

如果垂直平壁足够高，从平壁下端开始形成层流边界层，并随着壁面高度的增加层流边界层逐渐增厚，在一定条件下（一般认为在 $GrPr>10^9$ 时，Gr 的定义见后）层流边界层转变成湍流边界层。层流边界层和湍流边界层的结构不同，对流传热系数也不一样。

(a) 温度分布与速度分布　　(b) 传热系数变化

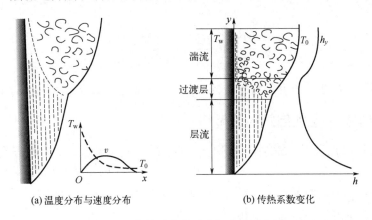

图 5-9　自然对流的形成与发展示意图

图 5-9（b）示垂直平壁自然对流局部传热系数随着边界层的形成和发展的变化情况。开始时，由于层流边界层不断增厚，热阻增加，对流传热系数 h_y 减小；随着层流边界层向湍流边界层过渡，边界层内流体混合作用使边界层热阻减小，h_y 增加；转变成湍流边界层后，h_y 基本维持恒定。由于层流边界层和湍流边界层的 h_y 沿程变化规律不同，由实验结果所得准数关联式也不相同。不同形状的对流传热面，因其边界层形成和发展历程不同，其局部对流传热系数的变化也不同。故对于不同几何形状的传热面，传热准数关联式也各异。

简单的大空间自然对流传热，如垂直平壁层流自然对流传热，可通过求解边界层对流传热微分方程组得到分析解，但大多数情况下还需靠实验研究得出准数关联式。

图 5-10　沿无界垂直平壁的自然对流

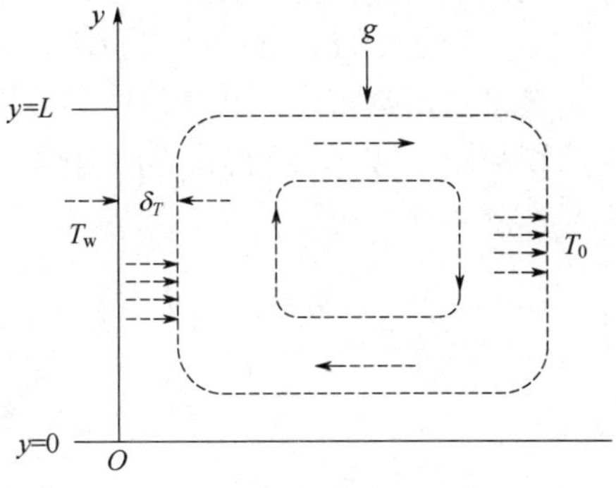

5.5.1.2　自然对流传热基本方程

在自然对流中，密度的变化由重力场体现其影响，体积力是不容忽视的，而密度的变化又是温度引起的，因而自然对流问题与强制对流传热的求解明显不同，动量方程与能量方程必须同时求解。对于二维稳态流动，如图 5-10 所示，自然对流传热基本方程组如下。

连续性方程：

$$\frac{\partial u_x}{\partial x}+\frac{\partial u_y}{\partial y}=0 \tag{5-96}$$

运动方程：

$$u_x\frac{\partial u_x}{\partial x}+u_y\frac{\partial u_x}{\partial y}=-\frac{1}{\rho}\times\frac{\partial p}{\partial x}+\nu\left(\frac{\partial^2 u_x}{\partial x^2}+\frac{\partial^2 u_x}{\partial y^2}\right) \quad (5\text{-}97\text{a})$$

$$u_x\frac{\partial u_y}{\partial x}+u_y\frac{\partial u_y}{\partial y}=-g-\frac{1}{\rho}\times\frac{\partial p}{\partial y}+\nu\left(\frac{\partial^2 u_y}{\partial x^2}+\frac{\partial^2 u_y}{\partial y^2}\right) \quad (5\text{-}97\text{b})$$

能量方程：

$$u_x\frac{\partial T}{\partial x}+u_y\frac{\partial T}{\partial y}=\alpha\left(\frac{\partial^2 T}{\partial x^2}+\frac{\partial^2 T}{\partial y^2}\right) \quad (5\text{-}98)$$

上述方程组与第 2 章的方程相比较，只是在 y 方向的运动方程中增加了体积力 $-g$。

5.5.2　无界垂直平壁的自然对流传热

对于低速、密度除外的物性参数恒定且流体沿无界垂直平壁的稳态自然对流传热，考虑边界层特点（$x\sim\delta_T$, $y\sim L$, $\delta_T\ll L$, $u_x\ll u_y$），x 方向的运动方程式（5-97a）可忽略。在式（5-97b）中，g 为重力项，而 y 方向流体的压力梯度 $\partial p/\partial y$ 是由流体沿平壁的高度变化而引起的。对于静止流体，因 u_x、u_y 和 $\partial^2 u_x/\partial x^2$ 都等于零，故得到：

$$\frac{\partial p}{\partial y}=\frac{\mathrm{d}p}{\mathrm{d}y}=\frac{\mathrm{d}p_0}{\mathrm{d}y}=-\rho_0 g \quad (5\text{-}99)$$

将重力 $-\rho g$ 与压力梯度 $\partial p/\partial y$ 两项合并后，运动方程简化为：

$$u_x\frac{\partial u_y}{\partial x}+u_y\frac{\partial u_y}{\partial y}=\nu\frac{\partial^2 u_y}{\partial x^2}+\frac{\rho_0-\rho}{\rho}g \quad (5\text{-}100)$$

式中，$(\rho_0-\rho)g$ 为自然对流边界层的单位体积流体向上的静升力，即浮升力与重力之差，而正是它引起并维持流体沿垂直平壁做自然对流运动。

为便于理论分析和实验研究，布斯涅斯克（J. Boussinesq）认为，在温差不大的情况下，温度只影响密度，其他物性参数均可视为常数。此外，压力对密度的影响忽略不计，引入体积膨胀系数 β，可得边界层自然对流传热方程组为：

$$\frac{\partial u_x}{\partial x}+\frac{\partial u_y}{\partial y}=0 \quad (5\text{-}96)$$

$$u_x\frac{\partial u_y}{\partial x}+u_y\frac{\partial u_y}{\partial y}=\nu\frac{\partial^2 u_y}{\partial x^2}+\beta g(T_0-T) \quad (5\text{-}101)$$

$$u_x\frac{\partial T}{\partial x}+u_y\frac{\partial T}{\partial y}=\alpha\frac{\partial^2 T}{\partial x^2} \quad (5\text{-}102)$$

对应的边界条件也分为两种：**壁温恒定**和**热通量恒定**。下面分别针对这两种边界条件，求解上述方程组。

5.5.2.1 恒壁温自然对流层流传热

引入相似变量：

$$\eta = \frac{x}{y}\left(\frac{Gr_y}{4}\right)^{1/4} \quad (5\text{-}103)$$

式中，$Gr_y = \dfrac{g\beta(T_w - T_0)y^3}{\nu^2}$，称为**格拉晓夫准数（Grashof Number）**。

引入无量纲温度 $T^+ = \dfrac{T - T_0}{T_w - T_0}$，无量纲流函数 $f = \dfrac{1}{4\nu}\psi(Gr/4)^{-1/4}$，将式（5-101）和式（5-102）无量纲化，分别可得：

$$f''' + 3ff'' - 2f'^2 + T^+ = 0 \quad (5\text{-}104)$$

和

$$T^{+''} + 3Prf\,T^{+'} = 0 \quad (5\text{-}105)$$

边界条件为：

$$\eta = 0\ \text{时}，\quad f(0) = f'(0) = 0，\quad T^+(0) = 0 \quad (5\text{-}106a)$$

$$\eta \to \infty\ \text{时}，\quad f'(\infty) = 0，\quad T^+(\infty) = 0 \quad (5\text{-}106b)$$

式（5-104）和式（5-105）为非线性常微分方程，可用龙格-库塔法进行数值积分求解。**奥斯曲拉茨**（Ostrach）在很宽的 Pr 范围（$Pr = 0.01 \sim 1000$）内求得了上述方程组的数值解，参见图 5-11。该图是流体沿垂直平板层流自然对流时边界层的无量纲温度分布和速度分布。从图中可以看出，对于给定的 Pr 和 y，温度分布和速度分布各自相似。

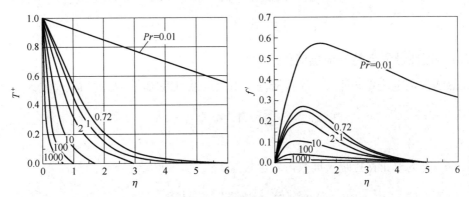

图 5-11 奥斯曲拉茨解的温度分布和速度分布

传热膜系数 沿垂直平板不同高度 y 处的局部传热系数为：

$$h_y = -\frac{k}{T_w - T_0} \times \frac{\partial T}{\partial x}\bigg|_{x=0} = -\frac{k}{y}\left(\frac{Gr_y}{4}\right)^{1/4} T^{+'}(0) \quad (5\text{-}107)$$

写成努塞尔数形式为：

$$Nu_y = -\frac{1}{\sqrt{2}} T^{+'}(0) Gr_y^{1/4} \quad (5\text{-}108)$$

将奥斯曲拉茨等计算得到的 $-T^{+'}(0)/\sqrt{2}$ 值列于表 5-4。

表 5-4 恒壁温下 $Nu_y Gr_y^{-1/4}$ 值

Pr	0.01	0.1	0.72	1.0	10	100	1000
$Nu_y Gr_y^{-1/4}$	0.057	0.164	0.357	0.401	0.827	1.55	2.80

埃德（Ede）发现，可用式（5-109）所示函数描述表 5-4 的数据：

$$Nu_y Gr_y^{-1/4} = \frac{3}{4}\left[\frac{2Pr^2}{5(1+2Pr^{1/2}+2Pr)}\right]^{1/4} \tag{5-109}$$

故流体沿垂直平板自然对流层流传热时的准数方程可写成：

$$Nu_y = \frac{3}{4}\left[\frac{2Pr}{5(1+2Pr^{1/2}+2Pr)}\right]^{1/4} Ra_y^{1/4} \tag{5-110}$$

式中，$Ra_y = Gr_y Pr = \dfrac{g\beta(T_w - T_\infty)y^3}{\alpha\nu}$，称为**瑞利数**（**Rayleigh number**）。

对于空气，$Pr = 0.7$，式（5-110）变为：

$$Nu_y = 0.384 Ra_y^{1/4} \tag{5-111}$$

流体沿整个垂直平板高度 L 的平均传热系数 h_m 可由 h_y 对 y 积分获得。

在 $Pr \to 0$ 和 $Pr \to \infty$ 时，可分别由式（5-112）和式（5-113）计算传热系数：

$$Nu_y = 0.600(Ra_y Pr)^{1/4} \quad (Pr \to 0) \tag{5-112}$$

$$Nu_y = 0.503 Ra_y^{1/4} \quad (Pr \to \infty) \tag{5-113}$$

5.5.2.2 恒热通量自然对流层流传热

在热通量恒定边界条件下，流体沿垂直平板自然对流层流传热的相似变量为：

$$\eta = \frac{x}{y}\left(\frac{Gr_y^*}{5}\right)^{1/5} \tag{5-114}$$

式中，Gr_y^* 称为**修正格拉晓夫准数**，表达式为：

$$Gr_y^* = \frac{g\beta q_w y^4}{k\nu^2} = \frac{g\beta\Delta T_w y^3}{\nu^2} \times \frac{h_y y}{k} = Gr_y Nu_y \tag{5-115}$$

同样，可得**修正瑞利数**与**修正格拉晓夫准数**之间的关系，即：

$$Ra^* = Gr_y^* Pr = Gr_y Nu_y Pr \tag{5-116}$$

由于在热通量恒定条件下，壁温 T_w 未知，故无量纲温度定义为：

$$T^+ = \frac{T - T_w}{q_w y / k}\left(\frac{Gr_y^*}{5}\right)^{1/5} \tag{5-117}$$

进行相似变换后，同样可得下列两个非线性常微分方程：

$$f''' + 4f'f'' - 3f'^2 - T^+ = 0 \tag{5-118}$$

$$T^{+''} + 4Prf\,T^{+'} - 4Prf'\,T^+ = 0 \tag{5-119}$$

边界条件为：

$$\eta = 0 \text{时}, \quad f(0) = f'(0) = 0, \quad T^{+'}(0) = 0 \tag{5-120a}$$

$$\eta \to \infty \text{ 时}, \quad f'(\infty) = 0, \quad T^+(\infty) = 0 \tag{5-120b}$$

其解的形式也可整理成如下准数方程：

$$Nu_y Gr_y^{-1/4} = -\frac{1}{\sqrt{2}} T^{+'}(0) \tag{5-121}$$

表 5-5 给出了在热通量恒定条件下 $-T^{+'}(0)/\sqrt{2}$ 的解。将表 5-5 与表 5-4 比较可知，流体沿垂直平壁自然对流层流传热时，在 Pr 数相同的情况下，热通量恒定时的 Nu_y 值平均约比壁温恒定时高约 15%。随着 Pr 的增大，这两种边界条件下传热系数的差别将逐渐减小。但在强制对流层流传热时，前者较后者高 36%。

表 5-5　恒热通量下 $Nu_y Gr_y^{-1/4}$ 的值

Pr	0.01	0.1	0.72	1.0	10	100	1000
$Nu_y Gr_y^{-1/4}$	0.067	0.189	0.406	0.457	0.931	1.74	3.14

5.6　湍流传热

在湍流传热过程中，不仅流速存在高频脉动，温度及其他与速度和温度有关的物理量也都存在高频脉动，因此湍流传热与层流相比要复杂得多，求解湍流能量方程是不可能的。目前工程上解决湍流传热问题仍以实验数据为基础来估算某些情况下的对传热系数，用于设计计算。但实验数据毕竟非常有限，远远不能满足实际需求。本章将介绍湍流传热的基本概念、湍流能量方程、传热混合长理论以及应用类似律估算传热系数方法等。

5.6.1　湍流能量方程

湍流和层流的不同之处，在于层流时每一个流体微元处于各自的流层中有序地流动着，而湍流时由于存在高频脉动，流体微元在流层间来回穿梭以至于流层的概念已模糊不清了。但从流体微元的水平上而言，层流和湍流流体均符合连续性方程，其传热均符合能量方程。对于不可压缩流体、无内热源且流速不是特别大的湍流传热体系，连续性方程和能量方程分别为：

$$\frac{\partial u_x}{\partial x} + \frac{\partial u_y}{\partial y} + \frac{\partial u_z}{\partial z} = 0 \tag{1-79}$$

$$\frac{DT}{D\theta} = \alpha \left(\frac{\partial^2 T}{\partial x^2} + \frac{\partial^2 T}{\partial y^2} + \frac{\partial^2 T}{\partial z^2} \right) \tag{4-16}$$

式中，u_x、u_y 和 u_z 为瞬时速度；T 为瞬时温度。由于湍流流体的速度和温度均存在高频脉动，各物理量瞬时值可表达为时均值与脉动值之和，即：

$$u_x = \bar{u}_x + u'_x \quad (5\text{-}122a)$$
$$u_y = \bar{u}_y + u'_y \quad (5\text{-}122b)$$
$$u_z = \bar{u}_z + u'_z \quad (5\text{-}122c)$$
$$T = \bar{T} + T' \quad (5\text{-}122d)$$

在第 3 章曾用雷诺转换获得以时均值表达的湍流连续性方程：

$$\frac{\partial \bar{u}_x}{\partial x} + \frac{\partial \bar{u}_y}{\partial y} + \frac{\partial \bar{u}_z}{\partial z} = 0 \quad (3\text{-}16)$$

下面将运用雷诺转换法，由式（4-16）导出**湍流能量方程**。

将式（1-79）两边乘以 T 并与式（4-16）相加，得：

$$\frac{\partial T}{\partial \theta} + \frac{\partial (u_x T)}{\partial x} + \frac{\partial (u_y T)}{\partial y} + \frac{\partial (u_z T)}{\partial z} = \alpha \left(\frac{\partial^2 T}{\partial x^2} + \frac{\partial^2 T}{\partial y^2} + \frac{\partial^2 T}{\partial z^2} \right) \quad (5\text{-}123)$$

将式（5-122）代入式（5-123），并进行雷诺转换，经整理后得：

$$\frac{\partial \bar{T}}{\partial \theta} + u_x \frac{\partial \bar{T}}{\partial x} + u_y \frac{\partial \bar{T}}{\partial y} + u_z \frac{\partial \bar{T}}{\partial z} = \alpha \left(\frac{\partial^2 \bar{T}}{\partial x^2} + \frac{\partial^2 \bar{T}}{\partial y^2} + \frac{\partial^2 \bar{T}}{\partial z^2} \right) \\ - \left[\frac{\partial}{\partial x} \overline{(u'_x T')} + \frac{\partial}{\partial y} \overline{(u'_y T')} + \frac{\partial}{\partial z} \overline{(u'_z T')} \right] \quad (5\text{-}124)$$

比较式（5-124）与式（4-16）可知，前者比后者多出了三项，此三项均与脉动值有关，代表了高频脉动对传热的贡献，与雷诺方程（3-21）中的雷诺应力相对应。式（5-124）还可以整理为如下形式：

$$\frac{D\bar{T}}{D\theta} = \frac{1}{\rho c_p} \left[\frac{\partial}{\partial x} \left(k \frac{\partial \bar{T}}{\partial x} - \rho c_p \overline{u'_x T'} \right) + \frac{\partial}{\partial y} \left(k \frac{\partial \bar{T}}{\partial y} - \rho c_p \overline{u'_y T'} \right) + \frac{\partial}{\partial z} \left(k \frac{\partial \bar{T}}{\partial z} - \rho c_p \overline{u'_z T'} \right) \right] \quad (5\text{-}125)$$

式（5-125）右侧中括号内的三项分别表示 x、y、z 三个方向上分子传递与涡流传递的热通量时均值之和。与层流能量方程相比，**多出来的三项就是涡流热通量**，又称为**雷诺热通量**。式（5-125）即为**湍流能量方程**，该方程因其非线性性虽然不能直接求解，但仍能从中提炼出有关涡流热扩散系数的概念。

5.6.2 涡流热扩散系数与混合长

下面将运用普朗特混合长来表达涡流传热通量。

设水平流动方向为 x 方向，则 y 方向上雷诺应力与涡流黏度的关系可由式（3-24）和式（3-22b）导出，为：

$$\tau^r_{xy} = -\rho \overline{u'_x u'_y} = \rho \varepsilon \frac{d\bar{u}_x}{dy} \quad (5\text{-}126)$$

式中，τ^r_{xy} 为涡流动量通量（涡流应力）；ε 为涡流动量扩散系数（涡流黏度）。

同样地，可以定义一个**涡流热扩散系数** ε_H 来表达雷诺热通量。设水平流动方向为 x 方向，则 y 方向上雷诺热通量与涡流热扩散系数的关系可表达为：

$$\left(\frac{q}{A}\right)_y^r = -\rho c_p \overline{u_y'T'} = \varepsilon_H \frac{d(\rho c_p \overline{T})}{dy} \quad (5\text{-}127)$$

式中最右边无负号,是因为假定时均温度沿 y 方向增大,式(5-127)即为**涡流热扩散系数的定义式**。ε_H 与热扩散系数 α 具有同一量纲$[m^2/s]$,两者区别在于,α 是物性参数,而 ε_H 则与流动状态、流道位置及其表面特征等诸多因素有关。它与涡流黏度一样,很难从理论上加以确定。第 3 章已经导出涡流黏度与普朗特混合长之间的关系,根据 ε_H 和 ε 之间的相似性,可以推知涡流热扩散系数必与普朗特混合长有关,下面将导出其关联式。

如图 5-12 所示,流体沿水平 x 方向作湍流流动,现截取三个平行截面,上、下两截面相距为 $2l'$,设中间截面的时均速度和时均温度为 $\overline{u}_x$、$\overline{T}$,则上、下两截面的时均速度和时均温度分别为:

上截面:$\overline{u}_x + l'\dfrac{d\overline{u}_x}{dy}$ 和 $\overline{T} + l'\dfrac{d\overline{T}}{dy}$

下截面:$\overline{u}_x - l'\dfrac{d\overline{u}_x}{dy}$ 和 $\overline{T} - l'\dfrac{d\overline{T}}{dy}$

因脉动在 y 方向上所产生的质量通量为 $\rho u_y'$,两相邻截面流体温度差为 $l'\dfrac{d\overline{T}}{dy}$,两截面之间因涡流传递产生的热通量为:

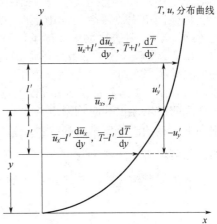

图 5-12 湍流传热混合长推导示意图

$$\left(\frac{q}{A}\right)_y^r = \rho c_p u_y' l' \frac{d\overline{T}}{dy} \quad (5\text{-}128)$$

式中脉动速度与混合长之间的关系仍符合式(3-25)和式(3-28),于是可得:

$$u_y' = cl'\frac{d\overline{u}_x}{dy} \quad (5\text{-}129)$$

将式(5-129)代入式(5-128),经整理得:

$$\left(\frac{q}{A}\right)_y^r = l^2 \frac{d\overline{u}_x}{dy} \times \frac{d(\rho c_p \overline{T})}{dy} \quad (5\text{-}130)$$

式中,$l^2 = c\, l'^2$,l 也称为**普朗特混合长**,是与 l' 成正比的物理量。

比较式(5-130)与式(5-127)得:

$$\varepsilon_H = l^2 \frac{d\overline{u}_x}{dy} \quad (5\text{-}131)$$

比较式(5-131)与式(3-31)可知,**涡流热扩散系数与涡流黏度相等**,即:

$$\varepsilon_H = \varepsilon = l^2 \frac{d\overline{u}_x}{dy} \quad (5\text{-}132)$$

式(5-132)表明,**热量传递与动量传递在湍流时具有类似性**。需要指出的是,由于在推导过程中,假设速度分布和温度分布重合,表明式(5-132)只适用于 $Pr=1$ 的特殊情况。事实上，涡流热扩散系数和涡流黏度都很难确定，下面通过类似律将对流传热系数与阻力因数（或摩擦因数）关联起来。

5.6.3 雷诺类似律——单层模型

1874年，**雷诺**最先发现动量传递与热量传递在机理上是相似的，并于1883年提出了管内流体摩擦阻力表达式，随后还导出了阻力因数（或摩擦因数）与对流传热系数之间的关系式。如图5-13所示，湍流流体微团借涡流混合运动由上而下连续不断地穿过平面 a-a'，同时进行动量和热量传递。设在时间 $d\theta$ 内，由2-2'面向下穿过 a-a' 面的面积为 A，到达1-1'面的流体质量为 m。在稳定状态下，必然有同等质量的流体由1-1'面向上穿过 a-a' 面到达2-2'面。设上、下两处的时均速度和时均温度各为 u_2，T_2 和 u_1，T_1，则向上运动的流体所携带的热量为 mc_pT_1，向下运动的流体所携带的热量为 mc_pT_2。当 $T_2>T_1$ 时，上、下两面流体混合所导致的对流传热通量为：

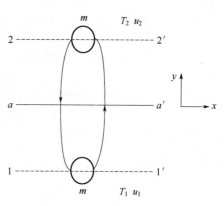

图5-13 涡流动量传递和热量传递

$$\left(\frac{q}{A}\right)_y^{\mathrm{r}} = \frac{mc_p(T_2-T_1)}{A\mathrm{d}\theta} \tag{5-133}$$

类似地，流体微团同时也在进行动量交换。若 $u_2>u_1$，则 a-a' 面之下的流体会被湍动下来的微团所加速。这种湍动混合作用犹如在 a-a' 面上存在一个湍动剪应力（雷诺应力）一样，而此剪应力的大小等于流体相互交换质量时所产生的动量通量，即：

$$\tau_{yx}^{\mathrm{r}} = \frac{m}{A\mathrm{d}\theta}(u_2-u_1) \tag{5-134}$$

对比式（5-133）和式（5-134），可得涡流传热通量与雷诺应力之间的关系为：

$$\frac{(q/A)_y^{\mathrm{r}}}{\tau_{yx}^{\mathrm{r}}} = c_p\frac{T_2-T_1}{u_2-u_1} = c_p\frac{\Delta T}{\Delta u} \tag{5-135}$$

因1-1'面与2-2'面相距很近，上式又可写成微分形式：

$$\frac{(q/A)_y^{\mathrm{r}}}{\tau_{yx}^{\mathrm{r}}} = c_p\frac{\mathrm{d}T}{\mathrm{d}u} \tag{5-136}$$

当流体流过固体壁面时，虽然形成了湍流边界层，但靠近壁面处总会有一层层流内层存在，其剪应力和热通量可分别采用牛顿黏性定律和傅里叶定律描述，即：

$$\tau = -\mu\frac{\mathrm{d}u}{\mathrm{d}y} \quad (1\text{-}1) \qquad q/A = -k\frac{\mathrm{d}T}{\mathrm{d}y} \quad (1\text{-}6)$$

式（1-6）的两边同时除以式（1-1）的两边，可得：

$$\frac{q/A}{\tau} = \frac{k}{\mu}\times\frac{\mathrm{d}T}{\mathrm{d}u} \tag{5-137}$$

对比式（5-137）和（5-136）可知，当 $c_p = k/\mu = 1$ 或 $Pr = \nu/\alpha = c_p\mu/k = 1$ 时，层流内层和湍流区的热量传递和动量传递规律一致。为此，**雷诺假定：湍流区一直可延伸至固体壁面**，即流体微团借湍动作用可一直到达壁面。按照雷诺的假定，对于 $Pr=1$ 并做湍流运动的流体，可采用式（5-136）描述涡流传热通量与涡流剪应力之间的关系。稳态下，涡流剪应力等于壁面剪应力，涡流热通量也等于壁面热通量。对于平壁湍流边界层，由于边界层外的速度和温度分别为 u_0 和 T_0，故可将式（5-136）在边界层范围内进行积分，即：

$$\frac{q/A}{\tau_w c_p}\int_0^{u_0} du = \int_{T_w}^{T_0} dT \tag{5-138}$$

故得

$$\frac{q/A}{\tau_w c_p} u_0 = T_0 - T_w \tag{5-139}$$

式（5-139）又可写成：

$$\frac{q/A}{T_0 - T_w} \times \frac{1}{c_p \rho u_0} = \frac{2\tau_w}{\rho u_0^2} \times \frac{1}{2} \tag{5-140}$$

根据对流传热系数定义式（5-8）和阻力因数定义式（2-162），可得：

$$\frac{h}{c_p \rho u_0} = \frac{C_{Dx}}{2} \tag{5-141a}$$

式（5-141a）左侧数群称为**斯坦顿数（Stanton Number）**，是由 Nu、Re 和 Pr 组成的，即：

$$\frac{Nu_x}{Re_x Pr} = St_x = \frac{C_{Dx}}{2} \tag{5-141b}$$

式（5-141）称为**雷诺类似律**，它表达了阻力因数（或摩擦因数）与传热膜系数之间的关系。由雷诺假定可知，雷诺类似律只适用于 $Pr=1$ 的流体（即一般气体），且流体阻力仅限于摩擦阻力的场合。

式（5-141）是根据平板壁面导出的。流体在管内进行湍流传热时，同样也可以将式（5-136）积分：

$$\frac{q/A}{\tau_w c_p}\int_0^{u_b} du = \int_{T_w}^{T_b} dt \tag{5-142}$$

得

$$\frac{q/A}{\tau_w c_p} u_b = T_b - T_w \tag{5-143}$$

或

$$\frac{q/A}{T_b - T_w} \times \frac{1}{c_p \rho u_b} = \frac{2\tau_w}{\rho u_b^2} \times \frac{1}{2} \tag{5-144}$$

式中，u_b 和 T_b 分别为管内流体的平均速度和平均温度；T_w 为管壁温度。

根据管内传热膜系数定义式和摩擦因数定义式可得：

$$\frac{h}{c_p \rho u_b} = \frac{f}{2} \quad \text{或} \quad St = \frac{Nu}{RePr} = \frac{f}{2} \tag{5-145a,b}$$

式（5-145）即为适用于**管内湍流传热的雷诺类似律**，式中的 f 为范宁摩擦因数。该二式同样只适用于 $Pr=1$ 的流体及仅有摩擦阻力的场合。流体的定性温度可近似地取流体进出口的算术平均温度。

5.6.4 普朗特类似律——双层模型

雷诺类似律忽略了层流内层和过渡层对动量传递和热量传递的影响，故其适用范围较窄，误差较大。普朗特考虑了层流内层的影响，提出了双层模型。他假设湍流边界层由湍流主体和层流内层组成，如图5-14所示。在湍流主体中，速度和温度分别为 u_0、T_0，均可视为定值，在层流内层外缘处的速度和温度分别为 u_1 和 T_1，壁面处的速度为0，温度为 T_w。层流内层的厚度为 δ_1。前已述及，层流内层的温度分布和速度分布均符合线性规律，若 $T_1 > T_w$，则该层热通量为：

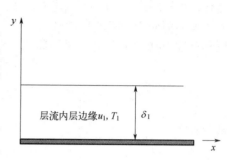

图 5-14 普朗特类似律模型——双层模型

$$(q/A)_1 = k \frac{T_1 - T_w}{\delta_1} \quad (5\text{-}146)$$

动量通量为：

$$\tau_1 = \mu \frac{u_1 - 0}{\delta_1} = \mu \frac{u_1}{\delta_1} \quad (5\text{-}147)$$

对比上两式得：

$$\frac{(q/A)_1}{\tau_1} = \frac{k(T_1 - T_w)}{\mu u_1} \quad (5\text{-}148)$$

因 δ_1 很小，$\dfrac{(q/A)_1}{\tau_1}$ 可视为定值，且与 $\dfrac{(q/A)_w}{\tau_w}$ 相等，由此可得：

$$\frac{(q/A)_1}{\tau_1} = \frac{(q/A)_w}{\tau_w} = \frac{k(T_1 - T_w)}{\mu u_1} \quad (5\text{-}149)$$

在层流内层外缘处，亦视为完全湍流区，可应用雷诺类似律，有：

$$\frac{(q/A)_1}{\tau_1} = \frac{(q/A)^e}{\tau^r} \quad (5\text{-}150)$$

$$(q/A)^e = \frac{mc_p(T_0 - T_1)}{A\mathrm{d}\theta} \quad (5\text{-}151)$$

$$\tau^r = \frac{m(u_0 - u_1)}{A\mathrm{d}\theta} \quad (5\text{-}152)$$

由式（5-151）与式（5-152）之比可得：

$$\frac{(q/A)^e}{\tau^r} = \frac{c_p(T_0 - T_1)}{u_0 - u_1} \quad (5\text{-}153)$$

由式（5-153）、式（5-150）和式（5-149）可得：

$$\frac{(q/A)_{\mathrm{w}}}{\tau_{\mathrm{w}}} = \frac{c_p(T_0 - T_1)}{u_0 - u_1} = \frac{k(T_1 - T_{\mathrm{w}})}{\mu u_1} \tag{5-154}$$

式（5-154）又可以写成：

$$\frac{T_1 - T_{\mathrm{w}}}{T_0 - T_1} = \frac{c_p \mu / k}{u_0 / u_1 - 1} \tag{5-155}$$

式中，$c_p \mu / k = Pr$，利用等比定理可得：

$$\frac{T_1 - T_{\mathrm{w}}}{T_0 - T_{\mathrm{w}}} = \frac{Pr}{u_0 / u_1 - 1 + Pr} \tag{5-156}$$

将式（5-156）代入式（5-154），经整理得：

$$\frac{(q/A)_{\mathrm{w}}}{\tau_{\mathrm{w}}} = \frac{c_p(T_0 - T_{\mathrm{w}})}{u_0 \left[1 + \dfrac{u_1}{u_0}(Pr - 1)\right]} \tag{5-157}$$

根据牛顿冷却定律，式（5-157）可写成：

$$\frac{h}{\tau_{\mathrm{w}}} = \frac{c_p}{u_0} \times \frac{1}{1 + \dfrac{u_1}{u_0}(Pr - 1)} \tag{5-158a}$$

或写成：

$$St_{(u_0)} = \frac{h}{c_p \rho u_0} = \frac{\tau_{\mathrm{w}}/(\rho u_0^2)}{1 + \dfrac{u_1}{u_0}(Pr - 1)} \tag{5-158b}$$

式（5-158）即为**普朗特类似律**，式中的 u_1/u_0 为层流内层外侧速度与主流速度之比，St 需按速度 u_0 定义。该式可用于流体与平板或圆管壁面之间的湍流传热计算。

平板壁面湍流传热 计算平板壁面的湍流传热系数时，式（5-158b）右侧分子可用局部摩擦因数表示，且 $C_{\mathrm{D}x}/2$ 和 u_1/u_0 分别符合如下关联式：

$$\frac{C_{\mathrm{D}x}}{2} = 0.0294 Re_x^{-0.2} \quad (10^6 < Re_x < 2 \times 10^7) \tag{5-159}$$

$$\frac{u_1}{u_0} = 2.12 Re_x^{-0.1} \tag{5-160}$$

将式（5-159）和式（5-160）同时代入式（5-158b）得：

$$St_{(u_0)} = \frac{h_x}{c_p \rho u_0} = \frac{0.0294 Re_x^{-0.2}}{1 + 2.12 Re_x^{-0.1}(Pr - 1)} \tag{5-161}$$

式（5-161）即为用于**平壁湍流传热的普朗特类似律**，式中 St 为 x 处的局部值，u_0 为流体的主体速度。计算时，定性温度为主体温度与壁面温度的平均值。对于 $Pr=1$ 的流体，上式可写成：

$$St_x = \frac{h_x}{c_p \rho u_0} = \frac{C_{\mathrm{D}x}}{2}$$

即变为雷诺类似律,与式(5-141)完全相同。

壁面长度为 L 的平均膜系数 h_m,可通过定义式(5-25)经积分运算获得。通常,壁面前缘段为层流边界层,当雷诺数达到 Re_{xc} 时转为湍流边界层,前后两段需分别采用层流和湍流膜系数表达式求算实际的膜系数。

圆管内湍流传热 管内充分发展的湍流边界层已在管中心汇合,此时,u_0 应取管中心流速,而该处温度为 T_0。但习惯上多采用流体主体流速 u_b 和主体温度 T_b。由于流体在湍流区内的混合较均匀,可认为 $T_b \approx T_0$,至于主体流速,可取 $u_b = 0.817 u_0$,式(5-158b)变成:

$$\frac{h}{c_p \rho u_b} = \frac{0.817 \tau_w/(\rho u_b^2)}{1+0.817 \frac{u_1}{u_b}(Pr-1)} \tag{5-162}$$

式中 $\tau_w/(\rho u_b^2)$ 和 u_b 分别用下式计算:

$$\frac{\tau_w}{\rho u_b^2} = 0.0395 Re^{-1/4} \quad (5\text{-}163) \qquad \frac{u_1}{u_b} = 2.44 Re^{-1/8} \tag{5-164}$$

将式(5-164)和式(5-163)代入式(5-162),即得:

$$St_{(u_b)} = \frac{h}{c_p \rho u_b} = \frac{0.032 Re^{-1/4}}{1+2.0 Re^{-1/8}(Pr-1)} \tag{5-165}$$

式(5-165)即为用于**管内湍流传热的普朗特类似律**。对于充分发展的流动,St 或 h 不随流向距离而变,式中物理量的定性温度取流体在管内进出口温度的平均值。

5.6.5 卡门类似律——三层模型

前两个类似律皆未考虑过渡层对动量传递和热量传递的影响,其估算值与实测值的误差较大。为此,**冯·卡门**考虑到过渡层的影响,提出了三层模型。该模型的推导思路类似于二层模型,可依次设层流内层、过渡层、湍流主体的动量通量和热量通量分别为 τ_1、τ_2、τ_3 和 $(q/A)_1$、$(q/A)_2$、$(q/A)_3$,其表达式参见表 5-6。

表5-6 湍流边界层内动量传递和热量传递表达式

层流内层	过渡层	湍流主体
$\tau_1 = \rho\nu \dfrac{du}{dy}$	$\tau_2 = \rho(\nu+\varepsilon)\dfrac{du}{dy}$	$\tau_3 = \rho\varepsilon \dfrac{du}{dy}$
$(q/A)_1 = \rho c_p \dfrac{\nu}{Pr} \times \dfrac{dT}{dy}$	$(q/A)_2 = \rho c_p \left(\dfrac{\nu}{Pr}+\varepsilon_H\right)\dfrac{dT}{dy}$	$(q/A)_3 = \rho c_p \varepsilon_H \dfrac{dT}{dy}$

对于稳态传递过程,各层的热量通量均相等,且等于管壁处的热量通量,即:

$$(q/A)_1 = (q/A)_2 = (q/A)_3 = (q/A)_w \tag{5-166}$$

同样地,各层的动量通量也相等,且等于壁面处的值,于是有:

$$\tau_1 = \tau_2 = \tau_3 = \tau_w \tag{5-167}$$

冯·卡门假设涡流热扩散系数与涡流黏度近似相等,且层流内层温度分布符合:

$$u^+ = y^+ \quad (y^+ \leq 5) \tag{3-43}$$

过渡层速度分布方程为:

$$u^+ = 5.0\ln y^+ - 3.05 \quad (5 \leqslant y^+ \leqslant 30) \tag{3-51}$$

湍流主体速度分布方程为:

$$u^+ = 2.5\ln y^+ + 5.5 \quad (y^+ \geqslant 30) \tag{3-49}$$

根据式（3-43）、式（3-51）和式（3-49）可获得各层界面处速度值，再根据式（5-166）和式（5-167）求解各层界面处温度值，然后利用对流传热系数和摩擦因数定义式，可得卡门类似律为:

$$St_{(u_0,T_0)} = \frac{C_D/2}{1+\sqrt{C_D/2}\{5(Pr-1)+5\ln[(5Pr+1)/6]\}} \tag{5-168}$$

式（5-168）即为**卡门类似律**，它适用于平壁和圆管。对于平壁湍流，u_0、T_0 分别为边界层外的速度和温度；对于圆管，则为管中心的值。

平壁的 St 将式（5-159）代入式（5-168），可得平壁湍流传热系数的三层模型表达式:

$$St_{(u_0,T_0)} = \frac{0.0294 Re_x^{-0.2}}{1+0.171 Re_x^{-0.1}\{5(Pr-1)+5\ln[(5Pr+1)/6]\}} \tag{5-169}$$

式（5-169）适用范围是 $Pr=0.5\sim15$，$5\times10^5 < Re_x < 10^7$。几乎所有的气体和包括水在内的轻液体均在该范围内。对高 Pr 值介质和低 Pr 值介质应选用更合适的模型来求解。

对于 $Pr=0.5\sim1$ 并满足 $5\times10^5 < Re < 5\times10^6$ 的气体，式（5-169）中的分母可近似用 $Pr^{0.4}$ 表示，可得更简便的公式:

$$Nu_x = 0.0294 Re_x^{0.8} Pr^{0.6} \tag{5-170}$$

管内的 St 假定温度分布与速度分布类似，满足 1/7 次方律:

$$\frac{T-T_w}{T_0-T_w} = \left(\frac{y}{r_i}\right)^{1/7} \quad (Pr=0.5\sim30) \tag{5-171}$$

管内湍流充分且热量通量恒定时，St 为:

$$St = \frac{\sqrt{f/2}}{0.833\left[5Pr+5\ln(5Pr+1)+2.5\ln(Re\sqrt{f/2}/60)\right]} \tag{5-172}$$

式中 f 为范宁摩擦因数。式（5-172）为圆管湍流传热系数的三层模型表达式，在 $Pr=0.5\sim30$ 和较宽的 Re 范围内与实验数据相符。

式（5-172）中的范宁摩擦因数 f 可采用本书第 3 章提出的一系列关联式进行估算，即根据 Re 的范围合理地选取式（3-69）～式（3-73）中某一个。

5.6.6 Chilton-Colburn 类似律

Chilton 和 Colburn 通过比较对流传热系数和摩擦因数的经验关联式，发现二者之间存在类似性，方法如下。

Chilton 发现湍流流体在管内的传热系数实验值符合如下经验关联式:

$$Nu = 0.023 Re^{0.8} Pr^n \tag{5-173}$$

式中物性由流体与管壁的平均温度计算，n 的取值为：流体被加热，$n=0.4$；流体被冷却，$n=0.3$。为了便于计算，Colburn 针对所有流体（被加热或冷却）将式（5-173）改写成：

$$Nu = 0.023Re^{0.8}Pr^{1/3} \qquad (5\text{-}174)$$

若将式（5-174）两侧同时除以（$RePr$），可得：

$$\frac{Nu}{RePr} = St = 0.023Re^{-0.2}Pr^{-2/3} \qquad (5\text{-}175)$$

将式（5-175）两边同时乘以 $Pr^{2/3}$，可得：

$$\frac{Nu}{RePr^{1/3}} = StPr^{2/3} = 0.023Re^{-0.2} \qquad (5\text{-}176)$$

Chilton 和 Colburn 将 $StPr^{2/3}$ 定义为传热 j 因数 j_H，则有：

$$j_H = StPr^{2/3} = 0.023Re^{-0.2} \qquad (5\text{-}177)$$

另一方面，光滑管内充分发展了的湍流流动摩擦因数 f 与 Re 的关系符合如下经验关联式：

$$f = 0.046Re^{-0.2} \qquad (3\text{-}72)$$

比较式（3-72）和式（5-177）可得：

$$j_H = \frac{f}{2} \qquad (5\text{-}178)$$

式（5-178）就是 **Chilton-Colburn** 类似律或 j_H 因数法。由 j_H 因数定义式可知，当 $Pr=1$ 时，该类似律即为雷诺类似律。

5.6.7 湍流传热系数经验关联式

光滑管内湍流传热 Gnielinski 针对不同范围的 Pr 值和 Re 值，提出了光滑管内湍流传热系数的经验关联式：

$$Nu = 0.0214(Re^{0.8} - 100)Pr^{0.4} \qquad (5\text{-}179)$$

式（5-179）的适用范围：$0.5 < Pr < 1.5$，$10^4 < Re < 5 \times 10^6$。

$$Nu = 0.012(Re^{0.87} - 280)Pr^{0.4} \qquad (5\text{-}180)$$

式（5-180）的适用范围：$1.5 < Pr < 500$，$3 \times 10^3 < Re < 10^6$。

粗糙管内湍流传热 Swamee 和 Jain 针对粗糙管内传热，提出了从过渡区到整个湍流区的传热系数经验关联式：

$$Nu = \frac{(C_f/2)(Re - 1000)Pr}{1 + 12.7\sqrt{C_f/2}(Pr^{2/3} - 1)} \qquad (5\text{-}181)$$

$$C_f = \frac{0.0625}{\left[\lg\left(\dfrac{1}{3.7d/\varepsilon} + \dfrac{5.74}{Re^{0.9}}\right)\right]^2} \qquad (5\text{-}182)$$

式中，d 为管径；ε 为管壁粗糙度。式（5-181）的适用范围：$5 \times 10^3 < Re < 10^8$，$100 < \dfrac{d}{\varepsilon} < 10^6$。

【**例 5-2**】 居室空气调节可以利用大地作为冷源。室内热空气流过埋于地下的管道将热量传给周围土壤，进入室内的空气温度低于建筑物平均温度，从而提高空调效果。埋入地下的镀锌管直径 40.64cm，强制流过管内的空气流量为 0.566m³/s，管壁温度维持在 15.5℃，室内维持在 23℃。如果要使进入室内的冷空气温度为 17℃，需要多长的管子？传热量多少？如何减少管长仍能获得相同的传热量？假定管壁粗糙度为 0.254cm。

【**解**】 依题意，23℃的室内热空气进入壁温 15℃的镀锌管内冷却至 17℃后再进入室内，故有，空气平均温度 $T_b = \dfrac{T_{bi} + T_{b0}}{2} = \dfrac{23+17}{2} = 20(℃)$。查 20℃下空气的物性：$\rho = 1.194 \text{kg/m}^3$，$c_p = 1.007 \text{kJ/(kg·K)}$，$\mu = 1.81 \times 10^{-5} \text{kg/(m·s)}$，$v = 1.52 \times 10^{-5} \text{m}^2/\text{s}$，$k = 0.0256 \text{W/(m·K)}$，$Pr = 0.709$，$m = \rho V = 0.6758 \text{kg/s}$，则

$$Re = \frac{4G'}{\pi d v} = \frac{4 \times 0.566}{\pi \times 0.4064 \times 1.52 \times 10^{-5}} = 1.17 \times 10^5$$

$$\frac{d}{\varepsilon} = \frac{40.64}{0.254} = 160$$

由式（5-182），得

$$C_f = \frac{0.0625}{\left\{\lg\left[\dfrac{1}{3.7 \times 160} + \dfrac{5.74}{(1.17 \times 10^5)^{0.9}}\right]\right\}^2} = 0.0084$$

由式（5-181）可得：

$$Nu = \frac{(0.0084/2) \times (1.17 \times 10^5 - 1000) \times 0.709}{1 + 12.7 \times \sqrt{0.0084/2} \times (0.709^{2/3} - 1)} = 411$$

因此

$$h = \frac{Nu \cdot k}{d} = \frac{411 \times 0.0256}{0.4064} = 25.9 [\text{W/(m}^2\text{·K)}]$$

$$L = \frac{-mc_p}{\pi d h} \ln \frac{T_w - T_{b0}}{T_w - T_{bi}} = \frac{-0.6758 \times 1.007 \times 10^3}{\pi \times 0.4064 \times 25.9} \times \ln \frac{15.5-17}{15.5-23} = 28.5 (\text{m})$$

$$q = mc_p(T_{bi} - T_{b0}) = 0.6758 \times 1.007 \times 10^3 \times (23-17) = 3400(\text{W})$$

制冷和空气调节的冷容量以制冷的吨数表示。1.0t 制冷量定义为传热速率 3517W。因此，上述空调系统具有约 1.0t 冷容量。典型的 185.8m² 的房间的冷负荷约 3.0t，所以此系统只适合于小房子。通常增大管表面积可缩短管长，具体措施可采用增大管直径或安装扩展表面（如管翅等）来实现。

5.7 冷凝与沸腾传热

伴有蒸气凝结或液体沸腾的传热过程称为相变传热。相变传热要比单相对流传热复杂得多。本节只针对较简单的情况进行讨论。

5.7.1 管内冷凝

管内冷凝换热，如冷冻和空调系统的热交换过程，没有相应的理论方程来描述。蒸气的流速以及壁面液体累积速率都会显著影响冷凝传热速率。当蒸气在水平管内发生冷凝时，凝液所受作用力为：液体的惯性力、黏性力、重力以及蒸气惯性力（摩擦作用）。蒸气和凝结液膜在管内的流动可能为层流，也可能为湍流。在圆管进口端，气相流速较大，液相流速较小，通常是气相为湍流、液相为层流；而在出口端则相反，即气相转变为层流，液相则为湍流。当蒸气在管内全部凝结时，出口端蒸气流速为零。

从液膜受力分析角度而言，如果重力对液相起支配作用，管内将出现分层流动工况[参见图 5-15（a）]。相反，若蒸气惯性力起支配作用（气相 Re 较大），管内将为环状流动[参见图 5-15（b）]。很显然，管内流动工况与气液两相 Re（Re_g、Re_l）密切相关，除此之外，还应该与气、液相质量流率和密度等多种因素有关。为此，Jaster 和 Kosky 提出了基于 F 因子的判据，并通过实验发现：当 $F<5$ 时，管内为分层流动；$F>29$ 时，为环状流动；$F=5\sim29$ 时，则为过渡工况。F 的表达式为：

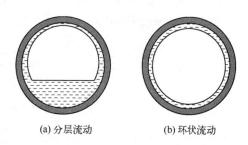

(a) 分层流动　　　　(b) 环状流动

图 5-15　水平管内冷凝液体流动工况

$$F = \frac{(1+x^{2/M})^{1.5M} \rho_l (xn)^3 f_g^{1.5}}{2\sqrt{2}(\rho_l \rho_g)^{1.5} \mu_l \delta^+ g} \tag{5-183}$$

式中，x 为蒸气干度；n 为管内两相流体总质量通量；$M = 4\sim5.13$，

$$Re_g = \frac{xnd}{\mu_0}, \quad Re_l = \frac{(1-x)nd}{\mu_l} \tag{5-184a,b}$$

$$f_g = 0.079 Re_g^{-0.25} \tag{5-185}$$

$$\delta^+ = \left(\frac{Re_l}{2}\right)^2 \ (Re_l \leqslant 1250) \quad (5\text{-}186a) \qquad \delta^+ = 0.0504 Re_l^{0.875} \ (Re_l > 1250) \tag{5-186b}$$

对于分层流动，Jaster 和 Kosky 建议按下式计算水平管内膜状冷凝传热系数：

$$h_m = 0.725 \Omega \left[\frac{\rho(\rho-\rho_g)gr_{lg}k_l^3}{\mu_l d(T_g - T_w)}\right]^{1/4} \tag{5-187}$$

式中，$\Omega = \varepsilon_g^{3/4}$，$\varepsilon_g = \dfrac{1}{1+\dfrac{1-x}{x}\left(\dfrac{\rho_g}{\rho}\right)^{2/3}}$；$r_{lg}$ 为比汽化热。

对于环状流动，Boyko 提出的平均传热系数为：

$$\frac{h_m d}{k_l} = 0.024 Re_l^{0.8} Pr_l^{0.43} \times \frac{1}{2}\left(\sqrt{\frac{\rho}{\rho_{H_1}}} + \sqrt{\frac{\rho}{\rho_{H_2}}}\right) \tag{5-188}$$

式中，ρ_{H_1}、ρ_{H_2} 表示两相流体的混合密度，下标 1 和 2 分别表示进口和出口。

当管进口为蒸气状态,且蒸气在管内全部冷凝时,式(5-188)可简化为:

$$\frac{h_m d}{k_l} = 0.024 Re_l^{0.8} Pr_l^{0.43} \left(\frac{1+\sqrt{\rho/\rho_g}}{2} \right) \quad (5\text{-}189)$$

5.7.2 池内沸腾传热

当壁面被液体覆盖且壁面温度高于液体饱和温度时,液体内部将产生气泡并剧烈汽化,这一过程便包含沸腾传热。沸腾传热是一种高强度的热传递。热通量取决于壁面温度与饱和温度之差。高温壁面浸没在自由液面之下所发生的沸腾称为**池内沸腾**。液体温度等于饱和温度所发生的沸腾称为**饱和沸腾**或**主体沸腾**。液体温度低于饱和温度但因壁面温度较高所发生的沸腾,称为**过冷沸腾传热**。

5.7.2.1 池内沸腾曲线

以白金电热丝加热水可得到如图 5-16 所示的一条典型的池内沸腾曲线,即 $\ln q \sim \ln(T_w - T_{sat})$ 曲线。横坐标为壁温(T_w)与液体沸点温度(T_{sat})之差的对数,纵坐标为热通量 q 的对数。图中各区段的沸腾机理描述如下。

① OA 段为液相**自然对流传热区**。在该段,加热丝表温度略微高出液体沸点几摄氏度,自然对流使过热液体上升,当其升至液体表面时就发生汽化,自然对流传热通量较小。

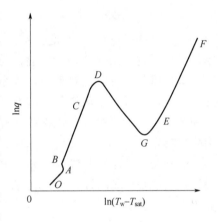

图 5-16 池内沸腾曲线

② BC 段和 CD 段沸腾又统称为**核状沸腾区**。随着加热丝温度的升高,丝表面某些核心部位产生气泡,并在 B 点出现核状沸腾。在 BC 段内,所生成的气泡在达到自由液面之前就破裂并凝结成液体。但在 C 点之后直至 D 点,随着加热丝温度进一步升高,加热丝表面产生的气泡更多更大,并能顺利到达液体表面,然后汽化。

③ DG 段为**过渡沸腾传热区**。D 为临界点,D 之后继续增加温度,在加热丝周围会形成气膜,该气膜不稳定,一部分脱离表面上升,形成一个大气泡后破裂,并将加热丝表面暴露出来。气膜总是处在形成和破裂的循环之中。在此区段,加热面的一部分为气膜覆盖(膜状沸腾),其余部分仍为核状沸腾。越接近 G 点,核状沸腾所占比例越小,到 G 点时,全部加热面均转变为膜状沸腾;反之,越靠近 D 点,核状沸腾部分越多。很显然,因气膜的热阻较大,表面气膜所占比例越高,热通量下降得也越多。

④ GE 段为**稳态膜状沸腾区**。当温差 $(T_w - T_{sat})$ 大约为 220K 时,加热丝表面所形成的气膜就变得稳定了。气膜的存在使传热通量明显减小。

⑤ 当温差 $(T_w - T_{sat})$ 达到 550K 以上时,辐射传热开始起作用。热通量明显上升,但传热机理仍为膜状沸腾。

研究池内沸腾特性,主要是研究沸腾曲线的形状、临界点 D 的位置、核状沸腾传热特性和膜状沸腾传热系数等。

5.7.2.2 核状沸腾传热

Foster 和 Greif 根据实验结果，提出了核状沸腾传热系数 h_{tr} 关联式：

$$h_{tr} = 0.00122 \frac{k_1^{19/24} c_{pl}^{11/24} \rho_1^{1/2}}{\sigma^{1/2} \mu_1^{7/24} \Delta H_{vap}^{1/4} \rho_g^{1/4}} (T - T_{sat})^{1/4} \Delta p^{3/4} \quad (5\text{-}190)$$

式中，ΔH_{vap} 为蒸发焓。该式的计算精确度较高，常用于工程计算中。

当热通量 q 达到临界值 q_{cr} 时，传热机理将从核状沸腾变为膜状沸腾。对于沸腾设备的设计来说，临界热通量 q_{cr} 是一个非常重要的参数，可以按下式计算：

$$\frac{q_{cr}}{\Delta H_{vap} \rho_g} = 0.149 \left[\frac{\sigma(\rho_1 - \rho_g)g}{\rho_g^2} \right]^{1/4} \quad (5\text{-}191)$$

5.7.2.3 膜状沸腾传热

膜状沸腾是指在加热面上形成完整稳定的气膜，热量通过气层导热传到液面，再产生沸腾蒸发，蒸气以气泡形式通过液层向外溢出。因其传热效率低，在设计中应避免，但高温炉的气膜冷却和金属材料的热处理、钢锭的冷却等又常常利用膜状沸腾。

Bromley 针对图 5-17 所示的垂直壁面膜状沸腾边界层，获得在两种极端工况[图 5-17（a）为静止液面；图 5-17（b）为液相与气相一起向上运动]下的局部传热系数为：

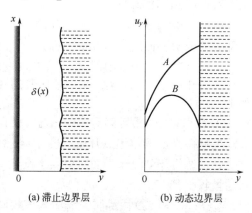

(a) 滞止边界层　　(b) 动态边界层

图 5-17　垂直壁膜状沸腾边界层

$$h_{trx} = \left[\frac{8}{3(C/2 - 1/3)} \right]^{1/4} \left[\frac{\Delta H_{vap} g \rho_g \Delta \rho k_g^3}{\Delta T x \mu_g} \right]^{1/4} \quad (5\text{-}192)$$

式中，极端工况图 5-17（a）下，$C = 2$；极端工况图 5-17（b）下，$C = 1$。

垂直壁上的平均传热系数为：

$$h_{trm} = \frac{1}{L} \int_0^L h_{trx} dx = C_1 \left(\frac{g \Delta H_{vap}}{\Delta T L \mu_g} \rho_g \Delta \rho k_g^3 \right)^{1/4} \quad (5\text{-}193)$$

式中，极端工况图 5-17（a）下，$C_1 = 0.667$；极端工况图 5-17（b）下，$C_1 = 0.943$。物性按 $T_m = (T_w + T_{sat})/2$ 下的饱和物性考虑。

5.7.3　管内沸腾

液体在管内流动，同时又被加热所产生的沸腾，即为强制流动沸腾。它与池内沸腾不同之处是流速可大可小。从传热机理来看，在产生沸腾的热边界层中，传热主要与气泡的行为有关，边界层中液体大部分处于饱和状态，气泡的液膜则处于过热状态。所以，可认为此时的沸腾传热不受主流液体物性及其流动状态的影响。当然，非沸腾区液体的传热仍是单相对流传热，会受到液体物性及流速的影响。而在沸腾盛旺区，主流液体就不再影响传热，与池内沸腾非常接近，甚至可以按池内沸腾处理。所以目前在计算流动沸腾传热特性时，认为传热由两部分组成：在尚未发生核状沸腾的受热面部分，属于单相对流传热；在已发生核状沸腾的受热面，则为核状沸腾传热。

5.7.3.1 管内沸腾的传热特征

当液体在管内强制对流过程中沸腾时，沸腾传热与两相混合物的流型密切相关。图 5-18 为过冷液体在均匀加热垂直管中向上流动，热通量较低时沿管长的流型及相应传热区域、管壁温度和流体温度关系图。

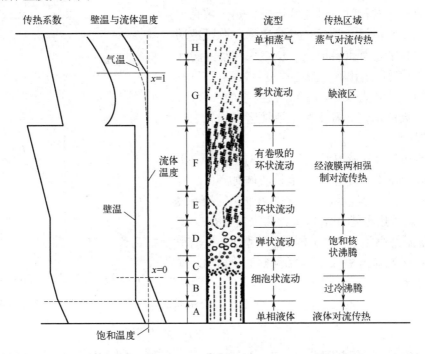

图 5-18 垂直管内强制对流沸腾时的流型与传热区域关系图

在 A 区，液体温度低于饱和温度，而壁温高于该值，管内为单相液体的**对流传热**。在 B 区，液相主体温度仍低于饱和温度，但管壁温度已过热到足以产生汽化核心，因而在壁面上有气泡形成。但由于主流温度仍低于饱和温度，故气泡在脱离壁面进入主流时即凝结而消失。这一区域的传热方式称为**过冷核沸腾传热**。在 C 区和 D 区，介质温度已上升到饱和温度，而管壁又过热到能足以产生气泡的温度。此两区的传热方式为**饱和核状沸腾传热**。此时产生的蒸气量沿管长增多，两相流体的流型则由细泡状流型、弹状流型发展到环状流型的初始阶段。在 E 区和 F 区，随着蒸气干度进一步增加，蒸气在管中心形成一个气柱而大部分液体则以环状液膜形式沿管壁流动。管壁热量是通过液膜传到气液分界面上的，传热较强烈。因此，管壁过热度降低到在壁面上不会产生气泡，而液体在气液分界面上不断汽化的传热，称为经液膜的**两相强制对流传热**。在 F 区，由于液膜不断蒸发及液膜被管子核心部分气流卷走，沿管长液膜越来越薄。最后，壁上液膜完全消失，出现蒸干现象（G 区）。此时，壁面直接与蒸气接触，传热效率大为降低，壁温急剧上升。G 区称为**缺液区**，其流型为雾状流动。在缺液区，蒸气与管壁接触而过热。夹带于气流中的液滴受到蒸气的加热而蒸发，到气流中的液滴全部蒸发完时，即进入**单相蒸气对流传热** H 区。

由图 5-18 可以看出，热通量较低时传热系数 h 的变化情况。在单相液体区，h 基本保持不变。微小的变化是由流体物性随温度变化所致。在过冷核沸腾区，随流体温度的升高，汽化核心数目增加，产生气泡的频率也增大，因此热通量也随之提高。在饱和核状沸腾区，传热系数基本保持不变。在两相强制对流传热区，传热系数随液膜厚度的减薄而增大。当液膜蒸干时，传热系数突然大幅下降到接近于气相强制对流的水平。此后，由于蒸气干度增加，气相流速增加，传热系数有所回升。最后，传热系数又与单相气体的强制对流相对应。

5.7.3.2 过冷沸腾传热

流体流入蒸发管时，最先经历的传热区域为单相液体对流传热区域，随后是过冷沸腾区。过冷沸腾在流动沸腾中占有重要地位。虽然在流动沸腾区域内，过冷沸腾所占比例（流道长度）较小（5%左右），但是对某些热力设备，如压水反应堆的活性区，却占有相当大的比例，几乎整个活性区，均属于过冷沸腾范围。

如图 5-19 所示，通常认为过冷沸腾起始点 ONB（Onset Nucleate Boiling）位于单相液体对流传热线 ABC 的趋势线与充分发展过冷沸腾曲线 EF 的趋势线之交点 D'。随着热通量的增加，壁温将沿着 $ABCD'$ 变化。在 D' 点产生气泡后，由于传热系数增大，壁温稍有下降，由 D' 点降到 D 点。此后随热通量增加，壁温将沿 DEF 线变化。

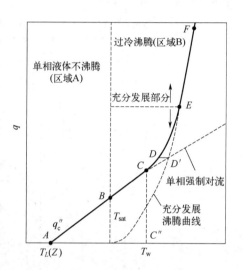

图 5-19　过冷沸腾壁温和热通量

Jens 等建议用如下经验公式计算水充分发展过冷沸腾时的壁温和热通量之间的关系：

$$T_w - T_s = 25q^{0.25}\exp(-p/62) \tag{5-194}$$

式（5-194）的适用范围是：$p = 6\times10^5 \sim 1.7\times10^7 \text{Pa}$，$q \leq 10^6 \text{W/m}^2$，$G \leq 10280 \text{kg/s}$。

5.7.3.3 饱和沸腾传热

在饱和核沸腾传热区域中，其传热机理本质上和过冷沸腾区域中的相同。由充分发展过冷沸腾试验数据归纳出来的计算方法及计算式仍适用于饱和核状沸腾传热区域的计算，只是液体温度应采用饱和液体温度。

$$Nu = 0.225(qD_e/\mu_1 \Delta H)^{0.69}(c_{pl}\mu_1/k_1)^{0.67}(\rho_l/\rho_g)^{0.31}(D_e p/\sigma)^{0.31} \tag{5-195}$$

由于在饱和核状沸腾传热区域中流体温度为一常数，因而传热系数也为常数。

5.7.3.4 两相强制对流传热

图 5-18 所示两相强制对流传热区（EF）的传热系数很高，已发表的文献中该传热系数可高达 200kW/(m²·K)。它是两相流动和传热的重要区域，许多研究者研究了这一区域的传热规律。通常传热系数计算式与 Lockhart-Martinelli 参数 X 有关，该参数为液相表观压力梯度与气相表观压力梯度之比的平方根，即：

$$X = \sqrt{\frac{(dp/dz)_{SL}}{(dp/dz)_{SG}}} \tag{5-196}$$

1966 年，Chen 提出的针对垂直管内饱和核状沸腾传热区和两相强制对流传热区的关系式得到广泛应用。他认为气泡沸腾和对流这两种传热机理在两相强制对流传热区中都在起作用，因此对流传热系数 h 由饱和核状沸腾传热系数 h_{NB} 和两相强制对流传热系数 h_c 叠加而成，即：

$$h = Sh_{NB} + Fh_c \tag{5-197}$$

式中，F 和 S 分别为两相对流强化因子和核状沸腾抑制因子：

$$F = 1.0 \quad (1/X \leqslant 0.1) \tag{5-198a}$$

$$F = 2.35(1/X + 0.213)^{0.736} \quad (1/X > 0.1) \tag{5-198b}$$

$$S = 1/[1 + 0.12(Re_{TP}/10^4)^{1.14}] \quad (Re_{TP} < 3.25 \times 10^5) \tag{5-199a}$$

$$S = 1/[1 + 0.42(Re_{TP}/10^4)^{0.78}] \quad (Re_{TP} > 3.25 \times 10^5) \tag{5-199b}$$

$$S = 0.1 \quad (Re_{TP} > 7 \times 10^5) \tag{5-199c}$$

其中，两相雷诺数：

$$Re_{TP} = Re_l F^{1.25} = \frac{G(1-x)d}{\mu_l} F^{1.25} \tag{5-200}$$

饱和核状沸腾传热系数 h_{NB} 可应用 Forster 关联式：

$$h_{NB} = 0.00122 \frac{k_l^{0.79} c_{pl}^{0.45} \rho_l^{0.49}}{\sigma^{0.5} \mu_l^{0.29} \Delta H^{0.24} \rho_g^{0.24}} \Delta T_s^{0.24} \Delta p_s^{0.75} \tag{5-201}$$

式中，ΔT_s 为壁温和饱和温度之差；Δp_s 为与 ΔT_s 对应的饱和蒸气压差。

两相强制对流传热系数 h_c 可按下式计算：

$$\frac{h_c d}{k_l F} = 0.023 \frac{G(1-x)d}{\mu_l} \left(\frac{\mu_l c_{pl}}{k_l}\right)^{0.4} \tag{5-202}$$

将由式（5-202）计算所得的传热系数和对不同流体进行试验获得的 6000 个试验数据进行对比，结果表明其平均误差为 11％。该式适用于在垂直管道中流动的各种单组分非金属流体的两相强制对流和核状沸腾传热的计算，也能扩展应用于过冷沸腾传热的计算，都具有良好的精确度。

5.8 案例分析——基于人工神经网络技术的对流传热分析

案例背景 人工神经网络（ANNs）是通过模拟人类大脑的结构和逻辑思维方式而建立的一种信息处理系统。它利用大量神经元之间的相互连接，构成能够进行复杂计算的网络系统，通过选取不同的模型和传递函数，得到对应的输入-输出关系式，可处理各种复杂的问题。由于 ANNs 能提供更好、更合理的解而在许多工程领域中得到应用，主要包括智能驾驶、语音和图像处理、化工分离装置和反应器的控制、传热和传质数据分析等。Shi 等提出了一种仿射不变性方法来生成未校准的宽基线图像之间的密集对应关系,应用于智能生产线;Kalogirou 等用 ANNs 对强制循环式太阳能生活热水的性能进行预测;Gao 等利用 ANNs 模型对汽车周围的整个流场进行建模;Sreekanth 等利用 ANNs 模型对机翼上的非定常分离流场进行预测;Farshad 等使用人工神经网络算法预测生产油井的温度分布;Parcheco-Vega 等利用神经网络对换热器系统的传热现象进行了建模。可以看出,人工神经网络对于工程应用中的热分析有良好的适用性,但还未在波纹通道的传热分析方面进行应用或测试。为此,本案例将重点讨论人工神经网络方法在波纹通道传热分析中的适用性,该方法由于实现了强化传热而被应用于板式换热器的设计中,并且是高热流密度应用的最佳选择。

5.8.1 雷诺数对波纹通道对流传热系数的影响

图 5-20 是用于数据采集的传热分析实验装置图。实验过程简述如下。

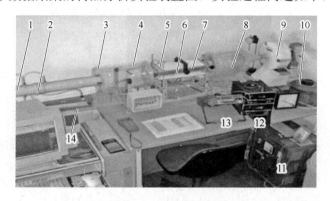

图 5-20 对流传热的实验装置

1—进气口;2—流量计;3—上游静压箱;4—冰浴;5—绝缘;6—电加热器;7—测试板;8—下游静压箱;
9—风扇;10—变压器;11—直流电源;12—扫描仪;13—万用表;14—斜管压力计

开启风扇 9 后,工作流体(实验室空气)从上游静压箱 3 流经测试板 7(传热体系)进入下游静压箱 8,其质量流率经流量计 2 进行测量,流率大小由变压器 10 进行控制。直流电源 11 是板式加热器的电源,用于试验段的加热。在顶壁和底壁建立了单位加热长度相等的功率输入。在加热器和主壁面之间填充了导热化合物以消除其温度梯度,提供更好的热接触。主壁面的温度分布由 6 个热电偶进行监测,入口主体温度由上游管道入口热电偶测量。

图 5-21 示出了对流传热流体的一个代表性波纹型通道,由 278mm×50mm×10mm 的铜板制成,四个波纹角分别为 20°、30°、40°和 50°。对于非圆形通道,常用基于水力直径的雷诺数表征,表 5-7 列出了通道几何参数。传热实验在雷诺数为 1200~4000 范围内进行。

本实验的目的是确定流经波纹通道的空气充分发展的 Nu 值。对于周期流动的均匀加热条件,沿轴向相距 S 的各点壁面温度呈线性分布。同样,同一轴向点处的流体主体温度分布也在一条直线上,其斜率与上述壁温线相等;并且在周期性温度边界层发展工况下,所有循环的平均传热系数相同。

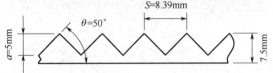

图 5-21 波纹型通道

表 5-7 测试通道的几何数据

θ /(°)	S / mm	a / mm
20	27.47	5.00
30	17.32	5.00
40	11.91	5.00
50	8.39	5.00

根据测量的温度和热量输入来评估循环充分发展阶段的平均传热系数。根据上述两条直线的位移可获得壁面和主体之间的温差。在每个循环（Q_{cycle}）向流体输入热量的情况下，根据实验数据得到壁面与主体的温差$(T_w - T_b)_{fd}$，通过定义式计算循环平均传热系数(h)如下：

$$h = \frac{Q_{cycle}}{A_{cycle}(T_w - T_b)_{fd}} \tag{5-203}$$

式中，A_{cycle} 是指每个循环的对流换热面积。

表 5-8 和表 5-9 分别给出了用于训练和测试数据的 Nu 值。在 $1200 < Re < 4000$ 的范围内，Nu 值的平均误差为 4%～10%，最高误差出现在最低雷诺数条件下。

表 5-8 训练人工神经网络选择的 Nu 值

θ /(°)	D_h / mm	S / mm	Re							
			1200	1600	2000	2400	2800	3200	3600	4000
20	1.9	27.47	11.83	11.15	11.14	11.68	11.92	14.42	15.50	16.40
30	1.9	17.32	12.35	12.35	16.87	18.84	—	—	—	—
30	16.6	17.32	30.94	30.94	32.96	34.30	37.50	39.15	40.73	44.32
40	16.6	11.91	30.47	30.47	36.68	35.98	34.60	40.54	40.36	40.87
50	16.6	8.39	25.00	25.00	37.82	44.00	50.00	55.21	53.72	57.86

表 5-9 测试人工神经网络选择的 Nu 值

θ /(°)	D_h / mm	S / mm	Re							
			1200	1600	2000	2400	2800	3200	3600	4000
20	16.6	27.47	22.11	21.27	23.05	23.38	23.50	25.10	26.28	27.84

5.8.2 基于人工神经网络的传热数据分析和预测

反向传播网络是最常用的前馈神经网络，因为它存在严格的数学学习方案来训练网络，并保证输入输出之间的映射关系。一个典型的前馈架构如图 5-22 所示。

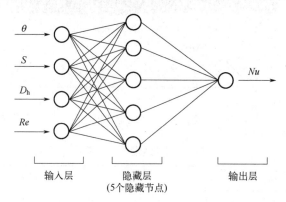

图 5-22 波纹通道传热分析的 4-5-1 人工神经网络结构

该结构含有一个输入层、一个隐藏层和一个输出层。在前馈阶段，向输入节点提供一组输入数据，并通过网络将信息向前传递给输出层的节点。节点通过 sigmoid 激活函数实现非线性输入输出变换。数学背景、训练和测试 ANNs 的程序及其历史记录可以从 Haykin 所著文献中得到。这种非线性映射能力以及神经元大规模连接的事实，使神经网络能够估计任何函数，而不需要对物理现象建立明确的数学模型。为了训练和测试神经网络，需要输入数据模式和相应的目标。在建立 ANNs 模型时，将可用的数据集（70%~80%的数据）分为两个集：使用第一个数据集训练网络，然后使用第二个数据集进行验证。训练过程是通过将网络输出与给定数据进行比较来进行的。改变权重和偏差可将输出值和实验数据之间的误差最小化。在本研究中使用的方案是反向传播算法。ANNs 的结构通过选择隐藏层数和隐藏层节点数来设置，输入层和输出层的节点数由物理变量决定。与传统回归分析相比，神经网络方法的主要优点是：无线性假设，自由度大，能更有效地处理非线性函数形式。

本神经网络的输入节点为波纹角（θ）、循环轴向长度（S）、水力直径（D_h）和雷诺数（Re），输出为 Nu。由于 sigmoid 函数的限制，神经网络的输入、输出值应在 0.1 和 0.9 之间。

为了确定神经网络的结构，通过改变隐藏层的数量、调整学习率和动量系数来检查神经网络的收敛速度。为了方便对不同网络参数（学习效率和动量系数、训练次数、数据集分组）的预测值与实际值进行比较，需要进行误差评估。平均相对误差（MER）的计算公式如下：

$$\text{MER} = \frac{1}{n}\sum_{i=1}^{n}\frac{100|a_i - p_i|}{a_i} \tag{5-204}$$

式中，a_i 为实际值；p_i 为预测（输出）值；n 为数据个数。

训练完成后，利用已经训练过的网络对一组新数据进行预测。对隐藏层节点分别为 1、5、10 和 15 的 4 种不同网络的模型灵敏度进行了检验。隐藏层含 5 个节点，学习率和动量系数均为 0.6 的网络性能最佳。在训练期间，所开发的神经网络模型具有 4-5-1 的网络结构，194443

个训练周期后有较好的拟合效果，测试和验证期的 MER 分别小于 3%和 4%，与使用实验技术评估的结果一致（＜4%）。如图 5-23 所示，误差值在 0～11%的范围内。最大相对误差约为 8.27%（图 5-23），MER 为 2.45%。

案例小结　本案例建立了用于传热数据分析的人工神经网络模型，成功预测了波纹通道内空气的对流传热系数或努塞尔数，表明人工神经网络的应用可以为工程师快速准确地设计换热装置提供便利。

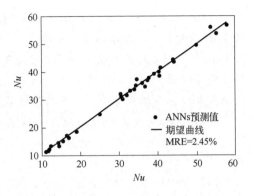

图 5-23　Nu 值的人工神经网络评估训练结果

思考题

5.1　简述传热系数、热导率和虚拟导热膜三者之间的关系。

5.2　简述湍流传热机理。

5.3　简述稳态层流传热系数解析解的求解思路。

5.4　波尔豪森解与布拉修斯精确解的联系与区别分别是什么？

5.5　试比较水平管外与垂直管外蒸气冷凝传热系数大小。

5.6　简述不凝性气体对冷凝传热系数的影响。

5.7　试简述雷诺类似律。

5.8　普朗特类似律与 j 因数类似律的本质区别是什么？

5.9　人工神经网络的主要特点是什么？它为何可用于预测对流传热系数？

习题

5.1　294K 的空气从光滑平板表面流过。平板壁面温度 T_w=373K，空气流速 u_0=15m/s，压力 p=1atm（1atm=101325Pa）。已知临界雷诺数 Re_{xc}=5×10^5。试求算临界长度 x_c、该处温度边界层厚度以及层流段的传热膜系数 h_x、h_m。

5.2　常压下 303K 的空气以 20m/s 的速度流过某一宽度为 1m、长度为 2m 的平板表面，板面温度维持 373K。试计算整个板面与空气之间的热交换速率。已知 Re_{xc}=5×10^5。

5.3　水以 3m/s 的流速在一内径为 0.025m 的光滑圆管内流动，其进口温度为 283K，壁面温度恒定为 305K，试分别应用普朗特类似律和 j 因数类似律估算经过 3m 管长后的出口温度。

5.4　要制作一台观察核状沸腾现象的演示装置进行参数估算。选用直径为 0.5mm 的铂丝作加热元件，其电阻为 17.1×10^{-5}Ω/m，在安全电压 36V 下，试求：（1）需要多大的加热电流可以看到典型的核状沸腾现象？（2）最大电流不得超过多少安培？

5.5　把一热水管路上的一个阀门打开，使热水以 0.03m/s 的速度流过内径为 0.033m、壁厚 0.002m 的水管，热水温度保持在 355K，其内壁的温度是 300K。试问在此情况下，当水流 12m 的管长时，其总的热损失是多大？出水的温度是多少？

5.6 一根直径为 0.03m 的铜管，长 3.0m，其外表温度保持在 120℃，常压下温度为 20℃ 的空气受迫以 10m/s 的速度流过此铜管，假如空气流：(1) 与管子平行流过；(2) 与管子轴线垂直流过。试求由管子到空气的热通量分别是多少。

5.7 流体在圆管内沿轴向作一维水平稳态层流流动，流动已充分发展，其速度分布可近似认为是线性函数，流体在流动过程中进行稳态轴对称传热，且管壁热通量维持恒定，试求：

(1) 管内的温度分布方程（T_0-T_w），用 $\partial T/\partial z$ 表达；(2) Nu 值。

5.8 如图所示，一流体以速度 u_0 在半径为 r_i 的圆管内作稳态层流流动，已知管壁温度为 T_w，流体在管内的平均主体温度为 $T_b(T_b \neq T_w)$，热导率为 k，假设速度分布方程和温度分布方程分别为：

$$u = a + br + cr^2$$
$$\frac{T - T_w}{T_b - T_w} = a_1 + c_1 r^2$$

式中，a、b、c、a_1、c_1 为待定参数。

试求：(1) 速度分布方程、温度分布方程；(2) Nu 数。

习题 **5.8** 图

5.9 流体在圆管内沿轴向作一维水平稳态层流流动，流动已充分发展，其速度分布可近似认为是活塞流，即 $u_z = u_b$，流体在流动过程中进行稳态轴对称传热，且管壁热通量维持恒定，试求：

(1) 管内的温度分布方程（$T-T_w$），用 $\partial T/\partial z$ 表达；(2) Nu 数。

5.10 简述当普朗特数 Pr 分别为极小和极大时，流体在圆管内的温度边界层与速度边界层之间的关系，分别从两种边界层的发展进程（L_T 和 L_e）及其厚度（δ_T 和 δ）上给予说明。

5.11 一流体流经恒温平板壁面，形成速度边界层和温度边界层。已知平板壁面的壁温为 T_w，流体主体温度为 T_0、主体流速为 u_0，流体平均密度为 ρ，比热容为 c_p，黏度为 μ，热导率为 k，假设上述速度边界层内速度分布符合布拉修斯精确解，温度边界层内温度分布方程为 $T = a + by + cy^2$，试求：

(1) 温度边界层内的温度分布方程的具体表达式；(2) 局部对流传热膜系数 h_x。

5.12 一流体流经恒温平板壁面，形成速度边界层和温度边界层。已知平板壁面的壁温为 T_s，流体主体温度为 T_0、主体流动速度为 u_0，流体平均密度为 ρ，比热容为 c_p，黏度为 μ，热导率为 k，假设边界层内速度分布和温度分布方程均符合线性关系，且由于边界层内速度分布和温度分布具有相似性，可认为两种边界层厚度之比值（δ/δ_T）为一常数（与 x 和 y 无关）。

试求：(1) 速度分布方程、温度分布方程及 δ/δ_T 值；(2) 局部对流传热膜系数 h_x 和 Nu_x。

5.13 如图所示,一温度为 T_0 的不可压缩流体沿平板壁面流动,壁面温度为 T_w($T_w>T_0$),已知该流体热导率为 0.9×10^{-2}W/(m·K),比热容为 1.0×10^3J/(kg·K),黏度为 1.1×10^{-5}Pa·s,在 x_1 处有 A、B、C、D 四点,分别距离壁面为 a、b、c、d,则该处速度边界层厚度为_____,温度边界层厚度为_____,并分别求出四个点的速度和温度。

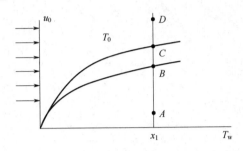

习题 5.14 图

5.14 已知一流体的 Pr 为 2.0,其速度为 u_0,温度为 T_0,当该流体进入直径为 D、管壁温度为 T_w($T_w>T_0$)的圆管时,在管内开始进行层流对流传热,试画出其在管内的速度边界层和温度边界层的示意图,并指出其特征。

5.15 一流体与平板壁面之间进行湍流传热,该流体的 $Pr\neq1$,其摩擦因数符合如下规律:$C_{Dx}=g(Re)$。如果忽略过渡层对传热的影响,试求:

(1) 传热膜系数 h_x 的求解方法;(2) h_x 的相关表达式,用 $g(Re)$ 表达即可。

5.16 一不可压缩流体温度为 T_0,速度为 u_0,请画出该流体进入管径为 r_i 的圆管后形成的速度边界层和温度边界层示意图,并比较两边界层厚度和进口段距离大小。已知管壁温度恒定为 T_w,且 $T_w>T_0$,该流体热导率为 0.07W/(m·K),定压比热容为 14000J/(kg·K),黏度为 3.0×10^{-6}Pa·s。

质量传递篇

第6章

扩散方程与分子传质

前文动量传递和热量传递所涉及的对象均为单组分体系或无浓度梯度的均匀混合物，但我们也经常碰到浓度随位置变化的二元或多元体系。在这类体系中，因浓度梯度的存在将自发进行质量传递，且只要时间足够长，最终又将变成均一体系。

质量传递 系统中一个或多个组分由高浓度区向低浓度区传递的过程，称为**质量传递**，简称**传质**。传质现象随处可见，从植物细胞内的分子扩散到动物脏器内的物质交换；从固定床、流化床内的多相催化反应过程，到精馏、吸收等单元操作中的分离过程，无一不涉及传质现象。

虽然传质过程非常复杂，但一般认为，传质机理包括分子传质和涡流传质两种。有的过程只涉及分子传质，而有的过程同时存在分子传质和涡流传质。为便于理解，本书的第6～8章将由浅入深地分别从以下四个层面介绍传质过程：①分子传质；②层流传质；③湍流传质；④相间传质。

与传热问题类似，一维稳态分子传质可用菲克第一定律描述，但二维和三维分子传质、所有的非稳态传质以及对流传质则需要借助传质微分方程来求解。本章将从传质机理和传质微分方程出发，探讨分子传质的基本概念、基本原理及其规律，并通过一个案例分析，将分子扩散理论用于探讨反应型聚氨酯（PUR）热熔胶的湿固化机理及动力学。

6.1 传质概论

传质与传热和动量传递存在诸多相似之处，它们都是因体系内某一强度因素存在梯度所引起的自发过程。就传递方式而言，传质也可分为两种：分子传质和对流传质。下面分别加以介绍。

6.1.1 传质机理与传质方式

分子传质 依靠分子的无规则运动而引起的质量传递，又称为分子扩散，它既是一种传质机理，也是一种传质方式。无论体系内是否有宏观运动，只要存在浓度梯度，就会发生分子传质。日常生活中存在许多这样的例子：例如打开一瓶香水，立刻就能闻到香味，这正是芳香物质从浓度较大的瓶口，依靠分子的无规则运动，向浓度较小的四周扩散而造成的；又如将活性炭放入有异味的冰箱内，一段时间后异味消失；等等。这些都是典型的分子传质。

由此可知，分子传质与导热一样，既可以发生在气相，也可以发生在液相或固相。设由组分A、B组成的二元气体混合物中组分A在y方向进行一维稳态分子扩散，则组分A的扩散通量J_A与其摩尔浓度c_A之间符合**菲克第一定律**（Fick's First Law）：

$$J_A = -D_{AB}\frac{dC_A}{dy} \qquad (6\text{-}1a)$$

同样，对于组分 B 而言，也存在浓度梯度，其扩散通量 J_B 也符合菲克第一定律：

$$J_B = -D_{BA}\frac{dC_B}{dy} \qquad (6\text{-}1b)$$

涡流传质与对流传质 虽然分子扩散现象普遍存在，描述该现象的方程也很简单，但在实际生产中，更常见的是涉及运动流体的传质，又称为**对流传质**，它是传质的另一种方式。例如，两股互不相溶的流体之间或流体与壁面之间的传质就是对流传质，其传质机理与流体的运动状况密切相关。**层流**的相邻流体间仍以**分子扩散**为主；而对于**湍流**，虽然其**层流内层**仍遵循**分子传质**机理，但**湍流主体**则以**涡流传质**为主。所谓涡流传质，是指由涡旋引起流体微元穿过流线运动，从而导致物质分子在流体内部的快速传递。对于缓冲层，分子传质和涡流传质兼而有之。由此可见，对流传质的机理非常复杂，既与流体物性有关，又与流动特性有关。

与分子传质相似，对流传质也是因浓度梯度引起的。虽然不能简单地套用菲克第一定律，但可以推知，对流传质通量应与浓度梯度有关。因对流传质机理的复杂性，人们找不到类似于扩散系数的物性参数将对流传质通量表示成浓度梯度的线性函数，但可以通过引入**传质系数**（k_c）的概念，采用积分方程的形式，将**对流传质通量**表示成**浓度差的线性函数**，即：

$$N_A = k_c \Delta C_A \quad 或 \quad n_A = k_c \Delta \rho_A \qquad (6\text{-}2a,b)$$

式中，$N_A(n_A)$ 为对流传质摩尔（质量）通量；$\Delta C_A(\Delta \rho_A)$ 为组分 A 在边界与主体的摩尔（质量）浓度之差。

式（6-2）即为**对流传质基本方程**，它与牛顿冷却定律类似，既适用于层流，也适用于湍流。式中传质系数 k_c 是一个宏观参数，而非物性参数。它不仅与流体物性有关，而且与流体流动特性、壁面几何形状及浓度差等诸多因素有关。

前已述及，壁面与流体间的传质，即使是湍流，因层流内层的存在，紧邻壁面的流体传质是依靠分子的无规则运动而产生的，为分子传质。这一点与对流传热很相似，可认为对流**传质阻力主要集中在紧邻壁面的层流流体中**，并将传质系数称为**传质膜系数**，具体定义及其计算方法将在第 7 章讨论。

由此可知，无论何种传质方式，都离不开分子扩散。下面将对分子扩散进行系统的讨论，而在讨论之前，有必要先对传质的一些基本概念加以介绍。

6.1.2　传质基本概念及其表征

虽然分子扩散与导热有不少相似之处，在讨论这两类问题时，也常采用类似的方法，但二者之间仍有明显区别。首先，导热过程中，在热流方向上只有能量的传递，没有流体介质本身的移动，也就没有宏观的流体运动；而分子扩散中存在组分的移动，从而导致传质方向上的宏观运动。其次，导热体系为均相或拟均相，各处物性基本一致；而分子传质发生在混合物中，它涉及各个组分与混合物之间的关系，如各组分的浓度、速度与混合物浓度、速度之间的关系等。为了便于讨论，本节将介绍分子传质中经常用到的一些**基本概念、基本参数**及**相关表达式**。

浓度　在式（6-1）中，组分 A 的浓度 C_A 为摩尔浓度，扩散通量是以单位面积、单位时间内所传递组分 A 的物质的量来表示的。当 A 的浓度用质量浓度或其他浓度表达时，扩散通量也就随之变化。下面将针对双组分（A、B）混合物，给出浓度的几种表示方法及其换算关系。

摩尔浓度　单位体积内某物质的物质的量，量纲为[kmol/m³]。混合物总摩尔浓度 C 与组分 A、B 的摩尔浓度 C_A、C_B 之间的关系为：

$$C = C_A + C_B \tag{6-3}$$

质量浓度　单位体积内物质的质量，量纲为[kg/m³]。它有一个更常用的名称即**密度**。同样地，混合物的总密度 ρ 与组分 A、B 的密度 ρ_A、ρ_B 之间的关系为：

$$\rho = \rho_A + \rho_B \tag{6-4}$$

摩尔分数和质量分数　摩尔浓度和密度均为绝对浓度表示法，有时还采用相对浓度来表示各组分在混合物中的含量，如摩尔分数（x_A、x_B）和质量分数（w_A、w_B），其定义式为：

$$x_A = \frac{C_A}{C}, \quad x_B = \frac{C_B}{C}, \quad x_A + x_B = 1 \tag{6-5}$$

$$w_A = \frac{\rho_A}{\rho}, \quad w_B = \frac{\rho_B}{\rho}, \quad w_A + w_B = 1 \tag{6-6}$$

摩尔浓度与密度之间的关系为：

$$C_A = \frac{\rho_A}{M_A} \quad \text{或} \quad \rho_A = C_A M_A \tag{6-7}$$

摩尔分数与质量分数的关系为：

$$x_A = \frac{w_A / M_A}{w_A / M_A + w_B / M_B}, \quad w_A = \frac{x_A M_A}{x_A M_A + x_B M_B} \tag{6-8}$$

式中，M_A 和 M_B 分别为组分 A、B 的摩尔质量。

速度　在一个多元混合物中，各组分通常以各自不同的速度运动。即使是宏观上静止的多元体系，只要各组分存在浓度梯度，就会因分子扩散而具有一个扩散速度；而由于各组分的扩散性质不同，其扩散速度也各不相同，故组分间就会产生相对运动。要想清楚地表示混合物扩散速度及各组分扩散速度，就必须制定某种基准，下面就此给出相应的定义。

混合物平均速度　是指混合物相对于固定坐标轴的绝对速度。按混合物浓度表示方法，又可分为**质量平均速度** u 和**摩尔平均速度** u_M。

质量平均速度 u　在密度为 ρ 的双组分混合物中，设组分 A、B 通过静止平面的速度分别为 u_A 和 u_B，其质量浓度分别为 ρ_A 和 ρ_B，则混合物质量平均速度 u 可定义为：

$$u = (\rho_A u_A + \rho_B u_B) / \rho \tag{6-9}$$

摩尔平均速度 u_M　同样，对于上述混合物，当 A、B 两组分的浓度分别用摩尔浓度 C_A 和 C_B 表示时，可定义摩尔平均速度 u_M：

$$u_M = (C_A u_A + C_B u_B) / C \tag{6-10}$$

扩散速度　是指各组分相对于平均速度的速度。可定义如下两种扩散速度。

$(u_A - u)$：组分 A 相对于质量平均速度的扩散速度；

$(u_A - u_M)$：组分 A 相对于摩尔平均速度的扩散速度。

u 和 u_M 可视为混合物中各组分所共有的速度，作为衡算各组分扩散性质的基准。根据菲克定律，只要有浓度梯度存在，扩散速度就不为零。因各组分分子量不同，u 和 u_M 一般不会相等，应用时要注意选择。

传质通量　指在单位时间内通过单位面积的物质量。依物质量的表达方式，可分为质量通量和摩尔通量；依所通过平面的不同状态（静止的平面和移动的平面），又可分为流动通量和扩散通量。

摩尔扩散通量 J_A　组分 A 以扩散速度 $(u_A - u_M)$ 进行分子传质时的摩尔通量可表示成浓度与扩散速度的乘积，其定义式为：

$$J_A = C_A(u_A - u_M) \tag{6-11}$$

式（6-11）表明，摩尔扩散通量是以移动平面为基准的，该平面的移动速度即为混合物摩尔平均速度 u_M。根据 Fick 第一定律，J_A 又符合式（6-1a）。由式（6-1a）和式（6-11）可得：

$$C_A(u_A - u_M) = -D_{AB}\frac{dC_A}{dy} \tag{6-12}$$

对于总浓度变化的体系，组分 A 的浓度可用摩尔分数来表示，菲克定律可写成：

$$J_A = -CD_{AB}\frac{dx_A}{dy} \tag{6-13}$$

摩尔流动通量 N　将式（6-11）和式（6-10）代入式（6-13）可得：

$$C_A u_A = -CD_{AB}\frac{dx_A}{dy} + x_A(C_A u_A + C_B u_B) \tag{6-14}$$

式中，u_A 和 u_B 都是相对于静止坐标系的速度，$C_A u_A$ 和 $C_B u_B$ 则分别为组分 A 和 B 通过静止平面的传质通量，并分别用 N_A 和 N_B 表示，即：

$$N_A = C_A u_A, \qquad N_B = C_B u_B \tag{6-15a,b}$$

将式（6-15）代入式（6-14），可得：

$$N_A = -CD_{AB}\frac{dx_A}{dy} + x_A(N_A + N_B) \tag{6-16}$$

式中，$(N_A + N_B)$ 是混合物因主体流动所产生的相对于静止坐标的摩尔通量。由式（6-16）可知，组分 A 相对于静止坐标的摩尔通量由两部分组成：

① **扩散通量 J_A**，即 $-CD_{AB}\dfrac{dx_A}{dy}$，以移动坐标（摩尔平均速度）为基准；

② **主体流动通量 $x_A N$**，即 $x_A(N_A + N_B)$，以静止坐标为基准。

上述讨论都是基于物质量为"摩尔"，这对于具有化学反应的体系特别适用。但对于无化学反应的系统，有时用"质量"作为计算单位更方便。

菲克第一定律亦可用质量扩散通量 j_A 表示，对于总密度恒定的双组分系统，有：

$$j_A = -D_{AB}\frac{d\rho_A}{dy} \tag{6-17}$$

对于总密度变化的体系，其一般形式为：

$$j_A = -\rho D_{AB} \frac{dw_A}{dy} \tag{6-18}$$

j_A 为组分 A 的质量扩散通量，是以质量平均速度 u 为基准的。依定义又可写成：

$$j_A = \rho_A (u_A - u) \tag{6-19}$$

同样，可定义各组分相对于静止平面的质量流动通量 n_A、n_B 为：

$$n_A = \rho_A u_A, \quad n_B = \rho_B u_B \tag{6-20a,b}$$

将式（6-8）代入式（6-19），并根据式（6-20），可得：

$$n_A = -\rho D_{AB} \frac{dw_A}{dy} + w_A (n_A + n_B) \tag{6-21}$$

以上共介绍了四种通量表达式，都是 Fick 定律的变形。虽然它们都可独立地描述某一过程的分子扩散，但在实际运用中，根据具体情况选择相应形式，会使计算变得简捷。例如，对于描述工艺设备的运转规律，多采用相对于静止坐标的通量 n_A 或 N_A，如果该设备内有化学反应，又应优先选用 N_A；而在测定扩散系数时，通常采用 J_A 或 j_A。

表 6-1 和表 6-2 分别列出了二元混合物中组分 A 的通量定义式和表达式。

表 6-1　二元混合物中组分 A 的通量定义式

通量类型	扩散通量 （相对于平均速度）	主体流动通量 （相对于静止坐标）	总通量 （相对于静止坐标）
摩尔通量	$J_A = C_A(u_A - u_M)$	$C_A u_M$	$N_A = J_A + C_A u_M$
质量通量	$j_A = \rho_A (u_A - u)$	$\rho_A u$	$n_A = j_A + \rho_A u$

表 6-2　二元混合物中组分 A 的通量表达式

通量类型	扩散通量 （相对于平均速度）	主体流动通量 （相对于静止坐标）	总通量 （相对于静止坐标）
摩尔通量	$J_A = -CD_{AB}\frac{dx_A}{dy}$	$x_A(C_A u_A + C_B u_B)$	$N_A = J_A + x_A(C_A u_A + C_B u_B)$
质量通量	$j_A = -\rho D_{AB}\frac{dw_A}{dy}$	$w_A(\rho_A u_A + \rho_B u_B)$	$n_A = j_A + w_A(\rho_A u_A + \rho_B u_B)$

扩散系数　扩散系数 D_{AB} 与运动黏度 ν 及导温系数 α 具有相同的量纲，都是 L^2/θ，在 SI 制中的量纲都是 $[m^2/s]$。由此可知，这三个常数具有相似性：首先，ν、α 和 D_{AB} 都被称作扩散系数，分别为动量扩散系数、热量扩散系数和质量扩散系数，其大小直接反映了三种传递过程的难易程度。其次，它们都是温度和压力的函数，且都与流体物性有关。特别是质量扩散系数，由于涉及混合物，组分 A 的扩散系数与另一组分 B 或 C 密切相关。例如，CO_2（A）分别与甲烷（B）和氢气（C）构成二元混合物，测定获得的 D_{AB} 和 D_{AC} 在 273K 及常压下的值分别为 $1.550 \times 10^{-4} m^2/s$ 和 $5.572 \times 10^{-4} m^2/s$。

如无特别指明，本章所说的扩散系数均为质量扩散系数。一般而言，气体扩散系数高于液体，而液体扩散系数又高于固体。**附录Ⅷ**列出了一些组分 A 在组分 B 中的扩散系数值。

【例 6-1】 对于二元气体混合物，试证明下列关系式成立：

(1) $D_{AB} = D_{BA}$ （2) $J_A + J_B = 0$

【证明】 （1）对于二元气体混合物，N_A 和 N_B 可分别表示如下：

$$N_A = -CD_{AB}\frac{dx_A}{dy} + x_A(N_A + N_B) \ , \quad N_B = -CD_{BA}\frac{dx_B}{dy} + x_B(N_A + N_B)$$

两式相加并考虑到 $x_A + x_B = 1$，可得：

$$N_A + N_B = -CD_{AB}\frac{dx_A}{dy} - CD_{BA}\frac{dx_B}{dy} + N_A + N_B$$

整理得：

$$CD_{AB}\frac{dx_A}{dy} + CD_{BA}\frac{dx_B}{dy} = 0$$

对于二元气体混合物，$dx_A = -dx_B$，代入上式得：

$$(D_{AB} - D_{BA})\frac{dx_A}{dy} = 0$$

因 $C \neq 0$，$\dfrac{dx_A}{dy} \neq 0$，所以 $D_{AB} = D_{BA}$。

（2）由菲克第一定律并考虑到 $D_{AB} = D_{BA}$ 可得：

$$J_A = -CD_{AB}\frac{dx_A}{dy} \ , \quad J_B = -CD_{BA}\frac{dx_B}{dy}$$

$$J_A + J_B = -CD_{AB}\left(\frac{dx_A}{dy} + \frac{dx_B}{dy}\right) = 0$$

6.2 扩散方程——传质微分方程

前已述及，菲克第一定律只适用于一维稳态分子扩散。而对于非稳态分子传质、对流传质、二维或三维传质，以及体系内伴有化学反应的传质，则需运用**传质微分方程（或扩散方程）**来描述。本节将运用欧拉法，以质量守恒定律为基础导出双组分扩散方程。

6.2.1 双组分扩散方程的推导

对于多组分流体，若组成随空间位置变化，在研究该流动体系时，除速度、压力等参数以外，还必须考虑组成的变化规律。下面以双组分混合物为例，采用摩尔平均速度为基准导出扩散方程。

现考察组分 A 在二元混合物（A/B）中的传质。该体系组成变化或浓度变化常由三种方式引起：一是分子扩散；二是流体主体运动；三是化学反应。

如图 6-1 所示，设流体在直角坐标系某一点 (x, y, z) 处浓度为 C_A，速度为 u_M，u_M 在三个方向的分量分别为 u_{Mx}，u_{My}，u_{Mz}，且 C_A 和 u_M 均为 x、y、z 和 θ 的函数。在流场中选取一个边长分别为 dx、dy 和 dz 的微元体为控制体，则在三个方向上组分 A 的摩尔流动通量分别

为 $C_A u_{Mx}$、$C_A u_{My}$、$C_A u_{Mz}$。令组分 A 在各方向的摩尔扩散通量分别为 J_{Ax}、J_{Ay}、J_{Az}，考察控制体 x 方向，组分 A 由左侧输入的摩尔流率为：

$$G'_{M,Ax1} = (C_A u_{Mx} + J_{Ax})\mathrm{d}y\mathrm{d}z \qquad (6\text{-}22)$$

由右侧输出的摩尔流率为：

$$G'_{M,Ax2} = (C_A u_{Mx} + J_{Ax})\mathrm{d}y\mathrm{d}z + \frac{\partial(C_A u_{Mx} + J_{Ax})}{\partial x}\mathrm{d}x\mathrm{d}y\mathrm{d}z \qquad (6\text{-}23)$$

组分 A 沿 x 方向净输出控制体的摩尔流率为二者之差，即：

$$\Delta G'_{M,Ax} = \left[\frac{\partial(C_A u_{Mx})}{\partial x} + \frac{\partial J_{Ax}}{\partial x}\right]\mathrm{d}x\mathrm{d}y\mathrm{d}z \qquad (6\text{-}24\mathrm{a})$$

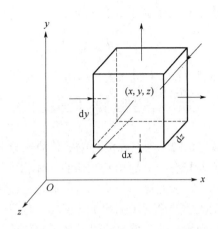

图 6-1 混合物中组分 A 的物料衡算

同理，可得组分 A 沿 y、z 方向净输出控制体的摩尔流率分别为：

$$\Delta G'_{M,Ay} = \frac{\partial(C_A u_{My})}{\partial y} + \frac{\partial J_{Ay}}{\partial y}\mathrm{d}x\mathrm{d}y\mathrm{d}z \qquad (6\text{-}24\mathrm{b})$$

$$\Delta G'_{M,Az} = \left[\frac{\partial(C_A u_{Mz})}{\partial z} + \frac{\partial J_{Az}}{\partial z}\right]\mathrm{d}x\mathrm{d}y\mathrm{d}z \qquad (6\text{-}24\mathrm{c})$$

将式（2-24a）、式（2-24b）和式（2-24c）相加，可得组分 A **净输出控制体的总摩尔流率**：

$$\Delta G'_{M,A} = \left[\frac{\partial(C_A u_{Mx})}{\partial x} + \frac{\partial(C_A u_{My})}{\partial y} + \frac{\partial(C_A u_{Mz})}{\partial z} + \frac{\partial J_{Ax}}{\partial x} + \frac{\partial J_{Ay}}{\partial y} + \frac{\partial J_{Az}}{\partial z}\right]\mathrm{d}x\mathrm{d}y\mathrm{d}z \qquad (6\text{-}25)$$

另一方面，组分 A 在控制体内的**摩尔累积速率**为：

$$\frac{\partial G_{M,A}}{\partial \theta} = \frac{\partial C_A}{\partial \theta}\mathrm{d}x\mathrm{d}y\mathrm{d}z \qquad (6\text{-}26)$$

故组分 A 的**摩尔生成速率** G'_{AR} 为：

$$G'_{AR} = \dot{R}_A \mathrm{d}x\mathrm{d}y\mathrm{d}z \qquad (6\text{-}27)$$

式中，$\dot{R}_A$ 为单位体积内组分 A 的摩尔生成速率，mol/（m³·s）。当 A 为产物时，$\dot{R}_A$ 为正；当 A 为反应物时，$\dot{R}_A$ 为负。

针对控制体进行组分 A 的质量衡算如下。

A 的净输出摩尔流率 + A 的摩尔累积速率 − A 的摩尔生成速率 = 0 $\qquad (6\text{-}28)$

将式（6-25）、式（6-26）和式（6-27）代入式（6-28），经整理得：

$$\frac{\partial(C_A u_{Mx})}{\partial x} + \frac{\partial(C_A u_{My})}{\partial y} + \frac{\partial(C_A u_{Mz})}{\partial z} + \frac{\partial J_{Ax}}{\partial x} + \frac{\partial J_{Ay}}{\partial y} + \frac{\partial J_{Az}}{\partial z} + \frac{\partial C_A}{\partial \theta} - \dot{R}_A = 0 \qquad (6\text{-}29)$$

将式（6-29）展开，并利用随体导数的概念，可得：

$$C_A\left(\frac{\partial u_{Mx}}{\partial x} + \frac{\partial u_{My}}{\partial y} + \frac{\partial u_{Mz}}{\partial z}\right) + \frac{DC_A}{D\theta} = -\frac{\partial J_{Ax}}{\partial x} - \frac{\partial J_{Ay}}{\partial y} - \frac{\partial J_{Az}}{\partial z} + \dot{R}_A \qquad (6\text{-}30)$$

设组分 A 的扩散系数各向同性，且为 D_{AB}，由菲克第一定律可得上式中各扩散通量为：

$$J_{Ax} = -D_{AB}\frac{\partial C_A}{\partial x}，\quad J_{Ay} = -D_{AB}\frac{\partial C_A}{\partial y}，\quad J_{Az} = -D_{AB}\frac{\partial C_A}{\partial z} \quad (6\text{-}31a\sim c)$$

将式（6-31）代入式（6-30），有：

$$\frac{DC_A}{D\theta} + C_A\left(\frac{\partial u_{Mx}}{\partial x} + \frac{\partial u_{My}}{\partial y} + \frac{\partial u_{Mz}}{\partial z}\right) = D_{AB}\left(\frac{\partial^2 C_A}{\partial x^2} + \frac{\partial^2 C_A}{\partial y^2} + \frac{\partial^2 C_A}{\partial z^2}\right) + \dot{R}_A \quad (6\text{-}32)$$

式（6-32）为**二元混合物的传质微分方程**，简称双组分扩散方程或**扩散方程**。它适用于稳态或非稳态的、静止或运动的、体相内伴有化学反应的任何二元系统。该方程左端包含了流体速度，表明运动介质中组分的迁移既涉及分子扩散，也与对流扩散密切相关。一般来说，运动流体的浓度场依赖于速度场，但另一方面，浓度场的存在，会使各点的密度、黏度不同，出现附加的自然对流以及分子扩散流，进而影响原有的速度场。由此可见，运动流体的浓度场和速度场是相互影响的。严格来说，必须联立求解运动方程和扩散方程。但是在一定条件下，为使问题简化，通常忽略浓度场对速度场的影响。所以我们可先研究速度场，在已知速度场的基础上再研究浓度场，求解扩散方程。

同样地，以质量平均速度、质量扩散通量及质量浓度为基准进行推导，可得二元不可压缩流体的扩散方程为：

$$\frac{D\rho_A}{D\theta} + \rho_A\left(\frac{\partial u_x}{\partial x} + \frac{\partial u_y}{\partial y} + \frac{\partial u_z}{\partial z}\right) = D_{AB}\left(\frac{\partial^2 \rho_A}{\partial x^2} + \frac{\partial^2 \rho_A}{\partial y^2} + \frac{\partial^2 \rho_A}{\partial z^2}\right) + \dot{r}_A \quad (6\text{-}33)$$

式中，u_x、u_y、u_z 为混合物的质量平均速度 u 在三个方向的分量；$\dot{r}_A$ 为单位体积内组分 A 的质量生成速率，$kg/(m^3 \cdot s)$。该式适用范围与式（6-32）相同。

6.2.2 扩散方程的化简

上述扩散方程适用范围虽广，但对于大多数复杂系统，要获得分析解是非常困难的或根本不可能的。在实践中往往将一个具体传质问题简化，例如，对不可压缩流体或体系内无化学反应的系统，应用式（6-33）可得到更简单的方程形式；而对于总摩尔浓度恒定的系统或伴有化学反应的系统，则应用式（6-32）更便利。下面将给出二元混合物在某些特殊条件下的扩散方程。

① 对于不可压缩流体，总质量浓度（即混合物密度）为常数，将连续性方程（1-79）代入式（6-33），可得：

$$\frac{D\rho_A}{D\theta} = D_{AB}\left(\frac{\partial^2 \rho_A}{\partial x^2} + \frac{\partial^2 \rho_A}{\partial y^2} + \frac{\partial^2 \rho_A}{\partial z^2}\right) + \dot{r}_A \quad (6\text{-}34)$$

② 若流体不可压缩，且无化学反应发生，则上述方程又可简化为：

$$\frac{D\rho_A}{D\theta} = D_{AB}\left(\frac{\partial^2 \rho_A}{\partial x^2} + \frac{\partial^2 \rho_A}{\partial y^2} + \frac{\partial^2 \rho_A}{\partial z^2}\right) \quad 或 \quad \frac{D\rho_A}{D\theta} = D_{AB}\nabla^2 \rho_A \quad (6\text{-}35a,b)$$

③ 若体系为静止的（固体或停滞流体中），且无化学反应发生，则式（6-32）和式（6-33）可分别简化为：

$$\frac{\partial C_A}{\partial \theta} = D_{AB}\left(\frac{\partial^2 C_A}{\partial x^2} + \frac{\partial^2 C_A}{\partial y^2} + \frac{\partial^2 C_A}{\partial z^2}\right)，\quad \frac{\partial \rho_A}{\partial \theta} = D_{AB}\left(\frac{\partial^2 \rho_A}{\partial x^2} + \frac{\partial^2 \rho_A}{\partial y^2} + \frac{\partial^2 \rho_A}{\partial z^2}\right) \quad (6\text{-}36a,b)$$

通常将式（6-36）称作**菲克第二定律**。该式可描述固体内的传质，也可以描述静止液体或气体内的传质。菲克第二定律和傅里叶第二定律具有类似性。

④ 对于稳态传质，菲克第二定律又可简化为**拉普拉斯方程**：

$$\frac{\partial^2 C_A}{\partial x^2}+\frac{\partial^2 C_A}{\partial y^2}+\frac{\partial^2 C_A}{\partial z^2}=0 \quad \text{或} \quad D_{AB}\left(\frac{\partial^2 \rho_A}{\partial x^2}+\frac{\partial^2 \rho_A}{\partial y^2}+\frac{\partial^2 \rho_A}{\partial z^2}\right)=0 \quad (6\text{-}37\text{a,b})$$

上述是关于组分 A 的扩散方程的各种形式，同样也可对组分 B 给出类似的表达式。此外，各种形式的扩散方程都可用柱坐标系和球坐标系表达。下面针对式（6-34）给出柱坐标系和球坐标系中的对应形式。

柱坐标系中的扩散方程：

$$\frac{\partial \rho_A}{\partial \theta'}+u_r\frac{\partial \rho_A}{\partial r}+\frac{u_\theta}{r}\times\frac{\partial \rho_A}{\partial \theta}+u_z\frac{\partial \rho_A}{\partial z}=D_{AB}\left[\frac{1}{r}\times\frac{\partial}{\partial r}\left(r\frac{\partial \rho_A}{\partial r}\right)+\frac{1}{r^2}\times\frac{\partial^2 \rho_A}{\partial \theta^2}+\frac{\partial^2 \rho_A}{\partial z^2}\right]+\dot{r}_A \quad (6\text{-}38)$$

式中，θ' 为时间；r 为径向坐标；z 为轴向坐标；θ 为方位角；u_r、u_θ、u_z 为流速在柱坐标系 r、θ、z 方向的分量。

球坐标系中的扩散方程：

$$\begin{aligned}
&\frac{\partial \rho_A}{\partial \theta'}+u_r\frac{\partial \rho_A}{\partial r}+\frac{u_\theta}{r}\times\frac{\partial \rho_A}{\partial \theta}+\frac{u_\varphi}{r\sin\theta}\times\frac{\partial \rho_A}{\partial \varphi}\\
&=\alpha\left[\frac{1}{r^2}\times\frac{\partial}{\partial r}\left(r^2\frac{\partial \rho_A}{\partial r}\right)+\frac{1}{r^2\sin\theta}\times\frac{\partial}{\partial \theta}\left(\sin\theta\frac{\partial \rho_A}{\partial \theta}\right)+\frac{1}{r^2\sin^2\theta}\times\frac{\partial^2 \rho_A}{\partial \varphi^2}\right]+\dot{r}_A
\end{aligned} \quad (6\text{-}39)$$

式中，θ' 为时间；r 为径向坐标；φ 为方位角；θ 为仰角；u_r、u_φ、u_θ 分别为流速在球坐标系中 r、φ、θ 方向的分量。

6.2.3 扩散方程的初始条件和边界条件

从上述微分方程的各种形式来看，即使是较简单的 Fick 第二定律，也是一个二阶偏微分方程，求解该方程必须给出初始条件和边界条件。对于稳态传质，只需给出边界条件。

初始条件　指组分 A 在传质开始时各点的瞬时浓度。实际中可碰到如下两种具体情况。

① 开始时刻各点浓度相同，初始条件为：

$$\theta=0\text{ 时}, \quad C_A=C_{A0} \quad \text{或} \quad \rho_A=\rho_{A0} \quad (6\text{-}40)$$

② 开始时刻各点浓度是位置的函数，函数表达式为已知，则初始条件为：

$$\theta=0\text{ 时}, \quad C_A=C_{A0}(x,y,z) \quad \text{或} \quad \rho_A=\rho_{A0}(x,y,z) \quad (6\text{-}41)$$

边界条件　指组分 A 在构成传质空间所有表面上的浓度。一般情况下，该浓度是位置和时间的函数。实际过程中会碰到一些特例，最常见的有如下几种边界条件。

① 给出边界浓度。边界上各点浓度为常数，边界条件为：

$$C_A=C_{A1}\text{ 或 }x_A=x_{A1}, \quad \rho_A=\rho_{A1}\text{ 或 }w_A=w_{A1} \quad (6\text{-}42\text{a,b})$$

② 给出边界处的传质通量。若边界处组分 A 的传质通量恒定，边界条件为：

$$j_A=j_{A1}\text{ 或 }n_A=n_{A1}, \quad J_A=J_{A1}\text{ 或 }N_A=N_{A1} \quad (6\text{-}43\text{a,b})$$

③ 若边界处组分 A 的传质通量表达式已知，则边界条件为：

$$J_{Ay} = -CD_{AB}\frac{dx_A}{dy}\bigg|_{y=0} \quad \text{或} \quad N_{A1} = k_C(C_{A1} - C_{A0}) \qquad (6\text{-}44\text{a,b})$$

式（6-44a）和式（6-44b）分别适用于两种不同情况：前者适用于一维传质；后者适用于流体与挥发性壁面之间的传质，即固体组分向流体进行扩散传质的情形。

④ 已知边界处的化学反应速率。

组分 A 的浓度经一级反应（反应速率常数为 k_I）减少，则 A 的传质通量为：

$$N_{A1} = k_I C_{A1} \qquad (6\text{-}45\text{a})$$

组分 A 经某一瞬时反应而迅速减少，组分 A 的浓度可近似为零，即：

$$C_{A1} = 0 \qquad (6\text{-}45\text{b})$$

在实际传质过程中，一个控制体的周边可能存在不同边界条件，如有一边参与化学反应，而另一边浓度恒定，此时要逐一给出其边界条件和初始条件。

【例 6-2】 二氧化碳通过厚度为 0.03m 的空气层，扩散到一个盛有氢氧化钾溶液的烧杯中，并立刻被其吸收，二氧化碳在空气层外缘处，摩尔分数为 3%，传质过程为稳态，试用扩散方程写出该过程的微分方程并列出其边界条件。

【解】 通用扩散方程为：

$$\frac{DC_A}{D\theta} + C_A\left(\frac{\partial u_{Mx}}{\partial x} + \frac{\partial u_{My}}{\partial y} + \frac{\partial u_{Mz}}{\partial z}\right) = D_{AB}\left(\frac{\partial^2 C_A}{\partial x^2} + \frac{\partial^2 C_A}{\partial y^2} + \frac{\partial^2 C_A}{\partial z^2}\right) + \dot{R}_A$$

依题意，传质过程为一维稳态，设在 z 方向上传质，且体系内部无反应发生，只在边界上存在瞬时快速反应则有：

$$\frac{DC_A}{D\theta} = 0 \quad , \quad u_{Mx} = u_{My} = u_{Mz} = 0$$

$$\frac{\partial C_A}{\partial x} = \frac{\partial C_A}{\partial y} = 0 \quad , \quad \dot{R}_A = 0 \quad , \quad C \text{ 恒定}$$

由此可得适用于本传质过程的微分方程为：

$$D_{AB}\frac{\partial^2 C_A}{\partial z^2} = 0 \quad \text{或} \quad CD_{AB}\frac{\partial^2 x_A}{\partial z^2} = 0$$

边界条件：$z=0$，$x_{A0} = 0.03$；$z = 0.03$，$x_{A1} = 0$。

6.3 稳态分子传质

前已述及，分子扩散既是两大传质机理之一，又是两种传质方式之一。停滞流体或固体内所发生的传质为分子扩散，层流流体内的传质也属于分子扩散，即使是湍流，在靠近壁面处的层流内层，其传质机理仍为分子扩散。为此，本节将首先探讨最简单的一维稳态分子传质，并在随后的几节中陆续探讨非稳态分子扩散、伴有化学反应的分子扩散及多维分子扩散。

对于停滞的二元气体混合物，稳态传质时，组分 A 和 B 通过任一截面的通量均是恒定的，即 N_A 和 N_B 均恒定，但两者之间并不一定相等。描述这类传质过程有两种方法：

① 直接运用菲克第一定律，获得传质通量表达式，进而获得浓度分布方程。

② 对扩散方程进行简化并求解，获得浓度分布方程，再根据定义式得到传质通量表达式。

对于一维且不伴随化学反应的分子传质，采用第一种方法将十分便利，而对于伴随化学反应或二维乃至三维分子传质，则必须运用第二种方法。下面将主要针对前者进行讨论。

6.3.1 气体中的分子扩散

有 A、B 二元气体混合物，可视为理想气体，总压恒定为 P，温度为 T，若混合物内的传质只发生在 y 方向上，且已达稳态，则组分 A 通过 y 方向上任一静止截面的传质通量 N_A 均相等。将理想气体状态方程代入式（6-16），可得 N_A 的表达式为：

$$N_A = -\frac{D_{AB}}{RT} \times \frac{dp_A}{dy} + \frac{p_A}{P}(N_A + N_B) \tag{6-46a}$$

或

$$N_A = -\frac{D_{AB}P}{RT} \times \frac{dx_A}{dy} + x_A(N_A + N_B) \tag{6-46b}$$

式中，D_{AB}、P 为已知常数；N_A 和 N_B 则为待定常数。式（6-46a）为一阶常微分方程，由于其中有两个未知数，故须根据具体的传质过程，明确 N_A 和 N_B 之间的函数关系。虽然实际传质过程千差万别，但如下三种特例具有代表性。

① 通过停滞气膜的扩散。当混合物中另一组分 B 从宏观上处于停滞状态时，组分 A 的扩散即为通过停滞气膜的扩散，有：

$$N_B = 0 \tag{6-47}$$

② 等分子反方向扩散。当混合物中组分 A 和组分 B 的摩尔通量相等、方向相反时，即为等分子反方向扩散，有：

$$N_A = -N_B \tag{6-48}$$

③ 边界处发生快速化学反应的扩散。混合物中组分 A 在边界处发生化学反应（A⟶nB）快速转换成 B，两组分为同一相态，组分 B 一旦生成立即经分子扩散离开边界，在边界处不累积，不发生相变，因传质为稳态，N_A 和 N_B 必然满足下式：

$$N_B = -nN_A \tag{6-49}$$

下面将分别导出上述三种传质过程的通量表达式及浓度分布方程，并探讨其应用。

6.3.1.1 通过停滞气膜的扩散

在工业中，经常碰到某一组分通过另一静止组分进行传质的情况，吸收和增湿就是典型的例子。在吸收过程中，往往利用某种液体对气体中某一组分的选择性吸收，达到分离或净化气体的目的，如用水吸收空气中的氨，用有机胺吸收空气中的酸性气体（CO_2 或 SO_2 等）。

扩散通量　设目标组分（如 NH_3、CO_2 等）为 A，其他组分（如空气）为 B。由于 B 在液体中溶解度极小，可忽略，将式（6-47）代入式（6-46）可得：

$$N_A = -\frac{D_{AB}}{RT} \times \frac{dp_A}{dy} + \frac{p_A}{P}N_A \tag{6-50a}$$

或

$$N_A = -\frac{D_{AB}P}{RT} \times \frac{dx_A}{dy} + x_A N_A \tag{6-50b}$$

式中，N_A、D_{AB} 和 P 均为常数，这是一个一阶常微分方程，只要确定边界条件，即可求解。

对于一维稳态传质，边界条件通常是指定两端点处组分 A 的分压值，即：

$$y = y_1, \quad p_A = p_{A1}, \quad x_A = x_{A1} \tag{6-51a}$$

$$y = y_2, \quad p_A = p_{A2}, \quad x_A = x_{A2} \tag{6-51b}$$

积分式（6-50），并利用式（6-51）所示的边界条件，可得：

$$N_A = \frac{D_{AB}P}{\Delta y RT} \times \ln\frac{P - p_{A2}}{P - p_{A1}} \tag{6-52a}$$

或

$$N_A = \frac{D_{AB}P}{\Delta y RT} \times \ln\frac{1 - x_{A2}}{1 - x_{A1}} \tag{6-52b}$$

对于总压恒定的二元气体混合物，有：

$$P - p_{A2} = p_{B2}, \quad P - p_{A1} = p_{B1}, \quad p_{A1} - p_{A2} = p_{B2} - p_{B1} \tag{6-53}$$

于是，式（6-52a）可变形为：

$$N_A = \frac{D_{AB}P}{\Delta y RT} \times \frac{p_{A1} - p_{A2}}{p_{B2} - p_{B1}} \times \ln\frac{p_{B2}}{p_{B1}} \tag{6-54}$$

令

$$p_{Bm} = \frac{p_{B2} - p_{B1}}{\ln\frac{p_{B2}}{p_{B1}}} \tag{6-55}$$

可得：

$$N_A = \frac{D_{AB}P}{\Delta y RT p_{Bm}}(p_{A1} - p_{A2}) \tag{6-56a}$$

同理，由式（6-52b）出发，可导出下式：

$$N_A = \frac{D_{AB}P}{\Delta y RT\, x_{Bm}}(x_{A1} - x_{A2}) \tag{6-56b}$$

由式（6-56）可知，当组分 A 通过停滞组分 B 进行一维稳态扩散时，只要测定两端之间的距离（Δy）及两端的分压值（p_{A1}, p_{A2}）或摩尔分数值（x_{A1}, x_{A2}），就可求出组分 A 的稳态扩散通量 N_A。

浓度分布 在此基础上，还可进一步确定扩散区域内的浓度分布曲线，过程如下。

积分式（6-50b），可得：

$$\ln(1 - x_A) = \frac{RT N_A}{D_{AB}P} y + C_1 \tag{6-57}$$

将式（6-52b）代入上式，得：

$$\ln(1 - x_A) = \frac{y}{y_2 - y_1} \ln\frac{1 - x_{A2}}{1 - x_{A1}} + C_1 \tag{6-58}$$

由式（6-51）所示的边界条件，可确定积分常数 C_1：

$$C_1 = -\frac{y_1}{y_2 - y_1}\ln\frac{1-x_{A2}}{1-x_{A1}} + \ln(1-x_{A1}) \tag{6-59}$$

将式（6-59）代入式（6-58），经整理得：

$$\ln\frac{1-x_A}{1-x_{A1}} = \frac{y-y_1}{y_2-y_1}\ln\frac{1-x_{A2}}{1-x_{A1}} \tag{6-60}$$

由此可得浓度分布曲线方程为：

$$\frac{1-x_A}{1-x_{A1}} = \left(\frac{1-x_{A2}}{1-x_{A1}}\right)^{\frac{y-y_1}{y_2-y_1}} \tag{6-61}$$

对于二元混合物，有 $1-x_A = x_B$，故式（6-61）又可写成：

$$\frac{x_B}{x_{B1}} = \left(\frac{x_{B2}}{x_{B1}}\right)^{\frac{y-y_1}{y_2-y_1}} \tag{6-62}$$

由式（6-62）可知，在组分 A 通过停滞组分 B 的稳态扩散过程中，组分 B 在扩散区域内各点的浓度值是其位置的指数函数。再依据平均浓度的定义式，可求出组分 B 在该区间内的平均浓度为：

$$\bar{x}_B = \frac{\int_{y_1}^{y_2} x_B \mathrm{d}y}{\int_{y_1}^{y_2} \mathrm{d}y} = \frac{x_{B1}}{y_2-y_1}\int_{y_1}^{y_2}\left(\frac{x_{B2}}{x_{B1}}\right)^{\frac{y-y_1}{y_2-y_1}}\mathrm{d}y = \frac{x_{B2}-x_{B1}}{\ln\frac{x_{B_2}}{x_{B_1}}} = x_{Bm} \tag{6-63}$$

扩散区域内各组分的浓度（分压）分布曲线如图 6-2 所示。从图中可看出，A、B 两组分的浓度梯度方向正好相反，它们的扩散通量分别为 J_A 和 J_B，相对于静止平面的流动通量分别为 N_A 和 N_B。对于组分 A，J_A 和 N_A 均不为零；而对于 B 组分来说，J_B 不为零，N_B 却为零，关于这一现象可以解释如下：一方面，组分 B 在浓度梯度的作用下，将以扩散速度（$u_B - u_M$）朝着 y_1 平面移动，扩散通量为 J_B；另一方面，组分 B 还会因主体流动以 u_M 的速度向 y_2 方向移动，二者大小相等、方向相反，导致总的通量 N_B 为零，即表现为组分 B 在宏观上处于停滞状态。

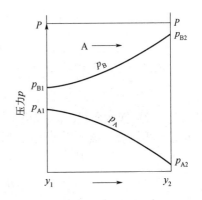

图 6-2　A 通过静止 B 扩散的浓度分布

气体扩散系数的测定　气体扩散系数测定装置为阿诺德（Arnold）扩散室，如图 6-3 所示，它是根据组分 A 通过停滞气膜的稳态扩散原理设计的，该装置底部盛有纯液体 A，上连一收缩管道，气体 B 从管口上方水平流过并充满整个管道，管道内的组分 B 无宏观运动。需要强调的是，所选气体 B 在液体 A 中的溶解度应很小、可忽略不计，且不与 A 发生化学反应。在 y_1 平面，可近似认为 N_B 为零，故可将组分 B 视为停滞态。汽化的组分 A 则通过停滞组分 B 不断地扩散至管口并被气流 B 带走。只要通过某种方法测定出在一定时间间隔内液体 A 的蒸发量，就可由式（6-56）计算出扩

散系数 D_{AB}。

测定液体 A 的蒸发量有多种方法,下面介绍其中最常用的两种。

(1) 稳态扩散法

通过精密计量法自动补充液体 A,使得 y_1 平面的液位基本上保持稳定,然后计算一定时间间隔内补充液体 A 的物质的量,该值便是 A 的蒸发量,此时扩散边界几乎固定不变,是典型的组分 A 通过停滞组分 B 的扩散实例,可直接应用式(6-56)进行计算。

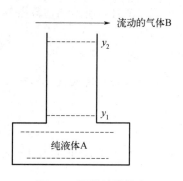

图 6-3 阿诺德扩散室

(2) 拟稳态扩散法

不补充液体 A,此时 y_1 平面将下降,如图 6-4 所示,通过测定一定时间间隔内液位下降的刻度,可求出液体 A 的蒸发量。由于该传质过程的液位在变化,扩散边界也随时在移动,从严格意义上说,这是一种非稳态扩散,但当液体 A 在该温度下的饱和蒸气压较小时,其蒸发速度也较缓慢,在某一时间间隔内,液位也只变化一个很小的值,该传质过程仍可近似为稳态扩散,称为拟稳态扩散,式(6-56)仍可间接用来计算扩散系数。

设蒸发实验开始时的液位为 y_0,结束时的液位为 y_1,又设某一瞬间 θ 的液位为 y,若以 y_2 为基准零点,则在 $\theta \sim \theta+d\theta$ 的时间间隔内,可认为传质为稳态,根据式(6-56b),组分 A 的扩散通量 N_A 为:

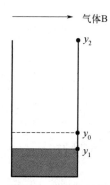

图 6-4 拟稳态扩散

$$N_A = \frac{PD_{AB}}{yx_{Bm}RT}(x_{A1} - x_{A2}) \tag{6-64}$$

由于在扩散通道上组分 A 的累积为零,在 $d\theta$ 时间间隔内,蒸发的液体应全部扩散至气流 B 中,依此可建立扩散通量与液位下降量之间的关系为:

$$N_A A d\theta \times M_A = \rho_{AL} A dy \tag{6-65}$$

式中,A 为管道横截面积;M_A 为组分 A 的摩尔质量;ρ_{AL} 为组分 A 的液体密度。

根据上述假设,该传质过程的初始条件和边界条件为:

$$\theta = 0, \quad y = y_0, \quad x_A = x_{A1} \tag{6-66a}$$

$$\theta = \theta, \quad y = y, \quad x_A = x_A \tag{6-66b}$$

$$\theta = \theta_1, \quad y = y_1, \quad x_A = x_{A1} \tag{6-66c}$$

将式(6-64)代入式(6-65),并应用式(6-66)所示初始条件和边界条件积分,有:

$$\int_0^{\theta_1} d\theta = \frac{\rho_{AL} RT x_{Bm}}{D_{AB} P M_A (x_{A1} - x_{A2})} \int_{y_0}^{y_1} y dy \tag{6-67}$$

经整理得:

$$D_{AB} = \frac{RT x_{Bm} \rho_{AL} (y_1^2 - y_0^2)}{2PM_A (x_{A1} - x_{A2}) \theta_1} \tag{6-68}$$

由式（6-68）可知，利用该装置，只要测定某一确定时间间隔内液面位置的变化 y_1 和 y_0，以及气流 B 中 A 的摩尔分数 x_{A1} 和 x_{A2}，即可计算出扩散系数 D_{AB}。下面通过实例加以说明。

【例 6-3】 利用图 6-4 所示的装置，测定乙醇在 101.3kPa、297K 下的空气中的扩散系数，已知乙醇在 297K 下的密度为 790kg/m³，其饱和蒸气压为 7.38kPa，实验开始时，乙醇距扩散管顶端距离 0.033m，经过 12h 后液面下降了 0.0031m，试求乙醇在空气中的扩散系数。

【解】 依题意可设组分 A 为乙醇，组分 B 为空气，则有 $p=101.3$kPa，$x_{A1} = p_{A1}/p = 7.38/101.3 = 0.0728$，$x_{B1} = 0.9272$。

因管口处有纯的组分 B 流过，可认为此处 A 组分浓度为零，即 $x_{A2} = 0$，$x_{B2} = 1.0$。于是

$$x_{Bm} = \frac{x_{B2} - x_{B1}}{\ln(x_{B2}/x_{B1})} = 0.9631, \quad x_{A1} - x_{A2} = 0.0728$$

根据式（6-68）得：

$$D_{AB} = \frac{8.314 \times 297 \times 790 \times 0.9631 \times (0.0361^2 - 0.033^2)}{2 \times 101.3 \times 46 \times 12 \times 3600 \times 0.0728} = 1.373 \times 10^{-5} (m^2/s)$$

【例 6-4】 如果采用稳态扩散室来测量乙醇在 101.3kPa、297K 空气中的扩散系数，设扩散管的直径为 0.012m，扩散途径长 0.005m，测量结果与例 6-3 相同，那么为使乙醇液面高度保持稳定，需往室内注入多少乙醇？乙醇的物性数据与例 6-3 相同。

【解】 依题意，组分 A 为乙醇，组分 B 为空气，且 A 在 B 中的扩散系数已知，由于采用注入乙醇的方法来稳定液面，所以该过程为稳态扩散，于是有：

$$N_A = \frac{D_{AB} P (x_{A1} - x_{A2})}{RT x_{Bm} \Delta y} = \frac{1.373 \times 10^{-5} \times 101.3 \times (0.0728 - 0)}{8.314 \times 297 \times 0.9631 \times 0.005} = 8.517 \times 10^{-6} [kmol/(m^2 \cdot s)]$$

根据乙醇的摩尔质量及扩散管的截面积，可计算每小时内需注入的乙醇量为：

$$W = N_A A M_A = 8.517 \times 10^{-6} \times 10^3 \times \frac{1}{4} \times 3.14 \times 0.012^2 \times 46 \times 3600 = 0.1595(g/h)$$

6.3.1.2 等分子反方向扩散

在二元混合物蒸馏操作中，当两组分摩尔潜热近似相等时，对于每一块理论板而言，若有 1mol 的易挥发组分汽化并向气相扩散，必有 1mol 难挥发组分朝反方向扩散至气液界面，并凝结成液体进入液相，这就是典型的等分子反方向扩散。

扩散通量 对于恒温恒压下稳态等分子反方向扩散，将式（6-48）代入式（6-46b）得：

$$N_A = -\frac{D_{AB} P}{RT} \times \frac{dx_A}{dy} \tag{6-69}$$

利用式（6-51）所示边界条件，积分式（6-69）得：

$$N_A = \frac{D_{AB} P}{RT(y_2 - y_1)} (x_{A1} - x_{A2}) \tag{6-70}$$

式（6-70）可用于计算等分子反方向稳态扩散通量。

浓度分布 为了获得稳态等分子反方向扩散的浓度分布，将式（6-69）在 $y = y_1 \rightarrow y$，$x_A = x_{A1} \rightarrow x_A$ 的范围内积分，可得：

$$N_A(y-y_1) = \frac{D_{AB}P}{RT}(x_{A1} - x_A) \qquad (6-71)$$

将式（6-70）代入式（6-71），经整理得：

$$\frac{x_{A1}-x_A}{x_{A1}-x_{A2}} = \frac{y-y_1}{y_2-y_1} \quad \text{或} \quad \frac{p_{A1}-p_A}{p_{A1}-p_{A2}} = \frac{y-y_1}{y_2-y_1} \qquad (6\text{-}72a,b)$$

从上述式子可以看出，在等分子反方向稳态扩散过程中，组分 A 的浓度与其位置的关系呈线性函数。又由于在扩散范围内任一点处，A 和 B 的浓度之和均为常数，所以组分 B 的浓度分布也呈线性关系，如图 6-5 所示。

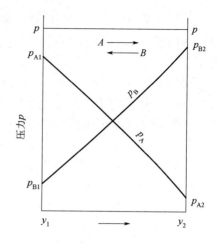

图 6-5 等分子反方向扩散的浓度分布

6.3.1.3 边界上发生化学反应的气体分子扩散

在气固相催化反应或膜反应中，同时存在扩散和反应，且反应发生在气-固相界面上，现假设有 A、B 二元气体混合物，在催化剂表面发生如下反应：

$$A \xrightarrow{\text{催化剂}} nB$$

可以设想，1mol 的 A 先以 N_A 的通量扩散到催化剂表面，迅速反应变成 $n$mol 的 B，为了使整个反应-扩散过程保持稳态，所生成的 $n$molB 必须同时经扩散离开催化剂，且 B 的扩散方向必与组分 A 相反，其通量 N_B 必为 N_A 的 n 倍，将式（6-49）代入式（6-46b）得：

$$N_A = -\frac{D_{AB}P}{RT} \times \frac{dx_A}{dy} + x_A(N_A - nN_A) \qquad (6-73)$$

当 $n \ne 1$ 时，利用式（6-51）所示边界条件，积分上式得：

$$N_A = \frac{D_{AB}P}{(n-1)\Delta yRT} \ln \frac{1+(n-1)x_{A1}}{1+(n-1)x_{A2}} \qquad (6-74)$$

利用式（6-74）即可求出组分 A 的扩散通量，再由式（6-49）求出组分 B 的扩散通量，两组分 A 的浓度分布曲线也可相应地导出。下面通过一个例题加以说明。

【例 6-5】 二元气体混合物（A、B）在两平面间进行分子扩散已达稳态，已知总压为 100kPa，温度为 273K，两平面垂直距离为 0.1m，组分 A 在两平面上的分压分别为 p_{A1}=10kPa，p_{A2}=5kPa，D_{AB}=1.85×10^{-5}m^2/s，计算下列情况下 A 和 B 的摩尔扩散通量 N_A 和 N_B。

（1）组分 B 不能穿过任一平面；

（2）A 和 B 都能穿过两个平面；

（3）组分 A 扩散到催化剂表面并与固体 C 发生如下反应：A + C(s) ⟶ 3B。

【解】 依题意，这是一稳态分子扩散问题，其中（1）、（2）和（3）分别对应通过停滞气膜的扩散、等分子反方向扩散和边界处发生化学反应的扩散等三种情况，由此可确定其对应的 N_A 和 N_B 之函数关系分别为：（1）N_B=0，（2）N_A=-N_B，（3）N_B=-3N_A。由此，可获得扩散通量 N_A 和 N_B 的解分别为：

（1）N_B=0，由式（6-56a）得：

$$N_A = \frac{D_{AB}P}{\Delta y RT p_{Bm}}(p_{A1} - p_{A2}) = \frac{1.85 \times 10^{-5} \times 100}{0.1 \times 8.314 \times 273} \times \frac{\ln\frac{95}{90}}{95-90} \times (10-5) = 4.407 \times 10^{-7} [\text{mol}/(\text{m}^2 \cdot \text{s})]$$

（2）$N_A = -N_B$，根据式（6-71）可得组分 A 的扩散通量为：

$$N_A = \frac{D_{AB}}{RT\Delta y}(p_{A1} - p_{A2}) = \frac{1.85 \times 10^{-5}}{8.314 \times 273 \times 0.1} \times (10-5) = 4.075 \times 10^{-7} [\text{mol}/(\text{m}^2 \cdot \text{s})]$$

$$N_B = -4.075 \times 10^{-7} \text{mol}/(\text{m}^2 \cdot \text{s})$$

（3）将 $N_B = -3N_A$，代入式（6-46b），得：

$$N_A = -\frac{D_{AB}P}{RT} \times \frac{dx_A}{dy} + x_A(N_A - 3N_A)$$

经整理后积分得：

$$N_A = -\frac{D_{AB}P}{RT\Delta y} \int_{0.05}^{0.1} \frac{dx_A}{1+2x_A} = \frac{1.85 \times 10^{-5} \times 100}{8.314 \times 273 \times 0.1 \times 2} \times \ln\frac{1+2\times 0.1}{1+2\times 0.05} = 3.546 \times 10^{-7} [\text{mol}/(\text{m}^2 \cdot \text{s})]$$

需要强调的是，虽然催化剂表面的化学反应是瞬间完成的，但 A 转化为 B 的速度并非很快，这是因为 A 必须到达催化剂表面才能反应，而 A 到达催化剂表面的速率由扩散过程所控制，即反应速率受制于扩散速率，通常将这种反应过程称作扩散控制反应。

6.3.2 多组分气体混合物的扩散

组分 A 在多元理想气体混合物中的稳态扩散通量 N_A 仍可用 Fick 定律的形式表达，不同的是，要用有效扩散系数 D_{Am} 代替扩散系数 D_{AB}，即：

$$N_A = -\frac{D_{Am}}{RT} \times \frac{dp_A}{dy} + x_A \sum_{i=A}^{n} N_i \tag{6-75}$$

式中，$\sum_{i=A}^{n} N_i$ 代表混合物中所有组分的通量之和。二元混合物的扩散系数 D_{AB} 是气体对的物性常数，但组分 A 的有效扩散系数 D_{Am} 不仅与各组分的特性有关，还与各组分的通量有关。

Maxwell 扩散理论　Maxwell 认为：二元气体混合物中，**组分 A 在扩散方向上的分压梯度与两组分的摩尔浓度及两组分的相对速度成正比**，比例系数为 F_{AB}。即：

$$-\frac{dp_A}{dy} = F_{AB} C_A C_B (u_A - u_B) \tag{6-76}$$

式（6-76）称为 **Maxwell 扩散方程**。

将理想气体状态方程代入式（6-76），可得：

$$-\frac{dp_A}{dy} = F_{AB} \frac{p_A p_B}{(RT)^2}(u_A - u_B) \tag{6-77}$$

根据 N_A 的定义式，有：

$$N_A = C_A u_A = \frac{p_A u_A}{RT} \tag{6-78}$$

联合求解式（6-78）和式（6-77），可得：

$$N_A = \frac{p_A}{RT}\left[u_B - \frac{(RT)^2}{F_{AB}p_A p_B} \times \frac{dp_A}{dy}\right] \tag{6-79}$$

对于组分 A 通过停滞组分 B 的稳态扩散过程，当总压恒定时，式（6-79）可简化为：

$$N_A dy = -\frac{RT}{F_{AB}} \times \frac{dp_A}{P - p_A} \tag{6-80}$$

利用式（6-51）所示边界条件，积分式（6-80）得：

$$N_A = \frac{RT}{F_{AB}\Delta y} \times \ln\frac{P - p_{A2}}{P - p_{A1}} \tag{6-81}$$

比较式（6-81）与式（6-52）可得扩散系数 D_{AB} 与 F_{AB} 的关系为：

$$D_{AB} = \frac{(RT)^2}{F_{AB}P} \tag{6-82}$$

将 Maxwell 扩散理论推广，可导出**有效扩散系数** D_{Am} 与相关二元混合物扩散系数之间的函数关系。这一工作是由 Stefan 和 Wilke 等完成的。将式（6-76）推广至多组分气体混合物，可得：

$$-\frac{dp_A}{dy} = F_{AB}C_A C_B(u_A - u_B) + F_{AC}C_A C_C(u_A - u_C) + F_{AD}C_A C_D(u_A - u_D) + \cdots \tag{6-83}$$

式中，F_{AB}、F_{AC}、F_{AD}、…分别为组分 A 在组分 B、C、D、…中扩散时的比例系数。

（1）组分 A 通过停滞多组分的扩散

当 B、C、D、…均为停滞组分时，同样可导出 F_{AC}、F_{AD}、…与 D_{AC}、D_{AD}、…之间的关系式为：

$$D_{AC} = \frac{(RT)^2}{F_{AC}P}, D_{AD} = \frac{(RT)^2}{F_{AD}P}, \cdots \tag{6-84}$$

将式（6-84）代入式（6-83），可得：

$$-\frac{dp_A}{dy} = \frac{N_A RT}{P}\left(\frac{p_B}{D_{AB}} + \frac{p_C}{D_{AC}} + \frac{p_D}{D_{AD}} + \cdots\right) \tag{6-85}$$

比较式（6-85）与式（6-75），可得：

$$D_{Am} = \frac{P - p_A}{\dfrac{p_B}{D_{AB}} + \dfrac{p_C}{D_{AC}} + \dfrac{p_D}{D_{AD}} + \cdots} \tag{6-86a}$$

或

$$D_{Am} = \frac{1}{\dfrac{x'_B}{D_{AB}} + \dfrac{x'_C}{D_{AC}} + \dfrac{x'_D}{D_{AD}} + \cdots} \tag{6-86b}$$

式中，

$$x'_B = \frac{x_B}{1 - x_A}, x'_C = \frac{x_C}{1 - x_A}, x'_D = \frac{x_D}{1 - x_A}, \cdots \tag{6-86c}$$

由此可导出 A 组分通过停滞多组分气体混合物的通量为：

$$N_A = \frac{D_{Am}P}{RT\Delta y p_m}(p_{A1} - p_{A2}) \tag{6-87}$$

其中 p_m 为除 A 组分以外的其他组分的压力平均值，其表达式为：

$$p_m = \frac{p_{A1} - p_{A2}}{\ln\dfrac{P - p_{A2}}{P - p_{A1}}} \tag{6-88}$$

【例 6-6】 一理想气体混合物由 O_2(A)、CH_4(B)和 CO(C)等三组分组成，总压为 130.5kPa、温度为 336.15K，其中 B 和 C 的摩尔比为 3∶1。A 通过静止的 B、C 进行稳态分子扩散，扩散通道长 0.2m，A 在两端的分压分别为 13.05 kPa 和 39.15 kPa，已知在压力 101.3kPa、温度 273.15K 的条件下，$D_{AB}=1.84\times10^{-5} m^2/s$，$D_{AC}=1.85\times10^{-4} m^2/s$，试求 A 的扩散通量 N_A。

【解】 本题为多组分扩散问题，且 $N_B=0$，$N_C=0$。N_A 的计算可用式（6-87）。其中有效扩散系数 D_{Am} 由式（6-86b）计算。由于已知的 D_{AB}、D_{AC} 并非扩散条件下的值，所以首先要求出 130.05kPa、326.15K 下的扩散系数值。依题意有：

$$D_{Am} = \frac{1}{\dfrac{x'_B}{D'_{AB}} + \dfrac{x'_C}{D'_{AC}}}$$

其中，$x'_B = \dfrac{x_B}{1-x_A} = \dfrac{x_B}{x_B+x_C} = \dfrac{3}{3+1} = 0.75$ ， $x'_C = \dfrac{x_C}{1-x_A} = \dfrac{x_C}{x_B+x_C} = 0.25$

$$D'_{AB} = D_{AB}\frac{P}{P'}\left(\frac{T'}{T}\right)^{1.75} = 1.84\times10^{-5}\times\frac{101.3}{130.5}\times\left(\frac{326.15}{273.15}\right)^{1.75} = 2.053\times10^{-5}(m^2/s)$$

$$D'_{AC} = 1.85\times10^{-4}\times\frac{101.3}{130.5}\times\left(\frac{336.15}{273.15}\right)^{1.75} = 2.065\times10^{-4}(m^2/s)$$

$$D_{Am} = \frac{1}{\dfrac{0.75}{2.053\times10^{-5}} + \dfrac{0.25}{2.065\times10^{-4}}} = 2.65\times10^{-5}(m^2/s)$$

$$p_m = \frac{p_{A1}-p_{A2}}{\ln\dfrac{P-p_{A2}}{P-p_{A1}}} = \frac{39.15-13.05}{\ln\dfrac{130.5-13.05}{130.5-39.15}} = 103.8(kPa)$$

$$N_A = \frac{D_{Am}P}{RT\Delta y p_m}(p_{A1}-p_{A2}) = \frac{2.65\times10^{-5}\times130.5}{8.314\times336.15\times0.2\times103.8}\times(39.15-13.05) = 1.556\times10^{-6}[kmol/(m^2\cdot s)]$$

（2）总摩尔通量不为零的多组分同时扩散（$\sum N_i \neq 0$）

当多组分混合物中有两个或多个组分同时扩散时，式（6-87）不再适用，但式（6-76）、式（6-84）和式（6-85）仍然成立。若有 n 个组分同时扩散，对其中任一组分 i，令：

$$\phi_i = \frac{N_i}{N_t} , \quad N_t = \sum_{j=1}^{n} N_j \tag{6-89}$$

将式（6-75）用于组分 i，并将式（6-89）代入其中，可得：

$$N_i = -\frac{D_{im}}{RT} \times \frac{\mathrm{d}p_i}{\mathrm{d}y} + \frac{x_i}{\phi_i} N_i \quad [i \in (1, n-1)] \tag{6-90}$$

由式（6-90）整理可得：

$$N_i = -\frac{D_{im} P}{RT\left(1 - \dfrac{x_i}{\phi_i}\right)} \times \frac{\mathrm{d}x_i}{\mathrm{d}y} \quad [i \in (1, n-1)] \tag{6-91}$$

在扩散区间内积分式（6-91），并引入平均扩散系数 $\overline{D}_{im}$，可得：

$$N_i = \frac{\overline{D}_{im} P}{RT\Delta y \left(1 - \dfrac{x_i}{\phi_i}\right)_m}(x_{i1} - x_{i2}) \quad [i \in (1, n-1)] \tag{6-92}$$

式中，

$$\left(1 - \frac{x_i}{\phi_i}\right)_m = \frac{x_{i1} - x_{i2}}{\ln\left[\left(1 - \dfrac{x_{i2}}{\phi_i}\right) \Big/ \left(1 - \dfrac{x_{i1}}{\phi_i}\right)\right]} \quad [i \in (1, n-1)] \tag{6-93}$$

$\overline{D}_{im}$ 与 D_{ij} 的关系可由式（6-85）导出。将式（6-84）和式（6-83）用于组分 i，可得：

$$-P\frac{\mathrm{d}x_i}{\mathrm{d}y} = \sum_{j=1}^{n} \frac{(RT)^2}{PD_{ij}} \times \frac{PN_i}{RT}\left(x_j - x_i \frac{\phi_j}{\phi_i}\right) \quad [i \in (1, n-1), \ j \neq i] \tag{6-94}$$

整理式（6-94）得：

$$N_i = -\frac{P}{RT\sum_{j=1}^{n}\left(x_j - x_i \dfrac{\phi_j}{\phi_i}\right)\dfrac{1}{D_{ij}}} \times \frac{\mathrm{d}x_i}{\mathrm{d}y} \quad [i \in (1, n-1), \ j \neq i] \tag{6-95}$$

比较式（6-95）和式（6-91），可得：

$$D_{im} = -\frac{1 - x_i/\phi_i}{\sum_{j=1}^{n}\left(x_j - x_i \dfrac{\phi_j}{\phi_i}\right)\dfrac{1}{D_{ij}}} \quad [i \in (1, n-1), \ j \neq i] \tag{6-96}$$

将式（6-95）积分，并引入平均扩散系数和平均浓度的概念，即可获得 $\overline{D}_{im}$ 与 D_{ij} 之间关系。Wilke 和 Shain 分别进行了相关的工作。

Wilke 方程：将上述 D_{im} 中的 (x_j, x_i) 分别用其算术平均值代替后，便认为扩散系数为常数，用平均扩散系数 $\overline{D}_{im}$ 表示，将式（6-95）积分可得：

$$N_i = \frac{\overline{D}_{im} P}{RT\Delta y} \times \frac{(x_{i1} - x_{i2})}{(1 - \overline{x}_i/\phi_i)_m} \quad [i \in (1, n-1)] \tag{6-97}$$

$$\overline{D}_{im} = -\frac{1 - \overline{x}_i/\phi_i}{\sum_{j=1}^{n}\left(\overline{x}_j - \overline{x}_i \dfrac{\phi_j}{\phi_i}\right)\dfrac{1}{D_{ij}}} \quad [i \in (1, n-1), \ j \neq i] \tag{6-98}$$

Shain 方程：将式（6-96）分母项 $\sum_{j=1}^{n}\left(x_j - x_i \dfrac{\phi_j}{\phi_i}\right)\dfrac{1}{D_{ij}}$ 用对数平均值表达后，积分该式得：

$$N_i = \frac{\bar{D}_{im} P}{RT\Delta y}(x_{i1} - x_{i2}) \quad [i \in (1, n-1)] \tag{6-99}$$

$$\bar{D}_{im} = \frac{1}{\left[\sum_{j=1}^{n}\left(x_j - x_i \frac{\phi_j}{\phi_i}\right)\frac{1}{D_{ij}}\right]_m} \quad [i \in (1, n-1), j \neq i] \tag{6-100}$$

【例 6-7】 对于三组分气体混合物，设 C 组分静止，A、B 两组分同时扩散，且 $D_{AB}=D_{AC}=D_{BC}$，试用 Wilke 近似法导出 N_A 和 N_B 的表达式。

【解】 依题意，$N_C=0$，$\phi_C = 0$，则

$$\phi_A = \frac{N_A}{N_A + N_B}, \quad \phi_B = 1 - \phi_A, \quad \bar{x}_A = \frac{x_{A1} + x_{A1}}{2}, \quad \bar{x}_B = \frac{x_{B1} + x_{B1}}{2}, \quad \bar{x}_C = 1 - \bar{x}_A - \bar{x}_B$$

应用 Wilke 方程，可得：

$$\bar{D}_{Am} = \frac{\phi_A - \bar{x}_A}{\bar{x}_C \phi_A \left(\frac{1}{D_{AB}} + \frac{1}{D_{AC}}\right) - \bar{x}_A \frac{1}{D_{AB}}} = \frac{\phi_A - \bar{x}_A}{2\bar{x}_C \phi_A - \bar{x}_A} D_{AB}$$

$$\bar{D}_{Bm} = \frac{\phi_B - \bar{x}_B}{\bar{x}_C \phi_B \left(\frac{1}{D_{AB}} + \frac{1}{D_{BC}}\right) - \bar{x}_B \frac{1}{D_{AB}}} = \frac{\phi_B - \bar{x}_B}{2\bar{x}_C \phi_B - \bar{x}_B} D_{AB}$$

$$N_A = \frac{\bar{D}_{Am} P}{RT\Delta y} \times \frac{x_{A1} - x_{A2}}{(1 - x_A / \phi_A)_m}, \quad N_B = \frac{\bar{D}_{Bm} P}{RT\Delta y} \times \frac{x_{B1} - x_{B2}}{(1 - x_B / \phi_B)_m}$$

（3）总摩尔通量为零的多组分同时扩散（$\Sigma N_i \neq 0$）

Toor 等针对三组分同时扩散且总通量为零的体系，导出了下述通量表达式：

$$N_A = \frac{D_{AC} P \varphi_C}{RT\Delta y}(\delta_m x_{A1} - x_{A2}), \quad N_B = \frac{D_{BC} P \varphi_C}{RT\Delta y}(\delta_m x_{B1} - x_{B2}) \tag{6-101a,b}$$

式中，$\delta_m = \exp\left[\left(1 - \frac{D_{AB} + D_{AC}}{2D_{AB}}\right)(x_{C1} - x_{C2})\right], \quad \varphi_C = \frac{x_{C1} - x_{C2}}{(1 - x_{C2}) - \delta_m(1 - x_{C1})} \tag{6-102a,b}$

当 $N_C=0$，且 $D_{BC}=D_{AC}$ 时，Gilliand 等导出了 N_A 的表达式为：

$$N_A = \frac{D_{BC} P}{RT\Delta y} \times \frac{\left[x_{A2} - x_{A1}\left(\frac{x_{C2}}{x_{C1}}\right)^{D_{BC}/D_{AB}}\right]\ln\left(\frac{x_{C2}}{x_{C1}}\right)}{(1 - x_{C2}) - \left[1 - x_{C1}\left(\frac{x_{C2}}{x_{C1}}\right)^{D_{BC}/D_{AB}}\right]} \tag{6-103}$$

6.3.3 液体中的溶质扩散

液相中溶质的扩散也是十分重要的，在化工、食品、医药等许多领域，都涉及某一关键组分在溶液中的扩散速度问题。这里所说的溶质，可以是液体、固体或气体。如结晶过程中，溶质在液相的扩散速度，对结晶的晶型、大小及纯度都有十分重要的影响；而萃

取中，液体溶质在不同溶剂中的扩散速度，又直接关系到萃取效率及萃取设备的设计等问题。

描述静止液相中某一组分的分子扩散通量，仍用 Fick 第一定律，只是液相扩散系数一般要比气相小 4~5 个数量级。这是由于液体分子间距离远小于气体，液体分子间的作用力以及分子间的碰撞频率均明显增加，阻力明显变大；但另一方面，由于单位体积内液体的分子数（即浓度）较气体又大得多，所以实际上液相中溶质的扩散通量，只比气相小 2 个数量级左右。

液体混合物中组分 A 的扩散系数，是温度和浓度的函数。从理论上，液相中组分 A 的浓度及总浓度都是变化的，即使是稳态扩散，运用 Fick 第一定律也只能描述某一截面的状态，在积分该式之前，必须获得浓度分布函数及扩散系数与浓度的函数关系。但由于液相扩散理论还不成熟，这一点无法做到。不过为了方便起见，可将液相总浓度和扩散系数近似认为恒定，并用平均总浓度和平均扩散系数代替，故 Fick 第一定律可写成：

$$J_A = -C_{av} D_{AB} \frac{dx_A}{dy} \tag{6-104}$$

式中，D_{AB} 为溶质 A 在溶剂 B 中的平均扩散系数；C_{av} 为平均总浓度，可由下式计算：

$$C_{av} = \frac{1}{2}\left(\frac{\rho_1}{M_1} + \frac{\rho_2}{M_2}\right) \tag{6-105}$$

式中，ρ_1、ρ_2 分别为 z_1 和 z_2 处的溶液平均密度；M_1、M_2 分别为 z_1 和 z_2 处的溶液平均摩尔质量。

组分 A 相对于静止坐标的通量为：

$$N_A = -D_{AB} C_{av} \frac{dx_A}{dy} + x_A(N_A + N_B) \tag{6-106}$$

组分 A 在液相中的扩散达到稳态时，N_A 和 N_B 均为常数。与气体扩散相似，要想求出扩散通量，还必须知道 N_A 和 N_B 之间的函数关系，同样地，液体的稳态分子扩散也分如下三种情况：(1) 组分 A 通过停滞组分的稳态扩散；(2) 等分子反方向扩散；(3) 边界上存在非均相化学反应的扩散。

6.3.3.1 组分 A 通过停滞组分 B 的扩散

由于组分 B 在总体上处于停滞状态，故 N_B 为零，式（6-106）可简化为：

$$N_A = -D_{AB} C_{av} \frac{dx_A}{dy} + x_A N_A \tag{6-107}$$

边界条件：

$$y = y_1, x_A = x_{A1} \quad ; \quad y = y_2, x_A = x_{A2} \tag{6-108}$$

利用上述边界条件，积分式（6-107）得：

式中

$$N_A = \frac{C_{av} D_{AB}}{\Delta y x_{Bm}}(x_{A1} - x_{A2}) \tag{6-109a}$$

$$x_{Bm} = \frac{x_{A1} - x_{A2}}{\ln\dfrac{1 - x_{A2}}{1 - x_{A1}}} \tag{6-109b}$$

当组分 A 在液相中的浓度很小时，$x_{Bm} = 1.0$

$$N_A = \frac{D_{AB}}{\Delta y}(C_{A1} - C_{A2}) \tag{6-110}$$

在吸收和萃取等化工分离操作中，都会碰到组分 A 通过停滞组分 B 的扩散问题。例如运用水吸收大气中的氨时，氨分子进入液相后，便通过静止的水层，从气-液界面处向液体内部扩散，与氨分子的扩散速度相比，水分子扩散速度很小，可近似为零。

6.3.3.2 等分子反方向扩散

当液体中两种组分都存在明显的扩散，且二者的摩尔扩散通量大小相等、方向相反时，式（6-106）可简化为：

$$N_A = -C_{av}D_{AB}\frac{dx_A}{dy} \tag{6-111}$$

利用式（6-108）所示边界条件，积分式（6-111）得：

$$N_A = \frac{C_{av}D_{AB}}{\Delta y}(x_{A1} - x_{A2}) \quad \text{或} \quad N_A = \frac{D_{AB}}{\Delta y}(C_{A1} - C_{A2}) \tag{6-112a,b}$$

6.3.3.3 边界上存在非均相化学反应扩散

设扩散边界上发生如下化学反应：

$$A \longrightarrow nB$$

N_A 和 N_B 之间的关系仍符合式（6-49），故式（6-106）可写成：

$$N_A = -C_{av}D_{AB}\frac{dx_A}{dy} + x_A(N_A - nN_A) \tag{6-113}$$

当 $n \neq 1$ 时，利用式（6-108）所示边界条件积分式（6-113）可得：

$$N_A = \frac{C_{av}D_{AB}}{(n-1)\Delta y}\ln\frac{1+(n-1)x_{A1}}{1+(n-1)x_{A2}} \tag{6-114}$$

若 $n=1$，则符合等分子反方向扩散，扩散通量可由式（6-112a）或（6-112b）计算。

【例 6-8】 在 300K 的温度下，氨（A）-水（B）溶液与某有机溶液接触，氨便由水相扩散到有机相，并已达到稳态。已知该有机溶液与水互不相溶，两相均为静止状态，在液-液界面处，水相相对密度为 0.983，其中氨的质量分数保持恒定为 15%，在离相界面 0.01m 处，水相相对密度为 0.992，其中氨的质量分数为 3%，$D_{AB}=1.28\times10^{-9}$m/s。求 N_A 和 N_B。

【解】 依题意，$N_B=0$，该题为组分 A 通过静止组分 B 的稳态扩散问题，可用式（6-109）：

$$N_A = \frac{C_{av}D_{AB}}{\Delta y x_{Bm}}(x_{A1} - x_{A2})$$

式中，$\Delta y = 0.01$m，x_A 和 x_B 分别为 A 和 B 的摩尔浓度，计算如下：

$$x_{A1} = \frac{w_{A1}/M_A}{w_{A1}/M_A + w_{B1}/M_B} = \frac{0.15/17}{0.15/17 + 0.85/18} = 0.157 \quad, \quad x_{B1} = 1 - x_{A1} = 0.843$$

$$x_{A2} = \frac{w_{A2}/M_A}{w_{A2}/M_A + w_{B2}/M_B} = \frac{0.03/17}{0.03/17 + 0.97/18} = 0.0317 \quad, \quad x_{B2} = 1 - x_{A2} = 0.9683$$

$$x_{Bm} = \frac{x_{B2} - x_{B1}}{\ln(x_{B2}/x_{B1})} = \frac{0.9683 - 0.843}{\ln(0.9683/0.843)} = 0.904$$

$$M_1 = \frac{100}{15/17 + 85/18} = 17.84 (\text{kg/kmol}), \quad M_2 = \frac{100}{3/17 + 97/18} = 17.97 (\text{kg/kmol})$$

$$C_{av} = 0.5(\rho_1/M_1 + \rho_2/M_2) = 0.5 \times (983/17.84 + 992/17.97) = 55.15 (\text{kmol/m}^3)$$

将上述结果代入上式有：

$$N_A = \frac{55.15 \times 1.28 \times 10^{-9}}{0.01 \times 0.904} \times (0.157 - 0.0317) = 9.784 \times 10^{-7} [\text{kmol}/(\text{m}^2 \cdot \text{s})]$$

6.3.4　固体中的稳态扩散

固体中的分子扩散现象十分普遍，例如化工分离常用的固液萃取、气体吸附、膜分离等单元操作中都存在这一现象。其表现形式多种多样，为了便于分析，可将其分为两大类：①组分 A 通过固体 B 的扩散；②组分 A 在多孔固体空隙内通过组分 B 的扩散。下面分别加以介绍。

6.3.4.1　组分 A 通过固体 B 的扩散

固体作为停滞组分 B，组分 A 在固体分子之间移动，其扩散机理十分复杂，但一般可用溶解扩散模型加以描述，即组分 A 溶解于固体表面，并在浓度梯度作用下向其内部扩散。组分 A 既可以是气体，也可以是液体或固体。例如空气或氧气通过塑料薄膜的扩散，金在银中的扩散等都属于这种情形。而最有代表性的则是膜分离过程，它是利用不同组分在固膜中扩散速率不同达到分离目的的，现已成功用于气体混合物的分离，如氮氢分离、氧氮分离，也被大规模用于液体混合物的分离，如纯净水的生产、海水淡化及污水处理等。

描述组分 A 在固体 B 中的扩散，仍可运用菲克第一定律，为：

$$N_A = -CD_{AB}\frac{dx_A}{dy} + x_A(N_A + N_B) \tag{6-16}$$

式中，C 为单位体积内组分 A 和 B 的总物质的量。

因 B 为固体，扩散通量为零，且 A 的浓度一般都很小，故式（6-16）可简化为：

$$N_A = -CD_{AB}\frac{dx_A}{dy} \tag{6-115}$$

边界条件：　　　　　$y = y_1, x_A = x_{A1}$；　　$y = y_2, x_A = x_{A2}$ (6-116)

利用边界条件式（6-116）对式（6-115）进行积分，可得：

$$N_A = \frac{CD_{AB}}{\Delta y}(x_{A1} - x_{A2}) \quad \text{或} \quad N_A = \frac{D_{AB}}{\Delta y}(C_{A1} - C_{A2}) \tag{6-117a,b}$$

气体、液体和固体在固体中的扩散系数，目前还不能进行理论估计，只能通过实验测定，故这方面的数据极其有限，附录Ⅷ中列出了一些物质在固体中的扩散系数实验值。

6.3.4.2　组分 A 在多孔固体空隙中通过组分 B 的扩散

气体或液体在多孔固体中的扩散机理，与孔的大小密切相关。根据固体平均孔径 d 和组分 A 的平均自由程的相对大小不同，扩散可分为三种类型：**Fick 型扩散**、**Knudsen 扩散**和过

渡区扩散。气体平均自由程为气体分子在连续两次碰撞之间所经历的平均距离,其表达式为:

$$\lambda = \frac{1}{\sqrt{2}\pi d^2 n} = \frac{\kappa T}{\sqrt{2}\pi d^2 p_A} \tag{6-118}$$

式中,λ 为组分 A 的平均自由程,m;d 为气体分子直径,m;n 为单位体积内的气体分子数,mol/m³;p_A 为组分 A 的分压,Pa;T 为温度,K;κ 为玻尔兹曼常数,1.381×10^{-23}J/K。

Fick 型扩散   参见图 6-6(a),当固体内部孔道的平均直径 d 远远大于扩散分子的平均自由程,即 $d \geqslant 100\lambda$ 时,组分 A 在扩散途中主要与 B 发生碰撞,**扩散阻力主要来自 B 而非孔壁**。所以这种扩散仍然遵循 Fick 定律,**称为 Fick 型扩散**。

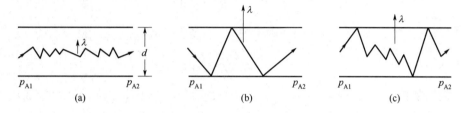

图 6-6   多孔固体中的扩散

液体及密度较大的气体,分子平均自由程较小,在多孔固体内的扩散都遵守 Fick 定律,此时多孔介质不参与扩散,仅为气体或液体提供一个扩散通道。该通道曲折多变,使得 A 从 y_1 扩散到 y_2 处实际上经过了更长的路程。为方便起见,在菲克定律中仍将扩散距离计为 (y_2-y_1),而将多孔介质的影响归结到扩散系数中,并引入有效扩散系数 D_{ABE} 代替 D_{AB}。若液体为 A、B 二元混合物,溶质 A 的浓度较小,当扩散达到稳态时,组分 A 的扩散通量为:

$$N_A = \frac{D_{ABE}}{y_2 - y_1}(C_{A1} - C_{A2}) \tag{6-119}$$

式中,D_{ABE} 与 D_{AB} 及固体的孔结构有关。一般用空隙率 ε 和曲折因子 τ 来表征孔结构特性,于是有:

$$D_{ABE} = \frac{\varepsilon D_{AB}}{\tau} \tag{6-120}$$

如果液体并非稀溶液,则可按照 6.3.3 小节的处理方法,将 A 的扩散通量分三种类型进行处理,式(6-109)、式(6-112)和式(6-114)仍适用,只需将其中的 D_{AB} 用 D_{ABE} 代替即可。

同样,对于多孔固体中的气体扩散,当它们遵循菲克定律时,式(6-56)、式(6-70)和式(6-74)仍然适用,其中 D_{AB} 也由 D_{ABE} 代替。

由此可见,多孔固体的扩散问题,便转化成多孔固体的孔结构问题。曲折因子一般需通过实验确定。例如,对于烧结的多孔介质,如多孔硅石,空隙率为 0.3,曲折因子却高达 4.0。而对于某些松散的多孔介质,如沙床、盐床等,在同一空隙率下,所对应的曲折因子值要小得多,实验值为:$\varepsilon=0.2$,$\tau=2.0$;$\varepsilon=0.4$,$\tau=1.75$;$\varepsilon=0.6$,$\tau=1.65$。

Knudsen 扩散   如图 6-6(b)所示,当孔的平均直径与组分 A 的平均自由程相比很小,即 $\lambda \geqslant 10d$ 时,组分 A 在扩散途中将主要与孔道壁面发生碰撞,**扩散阻力主要来自孔壁**,这种扩散不再遵循菲克定律,**称为 Knudsen 扩散**。

低压气体在孔道平均直径极小的多孔介质中扩散时,即为 Knudsen 扩散。因为这时的扩散阻力与气体混合物中的另一组分 B 的存在与否无关,所以扩散通量与 D_{AB} 无关。

Knudsen 根据气体分子运动学说,导出 Knudsen 扩散系数为:

$$D_{AK} = 97 r_A (T/M_A)^{1/2} \tag{6-121}$$

式中,r_A 为气体分子半径。

组分 A 的扩散通量为:

$$N_A = -\frac{P D_{AK}}{RT} \times \frac{\mathrm{d}x_A}{\mathrm{d}y} \tag{6-122}$$

边界条件: $y=y_1, x_A=x_{A1}$; $y=y_2, x_A=x_{A2}$ (6-123)

积分上式得:

$$N_A = -\frac{P D_{AK}}{RT \Delta y}(x_{A1} - x_{A2}) \tag{6-124}$$

过渡区扩散 参见图 6-6(c),当孔道的平均直径介于上述扩散之间,即 $0.1\lambda < d < 100\lambda$ 时,扩散阻力既来自组分 B,也来自孔壁,这时,兼有 Fick 型扩散和 Knudsen 扩散两种特性,属于过渡区扩散。过渡区扩散通量可分别考虑 Fick 型扩散和 Knudsen 扩散的贡献,依照多层壁导热的处理方式进行计算,即可将传质总阻力表达为分子与壁面碰撞阻力及分子间碰撞阻力之和,总推动力也可作相似处理,即:

$$\frac{\mathrm{d}x_A}{\mathrm{d}y} = \left(\frac{\mathrm{d}x_A}{\mathrm{d}y}\right)_K + \left(\frac{\mathrm{d}x_A}{\mathrm{d}y}\right)_F \tag{6-125}$$

式(6-125)中右边两项,分别由式(6-122)和式(6-16)表达为 N_A 和 N_B 的函数,然后代入式(6-125),并经整理得:

$$N_A = -\frac{D_{AS} P}{RT} \times \frac{\mathrm{d}x_A}{\mathrm{d}y} \tag{6-126}$$

式中, $D_{AS} = \dfrac{1}{\dfrac{1-\alpha x_A}{D_{AB}} + \dfrac{1}{D_K}}$, $\alpha = \dfrac{N_A + N_B}{N_A}$ (6-127)

式(6-126)即为过渡区的扩散通量表达式。其中 D_{AS} 为过渡区的扩散系数,该扩散系数不仅与温度有关,而且与溶质浓度 x_A 有关。

【例 6-9】 二元气体混合物氢(A)和氦(B),在 300K、0.1MPa 条件下通过直径为 10^{-8}m 的毛细孔内扩散,已知氢分子和氦分子的直径分别为 1.1×10^{-10}m 和 2.44×10^{-10}m。试求这两种气体的扩散系数。

【解】 根据式(6-118)可求出两种气体分子的平均自由程分别为:

氢气 $\lambda_{H_2} = \dfrac{\kappa T}{\sqrt{2}\pi d^2 p_A} = \dfrac{1.381 \times 10^{-23} \times 300}{\sqrt{2}\pi \times (1.1 \times 10^{-10})^2 \times 0.1 \times 10^6} = 0.771 \text{(m)}$

氦气 $\lambda_{He} = \dfrac{\kappa T}{\sqrt{2}\pi d^2 p_A} = \dfrac{1.381 \times 10^{-23} \times 300}{\sqrt{2}\pi \times (2.44 \times 10^{-10})^2 \times 0.1 \times 10^6} = 0.156 \text{(m)}$

由此可见，扩散孔径 d 与上述扩散气体平均自由程相比较，满足 $\lambda \geqslant 10d$ 的条件，所以该扩散为 Knudsen 扩散，根据式（6-121）可计算出两种气体的扩散系数分别为：

氢气 $\quad D_{AK} = 97\dfrac{d}{2}\left(\dfrac{T}{M_A}\right)^{\frac{1}{2}} = 97 \times 5 \times 10^{-9} \times \left(\dfrac{300}{2}\right)^{\frac{1}{2}} = 5.94 \times 10^{-6}(\text{m}^2/\text{s})$

氦气 $\quad D_{BK} = 97\dfrac{d}{2}\left(\dfrac{T}{M_B}\right)^{\frac{1}{2}} = 97 \times 5 \times 10^{-9} \times \left(\dfrac{300}{4}\right)^{\frac{1}{2}} = 4.2 \times 10^{-6}(\text{m}^2/\text{s})$

6.4 非稳态分子传质

通常在一个传质过程真正达到稳态之前，都存在一个或长或短的非稳态扩散过程。当传质为非稳态时，传质区域内某一点的浓度，不仅与位置有关，也随时间而变化，且组分 A 的通量 N_A 也不再是常数，而是位置和时间的函数，菲克第一定律不再适用，需运用扩散方程求解。

对于一维非稳态分子扩散，若无化学反应，则扩散方程式（6-32）可简化为：

$$\frac{\partial C_A}{\partial \theta} = D_{AB}\frac{\partial^2 C_A}{\partial x^2} \tag{6-128}$$

该偏微分方程的求解过程很复杂，且解的形式与初始条件及边界条件密切相关，下面仅就两种典型的情形，给出浓度分布分析解。

6.4.1 半无限长区域内的非稳态分子扩散

如图 6-7 所示，当一根半无限长固体一端暴露在气体 A 中时，组分 A 将沿 x 方向从该端向内扩散。固体内，C_A 为时间 θ 和 x 的函数，而与 y、z 无关，这是典型的一维非稳态扩散问题，符合式(6-128)，相应的初始条件和边界条件可确定如下。

初始条件：当传质开始时，整个扩散区域内各处的浓度均相同。

$$\theta = 0 , \quad C_A = C_{A0} \tag{6-129a}$$

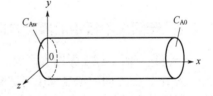

图 6-7 半无限长区域内非稳态分子扩散

边界条件：① 在整个传质过程中，在固体起始端，组分 A 的浓度保持恒定。

$$x = 0 , \quad C_A = C_{Aw} \tag{6-129b}$$

② 在整个传质过程中，因假设扩散区无限长，故在扩散的另一端，A 组分仍然维持其初始值。

$$x \to \infty , \quad C_A = C_{A0} \tag{6-129c}$$

由此可见，描述这一传质过程的微分方程和边界条件及初始条件，与半无限长固体的导热微分方程及相应的定解条件完全相似，不同的是，温度变成了浓度，导温系数变成了扩散系数，但这并不影响解的形式，因此可得浓度与时间和位置的函数关系为：

$$\frac{C_A - C_{Aw}}{C_{A0} - C_{Aw}} = \text{erf} \frac{x}{\sqrt{4D_{AB}\theta}} \quad (6\text{-}130)$$

式（6-130）即为半无限长区域内，非稳态分子扩散的瞬时浓度分布方程。图 6-8 为该过程中某一瞬时的浓度分布示意图。

钢铁冶炼中，对低碳钢的硬化处理，就是将低碳钢棒置于含碳量较高的气体中，让碳原子慢慢渗入钢内的非稳态分子扩散过程。下面通过一实例加以说明。

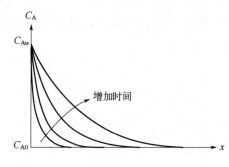

图 6-8 半无限长区域内瞬时浓度分布

【例 6-10】 对一块很长的低碳钢进行硬化处理，已知其初始含碳量（质量分数）为 0.18%，将其一端面暴露于含碳气体中，使该端面含碳量（质量分数）突然升至 0.78%，其维持不变，试问 1h 和 10h 后离端面 0.0005m 处的含碳量各为多少？

已知操作温度下，碳在钢中的扩散系数为 $1.05 \times 10^{-11} \text{m}^2/\text{s}$。

【解】 当低碳钢中碳含量很低时，其密度可视为常数，于是有：

$$\frac{C_A - C_{Aw}}{C_{A0} - C_{Aw}} = \frac{\rho_A - \rho_{Aw}}{\rho_{A0} - \rho_{Aw}} = \text{erf} \frac{x}{\sqrt{4D_{AB}\theta}}$$

依题意有：

$$\frac{\rho_A - 0.0078}{0.0018 - 0.0078} = \text{erf} \frac{0.0005}{\sqrt{4 \times 1.05 \times 10^{-11} \theta}}$$

当 $\theta = 1\text{h}$ 时，

$$\rho_A = 0.0078 - 0.006 \text{erf}(1.285) = 0.0078 - 0.006 \times 0.9308 = 0.0022 = 0.22\%$$

当 $\theta = 10\text{h}$ 时，

$$\rho_A = 0.0078 - 0.006 \text{erf}(0.407) = 0.0078 - 0.006 \times 0.435 = 0.00519 = 0.519\%$$

6.4.2 无限大平板中沿厚度方向进行的非稳态分子扩散

一块具有两平行端面的大平板，在 y、z 方向的尺寸与 x 方向的相比较，可视为无限大，组分 A 在 y、z 方向的浓度梯度可忽略不计，扩散只沿 x 方向进行。扩散开始前，平板内各处浓度相等且为 c_{A0}，若突然将其暴露在浓度较高或较低的流体中，在 x 方向必定发生一维非稳态分子扩散。根据平板与周边流体之间传质阻力的大小，可分如下两种情形加以讨论：①周边传质阻力可忽略；②周边传质阻力不可忽略。

6.4.2.1 周边传质阻力可忽略的分子扩散

如果流体与端面间的传质阻力很小，即可认为在平板两端面处，浓度与周围流体迅速达成平衡，并维持不变。如图 6-9 所示坐标系，平板内沿 x 方向的浓度满足式（6-128）及如下初始条件和边界条件：

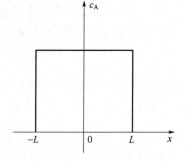

图 6-9 一维非稳态分子扩散

$$\frac{\partial C_A}{\partial \theta} = D_{AB} \frac{\partial^2 C_A}{\partial x^2} \tag{6-128}$$

$$\theta = 0, \quad C_A = C_{A0} \tag{6-131a}$$

$$x = 0, \quad \frac{\partial C_A}{\partial \theta} = 0 \tag{6-131b}$$

$$x = \pm L, \quad C_A = C_{Aw} \tag{6-131c}$$

上述非稳态扩散微分方程及其定解条件,与大平板非稳态导热问题相似,其解也必然具有式（4-98）的形式,只需将其中的温度换成浓度,热导率换成扩散系数,即可获得浓度分布分析解,为:

$$\frac{C_A - C_{Aw}}{C_{A0} - C_{Aw}} = \frac{4}{\pi} \left[e^{-\left(\frac{\pi}{2}\right)^2 x_D} \cos\left(\frac{\pi}{2} L^*\right) - \frac{1}{3} e^{-\left(\frac{3\pi}{2}\right)^2 x_D} \cos\left(\frac{3\pi}{2} L^*\right) + \frac{1}{5} e^{-\left(\frac{5\pi}{2}\right)^2 x_D} \cos\left(\frac{5\pi}{2} L^*\right) - \cdots \right] \tag{6-132}$$

式中,$x_D = D_{AB} \theta / L^2$; $L^* = x / L$。

式（6-132）即为忽略表面传质阻力的情况下,组分 A 在大平板内进行非稳态扩散过程中某一瞬时的浓度分布方程。

6.4.2.2 周边传质阻力不可忽略的扩散

如果大平板两端面的传质阻力不能忽略,其两侧的浓度也就不能维持恒定,而是时间的函数。坐标系仍为图 6-9 所示,式（6-128）仍适用,所不同的是边界条件变为:

$$\theta = 0, \quad C_A = C_{A0} \tag{6-133a}$$

$$x = 0, \quad \partial C_A / \partial \theta = 0 \tag{6-133b}$$

$$x = L, \quad -D_{AB}(\partial C_A / \partial x) = k_c (C_{Ab} - C_{Aw}) \tag{6-133c}$$

这一边界条件与非稳态对流传热边界条件具有类似性,不同之处在于:传热中,对流边界处的温度与壁面的温度达到平衡时,二者是相等的;而传质中,对流边界处的浓度与壁面浓度达到平衡时,不一定相等,由相平衡常数将二者联系起来。即:

$$K = \frac{C'_{Aw}}{C_{Aw}} \tag{6-134}$$

式中,C_{Aw} 为组分 A 在流体一侧紧靠壁面处的浓度;C'_{Aw} 为壁面固相的浓度。K 既可以大于 1,也可以小于 1,只有当 K 等于 1 时,C_{Aw} 和 C'_{Aw} 才正好相等。

无量纲浓度:

$$C^+_{Ab} = \frac{C_A - C_{Ab}/K}{C_{A0} - C_{Ab}/K} \tag{6-135a}$$

虽然如此,具有对流传质边界的非稳态扩散,仍与具有对流传热边界的非稳态导热相似,其求解过程及结果也完全类似,具体做法是:在无量纲传质阻力 m 一定时,将无量纲浓度 C^+_{Ab} 表示成无量纲时间 Θ 和无量纲位置 n 的函数,并将这一函数关系绘成图。针对不同的几何形状,分别参见附录Ⅶ中图Ⅶ-1、图Ⅶ-2 和图Ⅶ-3,上述无量纲参数分别定义为:

无量纲时间 $\qquad \Theta = \dfrac{D_{AB}\theta}{x_1^2}$ （6-135b）

无量纲位置 $\qquad n = x/x_1$ （6-135c）

无量纲传质阻力 $\qquad m = \dfrac{D_{AB}}{k_c x_1 K}$ （6-135d）

6.5 伴有化学反应的分子传质

有些传质过程不仅包括分子扩散，同时还涉及化学反应。有的化学反应发生在边界上（非均相反应），还有的发生在系统内（均相反应）。前者已在 6.3 节和 6.4 节讨论过，本节主要针对后者进行探讨。

如图 6-10 所示，在气液吸收过程中，气相组分 A 与液体接触时溶解于液体表面，并朝液相内部扩散。有时为提高吸收效率，往往在液相中加入组分 B，通过 B 与 A 的化学反应，提高 A 进入液相的通量。针对这种伴有均相化学反应的分子扩散，Fick 定律不再适用，必须运用扩散方程。

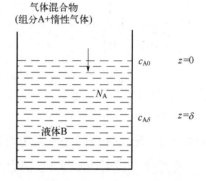

图 6-10 伴有化学反应的分子扩散

对于一维伴有化学反应的分子扩散，式（6-32）可简化为：

$$\dfrac{\partial C_A}{\partial \theta} = D_{AB}\dfrac{\partial^2 C_A}{\partial z^2} + R_A \qquad (6\text{-}136)$$

达到稳态时，上式可简化为：

$$D_{AB}\dfrac{d^2 C_A}{dz^2} + R_A = 0 \qquad (6\text{-}137)$$

式（6-137）可描述体系内伴有化学反应的一维稳态分子传质过程。其中 R_A 为组分 A 因化学反应生成的速率。一般来说，R_A 是 C_A 的函数。由于化学反应机理不同，函数关系也不同。本书仅就较为简单的零级反应和一级反应机理分别加以探讨。

6.5.1 伴有零级化学反应的分子扩散

当体系中组分 A 的生成速率为一常数时，该反应为零级反应。对于气体吸收而言，组分 A 在液相的生成速率为：

$$R_A = -k_0 \qquad (6\text{-}138)$$

将式（6-138）代入式（6-137），得扩散方程：

$$D_{AB}\dfrac{d^2 C_A}{dz^2} - k_0 = 0 \qquad (6\text{-}139)$$

边界条件可以确定如下：在气液界面（$z=0$），由于液面与气相处于平衡状态，该处浓度恒定

为 C_{A0}，而组分 A 进入液相后，在扩散的同时，也会以恒定的速率消失，直至某一深度 δ 处，组分 A 完全消失。故边界条件为：

$$z=0, C_A = C_{A0} \quad ; \quad z=\delta, C_A = 0 \tag{6-140}$$

根据上述边界条件，解方程式（6-139）并将结果无量纲化，得：

$$\frac{C_A}{C_{A0}} = \frac{\delta^2 k_0}{2C_{A0}D_{AB}}\left(\frac{z}{\delta}\right)^2 - \left(1 + \frac{\delta^2 k_0}{2C_{A0}D_{AB}}\right)\frac{z}{\delta} + 1 \tag{6-141}$$

式（6-141）表明，在扩散区内组分 A 的浓度分布为抛物线型。

由于组分 B 可视为停滞，且与 C_B 相比较，C_A 很小，故组分 A 的扩散通量为：

$$N_A = -D_{AB}\frac{dC_A}{dz}\bigg|_{z=0} \tag{6-142}$$

将式（6-141）代入式（6-142）得：

$$N_A = \frac{D_{AB}C_{A0}}{\delta} + \frac{\delta k_0}{2} \tag{6-143}$$

6.5.2 伴有一级化学反应的分子扩散

吸收过程中，由一级化学反应导致组分 A 消失时，其生成速率为：

$$R_A = -k_1 C_A \tag{6-144}$$

将式（6-144）代入式（6-137）可得：

$$D_{AB}\frac{d^2C_A}{dz^2} - k_1 C_A = 0 \tag{6-145}$$

这是一个二阶常微分方程，应用边界条件式（6-140）求解上式，可得：

$$\frac{C_A}{C_{A0}} = \cosh(z\sqrt{k_1/D_{AB}}) - \frac{\sinh(z\sqrt{k_1/D_{AB}})}{\tanh(\delta\sqrt{k_1/D_{AB}})} \tag{6-146}$$

式（6-146）即为伴有一级化学反应的稳态分子扩散时的浓度分布函数。据此，可导出组分 A 的扩散通量为：

$$N_A = -D_{AB}\frac{dc_A}{dz}\bigg|_{z=0} = \frac{D_{AB}C_{A0}}{\delta}\left[\frac{\delta\sqrt{k_1/D_{AB}}}{\tanh(\delta\sqrt{k_1/D_{AB}})}\right] \tag{6-147}$$

在图 6-10 所示的吸收过程中，如果无化学反应发生，且边界条件仍为式（6-140），可得浓度分布为：

$$\frac{C_A}{C_{A0}} = 1 - \frac{z}{\delta} \tag{6-148}$$

与此对应的 N_A 为：

$$N_A = \frac{D_{AB}C_{A0}}{\delta} \tag{6-149}$$

比较式（6-149）与式（6-147）和式（6-143）可以看出，化学反应对 N_A 存在明显的影响：

① 对于一级反应来说，增加了一个修正因子 $\delta\sqrt{k_1/D_{AB}}/\tanh(\delta\sqrt{k_1/D_{AB}})$，该因子通常被称为哈塔数（Hatta）；

② 对零级反应而言，增加了一个修正项（$\delta k_0/2$）。

上述讨论同样适用于气相内伴有化学反应的分子扩散过程，下面通过例 6-11 加以说明。

【例 6-11】 图 6-11 示出了一催化剂表面的气相扩散过程，组分 A 通过一静止气膜，扩散到催化剂表面，并在那里通过反应 A──→B，立即转变成组分 B，当组分 B 扩散到静止气膜时，它按 B──→A 的一级反应开始变成 A，试确定 A 在稳态下进入气膜的速率。

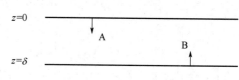

图 6-11 例 6-11 附图

【解】 依题意，在气膜内只存在 B──→A 的一级反应，而在催化剂表面存在 A──→B 的快速反应，这表明在 $z=\delta$ 时，$x_A=0$，$x_B=1$。

稳态下，在 $z=0$ 处，A 的浓度维持恒定为 x_{A0}，相应地组分 B 的浓度为 x_{B0}，且

$$x_{A0}+x_{B0}=1.0$$

由于膜内无宏观流动，且只有 A、B 二组分，所以描述这一过程的扩散方程为：

$$CD_{AB}\frac{d^2x_A}{dz^2}+\dot{R}_A=0 \tag{1}$$

其中，$\dot{R}_A=k_1x_B$，将 $\dot{R}_A$ 的表达式代入上式得：

$$CD_{AB}\frac{d^2x_A}{dz^2}+k_1x_B=0 \tag{2}$$

因为 $x_A+x_B=1$，所以上式又可写成：

$$CD_{AB}\frac{d^2x_B}{dz^2}-k_1x_B=0 \tag{3}$$

边界条件为：

$$z=0, x_B=x_{B0} \quad ; \quad z=\delta, x_B=1.0 \tag{4}$$

方程式（3）的通解为：

$$x_B=C_1\cosh(k_2z)+C_2\sinh(k_2z) \tag{5}$$

其中 $k_2=\sqrt{k_1/D_{AB}}$，将边界条件式（4）代入得：

$$C_1=x_{B0}, \quad C_2=1.0-x_{B0}[\tanh(k_2\delta)]^{-1}$$

代入式（5）得：

$$x_B=x_{B0}\left[\cosh(k_2z)-\frac{\sinh(k_2z)}{\tanh(k_2\delta)}\right]+\sinh(k_2z)$$

根据扩散通量定义式得：

$$N_A|_{z=0}=-CD_{AB}\frac{dy_A}{dz}\bigg|_{z=0}=CD_{AB}\frac{dx_B}{dz}\bigg|_{z=0}=k_2CD_{AB}\left[1-x_{B0}\frac{\cosh(k_2\delta)}{\sin(k_2\delta)}\right]$$

6.6 二维分子传质

本章 6.3~6.5 节讨论了一维传质，对于一维非稳态扩散，C_A 是时间和位置的函数，即：

$$C_A = f(\theta, z) \tag{6-150}$$

而对于一维稳态分子扩散过程，C_A 仅是位置的函数，即：

$$C_A = g(z) \tag{6-151}$$

在实际中还存在另外一些传质体系，其边界不规则或沿边界浓度不均匀。只用一维坐标不能准确地描述边界上的浓度值，也就不能描述整个扩散区域的浓度分布。对于这类体系，须用二维坐标加以描述。

二维体系与一维体系的最大不同在于，即使是最简单的无化学反应的稳态分子扩散，也不能像一维稳态分子扩散那样容易地获得浓度分布分析解。事实上，只有极少数特殊二维稳态分子扩散可获得分析解，一般的二维分子传质问题都只能借助图解法或数值解法，下面将分别加以讨论。

6.6.1 具有分析解的二维稳态分子扩散

一个传质问题的分析解，须满足扩散方程及相应的边界条件。前已述及，每一个二维、三维传质问题都对应着一个二阶偏微分方程。就目前数学水平而言，只有线性齐次偏微分方程，才有分析解。也就是说，只有满足 Laplace 方程的二维传质过程才有分析解。下面将通过一个典型的例子来说明其求解过程。

为简便起见，考察一个二维体系。在图 6-12 所示的矩形区域内，其左边、右边及下边三个边界上均有催化剂，组分 A 一旦接触催化剂，便立即反应生成组分 B，组分 A 的唯一来源是上边界，该处浓度符合函数 $C_A(x)$，即边界条件为：

$$\begin{cases} x = 0, & C_A = 0 \quad (0 < x < X) \\ x = a, & C_A = 0 \\ y = 0, & C_A = 0 \\ y = b, & C_A = C_A(x) \end{cases} \tag{6-152}$$

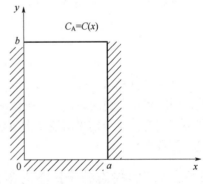

图 6-12 二维分子扩散

当组分 A 在该区域内扩散达到稳态时，因通道内无净宏观运动，有 $N_A = -N_B$，且 C_A 满足 Laplace 方程：

$$\frac{\partial^2 C_A}{\mathrm{d}x^2} + \frac{\partial^2 C_A}{\mathrm{d}y^2} = 0 \tag{6-153}$$

上式为线性齐次偏微分方程，可用分离变量法求解。通常设其解为两个函数之积，即：

$$C_A(x, y) = X(x)Y(y) \tag{6-154}$$

将式（6-154）代入式（6-153）可得：

$$-\frac{1}{X} \times \frac{d^2 X}{dx^2} = \frac{1}{Y} \times \frac{d^2 Y}{dy^2} \qquad (6\text{-}155)$$

由于等式左边只是 x 的函数，右边只是 y 的函数，而 x 和 y 是两个相互独立的自变量。在两边各自独立变化的情况下，只有二者均为同一常数（设常数为 λ^2），等式才能成立，即：

$$\frac{d^2 X}{dx^2} + \lambda^2 X = 0 \quad , \quad \frac{d^2 Y}{dy^2} - \lambda^2 Y = 0 \qquad (6\text{-}156a,b)$$

分别求解上述两式，可得 $X(x)$ 和 $Y(y)$ 的通解为：

$$X = A\cos(\lambda x) + B\sin(\lambda x) \quad , \quad Y = Ce^{-\lambda y} + De^{\lambda y} \qquad (6\text{-}157a,b)$$

将式（6-157）代入式（6-154），得 $C_A(x,y)$ 的表达式为：

$$C_A(x,y) = [A\cos(\lambda x) + B\sin(\lambda x)][Ce^{-\lambda y} + De^{\lambda y}] \qquad (6\text{-}158)$$

式中，A、B、C、D 为待定常数，由边界条件确定。

运用式（6-152）所示边界条件，可得 $C_A(x,y)$ 为：

$$C_A(x,y) = \sum_{n=1}^{\infty} A_n \sin\frac{n\pi x}{a} \sinh\frac{n\pi y}{a} \qquad (6\text{-}159)$$

式中，A_n 由 $C_A(x)$ 确定。当 $y=b$ 时，由式（6-159）得：

$$C_A(x) = C_A(x,b) = \sum_{n=1}^{\infty} A_n \sin\frac{n\pi x}{a} \sinh\frac{n\pi b}{a} \qquad (6\text{-}160)$$

由 $C_A(x)$ 的具体表达式便可求出常数 A_n，代入式（6-159），便可完整地描述图 6-12 所示矩形区域内组分 A 的浓度分布情况。

对于符合 Laplace 方程的三维分子扩散问题，只要假设 $C_A(x,y,z) = X(x)Y(y)Z(z)$，再通过分离变量法，经类似步骤即可求解，获得 $C_A(x,y,z)$ 在三维区域内的浓度分布表达式。

虽然上述传质问题最终获得了分析解，但如果其边界条件不是如此简单，哪怕只是最后一个边界条件稍加改变，比如上边界为一曲线，而非水平直线，则边界上 C_A 不仅是 x 的函数，同时也是 y 的函数，尽管扩散区域内 C_A 仍满足 Laplace 方程，也不能获得其分析解。根据不同情况，可分别采用通量图解法或数值解法获得其近似解，前者可参考相关专著，下面仅介绍数值解。

6.6.2 二维稳态分子扩散的数值解

如上所述，对于二维、三维分子扩散问题，只有当边界具有简单的几何形状，且边界条件为极其简单的函数关系时，才能获得分析解。事实上，通量图解法也要求边界浓度恒定，但实际中往往很难碰到这些特例。大多数这类分子扩散问题，都只能借助数值法。好在目前数值法已能借助计算机在很短的时间内完成了。本小节将针对二维稳态分子扩散，介绍数值法及其步骤，详细过程可参阅有关专著。

下面以二维稳态无化学反应分子扩散为例加以说明。在一个任意形状的二维区域内，C_A 满足 Laplace 方程，当该区域为平面时，可用直角坐标表示为：

$$\frac{\partial^2 C_A}{\partial x^2} + \frac{\partial^2 C_A}{\partial y^2} = 0 \qquad (6\text{-}161)$$

从理论上说，$C_A(x,y)$ 是 x、y 的连续函数，求分析解的最终目的，就是希望据此可计算扩散区内每一点的浓度值；反之，如果通过某种方法能将每一点浓度值都算出来，也就等同于获得了分析解。数值法正是基于这一理念提出来的。

所谓**数值法**，就是将**连续区域数字化**，具体做法是将该区域**网格化**（分成若干个小方格），用**所得结点来代表整个区域，并求出各结点温度**。结点个数可根据计算精度进行调整，精度要求越高，结点个数就越多。设结点共有 n 个，要想获得 n 个结点的温度值，需建立 n 个方程。

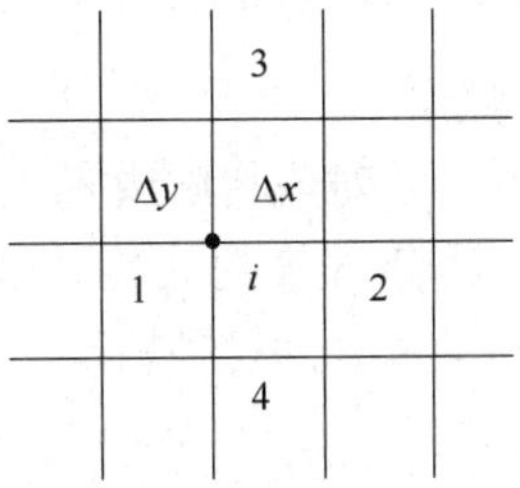

结点分为**内部结点**和**边界结点**，内部结点满足方程式（6-161），边界结点除了要满足该方程之外，还要满足边界条件。如图 6-13 所示，在扩散区内任取一内部结点 i，考察该点浓度（C_{Ai}）与其周围四个点 1、2、3、4 的浓度（C_{A1}、C_{A2}、C_{A3}、C_{A4}）之间的关系。

图 6-13 扩散区域的内部结点

因两相邻结点之间的距离足够小，可用**有限差分近似替代偏微分**，有：

$$\left.\frac{\partial C_A}{\partial x}\right|_{x=i} = \frac{C_{A2} - C_{Ai}}{\Delta x} \tag{6-162}$$

$$\left.\frac{\partial^2 C_A}{\partial x^2}\right|_{x=i} = \frac{\partial\left(\frac{\partial C_A}{\partial x}\right)}{\partial x} = \frac{\frac{C_{A2}-C_{Ai}}{\Delta x} - \frac{C_{Ai}-C_{A1}}{\Delta x}}{\Delta x} = \frac{C_{A1} + C_{A2} - 2C_{Ai}}{(\Delta x)^2} \tag{6-163}$$

同理有：

$$\left.\frac{\partial^2 C_A}{\partial y^2}\right|_{x=i} = \frac{C_{A3} + C_{A4} - 2C_{Ai}}{(\Delta y)^2} \tag{6-164}$$

将式（6-164）和式（6-163）代入式（6-161），得：

$$\frac{C_{A1} + C_{A2} - 2C_{Ai}}{\Delta x^2} + \frac{C_{A3} + C_{A4} - 2C_{Ai}}{\Delta y^2} = 0 \tag{6-165}$$

在分割小方块时，具有一定的随意性，为方便起见，可设为**正方形**（$\Delta x = \Delta y$），式（6-165）可简化为：

$$C_{A1} + C_{A2} + C_{A3} + C_{A4} - 4C_{Ai} = 0 \tag{6-166}$$

式（6-166）表明，对于任一内部结点 i，C_{Ai} 都可表示成其相邻四个结点浓度值的算术平均值。若共有 n_1 个内部结点，则能列出 n_1 个类似的线性方程。

下面再来看看边界上的结点。

若结点 i 位于边界上，则不一定都有四个相邻的结点，故 C_{Ai} 不再符合式（6-166），需建立新的方程，可按以下三种情况分别加以讨论。

（1）恒浓度边界

若边界浓度恒定，则问题最为简单，只需将该恒定值直接赋予 C_{Ai}。

（2）零传质边界

如图 6-14（a）所示，若边界上组分 A 与外界无质量交换，并选择以虚线包围的范围为底面积，以垂直于纸面方向上单位长度为高所组成的控制体，对组分 A 进行质量衡算，有：

$$D_{AB}\frac{C_{A1}-C_{Ai}}{\Delta x}\times\Delta y\times(1.0)+D_{AB}\frac{C_{A2}-C_{Ai}}{\Delta y}\times\frac{\Delta x}{2}\times(1.0)+D_{AB}\frac{C_{A3}-C_{Ai}}{\Delta y}\times\frac{\Delta x}{2}\times(1.0)=0 \quad (6\text{-}167)$$

将 $\Delta x = \Delta y$ 代入上式，经整理得：

$$2C_{A1}+C_{A2}+C_{A3}-4C_{Ai}=0 \quad (6\text{-}168)$$

（3）对流传质边界

组分 A 在对流传质边界上与外界有质量交换。处于对流边界上的结点，根据其所处位置不同又可分为三种情形，如图 6-14 所示。

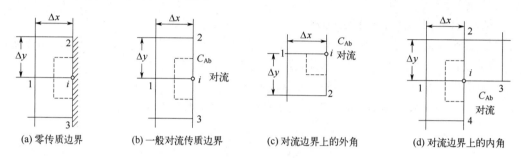

(a) 零传质边界　　(b) 一般对流传质边界　　(c) 对流边界上的外角　　(d) 对流边界上的内角

图 6-14　零传质边界和对流传质边界结点

① **普通结点**。若 i 处在对流传质边界上，既非外角也非内角，与之相邻的结点数为 3，称为普通结点，如图 6-14（b）所示。设流体主体浓度为 C_{Ab}，选择上述类似的控制体，对组分 A 进行质量衡算，有：

$$D_{AB}\frac{C_{A1}-C_{Ai}}{\Delta x}\times\Delta y\times(1)+D_{AB}\frac{C_{A2}-C_{Ai}}{\Delta y}\times\frac{\Delta x}{2}\times(1)+D_{AB}\frac{C_{A3}-C_{Ai}}{\Delta y}\times\frac{\Delta x}{2}\times(1)$$
$$= k_c(C_{Ai}-C_{Ab})\Delta y \quad (6\text{-}169)$$

经整理得：

$$\frac{1}{2}(2C_{A1}+C_{A2}+C_{A3})-\left(\frac{k_c\Delta x}{D_{AB}}+2\right)C_{Ai}=-\frac{k_c\Delta x}{D_{AB}}C_{Ab} \quad (6\text{-}170)$$

② **外角结点**。当结点位于对流边界外角时，与之相邻的结点数为 2，称为外角结点，如图 6-14（c）所示。对于该结点 i，同样可导出下面的方程：

$$C_{A1}+C_{A2}-2\left(\frac{k_c\Delta x}{D_{AB}}+1\right)C_{Ai}=-2\frac{k_c\Delta x}{D_{AB}}C_{Ab} \quad (6\text{-}171)$$

③ **内角结点**。当结点位于对流边界内角时，与之相邻的结点数为 4，称为内角结点，如图（6-14d）所示。该结点 i 所遵循的方程为：

$$2C_{A1}+2C_{A2}+C_{A3}+C_{A4}-2\left(\frac{k_c\Delta x}{D_{AB}}+3\right)C_{Ai}=-2\frac{k_c\Delta x}{D_{AB}}C_{Ab} \quad (6\text{-}172)$$

通过以上分析可知，对于一个具有任意几何形状的对流边界上的所有结点，都可以写出式（6-170）、式（6-171）或式（6-172）中的一个，也就是说，对于一个二维无化学反应的稳态分子传质问题，无论具有何种边界条件，都可以通过上述方法将其数值化，并转换成求解一组线性方程组的问题。设包括边界上的所有点在内共分成 n 个结点，并统一编号，则可得到由 n 个结点方程所组成的方程组：

$$\begin{cases} a_{11}C_{A1} + a_{12}C_{A2} + \cdots + a_{1n}C_{An} = C_1 \\ a_{21}C_{A1} + a_{22}C_{A2} + \cdots + a_{2n}C_{An} = C_2 \\ \vdots \\ a_{n1}C_{A1} + a_{n2}C_{A2} + \cdots + a_{nn}C_{An} = C_n \end{cases} \qquad (6\text{-}173)$$

式（6-173）是一个 n 阶线性方程组，虽然每个方程均有 n 个未知数，C_{A1}、C_{A2}、$\cdots$、C_{An}，但从上面分析可以看出每个方程最多只包含 5 个未知数，即一个本位浓度 C_{Ai} 及其周围的 4 个浓度。借助计算机求解这样的方程组是十分便利的，最终可得到 n 个结点的浓度值，这就相当于获得了整个扩散区域的浓度分布状况。

6.7 案例分析——反应型聚氨酯（PUR）热熔胶的湿固化机理及动力学

研究背景 PUR 热熔胶由多元醇与过量的二异氰酸酯（MDI）经真空缩聚反应而得，其黏接力强，应用广泛。通常，该产品在室温下保存于真空袋中，使用时被加热到流体状态，再施加到被黏物上，在冷却固化的同时，通过吸收空气中的水分并发生湿固化反应再次变成固态完成黏结过程。PUR 热熔胶的湿固化过程包括两个步骤：一是水分子从大气或基材扩散到 PUR 膜中，二是胶黏剂中的—NCO 基团和水分子之间的反应以及随后发生的交联反应。因此该扩散传质过程是典型的非稳态传质过程。一种观点认为，该过程符合 Fick 第二定律，虽然水分子同时参与了化学反应，但在扩散路径上，最前端部分的水分子遇到较高活性基团会很快与之反应，可将扩散通道上的活性基团—NCO 的浓度视为零，也就是说反应只在扩散区域的边界上发生，而在水分子的扩散区域内无化学反应存在，可以忽略反应对传质过程的影响。但是，上述观点并未经过试验验证。由于湿固化反应机理的复杂性，且该反应发生在固体内部，反应速率并非很快，由此可得出推论：**反应速率与水扩散速度共同控制着湿固化进程，可考虑应用伴有化学反应的非稳态传质模型来解决湿固化动力学问题。**

本案例将通过实验测试和理论分析，探究 PUR 热熔胶湿固化的反应机理并对其湿固化动力学进行数学描述，即建立水分在 PUR 热熔胶膜中的扩散通量与时间、温度、湿度等因素的函数关系，旨在为 PUR 热熔胶的工业应用提供基础数据和理论指导。

6.7.1 PUR 热熔胶湿固化机理及动力学模型

异氰酸酯基团（—NCO）由两个 σ 键和一个特殊的离域 π 键组成。该 π 键的电子云环绕在 N、C 和 O 三个原子周围，且更多地偏向 N 和 O，使得氮和氧原子略微呈现负电（δ⁻），而碳原子则呈现正电（δ⁺）。水分子与—NCO 基团的反应机理如图 6-15 所示，可描述如下：来自水的 H^+ 攻击—NCO 上氧原子，生成含有碳正离子的中间体Ⅰ；中间体Ⅰ具有与烯醇类似的结构，将进一步重排成更稳定的异构体Ⅱ；碳正离子接受—OH 的电子，形成中性加成产物Ⅲ。

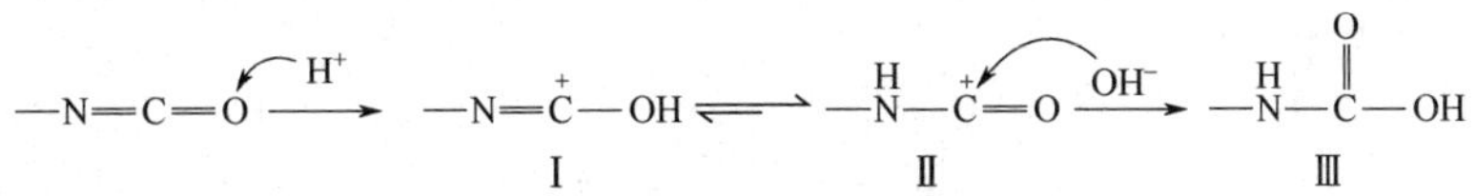

图 6-15 水分子与—NCO 基团反应机理示意图

根据上述机理，可假设 PUR 热熔胶的湿固化反应机理如图 6-16 所示，简述如下：水分子进入 PUR 热熔胶预聚体膜表面，并依照图 6-15 所示反应机理进攻其中的—NCO 基团生成产物Ⅳ；Ⅳ所含仲胺上的活泼氢，也依照相同的方式进攻 PUR 中另一个—NCO 基团，可得产物Ⅴ；由于产物Ⅴ中也有活泼氢，以此类推，即可形成网络结构的固化 PUR 胶层。

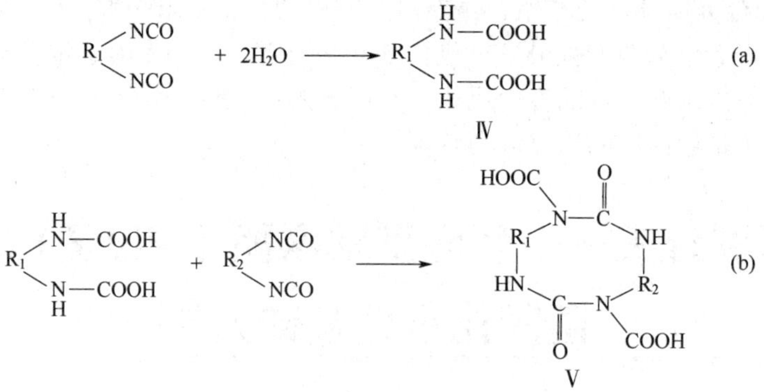

图 6-16　PUR 热熔胶湿固化反应机理示意图

在 PUR 热熔胶的湿固化过程中，水分子在 PUR 膜内的扩散是非稳态的。图 6-17 示出了在不同瞬间 $(\theta_1, \theta_2, \theta_k)$ PUR 薄膜中水分子浓度 C_A 与扩散深度 $x(0 \rightarrow L)$ 的函数关系示意图。结合实际考量，可假定湿固化过程具有以下特征：

① 在湿固化过程开始前的瞬间，膜中的水分子浓度为 0，即初始条件为：$\theta = 0$，$C_A = 0$。

② 一旦湿固化过程开始 $(\theta > 0)$，膜表面处水分子浓度瞬间达到饱和浓度 C_{A0} 并保持恒定，即：$x = 0$，$C = C_{A0}$。

③ 在时间为 θ_k 时，水分子从表面扩散到深 x 处，并与扩散路径中存在的—NCO 基团发生反应。薄膜中的水分浓度分布将由此确定。

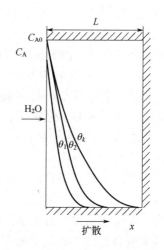

图 6-17　PUR 膜内瞬时浓度分布示意图

④ 这是一个非稳态扩散过程，湿固化过程的速率受扩散和反应速率的控制。湿固化过程将一直持续进行，直到水分子扩散深度达到 PUR 热熔胶薄膜的底部 $(x=L)$。考虑到实验所用 PUR 热熔胶膜厚度较实际施胶厚度大很多，其完全湿固化时间会很长（约 240h），因此，在本实验范围内（<90h），湿固化过程并未真正结束，也就是说水分子尚未扩散到 PUR 热熔胶膜的底部，即 $x<L$。针对这种情况，膜厚度 L 相对于水分子扩散深度而言可认为是半无限长，由此可得另一个边界条件：$x \rightarrow \infty$，$C_A = 0 (\theta > 0)$。

一般来说，湿固化过程的动力学将受到水分子与—NCO 基团之间的反应速率的影响，而该反应速率又与水分子的浓度分布有关，所以这是一个伴有化学反应的非稳态传质过程，可由式（6-174）来描述：

$$\frac{\partial C_A}{\partial \theta} = D_A \frac{\partial^2 C_A}{\partial x^2} - k C_A^\alpha \qquad (6-174)$$

式中，D_A 是水在薄膜中的扩散系数；k 为反应速率常数；α 为反应级数。

初始条件和边界条件可以归纳如下：

$$\begin{cases} \theta = 0, & C_A = 0 \\ x = 0, & C_A = C_{A0} \quad (\theta > 0) \\ x \to \infty, & C_A = 0 \quad (\theta > 0) \end{cases} \quad (6\text{-}175)$$

很明显，方程式（6-174）的解与反应级数有关。考虑到方程的可解性，可分别假设湿固化反应为：①快速反应；②零级反应；③一级反应。下面将逐一进行讨论。

（1）快速反应

当水与—NCO 基团之间为快速反应时，水分子所到之处便迅速与该处—NCO 基团反应，整个固化过程完全由水分子在膜中的扩散速度控制，式（6-174）可简化为：

$$\frac{\partial C_A}{\partial \theta} = D_A \frac{\partial^2 C_A}{\partial x^2} \quad (6\text{-}176)$$

这是一个典型的半无限长固体中的非稳态传质问题，引入无量纲浓度如下：

$$C_A^+ = \frac{C_A - 0}{C_{A0} - 0} = \frac{C_A}{C_{A0}} \quad (6\text{-}177)$$

式（6-176）的解为：

$$C_A^+ = 1 - \mathrm{erf}\left(\frac{x}{\sqrt{4D_A\theta}}\right) \quad \text{或} \quad C_A = C_{A0}\mathrm{erfc}\left(\frac{x}{\sqrt{4D_A\theta}}\right) \quad (6\text{-}178)$$

膜表面处的浓度梯度为：

$$\left.\frac{\partial C_A}{\partial x}\right|_{x=0} = -\frac{C_{A0}}{\sqrt{D_A\pi\theta}} \quad (6\text{-}179)$$

由式（6-179）可得膜表面处水分子的扩散通量（$\mathrm{d}Q_A/\mathrm{d}\theta$）为：

$$\frac{\mathrm{d}Q_A}{\mathrm{d}\theta} = -D_A \left.\frac{\partial C_A}{\partial x}\right|_{x=0} = C_0\sqrt{\frac{D_A}{\pi\theta}} \quad (6\text{-}180)$$

在 $0 \sim \theta$ 范围内积分式（6-180），可得湿固化至 θ 时刻水分子**总传质通量** Q_A 为：

$$Q_A = 2C_{A0}\sqrt{\frac{D\theta}{\pi}} \quad (6\text{-}181)$$

式中，D_A 可通过对湿固化动力学实验数据的关联获得。下文将就此进行讨论。

（2）零级反应

对于零级反应（$\alpha = 0$），式（6-174）简化为：

$$\frac{\partial C_A}{\partial \theta} = D_A \frac{\partial^2 C_A}{\partial x^2} - k_0 \quad (6\text{-}182)$$

将式（6-182）中三项均移至同一边并除以常数 D_A，则可变形为：

$$\frac{\partial^2 C_A}{\partial x^2} - \frac{1}{D_A} \times \frac{\partial C_A}{\partial \theta} - \frac{k_0}{D_A} = 0 \quad (6\text{-}183)$$

初始条件和边界条件如式（6-175）所示。

采用变量代换法，引入的变量为：

$$\Delta = C_A - C_{A0} \tag{6-184}$$

$$\Theta = \Delta \frac{k_0}{2D_A} x^2 \tag{6-185}$$

通过上述两级变量代换即可将式（6-183）变形为如下偏微分方程：

$$\frac{\partial \Theta}{\partial \theta} = D'_A \frac{\partial^2 \Theta}{\partial x^2} \tag{6-186}$$

式中，参数 D'_A 是与扩散系数 D_A 和反应速率常数 k_0 相关的常数。求解式（6-186）即可获得 Θ 与 θ 和 x 的函数关系，再通过变量转换获得浓度 C_A 与时间 θ 和位置 x 的函数关系为：

$$C_A = C_{A0} + \frac{k_0 x^2}{2D_A} - \left(C_{A0} + k_0\theta + \frac{k_0 x^2}{2D_A}\right) \mathrm{erf}\left(\frac{x}{\sqrt{4D_A\theta}}\right) - kx\sqrt{\frac{\theta}{D_A \pi}} \exp\left(-\frac{x^2}{4D_A\theta}\right) \tag{6-187}$$

根据式（6-187），可得膜表面处的浓度梯度为：

$$\left.\frac{\partial C_A}{\partial x}\right|_{x=0} = -\frac{C_{A0} + 2k_0\theta}{\sqrt{D_A \pi \theta}} \tag{6-188}$$

同样，膜表面处水分子的吸收扩散通量（$\mathrm{d}Q_A/\mathrm{d}\theta$）由式（6-89）给出：

$$\frac{\mathrm{d}Q_A}{\mathrm{d}\theta} = -\left.\frac{\partial C_A}{\partial x}\right|_{x=0} = \sqrt{\frac{D_A}{\pi\theta}}(C_{A0} + 2k_0\theta) \tag{6-189}$$

在 $0 \sim \theta$ 范围内积分式（6-189），可得湿固化至 θ 时刻水分子**单位面积总传质量** Q_A 为：

$$Q_A = 2\sqrt{\frac{D_A\theta}{\pi}}\left(C_{A0} + \frac{2}{3}k_0\theta\right) \tag{6-190}$$

式中，D_A 和 k_0 可通过对湿固化动力学实验数据进行关联获得。下文将讨论之。

（3）一级反应

对于一级反应（$\alpha=1$），式（6-174）可以重写为：

$$\frac{\partial C_A}{\partial \theta} = D_A \frac{\partial^2 C_A}{\partial x^2} - k_1 C_A \tag{6-191}$$

初始条件和边界条件如方程式（6-175）所示。

该传质问题及其解与散热速率正比于温度的半无限长细棒导热问题相似，其求解思路也是通过变量代换法，将式（6-191）变形为式（6-186）的形式，进而获得其解。引入的变量 Φ 符合下式：

$$C_A = \Phi e^{-k_1\theta} \tag{6-192}$$

通过上述一级变量代换即可将式（6-191）变形为：

$$\frac{\partial \Phi}{\partial \theta} = D''_A \frac{\partial^2 \Phi}{\partial x^2} \tag{6-193}$$

式中，参数 D''_A 是与扩散系数 D_A 和反应速率常数 k_1 相关的常数，求解式（6-193）即可获得 Φ 与 θ 和 x 的函数关系，最后再通过变量转换获得浓度 C_A 与时间 θ 和位置 x 的函数关系为：

$$\frac{C_A}{C_{A0}} = \frac{1}{2}\exp\left(-x\sqrt{\frac{k_1}{D_A}}\right)\mathrm{erfc}\left(\frac{x}{\sqrt{4D_A\theta}} - \sqrt{k_1\theta}\right) + \frac{1}{2}\exp\left(x\sqrt{\frac{k_1}{D_A}}\right)\mathrm{erfc}\left(\frac{x}{\sqrt{4D_A\theta}} + \sqrt{k_1\theta}\right) \quad (6\text{-}194)$$

同样地，根据浓度分布方程式（6-194）及 Fick 第一定律，可得 PUR 热熔胶膜表面处的水分子传质通量，再通过积分即可获得湿固化至 θ 时刻水分子**单位面积总传质量** Q_A 为：

$$Q_A = C_{A0}\sqrt{\frac{D_A}{k_1}}\left[\left(k_1\theta + \frac{1}{2}\right)\mathrm{erf}\sqrt{k_1\theta} + \sqrt{\frac{k_1\theta}{\pi}}\mathrm{e}^{-k_1\theta}\right] \quad (6\text{-}195)$$

式中，D_A 和 k_1 可通过对湿固化动力学实验数据的关联来获得。下文将进行讨论。

当 $k_1\theta$ 足够大（$k_1\theta>4$）时，$\mathrm{erf}\sqrt{k_1\theta}\approx 1$，式（6-195）即可简化为下式：

$$Q_A = C_{A0}\sqrt{k_1 D_A}\left(\theta + \frac{1}{2k_1}\right) \quad (6\text{-}196)$$

将式（6-196）对 θ 求导，可得：

$$\frac{\mathrm{d}Q_A}{\mathrm{d}\theta} = C_{A0}\sqrt{D_A k_1} \quad (6\text{-}197)$$

式（6-197）适用于描述湿固化进行一段时间之后的动力学数据。从该式可以看出，如果一级反应的假设成立，在湿固化过程进行一段时间之后，水分子**单位面积总传质量 Q_A** 与时间 θ **呈线性关系**，而与位置 x 无关，从式（6-196）可知，此时扩散通量达到稳定值，该湿固化过程变成了稳态过程。据此可定义一个**特征时间** θ^*，即由非稳态过渡至稳态所需时间，可由下式计算：

$$\theta^* = \frac{4}{k_1} \quad (6\text{-}198)$$

PUR 热熔胶中水分子的饱和浓度（C_{A0}）与温度、水的饱和蒸气压（p_0）以及空气相对湿度（H）的函数关系如下：

$$C_{A0} = Hp_0 \mathrm{e}^{4465.6/T - 15.833} \quad (6\text{-}199)$$

6.7.2 湿固化动力学模型的验证

在四个不同的温度（283K，293K，303K 和 313K）和 85%的相对湿度下，测定了 PUR 热熔胶膜的湿固化动力学数据（$Q_A \sim \theta$ 关系曲线），如图 6-18 所示，其中图 6-18（d）是图 6-18（c）中 Part A 的局部放大图。

分别用式（6-181）、式（6-190）和式（6-195）对图 6-18 所示实验数据进行关联，通过非线性最小二乘法确定各个方程中的待定参数（D_A，k_0，k_1）及对应的相对平均误差（RAD）值，见表 **6-3**。

根据表 6-3 所示的扩散系数和反应速率常数值，可获得三个传质动力学模型的计算值，式（6-181）、式（6-190）和式（6-195）等三个方程的模型值与实验值的对比情况也分别示于图 6-18 中。从表 6-3 中的数据可知，基于式（6-195）计算得出的平均相对误差值（约 2.3%）最小。从表 6-3 和图 6-18 中都可以看出，基于式（6-195）的 $Q_A \sim \theta$ 理论曲线与实验结果吻合良好，表明一级反应动力学假设是合理的。

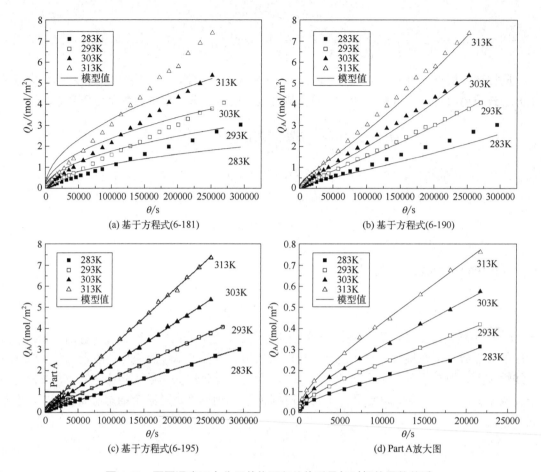

图 6-18 不同温度下水分子单位面积总传质量与时间的函数关系

从图 6-18（d）中还可以看出，在湿固化过程的最初阶段，$Q_A \sim \theta$ 曲线是非线性的，当固化时间足够长时，曲线变为线性的，即当 $k\theta \geqslant 4$ 时，Q_A 和 θ 之间的关系符合方程式（6-196），湿固化过程已由非稳态转变为稳态了。根据式（6-198）所得特征时间 θ^* 值也列于表 6-3 中。从表 6-3 可以看出，当温度从 283K 上升到 313K 时，θ^* 从约 60000s 下降到约 40000s，表明 PUR 热熔胶的湿固化过程由非稳态到稳态的过渡期随温度的升高而缩短。当 $\theta > \theta^*$ 时，式（6-196）是适用的，也就是说，湿固化过程在此之后变成一个稳定的过程。

表 6-3 不同温度下的模型参数（D_A，k）和特征时间 θ^*

T(K)	方程式（6-181）		方程式（6-190）			方程式（6-195）				
	$10^{11}D_A$ /（m²/s）	RAD /%	$10^{12}D_A$ /（m²/s）	$10^2 k_0$ /[mol/(m³·s)]	RAD /%	$10^{12}D_A$ /（m²/s）	$10^5 k_1$ /s⁻¹	RAD /%	θ^*/s
283	1.078	65.1	3.286	0.7316	17.1	1.608	6.569	2.46	60892
293	2.055	52.2	5.382	1.089	19.2	2.483	7.481	2.08	53468
303	3.133	72.8	6.811	1.489	13.5	3.517	8.725	2.41	45845
313	5.039	76.6	10.85	1.772	16.1	5.184	9.593	2.15	41697

有关 PUR 热熔胶膜湿固化过程的进一步讨论 PUR 热熔胶膜的湿固化过程首先从表面

开始,然后随着水分子的进入逐渐深入主体,某一时刻 θ 的湿固化进程与该时刻水分子在膜中的扩散深度一致。所谓的扩散深度(x^*)是指水分子浓度(C_A/C_{A0})满足以下方程时所对应的位置:

$$\frac{C_A}{C_{A0}} \leqslant 0.001 \tag{6-200}$$

根据式(6-194)和表 6-3 所示的参数值,可以得到不同时刻 PUR 热熔胶薄膜中水分子的浓度分布。图 6-19 分别示出了在温度为 283K 和 313K、湿度为 85%的条件下湿固化至 10^3s 和 10^4s 等两个特定时刻,PUR 热熔胶膜中水分子的 $C_A/C_{A0} \sim x/L \sim \theta$ 三维图。另一方面,在特定时刻的扩散深度 x^* 值可以通过联解式(6-194)和式(6-200)得到,五个特定时刻(10^2s、10^3s、10^4s、10^5s 和 10^6s)的扩散深度值列于表 6-4。

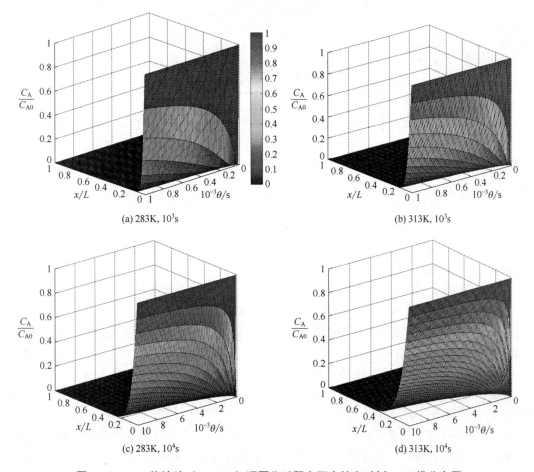

图 6-19 PUR 热熔胶(H=85%)湿固化过程中两个特定时刻 C_A 三维分布图

从图 6-19 和表 6-4 可以得出结论如下:

① 在恒定的温度下,水的扩散深度随着固化时间的增加而增加,到 10^5s 后趋于稳定。例如,湿固化温度 303K 时,固化时间从 10^3s 增加到 10^5s 时,x^* 值从 0.274mm 增加到 1.386mm,而当固化时间大于 10^5s 时,x^* 值几乎保持不变(1.386~1.387mm)。这个结果表明,扩散深度小于 PUR 热熔胶薄膜的厚度(2.0mm),提出的假设是合理的。也就是说,PUR 热熔胶介质具有这样的深度,使得在所考虑的时间段内底部水分子浓度没有显著的变化,即仍然保持

为零,符合式(6-175)所示的边界条件。

② 湿固化时间相同时,随着温度的升高,水分子浓度在扩散方向上的衰减速度随之降低,例如在湿固化过程进行到 10^3s 时,在同一个位置处 313K 温度下水分子浓度高于 293K 温度下的值,说明 313K 时 PUR 热熔胶的交联过程比 293K 的快。同时,随着湿固化温度的升高,相同湿固化时间所对应的水的扩散深度也随之增加。例如,在固化时间为 10^4s 时,当湿固化温度从 283K 升高到 313K 时,x^* 的值从 0.561mm 增加到 0.984mm,这也表明 PUR 热熔胶的湿固化速率随温度增加而增大。

表 6-4 在不同温度不同时间对应的水分扩散深度

T/K	$10^3 x^*$/m				
	10^2 s	10^3 s	10^4 s	10^5 s	10^6 s
283	0.0590	0.186	0.561	1.078	1.082
293	0.0733	0.231	0.693	1.257	1.259
303	0.0873	0.274	0.816	1.386	1.387
313	0.106	0.333	0.984	1.606	1.606

案例小结 本案例基于伴有化学反应的分子扩散理论,研究了 PUR 热熔胶湿固化机理。在理论分析的基础上,提出湿固化过程中三种可能的反应动力学假设,建立了对应的非稳态湿固化动力学模型,并通过实验数据对模型进行验证,最终确定 PUR 湿固化过程为伴有一级反应的分子扩散。

思考题

6.1 简述对流传质与涡流传质之间的关系。

6.2 现有 A、B 两组分气体混合物,已知 A 通过停滞 B 进行分子扩散,试问:

(1) 如果体系总压减少一半或增加一倍,N_A 将如何变化?

(2) 在系统内组分 A、B 都存在浓度梯度,为什么 A 的扩散通量不为零,而组分 B 可视为停滞?

6.3 在应用阿诺德扩散室测定扩散系数时,如何确定被测组分的蒸发量?

6.4 边界上发生化学反应的气体分子扩散与伴有均相化学反应的分子扩散有何区别?从数学上是怎样描述这两类化学反应的?

6.5 Maxwell 扩散理论的核心假设是什么?Wilke 是如何将其推广至多组分气体混合物的?

6.6 气体或液体在多孔固体中的扩散机理各有哪几种?如何判别?

6.7 针对伴有一级化学反应的传质,当 δ 很大或很小时,简化其传质系数表达式,并解释其物理意义。

6.8 简述碳钢生产过程中的传质特点。

6.9 针对任意边界的无化学反应二维稳态分子扩散,简述其扩散方程数值解的步骤。

6.10 在 A、B 组成的二元气体混合物($M_A \neq M_B$)中存在 A、B 间相互扩散,试导出 u 与 u_M 的关系式。

6.11 简述 PUR 热熔胶湿固化过程的机理。

6.12 简述化学反应在 PUR 热熔胶湿固化过程中的贡献。

6.13 简述根据一级反应假设模型所得"特征时间"和"扩散深度"的物理意义。

6.14 简述 "扩散深度"的实用价值。

习题

6.1 CO_2 通过厚度为 0.20m 的空气层，扩散到一个盛有 NaOH 溶液的烧杯中并被立刻吸收，它在空气层外缘处的摩尔分数为 0.03，试从通用扩散方程出发导出该传质过程达到稳态时的微分方程，并写出相应的边界条件。

6.2 将一个直径为 0.1m 的萘棒置于室温常压的静止空气中，设在此温度下萘的饱和蒸气压为 p_s^o，离萘棒表面 0.2m 处萘分压很小可以忽略不计，试从通用扩散方程出发，导出萘棒升华传质方程，并写出相应的边界条件。

6.3 图所示为催化剂表面附近的气相扩散。组分 A 通过一滞止的薄膜扩散到催化剂表面，并在其上经 A$\longrightarrow$B 的反应立即变成组分 B。而当 B 扩散到薄膜内时，又会依一级反应 B$\longrightarrow$A 生成 A。单位体积内 A 组分的摩尔生成速率为：$\dot{R}_A = k_1 y_B$，式中 y_B 是以摩尔分数表示的 B 的浓度。试用传质的通用微分方程，经化简求出该过程的扩散方程，并写出边界条件。

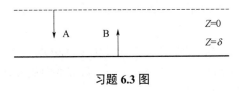

习题 **6.3** 图

6.4 组分 A 经一薄层气膜扩散至催化剂表面，并发生快速化学反应生成 B：

$$A \longrightarrow 2B$$

产物 B 也为气体，一旦生成便离开催化剂向气膜扩散，当扩散过程达到稳态时，求：
(1) 组分 A 进入气膜的速率 N_A；(2) 组分 A 在气膜内的浓度分布函数。

6.5 用稳态阿诺德室来测定乙醇在空气中的扩散系数，已知扩散通道的直径为 0.006m，平均长度为 0.04m，扩散实验在 298K、101.3kPa 条件下进行，此时乙醇的饱和蒸气压为 7.81kPa，试求：
(1) 若在 10h 扩散过程中，共有 5.5×10^{-2}g 乙醇蒸发掉，乙醇通过空气的扩散系数；
(2) 扩散通道内的浓度分布函数。

6.6 CO_2 通过厚度为 0.02m 的停滞空气膜扩散到液碱池中，并在那里立即发生化学反应而消失。已知体系的温度为 298K，压力为 101.3kPa，而空气层外缘一侧的 CO_2 摩尔分数为 0.03，CO_2 在空气中的扩散系数为 1.378×10^{-6}m²/s，试求：
(1) CO_2 进入液碱的扩散通量；(2) 气膜中 CO_2 的浓度分布函数。

6.7 用稳态阿诺德（Arnold）室测定己烷在 298K、101.3kPa 空气中的扩散系数，已知，扩散室的截面积为 0.9×10^{-4}m²，扩散通道长 0.10m，实验测得其扩散系数为 7.43×10^{-6}m²/s，己烷在 298K 下的饱和蒸气压为 20kPa，相对密度为 0.658，试求要使正己烷的液面高度保持不变，每小时需注入的正己烷量。

6.8 将上题的稳态阿诺德室换作拟稳态室,开始时扩散通道长 0.05 m,求当已烷液面分别下降 0.02m 和 0.05m 所需的时间各为多少小时。

6.9 将一个直径为 0.01m 的萘球置于 308K 空气中,已知萘的饱和蒸气压为 1.04×10^{-2}kPa,萘在 273K 的空气中的扩散系数为 $D_{AB} = 5.113\times10^{-6}\,m^2/s$

(1) 试求萘的蒸发速率。(可设萘的直径维持不变,空气厚度与其相比可视为无穷大。)

(2) 若按此速度蒸发,何时萘球消失?

6.10 一含有可裂变物质的圆柱形固体核燃料棒,棒内中子(A)的生成速率正比于中子的浓度 C_A。试从普遍化扩散方程出发,导出棒内中子扩散的扩散方程,并说明简化依据。设棒为细长型,即 $x \gg r$。

6.11 在总压 202.6kPa,温度 298K 下,CO(A)、O_2(B)、N_2(C)的混合气体中,各组分的摩尔分数为 y_A=0.10,y_B=0.20。试计算 CO 在混合气体中的扩散系数 D_{Am}。

已知:101.3kPa、273K 下,$D_{AB} = 1.85\times10^{-4}\,m^2/s$;101.3kPa、288K 下,$D_{AC} = 0.192\times10^{-4}\,m^2/s$。

6.12 在总压 101.3 kPa,温度 298K 下,甲烷(A)通过不扩散的氩(B)和氦(C)进行稳态扩散。在 Z_1=0 处,各组分的分压分别为 $p_{A1}=p_{B1}$=40.52kPa,在 Z_2=0.005m 处,p_{A2}=10.13kPa,p_{B2}=60.78kPa,在此情况下,$D_{AB} = 2.02\times10^{-5}\,m^2/s$,$D_{AC} = 6.75\times10^{-5}\,m^2/s$,$D_{BC} = 7.29\times10^{-5}\,m^2/s$。试求 N_A。

6.13 一个水面宽广的深水湖泊,水温 283K,水面氧气浓度均匀,其值为 $1.0kg/m^3$,突然氧气浓度上升并维持至 $9.0kg/m^3$,试画出各时刻水中氧气浓度分布示意图:(1) 10^2min;(2) 10^4min;(3) 10^6min。

6.14 一块初始含碳量为 0.4%的钢板,在温度为 1200K、含碳量 1.0%的气体中放置了 2h,已知碳在钢中的扩散系数为 $1.0\times10^{-11} m^2/s$,试求距离钢板表面 0.1mm、0.3mm 和 1.0mm 处的碳浓度各为多少。

6.15 把一块低碳钢板置于温度为 1200K 的氮气流中去碳,已知碳在钢中的扩散系数为 $1.0\times10^{-11} m^2/s$,试问,当钢板在该环境中分别放置 3h 和 10h 后,碳浓度为其初始值一半的地方分别距离表面多远。

6.16 现有一块厚度为 0.06m 的砖坯,将其四个侧面密封,只留两个最大的表面置于干燥的空气中风干,已知砖坯的初始水分含量(质量分数)为 20%,假设干燥过程中,砖坯表面水分含量(质量分数)恒定为 5%,控制步骤为砖坯中心水分向表面的扩散过程,表面处的扩散阻力可忽略不计,已知水分在砖坯中的扩散系数为 $1.3\times10^{-8} m^2/s$,求经过 10h 后,砖坯中心的水分含量是多少。

6.17 用碱液吸收发电厂放出的烟道气中的 SO_2 的过程,被认为是伴有一级不可逆反应的吸收过程,已知该反应的速率常数为 k,SO_2 在水中的扩散系数为 D_{AB},试估算化学反应速率对 SO_2 气体在液碱中吸收速率的影响。

6.18 图所示为催化剂表面的气相扩散过程,组分 A 通过一静止气膜扩散,如果过程是稳态的,气膜内只有 A、B 两组分,且总摩尔浓度恒定为 C,在 z=0 处,$y_A=y_{A0}$,组分 A 在组分 B 中的扩散系数为 D_{AB}。

(1) 若组分 A 扩散到催化剂表面并在那里经 A⟶2B 的反应,立即转变成组分 B,气膜内无化学反应发生,试求 A 进入气膜的扩散通量 N_A。

(2) 若组分 A 扩散到催化剂表面并在那里经 A⟶B 的反应,立即转变成组分 B,当组分 B 扩散到静止气膜时又按 B⟶A 的一级反应还原,反应速率常数为 k_1。试给出组分 A 扩散方程及边界条件。

习题 **6.18** 图

6.19 在燃烧室内,氧气通过空气扩散到碳表面,并同它反应生成一氧化碳或二氧化碳。假设碳表面是平的,在 $z=\delta$ 处,氧气摩尔分数为 0.21,碳表面的反应为瞬间反应且气膜中无任何反应存在,试针对下列情形求组分 A、B 的稳态扩散通量:(1)在碳表面仅生成二氧化碳;(2)在碳表面仅生成一氧化碳;(3)在碳表面发生如下化学反应:$3C+2O_2 \longrightarrow 2CO+CO_2$。

6.20 在 400K 和 1×10^5 Pa 下,A 和 B 混合物通过平均直径为 d 的多孔介质扩散,已知 D_{AB} 为 $1.2\times10^{-5} m^2/s$,组分 A 和 B 的平均自由程 λ 分别为 2×10^{-7} m 和 4×10^{-8} m。已知 A 和 B 的分子量分别为 20 和 80。试求下面两种情况下各组分的本征扩散系数:(1)$d=2\times10^{-4}$m;(2)$d=2\times10^{-9}$m。

6.21 气气混合物 A、B 在稳态下进行扩散,总压为 200kPa,温度为 300K,两平面垂直距离为 0.1m,两平面上的分压分别为 $p_{A1}=20$kPa,$p_{A2}=10$kPa,$D_{AB}=1.85\times10^{-5}m^2/s$,计算下列情况下 A 和 B 的扩散通量 N_A 和 N_B:(1)B 不能穿过平面;(2)组分 A 扩散到催化剂表面发生如下反应:$A(g) \xrightarrow{\text{催化剂}} 0.5B(g)$。

第 7 章

对流传质

　　对流传质是流体与壁面之间或两股互不相溶的流体之间的传质,传质通量表达式也必然与流动参数有关,而这正是对流传质与分子传质的区别所在(后者通量表达式并未涉及流动参数)。对流传质规律依流体处于层流或湍流而大不相同,传质通量之值及其计算方法也相去甚远。本章从对流传质基本概念入手,将对流传质系数与边界层速度分布及浓度分布关联起来,分别导出层流传质系数的精确解和近似解,并借助类似律求解湍流传质系数及传质通量,最后还对"三传"同时进行的传递进行探讨,其中包括一个案例分析——烟气催化脱硝反应器中同时进行的动量、热量和质量传递。

7.1 对流传质概论

7.1.1 对流传质基本概念

　　对流传质机理 当流体流过一固体表面时,即使是湍流,在靠近壁面附近,也存在一层极薄的层流流体(湍流时为层流内层),流体与壁面间的传质机理为分子扩散。因此,分子扩散在对流传质中是非常重要的。

　　若主体流动为层流,壁面与流体之间及流体内的传质机理均为**分子传递或分子扩散**;若为湍流,传质机理则较为复杂。湍流时,壁面与流体主体之间所形成的速度边界层由三部分构成:紧邻壁面处为**层流内层**,然后是**过渡层**,最外层的**湍流主体**。在层流内层,传质机理为分子扩散;在湍流主体,大量漩涡的出现导致流体微团穿越流线而运动,故传质机理为涡流传递;而过渡层内,一部分流体处于层流状态,而另一部分则为涡流流动,传质既有分子传递,又有涡流传递。

　　浓度边界层 通过对速度边界层的剖析,能清楚地看出不同区域内传质机理的转换关系。事实上,在速度边界层形成过程中,浓度边界层也同时形成。浓度边界层的定义与热边界层类似。一般可近似认为,流体与壁面间的传质阻力全部集中在紧靠壁面的、具有浓度梯度的流体层内,通常称该层流体为**浓度边界层**,在浓度边界层外,浓度梯度为零。图 7-1 和图 7-2 分别示出了流体流经平壁和圆管时,浓度边界层与速度边界层同时形成的过程。

　　浓度边界层厚度 δ_c 从图 7-1 中可以看出,速度边界层和浓度边界层的厚度(δ 和 δ_c),均随着 x 方向距离的增加而增大,但两者往往是不相等的。

　　若 $\delta > \delta_c$,根据浓度边界层定义可知,在 x_L 处,$y = \delta_c$ 时,组分 A 的浓度已达主体浓度 C_{A0}(ρ_{A0}),而此时速度尚未达到主体速度 u_0,表明从 δ_c 到 δ 之间虽存在速度梯度,但该速度梯度对传质并无影响;反之,若 $\delta < \delta_c$,根据速度边界层定义,在 x_L 处,$y = \delta$ 时,速度

已达 u_0，而浓度尚未达到 C_{A0}（ρ_{A0}），表明从 δ 到 δ_c 之间虽已不存在速度梯度，但流体流动对传质仍有影响。

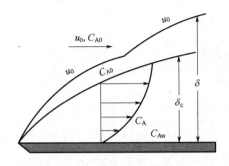

图 7-1　平壁上的浓度边界层和速度边界层

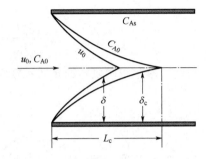

图 7-2　圆管内的浓度边界层和速度边界层

δ_c 是 x 的函数，通常规定在 δ_c 处组分 A 的浓度满足下面的关系式：

$$\frac{C_A - C_{Aw}}{C_{A0} - C_{Aw}} = 0.99 \quad 或 \quad \frac{\rho_A - \rho_{Aw}}{\rho_{A0} - \rho_{Aw}} = 0.99 \tag{7-1a,b}$$

式中，C_{Aw}（ρ_{Aw}）和 C_{A0}（ρ_{A0}）分别为组分 A 在壁面和主体的摩尔（质量）浓度。

传质进口段长度 L_c　当流体流经圆管时，浓度边界层的产生和发展与平壁类似，不同之处在于，平壁边界层厚度随着 x 一直增大下去，而圆管内边界层厚度有一个上限，即圆管半径。一般将边界层厚度达到圆管半径时 x 方向的距离，称为传质进口段长度 L_c。

7.1.2　对流传质系数

在 **6.1.1** 小节中，已给出了传质系数定义式，对于图 7-1 所示的传质过程，壁面与流体间的**质量传质通量**可写成：

$$n_A = k_c^o (\rho_{A0} - \rho_{Aw}) \tag{7-2}$$

在紧邻壁面处，传质为分子扩散，由 Fick 第一定律，有：

$$n_A = D_{AB} \frac{d\rho_A}{dy}\Big|_{y=0} \tag{7-3}$$

当浓度 C_{Aw} 为常数时，上式可写成：

$$n_A = D_{AB} \frac{d(\rho_A - \rho_{Aw})}{dy}\Big|_{y=0} \tag{7-4}$$

比较式（7-2）和式（7-4）可得：

$$k_c^o (\rho_{A0} - \rho_{Aw}) = D_{AB} \frac{d(\rho_A - \rho_{Aw})}{dy}\Big|_{y=0} \tag{7-5}$$

由式（7-5）可得以**质量浓度表示的传质系数**表达式为：

$$k_c^o = D_{AB} \frac{d\dfrac{(\rho_A - \rho_{Aw})}{(\rho_{A0} - \rho_{Aw})}}{dy}\Big|_{y=0} \tag{7-6}$$

由式（7-6）可以看出，对流传质系数不仅与物性参数 D_{AB} 有关，还与壁面处浓度梯度有关，而浓度梯度又取决于流动状态，故求解 k_c^o 的关键在于根据流动状态求解浓度分布函数。

下面将对此进行详细探讨。

将式（7-6）写成无量纲形式，为：

$$\frac{k_c^o L}{D_{AB}} = \frac{\dfrac{d(\rho_A - \rho_{Aw})}{dy}\bigg|_{y=0}}{(\rho_{A0} - \rho_{Aw})/L} \tag{7-7a}$$

同理，可得用**摩尔浓度表示的传质系数**表达式为：

$$\frac{k_c^o L}{D_{AB}} = \frac{\dfrac{d(C_A - C_{Aw})}{dy}\bigg|_{y=0}}{(C_{A0} - C_{Aw})/L} \tag{7-7b}$$

式中，L 为特征长度，指从壁面到流体主体的距离。右侧可视为壁面处浓度梯度与总浓度梯度之比；左侧的无量纲数群与对流传热中的努赛尔数（Nu）相似，称为修伍德数（Sherwood Number），记为 Sh，即

$$Sh = \frac{k_c^o L}{D_{AB}} \tag{7-8}$$

对流传质系数与对流传热系数虽有相似之处，但前者因在以下几方面存在多种可能性，其表达形式却要复杂得多：

① 流体为气体或液体；

② 浓度表示方法有多种，如摩尔浓度（质量浓度）和摩尔分数（质量分数）以及气体分压；

③ 由于靠近壁面处传质为分子扩散，扩散通量随 N_A、N_B 之函数关系的不同而发生变化，如等分子反方向扩散或组分 A 通过停滞组分 B 的扩散等。

下面将给出几种常用的传质系数表达形式。

7.1.2.1　等分子反方向扩散的传质系数

二元混合物中的 A、B 两组分进行等分子反方向扩散时，气相或液相的传质系数，根据所用浓度差的表达方式不同，分别定义如下。

（1）气相传质系数

$$N_A = k_G^o(p_{A1} - p_{A2}) = k_c^o(C_{A1} - C_{A2}) = k_y^o(y_{A1} - y_{A2}) \tag{7-9}$$

式中，k_G^o、k_c^o 和 k_y^o 分别表示基于分压差、摩尔浓度差和摩尔分数差的气相传质系数。根据 6.3 节的相关表达式，可导出上述三个传质系数之间的关系为：

$$k_c^o = k_G^o RT = k_y^o / C \tag{7-10}$$

（2）液相传质系数

$$N_A = k_L^o(C_{A1} - C_{A2}) = k_x^o(x_{A1} - x_{A2}) \tag{7-11}$$

$$k_x^o = k_L^o C \tag{7-12}$$

式中，k_L^o 和 k_x^o 分别表示基于摩尔浓度差和摩尔分数差的液相传质系数。

7.1.2.2　组分 A 通过停滞组分 B 的传质系数

同样，当 $N_B=0$ 时，气相和液相的传质系数分别定义如下。

（1）气相传质系数

$$N_A = k_G(p_{A1} - p_{A2}) = k_c(C_{A1} - C_{A2}) = k_y(y_{A1} - y_{A2}) \tag{7-13}$$

式中，k_G、k_c 和 k_y 分别表示基于分压差、摩尔浓度差和摩尔分数差的气相传质系数，它们与 k_p^o、k_c^o 和 k_y^o 的关系可推导如下：

$$k_y^o = k_c^o C = k_G^o P = k_G p_{Bm} = k_c \frac{p_{Bm}}{RT} = k_c y_{Bm} C = k_y \frac{p_{Bm}}{P} = k_y y_{Bm} \tag{7-14}$$

（2）液相传质系数

$$N_A = k_L(C_{A1} - C_{A2}) = k_x(x_{A1} - x_{A2}) \tag{7-15}$$

式中，k_L 和 k_x 分别表示基于摩尔浓度差和摩尔分数差的液相传质系数。它们与 k_L^o 和 k_x^o 的关系，可推导如下：

$$k_x^o = k_L^o C = k_L C x_{Bm} = k_x x_{Bm} \tag{7-16}$$

【例 7-1】 CO_2 通过一定厚度的层流氮气膜扩散到液碱池中，并在那里立即发生化学反应而消失。已知体系的温度为 20℃，压力为 101.3kPa，而氮气层外缘一侧的 CO_2 摩尔分数为 0.03，已测定 CO_2 在氮气中的等分子反方向扩散的传质系数 k_y^o 为 6.84×10^{-5} kmol/(s·m^2)，试求：（1）传质系数 k_y 和 k_G；（2）CO_2 进入液碱的扩散通量。

【解】（1）因氮气在碱液中的溶解度极小，该题可视为组分 A（CO_2）通过停滞组分 B（N_2）进行的对流传质问题。依题意，有 $y_{A1} = 0.03$，$y_{A2} = 0.0$；$y_{B1} = 0.97$，$y_{B2} = 1.0$，则

$$y_{Bm} = \frac{y_{B2} - y_{B1}}{\ln(y_{B2}/y_{B1})} = \frac{1.0 - 0.97}{\ln(1.0/0.97)} = 0.9849$$

根据式（7-14），传质系数 k_y 和 k_G 可分别计算如下：

$$k_y = \frac{k_y^o}{y_{Bm}} = \frac{6.84 \times 10^{-5}}{0.9849} = 6.94 \times 10^{-5} [\text{kmol}/(\text{s·m}^2)]$$

$$k_G = \frac{k_y^o}{y_{Bm} P} = \frac{6.84 \times 10^{-5}}{0.9849 \times 101.3} = 6.856 \times 10^{-7} [\text{kmol}/(\text{s·m}^2 \cdot \text{kPa})]$$

（2）CO_2 进入液碱的扩散通量可根据式（7-13）计算如下：

$$N_A = k_y(y_{A1} - y_{A2}) = 6.94 \times 10^{-5} \times (0.03 - 0) = 2.082 \times 10^{-6} [\text{kmol}/(\text{s·m}^2)]$$

7.2 层流传质

前已述及，对流传质问题的关键在于求解传质系数 k_c^o，而对于流动且无化学反应的体系，用质量浓度表达更简洁。因此，本节将分别针对平壁和圆管的层流传质，通过联立求解以质量浓度表达的微分方程组，导出 k_c^o 的计算公式（包括精确解和近似解）。

7.2.1 平壁层流传质系数精确解

由式（7-6）可知，传质系数的计算涉及浓度分布函数，为此须求解扩散方程；而扩散方

程中含有流速项，故须先行求解纳维-斯托克斯方程（Navier-Stokes）和连续性方程，获得速度分布。对流传质系数的求解过程与对流传热系数类似。下面通过类推法求取浓度分布函数及 k_c°。

考察速度边界层，对不可压缩流体，二维连续性方程为：

$$\frac{\partial u_x}{\partial x} + \frac{\partial u_y}{\partial y} = 0 \tag{2-191}$$

当动量扩散系数（运动黏度）ν 及压力为常数时，运动方程为：

$$u_x \frac{\partial u_x}{\partial x} + u_y \frac{\partial u_y}{\partial y} = \nu \frac{\partial^2 u_x}{\partial x^2} \tag{2-197}$$

考察热边界层，当热扩散系数（导温系数）α 为常数时，能量方程为：

$$u_x \frac{\partial T}{\partial x} + u_y \frac{\partial T}{\partial y} = \alpha \frac{\partial^2 T}{\partial y^2} \tag{5-13}$$

考察浓度边界层，当扩散系数 D_{AB} 为常数，且无化学反应时，扩散方程为：

$$u_x \frac{\partial \rho_A}{\partial x} + u_y \frac{\partial \rho_A}{\partial y} = D_{AB} \frac{\partial^2 \rho_A}{\partial y^2} \tag{7-17}$$

与上述微分方程对应的边界条件为：

$$\begin{cases} y=0,\ \rho_A=\rho_{Aw},\ T=T_w,\ u_x=0,\ u_y=u_{yw} \\ y\to\infty,\ \rho_A=\rho_{A0},\ T=T_0,\ u_x=u_0 \\ x=0,\ \rho_A=\rho_{A0},\ T=T_0,\ u_x=u_0 \end{cases} \tag{7-18}$$

根据布拉修斯相似原理，找出无量纲变换参数关系式为：

$$\eta = y\sqrt{\frac{u_0}{\nu x}} = \frac{y}{x}\sqrt{Re_x} \tag{7-19}$$

$$f(\eta) = \frac{\psi}{\sqrt{\nu x u_0}} \tag{7-20}$$

$$u_x = u_0 f'(\eta) \tag{7-21}$$

$$u_y = \frac{1}{2}\sqrt{\frac{\nu u_0}{x}}(\eta f - f') \tag{7-22}$$

令

$$\frac{u_x}{u_0} = u^+,\quad \frac{T-T_w}{T_0-T_w}=T^+,\quad \frac{\rho_A-\rho_{Aw}}{\rho_{A0}-\rho_{Aw}}=\rho_A^+ \tag{7-23a～c}$$

应用式（7-19）、式（7-20）、式（7-21）、式（7-22）和式（7-23）对上述运动方程、能量方程和扩散方程进行变换，可得其对应的无量纲形式分别为：

$$u^{+\prime\prime} + \frac{1}{2}f\,u^{+\prime} = 0 \tag{7-24}$$

$$T^{+\prime\prime} + \frac{Pr}{2}f\,T^{+\prime} = 0 \tag{7-25}$$

$$\rho_A^{+\prime\prime} + \frac{Sc}{2} f \, \rho_A^{+\prime} = 0 \tag{7-26}$$

无量纲边界条件为:

$$\begin{cases} \eta = 0, & \rho_A^+ = 0, \quad T^+ = 0, \quad u^+ = 0, \quad u_y = u_{yw} \\ \eta \to \infty, & \rho_A^+ = 1, \quad T^+ = 1, \quad u^+ = 1 \end{cases} \tag{7-27}$$

由此可见，描述三类边界层的微分方程及边界条件均十分相似，求解所得的速度分布函数、温度分布函数及浓度分布函数，也应具有某种相似性。事实上，在传热篇已部分证实了这一推论，即，当动量扩散系数与热量扩散系数相等（$Pr=1$）时，可直接将速度分布函数的布劳修斯解作适当修正后推广到热边界层，获得温度分布函数。同理，当动量扩散系数与质量扩散系数相等（$Sc=1$）且 $u_{yw} = 0$ 时，可将速度分布函数的布劳修斯解进行类似修正，获得浓度分布函数，具体步骤如下：

将速度分布函数的布劳修斯解推广到浓度边界层后，可得：

$$\frac{df'}{d\eta} = \frac{du^+}{d\eta}\bigg|_{\eta=0} = \frac{d\left(\dfrac{u_x}{u_0}\right)}{d\left(\dfrac{y}{x}\sqrt{Re_x}\right)}\bigg|_{y=0} = \frac{d\rho_A^+}{d\eta}\bigg|_{\eta=0} = \frac{d\left(\dfrac{\rho_A - \rho_{Aw}}{\rho_{A0} - \rho_{Aw}}\right)}{d\left(\dfrac{y}{x}\sqrt{Re_x}\right)}\bigg|_{y=0} = f''(0) = 0.332 \tag{7-28}$$

将式（7-28）整理得：

$$\frac{d}{dy}\left(\frac{\rho_A - \rho_{Aw}}{\rho_{A0} - \rho_{Aw}}\right)\bigg|_{y=0} = \frac{0.332}{x} Re_x^{\frac{1}{2}} \tag{7-29}$$

需要强调的是，式（7-29）是以布劳修斯精确解为基础的。因此，只有当传质边界层内速度 u_{yw} 很小时才能成立，也就是说，该式隐含着一个重要假设：**壁面与边界层之间的传质足够低，以至于对布劳修斯速度分布函数没有影响**。

当 $u_{yw} \approx 0$ 时，边界层内在 y 方向由宏观运动产生的质量通量为零，在平壁上任一位置（如 x 处），壁面与边界层间的传质通量源于分子扩散，为：

$$n_{Ay} = k_{cx}^{o}(\rho_{Aw} - \rho_{A0}) \tag{7-30}$$

式中，k_{cx}^{o} 可求解如下，将式（7-29）代入式（7-7），经整理可得：

$$k_{cx}^{o} = 0.332 \frac{D_{AB}}{x} Re_x^{1/2} \quad \text{或} \quad \frac{k_{cx}^{o} x}{D_{AB}} = 0.332 Re_x^{1/2} \tag{7-31a,b}$$

式中，k_{cx}^{o} 为 x 的函数，称为局部对流传质系数，属微观参数。实际中一般使用宏观参数，即长度为 L 的平均传质系数 k_{cm}^{o}，二者之间的关系为：

$$k_{cm}^{o} = \frac{1}{L} \int_0^L k_{cx}^{o} dx \tag{7-32}$$

将式（7-31）代入式（7-32）积分、整理得：

$$k_{cm}^{o} = 0.664 \frac{D_{AB}}{L} Re_L^{\frac{1}{2}} \quad \text{或} \quad Sh_m = \frac{k_{cm}^{o} L}{D_{AB}} = 0.664 Re_L^{\frac{1}{2}} \tag{7-33a,b}$$

式（7-33）的适用条件是 $Sc=1$，$u_{yw} \approx 0$。但是，更多的传质过程不符合上述条件，归纳起来共有以下三种情况：①$Sc\neq 1$，$u_y\approx 0$；②$Sc=1$，$u_y\neq 0$；③$Sc\neq 1$，$u_y\neq 0$。

下面分别加以讨论。

（1）$Sc\neq 1$，$u_{yw}\approx 0$

由于$Sc\neq 1$，式（7-26）虽然不能类比于式（7-24），但却可完全类比于式（7-25），也就是说，当$Sc\neq 1$时，传质虽与动量传递不相似，但与传热仍然相似，且符合波尔豪森解，由式（5-33）可以推出δ与δ_c之间的关系为：

$$\frac{\delta}{\delta_c}=Sc^{1/3} \tag{7-34}$$

按照波尔豪森的思路，将布劳修斯精确解推广到传质的方法是：先将式（7-20）所定义的η项乘以$Sc^{1/3}$，得一新参数$\eta Sc^{1/3}$，再用无量纲浓度ρ_A^+对$\eta Sc^{1/3}$作图，即可获得图7-3中$u_{yw}=0$所对应的曲线，最后求出该曲线在壁面处（$y=0$）的斜率为0.332，即：

$$\left.\frac{d\rho_A^+}{dy}\right|_{y=0}=0.332\frac{1}{x}Re_x^{1/2}Sc^{1/3} \tag{7-35}$$

将式（7-35）代入式（7-7）可得对流传质系数表达式为：

$$k_{cx}^o=0.332\frac{D_{AB}}{x}Re_x^{1/2}Sc^{1/3} \quad \text{或} \quad Sh_x=\frac{k_{cx}^o x}{D_{AB}}=0.332Re_x^{1/2}Sc^{1/3} \tag{7-36a,b}$$

式（7-36）与波尔豪森传热系数表达式类似。

将式（7-36）代入式（7-32）积分，可得长度为L的整个平板的平均传质系数：

$$k_{cm}^o=0.664\frac{D_{AB}}{L}Re_L^{1/2}Sc^{1/3} \quad \text{或} \quad Sh_m=\frac{k_c^o L}{D_{AB}}=0.664Re_L^{1/2}Sc^{1/3} \tag{7-37a,b}$$

式（7-37）的适用条件为：$Sc>0.6$且平壁上传质速率很低的层流传质。所用的物性参数为平均温度T_m和平均浓度ρ_{Am}下的值，T_m和ρ_{Am}分别计算如下：

$$T_m=\frac{T_w+T_0}{2}, \quad \rho_{Am}=\frac{\rho_{Aw}+\rho_{A0}}{2} \tag{7-38}$$

（2）$Sc=1$，$u_{yw}\neq 0$

$Sc=1$，$\nu=D_{AB}$，虽然式（7-26）可完全类比于式（7-24），但由于$u_{yw}\neq 0$，即两方程的边界条件不同，故仍不能直接借用布劳修斯解或波尔豪森解。Hartnett 和 Eckert 等对此进行研究后发现，无量纲浓度ρ_A^+与无量纲参数$(u_{yw}/u_0)Re_x^{1/2}$有关，并依此对浓度边界层方程进行求解，对于每一个给定的参数$(u_{yw}/u_0)Re_x^{1/2}$值，都可得到一条对应的$\rho_A^+\sim\eta$曲线，参见图7-3。该图示出了无量纲参数$(u_{yw}/u_0)Re_x^{1/2}$分别为正、负和零时，平壁层流传质边界层内的浓度分布曲线。从图中可得出如下推论：

① 当参数$(u_{yw}/u_0)Re_x^{1/2}$值为零，即$u_{yw}\approx 0$时，图中所对应曲线在壁面处的斜率值等于0.332，该结果与布劳修斯解一致，表明此时传质速率较小，传质对动量传递（速度分布）没有影响。

② 当参数$(u_{yw}/u_0)Re_x^{1/2}$值大于零，即$u_{yw}>0$时，壁面浓度大于流体浓度，组分A由壁面向边界层传递，图中所对应曲线在壁面处的斜率明显小于0.332，且随着该参数值增加，对应的斜率值明显减小。

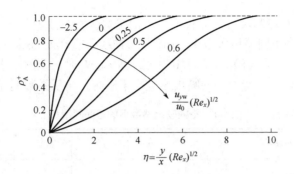

图 7-3 平板壁面层流边界层内浓度分布曲线（$Sc=1$，$u_{yw}\neq 0$）

③ 当参数 $(u_{yw}/u_0)Re_x^{1/2}$ 值小于零，即 $u_{yw}<0$ 时，壁面浓度小于流体浓度，组分 A 由流体向壁面传质，图中所对应曲线在壁面处的斜率明显大于 0.332，且随着该参数值的减小，斜率逐渐增大。

习惯上将无量纲参数 $(u_{yw}/u_0)Re_x^{1/2}$ 称为**喷出参数**或**吸入参数**，表示组分 A 从壁面向流体喷出或流体被壁面吸入的速率大小。

（3）$Sc\neq 1$，$u_{yw}\neq 0$

这是最一般的对流传质行为，浓度边界层与速度边界层不仅微分方程不可类比，而且边界条件也不相似，但仍可参照上述两种情况所用方法进行处理，具体步骤如下。

① 因 $Sc\neq 1$，$\nu\neq D_{AB}$，式（7-26）与（7-24）虽不能类比，但根据第（1）种情况可知，ρ_A^+ 可表示成 $Sc^{1/3}$ 的函数。

② 仿照波尔豪森法，以 $\eta Sc^{1/3}$ 取代 η 作为横坐标，对于每一个给定的喷出参数，都可得到一条对应的 ρ_A^+-$\eta Sc^{1/3}$ 曲线，当该参数取一系列不同的值时，同样可获得与图 7-3 类似的一组曲线（ρ_A^+-$\eta Sc^{1/3}$），参见图 7-4。

③ 这组曲线在 $y=0$ 处都有相应的斜率。借此可计算壁面局部传质系数如下：

$$Sh_x = \frac{k_{cx}^o x}{D_{AB}} = \frac{\mathrm{d}\rho_A^+}{\mathrm{d}y}\bigg|_{y=0} Re_x^{1/2} Sc^{1/3} \tag{7-39}$$

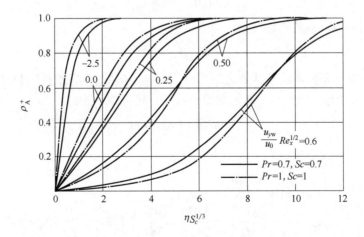

图 7-4 仿照波尔豪森法，平板壁面层流边界层内浓度分布曲线（$Sc\neq 1$，$u_{yw}\neq 0$）

将式（7-39）代入式（7-32），可计算长度为 L 的平均传质系数 k_{cm}^o。

表 7-1 列出了几个不同喷出参数下，浓度分布曲线在 $y=0$ 处的斜率。表中数据显示，$u_{yw}=0$ 时，斜率值为 0.332，与第（1）种情况相吻合；当 $u_{yw} \neq 0$ 时，该斜率也随之变化，且随着喷出参数的减小，斜率增加，特别是当喷出参数小于零时，传质系数明显增大。

表 7-1   不同喷出参数下的壁面斜率值

$(u_{yw}/u_0)Re_x^{1/2}$	0.60	0.50	0.25	0	-2.5
$\left.\dfrac{d\rho_A^+}{dy}\right|_{y=0}$	0.01	0.06	0.17	0.332	1.64

由于传质和传热存在相似性，可以预料，当边界层内同时存在传质和传热，且喷出参数为负时，传热系数也会明显增加。有关喷出参数对动量、热量和质量传递的影响，在 7.4 节将进行详细探讨。

【例 7-2】 在塑料板加工过程中，往往用一股氮气流经塑料板上方，以此除去塑料中过量的苯乙烯。设温度为 290K，压力为 202.6kPa，氮气流速为 3.0m/s，从一块长 0.9m 的板上流过。已知苯乙烯的饱和蒸气压为 4.983kPa，在氮气中的扩散系数为 $7 \times 10^{-6} m^2/s$，临界雷诺数 Re_x 为 3×10^5。试求苯乙烯从塑料板蒸发进入氮气流的速率。

【解】 查 290K 下氮气物系参数为：$\rho = 1.176 kg/m^3$，$\mu = 1.71 \times 10^{-5} N \cdot s/m^2$。

$$Sc = \frac{\mu}{\rho D_{AB}} = \frac{1.71 \times 10^{-5}}{1.176 \times 7 \times 10^{-6}} = 2.077 \neq 1.0$$

$$Re_L = \frac{Lu_0 \rho}{\mu} = \frac{0.9 \times 3.0 \times 1.176}{1.71 \times 10^{-5}} = 1.8 \times 10^5 < Re_x$$

氮气在塑料板上将形成层流边界层，由于苯乙烯在氮气中的扩散系数很小，$u_{yw} \approx 0$，且 $Sc \neq 1$，故可用式（7-37a）计算该塑料板上苯乙烯的平均传质系数，为：

$$k_{cm}^o = 0.664 \frac{D_{AB}}{L} Re_L^{\frac{1}{2}} Sc^{\frac{1}{3}} = 0.664 \times \frac{7 \times 10^{-6}}{0.9} \times (1.8 \times 10^5)^{\frac{1}{2}} \times (2.077)^{\frac{1}{3}} = 0.02796 (m/s)$$

苯乙烯的蒸发进入氮气的传质通量为：

$$n_A = k_{cm}^o (\rho_{Aw} - \rho_{A0})$$

其中，由于氮气处于不停的流动状态之中，可认为 $\rho_{A0}=0$。ρ_{Aw} 可通过塑料板壁面处苯乙烯的饱和蒸气压 p_{As} 来计算。因气相中苯乙烯浓度很小，可近似认为：

$$\rho = \rho_{Aw} + \rho_{Bw} \approx \rho_{Bw}$$

则有：

$$\frac{p_{As}}{P} = \frac{C_{Aw}}{C_{Bw}} = \frac{\rho_{Aw}}{M_A} \times \frac{M_B}{\rho}$$

$$\rho_{Aw} = \frac{p_{As}}{P} \times \frac{M_A}{M_B} \rho = \frac{4.983}{202.6} \times \frac{104}{28} \times 1.176 = 0.1074 (kg/m^3)$$

$$n_A = 0.02796 \times (0.1074 - 0.0) = 3 \times 10^{-4} [kg/(m^2 \cdot s)]$$

7.2.2 浓度边界层的近似解

如果不是层流边界层,或者流动边界不是平壁,那么,上述分析解就不再适用了。为此,卡门曾提出了卡门边界层积分法,它已成功用于速度边界层和温度边界层的计算。下面将导出浓度边界层传质积分方程,并求解。

如图 7-5 所示,在浓度边界层内选取一微元体作为控制体,它在 x、y 和 z 三个方向边长分别为 dx、δ_c 和 1.0。假设 z 方向物料自呈平衡不予考虑,则进出该控制体的物流共有四股:w_{A1}, w_{A2}, w_{A3}, w_{A4}。对于稳态流动,控制体内无积累,组分 A 的质量衡算式为:

$$w_{A1} + w_{A3} + w_{A4} = w_{A2} \tag{7-40}$$

式中,w_A 为组分 A 的摩尔速率,其在各个方向上的表达式分别为:

$$w_{A1} = \int_0^{\delta_c} \rho_A u_x dy \tag{7-41}$$

$$w_{A2} = \int_0^{\delta_c} u_x \rho_A dy + \frac{\partial}{\partial x}\left(\int_0^{\delta_c} u_x \rho_A dy\right) dx \tag{7-42}$$

$$w_{A3} = \rho_{A0}\left[\frac{\partial}{\partial x}\int_0^{\delta_c} u_x dy\right] dx \tag{7-43}$$

$$w_{A4} = k_c(\rho_{Aw} - \rho_{A0}) dx \tag{7-44}$$

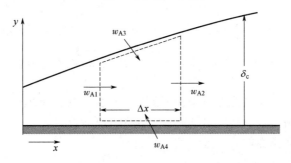

图 7-5 浓度边界层内的衡算微元体

将式(7-41)~式(7-44)同时代入式(7-40),整理可得:

$$\frac{d}{dx}\int_0^{\delta_c}(\rho_A - \rho_{A0})u_x dy = k_c^o(\rho_{Aw} - \rho_{A0}) \tag{7-45a}$$

式(7-45a)即为浓度边界层传质积分方程。它既适用于层流,也适用于湍流。

同理可得以摩尔浓度表示的边界层积分传质方程:

$$\frac{d}{dx}\int_0^{\delta_c}(C_A - C_{A0})u_x dy = k_c^o(C_{Aw} - C_{A0}) \tag{7-45b}$$

应用式(7-45)求解浓度边界层传质系数的过程与传热部分相似(参见本书第 5.3.1 小节)。首先假设 $u_x(y)$ 和 $\rho_A(y)$ 的具体函数表达式,并根据相应的边界条件求出这两个表达式的待定系数;然后将 $u_x(y)$ 代入式(2-243)求出 δ 与 x 的函数关系,再将 $\rho_A(y)$ 和 $u_x(y)$ 代入式(7-45)求出 δ 和 δ_c 之间的函数关系,进而求出传质系数 k_c^o 或 Sh。下面利用浓度边界层积分传质方程,再次求解平壁层流传质问题,以检验该近似法的实用性。

对于层流，$u_x(y)$ 已在第 2 章给出，参见式（2-245）。设 $\rho_A(y)$ 符合如下函数关系：

$$\rho_A(y) = a_2 + b_2 y + c_2 y^2 + d_2 y^3 \tag{7-46}$$

$\rho_A(y)$ 应满足如下边界条件：

$$y = 0, \rho_A - \rho_{Aw} = 0; \quad y = \delta_c, \rho_A - \rho_{Aw} = \rho_{A0} - \rho_{Aw} \tag{7-47a}$$

$$y = \delta_c, \frac{\partial(\rho_A - \rho_{Aw})}{\partial y} = 0; \quad y = 0, \frac{\partial^2(\rho_A - \rho_{Aw})}{\partial y^2} = 0 \tag{7-47b}$$

应用边界条件可得浓度分布函数 $\rho_A(y)$ 的表达式：

$$\frac{\rho_A - \rho_{Aw}}{\rho_{A0} - \rho_{Aw}} = \frac{3}{2} \times \frac{y}{\delta_c} - \frac{1}{2}\left(\frac{y}{\delta_c}\right)^3 \tag{7-48}$$

将式（2-245）代入边界层动量积分方程式（2-243），已导出 δ 与 x 的函数关系为：

$$\frac{\delta}{x} = 4.64 Re_x^{-1/2} \tag{2-250}$$

将式（2-245）和式（7-48）代入式（7-45）并积分，按照本书第 5.3.1 小节方法，可导出 δ 和 δ_c 之间的函数关系为：

$$\frac{\delta_c}{\delta} = \frac{1}{1.026} Sc^{-1/3} \quad 或 \quad \frac{\delta_c}{\delta} \approx Sc^{-1/3} \tag{7-49a,b}$$

根据式（7-49a）和式（2-250），最后可得平壁层流的局部对流传质系数表达式为：

$$k_{cx}^\circ = 0.332 \frac{D_{AB}}{x} Re_x^{\frac{1}{2}} Sc^{\frac{1}{3}} \quad 或 \quad Sh_x = \frac{k_{cx}^\circ x}{D_{AB}} = 0.332 Re_x^{\frac{1}{2}} Sc^{\frac{1}{3}} \tag{7-50a,b}$$

由此可见，**层流传质系数近似解与精确解完全一致**。由此推理，边界层积分传质方程也可用于无法获取精确解的湍流传质过程（下一节将作详细介绍），这种方法的精确度取决于速度分布函数和浓度分布函数的合理性。

7.2.3 圆管内的层流传质

设圆管内二元不可压缩流体沿轴向作一维稳态流动，并与管壁发生对流传质，组分 A 的轴向扩散可忽略，且无化学反应，柱坐标系内的通用扩散方程（6-38）便可简化为：

$$u_z \frac{\partial \rho_A}{\partial z} = D_{AB}\left[\frac{1}{r} \times \frac{\partial}{\partial r}\left(r \frac{\partial \rho_A}{\partial r}\right)\right] \tag{7-51}$$

式中，u_z 为圆管截面上的速度分布函数，当流动充分发展后，u_z 只是径向 r 的函数，与轴向 z 无关。但在圆管进口段，速度边界层和浓度边界层均处于发展状态之中，u_z 既是 r 的函数，也是 z 的函数，而且流体的 Sc 不一定为 1.0，两个边界层的厚度不一定相等，导致进口段的传质问题复杂化。这里只讨论速度边界层充分发展了的层流传质，主要有以下两种情况：①速度边界层充分发展后再进行的传质；②速度边界层和浓度边界层都已充分发展的传质。

对于速度边界层已充分发展的层流，u_z 可由下式表达：

$$u_z = 2u_b[1 - (r/r_i)^2]$$

将上式代入式（7-51），即可获得圆管内的层流传质方程：

$$\frac{\partial \rho_A}{\partial z} = \frac{D_{AB}}{2u_b[1-(r/r_i)^2]}\left[\frac{\partial \rho_A}{\partial r^2} + \frac{1}{r} \times \frac{\partial \rho_A}{\partial r}\right] \tag{7-52}$$

该方程的边界条件可分为两种：

① 管壁浓度 ρ_{Aw} 维持恒定；② 管壁处传质通量 n_{Aw} 维持恒定。

针对不同边界条件，分别求解方程（7-52），求解过程与管内层流传热情况相似，其结果分别为：

$$\rho_{Aw} = 常数, \quad Sh = \frac{k_c^o d}{D_{AB}} = 3.66 \tag{7-53}$$

$$n_{Aw} = 常数, \quad Sh = \frac{k_c^o d}{D_{AB}} = 4.36 \tag{7-54}$$

式（7-53）和（7-54）的适用条件是：远离进口的管内层流传质，即 z 值必须大于流动进口段距离 L_e 和传质进口段距离 L_c。L_e 和 L_c 分别由下列两式估算：

$$L_e = 0.055 dRe \tag{2-233}$$

$$L_c = 0.05 dReSc \tag{7-55}$$

实际计算中，往往需要考虑进口段对传质的影响，可采用如下经验公式估算 Sh：

$$Sh = Sh_0 + \frac{K_1(d/x)ReSc}{1+K_2[(d/x)ReSc]^n} \tag{7-56}$$

式（7-56）中的参数列于表 7-2。计算 Re 和 Sc 时，各物性参数可根据流体进出口的平均温度和平均浓度来估算。

表 7-2 式（7-56）中的参数值

边界条件	速度分布	Sc	Sh	Sh_∞	K_1	K_2	n
ρ_{Aw}=常数	已发展完全	任意值	平均	3.66	0.0668	0.04	2/3
ρ_{Aw}=常数	已发展完全	0.7	平均	3.66	0.104	0.016	0.8
n_{Aw}=常数	已发展完全	任意值	局部	4.36	0.023	0.0012	1.0
n_{Aw}=常数	已发展完全	0.7	局部	4.36	0.036	0.0011	1.0

【例7-3】 流体在圆管内沿轴向作一维水平稳态层流流动，流动已充分发展，其速度分布可近似认为是活塞流，即 $u_z = u_b$，流体在流动过程中与壁面进行稳态轴对称传质，且管壁处传质通量 n_{Aw} 维持恒定，试求：

（1）管内的浓度分布方程 $(\rho_A - \rho_{Aw})$，用 $(\partial \rho_A / \partial z)$ 表达；（2）传质 Sh 值。

【解】（1）依题意，流动已充分发展，且为一维稳态活塞流，管内扩散方程为：

$$u_0 \frac{\partial \rho_A}{\partial z} = D_{AB} \frac{1}{r} \times \frac{\partial}{\partial r}\left(r \frac{\partial \rho_A}{\partial r}\right) + \frac{\partial^2 \rho_A}{\partial z^2} \tag{1}$$

由于流动已充分发展，所以有：

$$\frac{\partial}{\partial z}\left(\frac{\rho_{Aw} - \rho_A}{\rho_{Aw} - \rho_{Ab}}\right) = 0 \tag{2}$$

又由于热通量恒定，即：

$$n_{Aw} = k_c^o(\rho_{Ab} - \rho_{Aw}) = 常数 \tag{3}$$

将此式代入式（2）得：

$$\frac{\partial \rho_A}{\partial z} = \frac{\partial \rho_{Aw}}{\partial z} = \frac{\partial \rho_{Ab}}{\partial z} = 常数 \tag{4}$$

将式（4）代入式（1），整理得：

$$u_0 \frac{\partial \rho_A}{\partial z} = D_{AB} \frac{1}{r} \times \frac{\partial}{\partial r}\left(r \frac{\partial \rho_A}{\partial r}\right) \tag{5}$$

边界条件为：

$$r=0, d\rho_A/dr = 0; \quad r = r_i, \rho_A - \rho_{Aw} = 0$$

将式（5）积分两次，并利用上述边界条件，可得：

$$\rho_A - \rho_{Aw} = \frac{u_0}{4D_{AB}} \times \frac{\partial \rho_A}{\partial z}(r^2 - r_i^2) \tag{6}$$

（2）传质修伍德数（Sh）

$$Sh = \frac{k_c^o d}{D_{AB}}$$

将式（6）两边对 r 求导，得：

$$\frac{d\rho_A}{dr} = \frac{u_0}{2D_{AB}} \times \frac{\partial \rho_A}{\partial z} r \tag{7}$$

根据平均浓度定义式：

$$\rho_{Aw} - \rho_{Ab} = \frac{\int_0^{r_i} u_z(\rho_{Aw} - \rho_A)2\pi r dr}{\int_0^{r_i} u_z 2\pi r dr} = \frac{u_0}{8D_{AB}} r_i^2 \frac{\partial \rho_A}{\partial z} \tag{8}$$

根据传质系数定义式（7-5），并将式（7）和式（8）代入整理得：

$$k_c^o = \frac{D_{AB}}{\rho_{Aw} - \rho_{Ab}} \times \frac{d\rho_A}{dr}\bigg|_{r=r_i} = \frac{D_{AB}}{4r_i} = \frac{D_{AB}}{8d}$$

$$Sh = \frac{k_c^o d}{D_{AB}} = \frac{1}{8}$$

7.3 湍流质量传递

湍流流体质点的高频脉动及质点间的强烈混合，使得湍流边界层与层流相比厚度要小得多。因此湍流的动量、热量和质量传递速率都明显增大，实际中流体也多处于湍流状态。相应地，湍流传质系数的计算问题较之层流也就更加具有实际意义。然而，由于湍流高频脉动的特点，至今仍不能从理论上求解湍流运动方程和扩散方程。通常有关湍流传质的计算主要应用以下两种方法：①边界层传质积分方程法；②类似律。

本节将分别加以介绍，并主要运用动量、热量和质量传递之间的类似性，探讨平壁和圆管的湍流传质系数计算方法。

7.3.1 平壁湍流浓度边界层近似解

前已述及，卡门传质积分方程式（7-45）既可用于层流，也可用于湍流；既可用于平壁，也可用于其他几何形状的壁面。下面运用该方程求取平壁湍流传质系数的近似解，进一步说明该方法的适用性。

二元不可压缩流体沿平板壁面作一维稳态湍流流动，主体流速为 u_0，主体浓度为 ρ_{A0}，壁面浓度为 ρ_{Aw}（$\rho_{Aw} \neq \rho_{A0}$），流体与管壁之间发生对流传质。设边界层速度分布函数为：

$$\frac{u_x}{u_0} = a_1 + b_1 \left(\frac{y}{\delta}\right)^{1/7} \tag{7-57}$$

根据速度边界层的定义，式（7-57）应满足如下边界条件：

$$y=0, u_x=0 \quad ; \quad y=\delta, u_x=u_0 \tag{7-58}$$

相应，设浓度边界层的浓度分布函数为：

$$\frac{\rho_A - \rho_{Aw}}{\rho_{A0} - \rho_{Aw}} = a_2 + b_2 \left(\frac{y}{\delta_c}\right)^{1/7} \tag{7-59}$$

根据浓度边界层的定义，式（7-59）应满足如下边界条件：

$$y=0, \rho_A - \rho_{Aw}=0 \quad ; \quad y=\delta_c, \rho_A - \rho_{Aw}=\rho_{A0} - \rho_{Aw} \tag{7-60}$$

分别运用两组边界条件，便可获得速度分布和浓度分布函数分别为：

$$\frac{u_x}{u_0} = \left(\frac{y}{\delta}\right)^{1/7} \tag{7-61}$$

$$\frac{\rho_A - \rho_{Aw}}{\rho_{A0} - \rho_{Aw}} = \left(\frac{y}{\delta_c}\right)^{1/7} \tag{7-62}$$

将式（7-61）代入式（2-243），并运用湍流边界层曳力因数近似表达式，可导出湍流的边界层厚度 δ 与 x 的函数关系为：

$$\frac{\delta}{x} = 0.376 Re_x^{-1/5} \tag{7-63}$$

① 当 **Sc**=1.0 时。δ 和 δ_c 相等，将式（7-61）和式（7-62）分别代入式（7-45）并积分，可得平板壁面层流状态下局部对流传质系数表达式为：

$$k_{cx}^{o} = 0.0292 \frac{D_{AB}}{x} Re_x^{4/5} \quad 或 \quad Sh_x = \frac{k_{cx}^{o} x}{D_{AB}} = 0.0292 Re_x^{4/5} \tag{7-64a,b}$$

长度为 L 的平壁平均传质系数或修伍德数为：

$$k_{cm}^{o} = 0.0365 \frac{D_{AB}}{L} Re_L^{4/5} \quad 或 \quad Sh_m = \frac{k_{cm}^{o} L}{D_{AB}} = 0.0365 Re_L^{4/5} \tag{7-65a,b}$$

② 当 **Sc**≠1.0 时。δ 和 δ_c 不相等，将式（7-61）和式（7-62）代入式（7-45）并积分，可导出 δ 和 δ_c 之间的函数关系为：

$$\frac{\delta}{\delta_c} \approx Sc^{1/3} \tag{7-66}$$

在此基础上，可导出平板壁面湍流状态下局部对流传质系数表达式为：

$$k_{cx}^o = 0.0292 \frac{D_{AB}}{x} Re_x^{4/5} Sc^{1/3} \quad \text{或} \quad Sh_x = \frac{k_{cx}^o x}{D_{AB}} = 0.0292 Re_x^{4/5} \tag{7-67a,b}$$

对长度为 L 的一段平板而言，平均传质系数或修伍德数为：

$$k_{cm}^o = 0.0365 \frac{D_{AB}}{L} Re_L^{4/5} Sc^{1/3} \quad \text{或} \quad Sh_m = \frac{k_{cm}^o L}{D_{AB}} = 0.0365 Re_L^{4/5} Sc^{1/3} \tag{7-68a,b}$$

式（7-64）和式（7-67）的适用条件是：边界层为湍流。在平均传质系数表达式（7-65）和式（7-68）的导出过程中，曾假定湍流边界层始于 $x=0$ 处，这一点与实际不符。因此，在计算平均传质系数时，应考虑湍流边界层形成之前的一段边界层（包括层流段和过渡段）的影响，通常将这段边界层均视作层流边界层处理，可由下式计算平均传质系数：

$$k_{cm}^o = \frac{1}{L}\int_0^L k_{cx}^o dx = \frac{1}{L}\left(\int_0^{x_c} k_{cx1}^o dx + \int_{x_c}^L k_{cx2}^o dx\right) \tag{7-69}$$

式中，k_{cx1}^o 和 k_{cx2}^o 分别为层流边界层和湍流边界层的局部传质系数，将式（7-36a）和式（7-67a）代入式（7-69），积分整理得：

$$k_{cm}^o = 0.0365 \frac{D_{AB}}{L}[Re_L^{4/5} - (Re_{x_c}^{4/5} - 18.19 Re_{x_c}^{1/2})] Sc^{1/3} \tag{7-70}$$

式（7-70）表明，湍流平均传质系数不仅与湍流层雷诺数有关，而且与临界雷诺数有关。

【例 7-4】 将一个盛水的正方形盘子放在风速为 4.59m/s 的风洞中，总压为 101.3kPa，盘内水深均匀一致，其值为 0.01m，盘子边长为 4.0m，水温为 298K，水的饱和蒸气压为 2.0kPa，水在空气中的扩散系数为 2.634×10^{-6} m^2/s，空气的运动黏度为 1.53×10^{-5} m^2/s，临界雷诺数 $Re_{x_c}=3.0\times10^5$。若忽略过渡层的影响，试求盘内的水全部蒸发完所需时间。

【解】 依题意，这是一个湍流传质问题，先根据所给临界雷诺数，计算湍流边界层的转变位置 x 为：

$$Re_{x_c} = \frac{u_0 x}{\nu} \tag{1}$$

$$x = \frac{\nu}{u_0} Re_{x_c} = \frac{1.53\times10^{-5}}{4.59}\times 3.0\times10^5 = 1.0(\text{m})$$

这就是说，在气流方向上，从盘子边上 1.0～4.0m 的范围内为湍流边界层，根据式（7-70），可得整个盘子上方的平均传质系数为：

$$k_{cm}^o = 0.0365 \frac{D_{AB}}{L}[Re_L^{4/5} - (Re_{x_c}^{4/5} - 18.19 Re_{x_c}^{1/2})] Sc^{1/3} \tag{2}$$

式中，$Re_L = \frac{u_0 L}{\nu} = \frac{4.59\times4.0}{1.53\times10^{-5}} = 1.2\times10^6$，$Sc = \frac{\nu}{D_{AB}} = \frac{1.53\times10^{-5}}{2.634\times10^{-5}} = 0.581$

$$k_{cm}^o = 0.0365 \times \frac{2.634\times10^{-6}}{4.0} \times [(1.2\times10^6)^{4/5} - (3.0\times10^5)^{4/5} + 18.19\times(3.0\times10^5)^{1/2}]\times(0.581)^{1/3}$$

$$= 0.01181(\text{m/s})$$

盘内水分蒸发速率 n_A 为：

$$n_A = k_{cm}^o (\rho_{Aw} - \rho_{A0}) \tag{3}$$

式中，$\rho_{A0} \approx 0$，ρ_{Aw} 可通过水的饱和蒸气压 p_{As} 来计算。因气相中水的浓度很小，可近似认为 $\rho = \rho_{Aw} + \rho_{Bw} \approx \rho_{Bw}$，则有：

$$\frac{p_{As}}{P} = \frac{C_{Aw}}{C_{Bw}} = \frac{\rho_{Aw}}{M_A} \times \frac{M_B}{\rho}$$

$$\rho_{Aw} = \frac{p_{As}}{P} \times \frac{M_A}{M_B} \rho = \frac{2.0}{101.3} \times \frac{18}{29} \times 1.173 = 0.01437 (\text{kg}/\text{m}^3)$$

$$n_A = k_{cm}^o (\rho_{Aw} - \rho_{A0}) = 0.01181 \times 0.01437 = 1.7 \times 10^{-4} [\text{kg}/(\text{m}^2 \cdot \text{s})]$$

盘内水全部蒸发完所需时间 θ 为：

$$\theta = \frac{m_A}{n_A A} \tag{4}$$

式中，m_A 为水的总质量；A 为盘子的总面积。有下式：

$$m_A = A h \rho_A = 0.01 \times 1000 A = 10 A$$

$$\theta = \frac{10 A}{1.7 \times 10^{-4} A} = 58823(\text{s}) = 16.34(\text{h})$$

7.3.2 动量、热量与质量传递类似性

通过求解层流边界层的速度分布、温度分布及浓度分布，我们发现描述层流的运动方程、能量方程和扩散方程及其边界条件，在 $Pr=1$ 和 $Sc=1$ 时完全相似，且都可用布拉修斯解表示。由此可以推想，在某些条件下，湍流的动量、热量和质量传递，不只是传递机理相似，传递参数之间也应存在类比性，这正是类似律的理论基础。在传热篇，曾经通过雷诺类似律、普朗特类似律、卡门类似律等，将动量传递的摩擦因数或曳力因数的经验方程与湍流传热系数关联起来，成功地解决了不同条件下的湍流传热问题。同样地，这些类似律对湍流传质也适用，只是由于传质的特殊性，运用类似律时必须满足以下两个条件：

① 体系内无均相化学反应发生；
② 传质速率较低，传质对速度分布的影响可忽略。

下面分别从混合长理论和边界层方程出发，探讨动量、热量和质量传递的类似性。

涡流扩散系数与混合长　在动量传递和热量传递部分，曾经根据运动方程和能量方程的雷诺转换形式，分别导出了涡流动量扩散系数和涡流热量扩散系数与时均速度梯度和普朗特混合长之间的函数关系为：

$$\varepsilon = l^2 \left| \frac{d\bar{u}_x}{dy} \right| \tag{3-31}$$

$$\varepsilon_H = l^2 \frac{d\bar{u}_x}{dy} \tag{5-131}$$

同样，也可导出涡流质量扩散系数与时均速度梯度和混合长之间的函数关系。

在湍流条件下，连续性方程、运动方程和扩散方程仍然适用。将浓度、密度和速度均表

示成时均值与脉动值之和，通过雷诺转换，可得到湍流传质雷诺方程。当体系内总浓度不变且无化学反应发生时，**湍流传质雷诺方程**为：

$$\frac{D\overline{\rho_A}}{D\theta} = \frac{\partial}{\partial x}\left(D_{AB}\frac{\partial \overline{\rho_A}}{\partial x} - \overline{u'_x \rho'_A}\right) + \frac{\partial}{\partial y}\left(D_{AB}\frac{\partial \overline{\rho_A}}{\partial y} - \overline{u'_y \rho'_A}\right) + \frac{\partial}{\partial z}\left(D_{AB}\frac{\partial \overline{\rho_A}}{\partial z} - \overline{u'_z \rho'_A}\right) \quad (7-71)$$

与湍流运动方程式（3-21）和湍流能量方程式（5-125）类似，式（7-71）中含有湍流脉动参数。将式（7-71）与式（6-35a）相比，同样也多了三项。这三项可视为因涡流扩散引起的附加传质通量，称为**涡流传质通量**。若考虑 x 方向流动，则在 y 方向上的涡流传质通量为：

$$n^r_{Ay} = -\overline{u'_y \rho'_A} \quad \text{或} \quad N^r_{Ay} = -\overline{u'_y C'_A} \quad (7\text{-}72\text{a,b})$$

涡流质量扩散系数的定义式为：

$$n^r_{Ay} = -\varepsilon_M \frac{d\overline{\rho_A}}{dy} \quad \text{或} \quad N^r_{Ay} = -\varepsilon_M \frac{d\overline{C_A}}{dy} \quad (7\text{-}73\text{a,b})$$

下面将根据式（7-72）和式（7-73），并运用普朗特混合长的概念，导出 ε_M 与时均速度梯度之间的关系。

如图 7-6 所示，流体在 x 方向上作湍流流动并进行传质，$\overline{\rho_A}$ 和 $\overline{u_x}$ 在 y 方向的分布曲线相同。设在垂直于流动方向上，距离壁面 y 处时均速度为 $\overline{u_x}$，组分 A 的时均浓度为 $\overline{\rho_A}$，在距离该处上、下各一段微小距离 l' 的截面上，组分 A 的时均速度和时均浓度分别为：

$y+l'$ 处： $\overline{u_x} + \frac{d\overline{u_x}}{dy}l'$ ， $\overline{\rho_A} + \frac{d\overline{\rho_A}}{dy}l'$

$y-l'$ 处： $\overline{u_x} - \frac{d\overline{u_x}}{dy}l'$ ， $\overline{\rho_A} - \frac{d\overline{\rho_A}}{dy}l'$

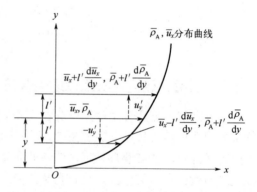

图 7-6 湍流传质混合长示意图

根据普朗特混合长的定义，流体将以 u'_y 的脉动速度朝 $y+l'$ 方向运动，同时 $y-l'$ 截面处流体以 u'_y 的速度朝 y 截面运动。在 y 与 $y+l'$ 之间，组分 A 的涡流传质通量为 n^r_{Ay}，则：

$$n^r_{Ay} = u'_y \left(\overline{\rho}_{A,y+l} - \overline{\rho}_{A,y}\right) = u'_y l' \frac{d\overline{\rho_A}}{dy} \quad (7\text{-}74)$$

该式的物理意义为：涡流传质通量等于脉动速度与两截面间组分 A 的浓度差的乘积。根据普朗特动量传递理论，脉动速度 u'_y 与 l' 之间近似符合下式：

$$u'_y \approx c\, l' \frac{d\overline{u_x}}{dy} \quad (7\text{-}75)$$

将式（7-75）代入式（7-74），经整理得：

$$n^r_{Ay} = l^2 \frac{d\overline{u_x}}{dy} \times \frac{d\overline{\rho_A}}{dy} \quad (7\text{-}76)$$

式中，$l^2 = c\, l'^2$。

将式（7-76）与式（7-73）对比，可得：

$$\varepsilon_M = l^2 \frac{\overline{du_x}}{dy} \tag{7-77}$$

由此可见，动量、热量和质量传递的三个涡流扩散系数相等，即：

$$\varepsilon = \varepsilon_H = \varepsilon_M \tag{7-78}$$

这一结论是建立在普朗特混合长及普朗特动量传递理论基础上的，其前提条件是：速度分布、温度分布及浓度分布完全一致。事实上，这一条件很难满足。许多实验数据表明，ε、ε_H 和 ε_M 只具有相同的数量级，其数值并不相等。

通过传质雷诺方程和普朗特混合长理论，只能得出一个定性结论：动量、热量和质量传递之间具有类似性。它对湍流传质研究具有理论指导意义，但无实际应用价值。本节将通过几个类似律，将湍流的传质系数、传热系数及曳力因数关联起来，以便由已知的曳力因数来预测传质系数。

（1）雷诺类似律

雷诺首先发现了动量传递与热量传递之间的类似性。他假设湍流主体一直延伸至壁面，从而导出了曳力因数 C_D（或摩擦因数 f）与传热膜系数 h 之间的关系为：

平壁 $$\frac{h}{\rho c_p u_0} = \frac{C_{Dx}}{2} \tag{5-141a}$$

圆管 $$\frac{h}{\rho c_p u_b} = \frac{f}{2} \tag{5-145a}$$

雷诺类似律在 $Pr=1.0$ 时适用，这一点也可以从层流的热边界层与速度边界层之间的关系看出：$Pr=1.0$ 时，边界层内温度分布与速度分布完全相似。

同样，当 $Sc=1.0$ 且传质速率较小时，边界层内浓度分布与速度分布也相似，且存在下述等式：

$$\frac{\partial}{\partial y}\left(\frac{\rho_A - \rho_{Aw}}{\rho_{A0} - \rho_{Aw}}\right)\bigg|_{y=0} = \frac{\partial}{\partial y}\left(\frac{u_x}{u_0}\right)\bigg|_{y=0} \tag{7-79}$$

壁面处传质通量的表达式为：

$$N_A = -D_{AB}\frac{\partial}{\partial y}(\rho_A - \rho_{Aw})\bigg|_{y=0} = k_{cx}^o(\rho_{Aw} - \rho_{A0}) \tag{7-80}$$

根据式（7-79）和式（7-80），并考虑到 $Sc=1$（$D_{AB}=\nu$），可得传质系数与壁面处速度梯度之间的关系为：

$$k_{cx}^o = \frac{\mu}{\rho u_0} \times \frac{\partial u_x}{\partial y}\bigg|_{y=0} \tag{7-81}$$

而曳力因数 C_{Dx} 与壁面处速度梯度的关系为：

$$C_{Dx} = \frac{\tau_w}{\rho u_0^2/2} = \frac{2\mu}{\rho u_0^2} \times \frac{\partial u_x}{\partial y}\bigg|_{y=0} \tag{7-82}$$

由此可得平壁 k_{cx}^o 与 C_{Dx} 之间的关系为：

$$\frac{k_{cx}^o}{u_0} = \frac{C_{Dx}}{2} \tag{7-83a}$$

对于圆管有：

$$\frac{k_c^o}{u_b} = \frac{f}{2} \tag{7-83b}$$

式（7-83）即为雷诺类似律的数学表达式，它们只适用于 $Sc=1.0$ 的体系。当 $Sc \neq 1$ 时，就要用其他类似律，如普朗特类似律、卡门类似律或奇尔顿-柯尔本类似律。下面分别加以介绍。

（2）普朗特类似律

对于 $Sc \neq 1$ 的体系，同时要考虑到层流内层和湍流主体对传质的影响。在层流内层，涡流扩散系数可忽略，动量和质量传递机理均为分子传递，且由于层流内层厚度极薄，可认为动量传递通量和质量传递通量都是恒定的，且等于壁面处之值。

设层流内层厚度为 δ，在 δ 处的速度为 $u_{x\delta}$，浓度为 $\rho_{A\delta}$，则有：

$$\tau_w = -\mu \frac{du_x}{dy} = -\mu \frac{u_{x\delta} - u_{xw}}{\delta} = 常数 \tag{7-84}$$

整理得：

$$u_{x\delta} = \frac{\tau_w}{\mu}\delta = \frac{\tau_w}{\rho\nu}\delta \tag{7-85}$$

同样：

$$n_{Aw} = -D_{AB}\frac{d\rho_A}{dy} = -D_{AB}\frac{\rho_{A\delta} - \rho_{Aw}}{\delta} = 常数 \tag{7-86}$$

整理得：

$$C_{Aw} - C_{A\delta} = \frac{N_{Aw}}{D_{AB}}\delta \tag{7-87}$$

由式（7-85）和式（7-86）得：

$$\frac{\rho\nu u_{x\delta}}{\tau_w} = \frac{D_{AB}}{n_{Aw}}(\rho_{Aw} - \rho_{A\delta}) \tag{7-88}$$

雷诺类似律在湍流主体与层流内层之间仍然适用，湍流主体的传质通量可表示为：

$$n_A = k_{cx}(\rho_{A\delta} - \rho_{A0}) = \frac{\tau_w}{\rho(u_0 - u_{x\delta})}(\rho_{A\delta} - \rho_{A0}) \tag{7-89}$$

联解式（7-88）和式（7-89），消除其中的 $\rho_{A\delta}$ 可得：

$$\frac{\rho_{Aw} - \rho_{A0}}{n_{Ay}} = \frac{\rho}{\tau_w}[u_0 + u_{x\delta}(\nu/D_{AB} - 1)] \tag{7-90}$$

将曳力因数 C_{Dx}、传质膜系数 k_{cx} 及 Sc 的定义式，代入上式得：

$$\frac{k_{cx}}{u_0} = \frac{C_{Dx}/2}{1+(Sc-1)u_{x\delta}/u_0} \tag{7-91}$$

上式即为普朗特类似律。当 $Sc=1.0$ 时，普朗特类似律简化为雷诺类似律。

平壁湍流边界层的传质 在对湍流边界层的讨论中，曾经规定层流内层的厚度为 $y^+=5$，且在该处 $v^+=5$，即：

$$\frac{u_{x\delta}}{u_0} = 5\sqrt{C_{Dx}/2} \tag{7-92}$$

将式（7-92）代入式（7-91）得：

$$\frac{k_{cx}}{u_0} = \frac{C_{Dx}/2}{1+5\sqrt{C_{Dx}/2}(Sc-1)} \tag{7-93}$$

式（7-93）为普朗特类似律的另一种表达形式。

将平壁湍流曳力因数 C_{Dx} 的表达式代入式（7-93）得：

$$St'_x = \frac{k_{cx}}{u_0} = \frac{0.0294 Re_x^{-0.2}}{1+2.12 Re_x^{-0.1}(Sc-1)} \tag{7-94}$$

圆管内的湍流传质　对于圆管内的湍流传质，同理可得：

$$St'_{(u_b)} = \frac{k_{cx}}{u_b} = \frac{0.032 Re^{-1/4}}{1+2.0 Re^{-1/8}(Sc-1)} \tag{7-95}$$

（3）卡门类似律

卡门认为，湍流传质中，除了层流内层和湍流主体的作用之外，还应该考虑过渡层的影响，他将普朗特类似律引申，得到了卡门类似律为：

$$St'_x = \frac{k_{cx}}{u_0} = \frac{C_{Dx}/2}{1+5\sqrt{C_{Dx}/2}\{(Sc-1)+\ln[(1+5Sc)/6]\}} \tag{7-96}$$

由此可见，上述三个类似律的推导思路存在着共性，不同之处在于，其假设越来越复杂，也越来越接近真实，其精度也相应地提高了。从这三个类似律的数学表达式[式（7-83）、式（7-91）和式（7-96）]来看，存在着共性。不同的是，后两个类似律的右侧都多了一个分母项，该项便是其对雷诺类似律的校正因子。

（4）奇尔顿-柯尔本（Chilton-Colburn）类似律

奇尔顿和柯尔本从大量实验数据出发，找出了动量传递与质量传递之间的类似性，他们分析了管内对流传质系数与摩擦因数之间的关系，发现了如下的规律：

$$\frac{k_{cx}}{u_0} = \frac{C_{Dx}/2}{Sc^{2/3}} \tag{7-97}$$

令

$$j_D = \frac{k_{cx}}{u_0} Sc^{2/3} \tag{7-98}$$

$$j_D = C_{Dx}/2 \tag{7-99}$$

上式称为奇尔顿-柯尔本类似律，其运用范围是 $Sc=0.6\sim2500$ 之间的管内气体和液体的传质。

在传热部分，也曾得出过奇尔顿-柯尔本传热类似律：

$$j_H = St Pr^{2/3} = C_D/2 \tag{7-100}$$

由此可得出动量、热量和质量传递的奇尔顿-柯尔本类似律为：

$$j_H = j_D = C_D/2 \tag{7-101}$$

式（7-101）表明，动量传递的**摩擦因数** C_D（或曳力因数）、热量传递的**对流传热系数** h 及质量传递的**对流传质系数**之间存在着简单的数学关系。利用该式就可以根据较易获得的摩擦因数来估算对流传热系数或对流传质系数。式（7-101）的**适用条件**为：

① 气体或液体的物性数据满足 $0.6 < Sc < 2500$，$0.6 < Pr < 100$；

② 形体曳力可忽略的体系。

由此可知，当流体通过填充床进行传热或传质时，由于形体曳力与摩擦曳力同等重要，式（7-101）不再适用，但此时，传热与传质之间的类似律仍然成立，即对于管内流体的传热与传质，有：

$$j_H = j_D \neq \frac{C_D}{2} \qquad (7\text{-}102)$$

【**例 7-5**】 有几块厚度为 0.003m、边长为 0.60m 的正方形萘制薄板，彼此平行排列，中心间距为 0.013m，温度为 273.15K，压力为 101.3kPa 的空气以 15m/s 的速度流经这些多层板，已知该温度下萘在空气中扩散系数为 $6.11 \times 10^{-6} \text{m}^2/\text{s}$，$Sc$ 为 2.57，萘蒸气压为 0.07866kPa，试分别用雷诺类似律、普朗特类似律计算空气离开多层板时所含萘的浓度。

【**解**】 计算空气在萘板间流动的雷诺数：

$$Re_L = \frac{\rho u_0 L}{\mu} = \frac{1.293 \times 15 \times 0.6}{1.75 \times 10^{-5}} = 6.65 \times 10^5 > Re_{xc}$$

由此可以认定，空气的流动为湍流，可用各种类似律计算对流传质系数。

（1）雷诺类似律 根据式（7-83a）：

$$\frac{k_c^o}{u_0} = \frac{C_D}{2} \qquad (1)$$

式中，

$$C_D = 0.0736 Re_L^{-1/5} \qquad (2)$$

$$k_{cm}^o = u_0(C_D/2) = 15 \times 0.0368 \times (6.65 \times 10^5)^{-1/5} = 0.0378 (\text{m/s})$$

由于空气流速较快，可近似认为板中心处浓度为零。于是有：

$$n_A = k_{cm}^o(\rho_{Aw} - \rho_{A0}) \qquad (3)$$

式中，$\rho_{A0} \approx 0$，ρ_{Aw} 可通过萘的饱和蒸气压 p_{As} 来计算。因气相中萘的浓度很小，可近似认为：

$$\rho = \rho_{Aw} + \rho_{Bw} \approx \rho_{Bw}$$

则有：

$$\frac{p_{As}}{P} = \frac{C_{Aw}}{C_{Bw}} = \frac{\rho_{As}}{M_A} \times \frac{M_B}{\rho}$$

$$\rho_{Aw} = \frac{p_{As}}{P} \times \frac{M_A}{M_B} \rho = \frac{0.07866}{101.3} \times \frac{80}{29} \times 1.293 = 2.77 \times 10^{-3} (\text{kg/m}^3)$$

$$n_A = k_{cm}^o(\rho_{Aw} - \rho_{A0}) = 0.0378 \times 2.77 \times 10^{-3} = 1.047 \times 10^{-4} [\text{kg}/(\text{m}^2 \cdot \text{s})]$$

空气通过萘板的时间为：$\theta = \dfrac{L}{u_0} = \dfrac{0.6}{15} = 0.04(\text{s})$

在这段时间内，两侧萘板通过传质进入空气中的萘的质量为：

$$m_A = 2n_A A\theta = 2 \times 1.047 \times 10^{-4} \times 0.36 \times 0.04 = 3.015 \times 10^{-6} (\text{kg})$$

空气离开萘板时萘的平均浓度为：

$$\bar{\rho}_A = \frac{m_A}{V} = \frac{3.015 \times 10^{-6}}{0.36 \times 0.01} = 8.375 \times 10^{-4} (\text{kg}/\text{m}^3)$$

（2）普朗特类似律　根据式（7-93）得：

$$\frac{k_c}{u_0} = \frac{C_D/2}{1+5\sqrt{C_D/2}(Sc-1)} = \frac{0.0368 \times (665000)^{-1/5}}{1+5 \times \sqrt{0.0368 \times (665000)^{-1/5}} \times (2.57-1)} = 0.001807$$

$$k_c = 0.001807 \times 15 = 0.0271 (\text{m}/\text{s})$$

$$\bar{\rho}_A = 6.03 \times 10^{-4} \text{kg}/\text{m}^3$$

7.4　动量与质量同时进行的传递

前几节并未考虑速度梯度和温度梯度对传质系数的影响，而真实的传质行为往往与动量传递和热量传递同时发生。为了能较准确地描述这类传质过程，本节将探讨动量与质量同时进行的传质系数计算问题。

在恒温条件下，湿壁塔内下降液膜中的气体吸收或固体溶解过程，就是典型的动量与质量同时进行传递的实例。由于液膜的流动为重力驱动，流速较低，一般可认为膜内流动为层流。下面分别对该液膜中的气体吸收或固体溶解过程进行数学描述，并求解几种特殊情况下的传质系数表达式。

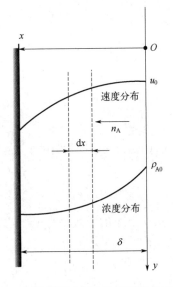

图 7-7　下降液膜中速度和浓度分布示意图

7.4.1　下降液膜中的气体吸收

考虑气体 A 被自然下降层流液膜 B 吸收，并在膜内进行传质的过程，示意图及对应的坐标系如图 7-7 所示，为描述方便，特作如下假设：

① 液膜厚度为 δ，顶部为纯组分 B，即：

$$y = 0, \quad \rho_A = 0$$

② 当 $y > 0$ 时，在气液界面处，液膜流速为 u_0，液相一侧组分 A 的浓度已达饱和，即：

$$x = 0, \quad \rho_A = \rho_{A0}$$

③ 液膜内动量和质量传递已达稳态，若忽略端部效应，可得液膜内速度分布方程为：

$$u_y(x) = u_0 \left[1 - \left(\frac{x}{\delta}\right)^2\right] \tag{7-103a}$$

式中

$$u_0 = \rho g \delta^2 / (2\mu) \tag{7-103b}$$

根据平均速度的定义，u_b 可计算如下：

$$u_b = \frac{1}{\delta}\int_0^\delta u_y \mathrm{d}x = \int_0^\delta \frac{\rho g \delta^2}{2\mu}\left(1 - \frac{x^2}{\delta^2}\right)\mathrm{d}x = \frac{\rho g \delta^2}{3\mu} \tag{7-104}$$

比较式（7-103）和式（7-104），得：

$$u_y(x) = \frac{3}{2}u_b\left[1 - \left(\frac{x}{\delta}\right)^2\right] \tag{7-105}$$

由式（7-104）还可得出 δ 与 u_b 的关系为：

$$\delta = [3u_b\mu/(\rho g)]^{1/2} \tag{7-106}$$

描述液膜内传质过程的微分方程，可由扩散方程（6-33）化简而得：

$$\frac{\partial \rho_A}{\partial \theta} + u_x \frac{\partial \rho_A}{\partial x} + u_y \frac{\partial \rho_A}{\partial y} + u_z \frac{\partial \rho_A}{\partial z} = D_{AB}\left(\frac{\partial^2 \rho_A}{\partial x^2} + \frac{\partial^2 \rho_A}{\partial y^2} + \frac{\partial^2 \rho_A}{\partial z^2}\right) + \dot{r}_A \tag{6-33}$$

因传递过程已达稳态，故 $\partial \rho_A/\partial \theta = 0$；流动方向垂直向下，$u_x = 0$，$u_z = 0$；因无化学反应，$\dot{r}_A = 0$；当壁面宽度很大时，可忽略组分 A 在 z 方向的浓度梯度，即 $\partial \rho_A/\partial z = 0$；液膜很薄，$\delta \ll L$，故有 $\frac{\partial^2 \rho_A}{\partial x^2} \gg \frac{\partial^2 \rho_A}{\partial y^2}$。

式（6-33）可简化为：

$$u_y \frac{\partial \rho_A}{\partial y} = D_{AB}\frac{\partial^2 \rho_A}{\partial x^2} \tag{7-107}$$

边界条件为：

$$\begin{cases} x = 0, \rho_A = \rho_{A0} \\ x = \delta, \partial \rho_A/\partial x = 0 \\ y = 0, \rho_A = 0 \end{cases} \tag{7-108}$$

将式（7-105）代入式（7-107）有：

$$\frac{3}{2}u_b[1 - (x/\delta)^2]\frac{\partial \rho_A}{\partial y} = D_{AB}\frac{\partial^2 \rho_A}{\partial x^2} \tag{7-109}$$

式中，ρ_A 为 x, y 的函数，当 y 一定时，ρ_A 可表示为 x 的函数。例如，当 $y = L$ 时，根据 $\rho_{AL}(x)$ 可定义该截面的平均浓度 $\rho_{ALm}(x)$ 为：

$$\rho_{ALm}(x) = \frac{1}{\delta u_b}\int_0^\delta \rho_A(x)u_y \mathrm{d}x \tag{7-110}$$

式（7-107）的解为无限级数形式，其表达式如下：

$$\frac{\rho_{A0} - \rho_{ALm}}{\rho_{A0}} = 0.7857\mathrm{e}^{-5.1213\beta} + 0.10017\mathrm{e}^{-539.318\beta} + 0.03507\mathrm{e}^{-105.64\beta} + \cdots \tag{7-111}$$

式中，$\beta = 2D_{AB}L/(3\delta^2 u_b)$

在 $y = L$ 截面处，传质通量可表示为：

$$n_{AL} = k_{cL}(\rho_{A0} - \rho_{ALm}) \tag{7-112}$$

对于 y 从 $0\sim L$ 范围内的平均传质系数 k_{cLm}，可定义如下：

$$k_{cLm} = \frac{1}{L}\int_0^L k_{cL}\mathrm{d}y = \frac{u_b\delta}{L}\int_0^{\rho_{ALm}} \frac{1}{\rho_{A0} - \rho_{ALm}}\mathrm{d}\rho_{ALm} \tag{7-113}$$

$$k_{cLm} = \frac{u_b\delta}{L}\ln\left(\frac{\rho_{A0}}{\rho_{A0} - \rho_{ALm}}\right) \tag{7-114}$$

若 ρ_{ALm} 用式（7-111）的第一项近似代替，则可得：

$$k_{cLm} = 0.241 u_b\delta/L + 3.41 D_{AB}/\delta \tag{7-115}$$

因 $\delta \ll L$，上式又可简化为：

$$k_{cLm} = 3.41 D_{AB}/\delta \tag{7-116}$$

该式适用条件：

① 膜内流速较小，即膜内流动雷诺数 Re_f 较小（$Re_f = 4\rho u\delta/\mu \leqslant 100$）；
② 气液接触时间较长，组分 A 渗透至膜内距离与膜厚度相当。

当实际情形不符合以上两个条件时，式（7-116）不适用，其传质系数可估算如下。

a. 膜内雷诺数 Re_f 较大。 可采用下式来估算平均传质系数 k_{cLm}：

$$k_{cLm} = [6D_{AB}/(\pi L)]^{\frac{1}{2}} \tag{7-117}$$

b. 气液接触时间较短。 因气液接触时间较短，对组分 A 来说，只渗透进液膜内很短一段距离，与液膜厚度相比可忽略不计，故可认为含有组分 A 的液膜速度始终为 u_0，扩散方程为：

$$u_0 \frac{\partial C_A}{\partial y} = D_{AB}\frac{\partial^2 C_A}{\partial x^2} \tag{7-118}$$

边界条件为：

$$\begin{cases} x = 0, & \rho_A = \rho_{A0} \\ y = 0, & \rho_A = 0 \\ x \to \infty, & \rho_A = 0 \end{cases} \tag{7-119}$$

该方程可用分离变量法求解，其形式如下：

$$\frac{\rho_A}{\rho_{A0}} = 1 - \mathrm{erf}\left(\frac{x}{\sqrt{4D_{AB}y/u_0}}\right) \tag{7-120}$$

式中，erf 为高斯误差函数，其值可在相关文献中查到。

根据传质系数和扩散通量的定义，有：

$$n_{Ay}\big|_{x=0} = -D_{AB}\frac{\partial \rho_A}{\partial x}\bigg|_{x=0} = \rho_{A0}\sqrt{\frac{D_{AB}u_{max}}{\pi y}} = k_{Ay}\rho_{A0} \tag{7-121}$$

$$k_{Ly} = \sqrt{\frac{D_{AB}u_0}{\pi y}} = \sqrt{\frac{D_{AB}\delta}{8\pi y}Re_f} \tag{7-122}$$

7.4.2 下降液膜中的固体溶解

考察下降液膜流经一可溶性壁面（可溶性组分 A），当传质达到稳态时，在固液界面液相一侧，组分 A 达到饱和，并不断向液膜扩散，对于有限段的下降液膜而言，组分 A 渗透至液膜内的距离远小于液膜厚度。故传质液膜速度分布方程仍符合式（7-103），按图 7-8 所示坐标系，其表达式为：

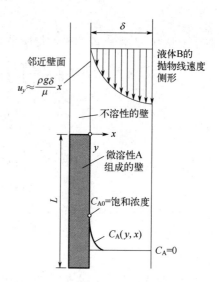

$$u_y = \frac{\rho g \delta^2}{2\mu}[2x/\delta - (x/\delta)^2] \quad (7\text{-}123)$$

由于 x 只限定于壁面附近，即 $x \ll \delta$，上式可简化为：

$$u_y(x) = \rho g \delta x / \mu \quad (7\text{-}124)$$

膜内传质过程仍可用式（7-107）来描述，其形式可简化为：

图 7-8 液膜中速度和浓度分布示意图

$$\frac{\rho g \delta}{\mu} x \frac{\partial \rho_A}{\partial y} = D_{AB} \frac{\partial^2 \rho_A}{\partial x^2} \quad (7\text{-}125)$$

边界条件为：

$$\begin{cases} x = 0, \rho_A = \rho_{A0} \\ x \to \infty, \rho_A = 0 \\ y = 0, \rho_A = 0 \end{cases} \quad (7\text{-}126)$$

设无量纲变量 η，其定义式为：

$$\eta = x\left(\frac{\rho g \delta}{9 D_{AB} y \mu}\right)^{\frac{1}{3}} \quad (7\text{-}127)$$

无量纲浓度可表示为 η 的函数，即：

$$\frac{\rho_A}{\rho_{A0}} = f(\eta) \quad (7\text{-}128)$$

将式（7-125）无量纲化，得：

$$\frac{d^2 f}{d\eta^2} + 3\eta^2 \frac{df}{d\eta} = 0 \quad (7\text{-}129)$$

边界条件为：

$$\begin{cases} \eta = 0, f(0) = 1 \\ x \to \infty, f(\infty) = 0 \end{cases} \quad (7\text{-}130)$$

由此可获得浓度分布函数：

$$\frac{\rho_A}{\rho_{A0}} = f(\eta) = \frac{\int_\eta^\infty \exp(-\overline{\eta}^3) d\overline{\eta}}{\int_0^\infty \exp(-\overline{\eta}^3) d\overline{\eta}} = \frac{\int_\eta^\infty \exp(-\overline{\eta}^3) d\overline{\eta}}{\Gamma(4/3)} \quad (7\text{-}131)$$

式中，Γ 表示伽马函数，$\Gamma(4/3)=0.8930$。

壁面处的传质通量为：

$$n_{Ay} = -D_{AB}\frac{\partial \rho_A}{\partial x}\bigg|_{x=0} = \frac{D_{AB}\rho_{A0}}{\Gamma(4/3)}\left(\frac{\rho g \delta}{9 D_{AB} y \mu}\right)^{\frac{1}{3}} \tag{7-132}$$

$$k_{Ly} = \frac{D_{AB}}{\Gamma(4/3)}\left(\frac{\rho g \delta}{9 D_{AB} \mu}\right)^{\frac{1}{3}} \tag{7-133}$$

7.5 动量、热量与质量同时进行的传递

下面将探讨动量、热量与质量同时进行的传质系数计算问题，考察平壁层流流体与壁面之间的非等温传质过程。设流体物性可视为常数，例如可取平均温度下的物性参数；传质过程中无化学反应发生；传递过程已达稳态，速度分布、温度分布和浓度分布已充分发展。描述该过程的方程分别为：连续性方程、运动方程、能量方程和扩散方程。

连续性方程：
$$\frac{\partial u_x}{\partial x} + \frac{\partial u_y}{\partial y} = 0 \tag{2-191}$$

运动方程：
$$u_x \frac{\partial u_x}{\partial x} + u_y \frac{\partial u_x}{\partial y} = \nu \frac{\partial^2 u_x}{\partial x^2} \tag{2-197}$$

能量方程：
$$u_x \frac{\partial T}{\partial x} + u_y \frac{\partial T}{\partial y} = \alpha \frac{\partial^2 T}{\partial y^2} \tag{5-13}$$

扩散方程：
$$u_x \frac{\partial \rho_A}{\partial x} + u_y \frac{\partial \rho_A}{\partial y} = D_{AB} \frac{\partial^2 \rho_A}{\partial y^2} \tag{7-17}$$

与上述方程对应的边界条件分别为：

$$\begin{cases} y=0, & \rho_A = \rho_{Aw}, \ T=T_w, \ u_x=0, \ u_y=u_{yw} \\ y\to\infty, & \rho_A = \rho_{A0}, \ T=T_0, \ u_x=u_0 \\ x=0, & \rho_A = \rho_{A0}, \ T=T_0, \ u_x=u_0 \end{cases} \tag{7-18}$$

引入以下两个无量纲变量，以便对上述方程进行相似变换：

$$\eta = \frac{y}{x} Re_x^{1/2} \tag{7-134}$$

$$f(\eta) = \frac{\psi}{\sqrt{u_0 \nu x}} \tag{7-135}$$

式中，ψ 为流函数。

由此可得出函数 $f(\eta)$ 与无量纲速度、无量纲温度和无量纲浓度之间的关系为：

$$f'(\eta) = u^+ = \frac{u_x - u_{xw}}{u_0 - u_{xw}} = T^+ = \frac{T - T_w}{T_0 - T_w} = \rho_A^+ = \frac{\rho_A - \rho_{Aw}}{\rho_{A0} - \rho_{Aw}} \tag{7-136}$$

对上述三个微分方程式进行变换，可得三个对应的无量纲微分方程如下：

$$\frac{d^2 u^+}{d\eta^2} + \frac{1}{2} f \frac{du^+}{d\eta} = 0 \tag{7-137a}$$

$$\frac{d^2 T^+}{d\eta^2} + \frac{Pr}{2} f \frac{dT^+}{d\eta} = 0 \tag{7-137b}$$

$$\frac{d^2 \rho_A^+}{d\eta^2} + \frac{Sc}{2} f \frac{d\rho_A^+}{d\eta} = 0 \tag{7-137c}$$

对应的无量纲边界条件为：

$$\begin{cases} \eta = 0, & \rho_A^+ = 0, \ T^+ = 0, \ u^+ = 0, \ u_y = u_{yw} \\ \eta \to \infty, & \rho_A^+ = 1, \ T^+ = 1, \ u^+ = 1 \end{cases} \tag{7-138}$$

将式（7-137）中的1、Pr、Sc 视为一可变参数 Λ，则式（7-137）可统一为下式：

$$\frac{d^2 Y^+}{d\eta^2} + \frac{\Lambda}{2} f \frac{dY^+}{d\eta} = 0 \tag{7-139}$$

式中，Y^+ 代表 u^+、T^+、ρ_A^+。

由式（7-135）可得：

$$f = \int u^+ d\eta - \sqrt{2}(u_{yw}/u_0) Re_x^{1/2} \quad \text{或} \quad f = \int u^+ d\eta - K \tag{7-140a,b}$$

式中参数 K 与 7.2.1 小节提到过的喷出参数（或吸入参数）之间的关系为：

$$(\sqrt{2}/2) K = (u_{yw}/u_0) Re_x^{1/2} \tag{7-141}$$

显然，f 是 η 和 K 的函数，而 Y^+ 又是 η、K、Λ 的函数，Y^+ 的求解步骤是：先将式（7-139）进行相似变换，求出 f 表达式，然后利用上述无量纲边界条件求出 Y^+ 的表达式，其形式为：

$$Y^+(\eta, \Lambda, K) = \frac{\int_0^\eta \exp[-\Lambda \int_0^{\bar{\eta}} f(\tilde{\eta}, K) d\tilde{\eta}] d\bar{\eta}}{\int_0^\infty \exp[-\Lambda \int_0^{\bar{\eta}} f(\tilde{\eta}, K) d\tilde{\eta}] d\bar{\eta}} \tag{7-142}$$

借助数值积分，由式（7-142）可计算出 Λ、K 分别取不同值时的速度分布、温度分布及浓度分布曲线，参见图 7-9。该图示出了三组典型的分布曲线（A、B、C），分别表示喷出参数 $(\sqrt{2}/2) K$ 取 0、-2.5 和 0.5 时的情形。每组曲线又分三种情形，分别与不同的 Λ 值相对应，其中 $\Lambda = 1.0$ 的曲线，表示速度分布曲线，同时还表示当普朗特数为 1.0 的温度分布曲线和施密特数为 1.0 的浓度分布曲线；另外两条曲线则给出了不同的普朗特数和施密特数下的温度分布曲线和浓度分布曲线，这时的速度分布曲线仍为 $\Lambda = 1.0$ 的那条。

A 组曲线表示喷出参数为零，即表面上无显著质量传递时的情况，若 $Pr = Sc = 1.0$，则式（7-137）中的三个方程就变为同一形式，其解符合布拉修斯精确解，参见曲线 $\Lambda(1.0)$，此时，速度分布、温度分布和浓度分布完全相同，三个边界层完全重合。另两条曲线 $\Lambda(2.0)$ 和 $\Lambda(0.72)$，分别表示壁面无显著质量传递时，Pr 或 Sc 为 2.0 和 0.72 时的情况，其符合波尔豪森解。

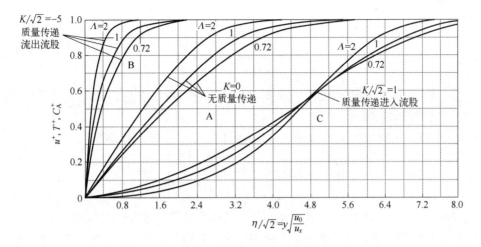

图 7-9 平壁层流非等温传质的速度、温度及浓度分布曲线

B 组和 C 组曲线表示喷出参数不为零,即表面上有明显质量传递时的情况。从图 7-9 可以看出,喷出参数对速度分布、温度分布和浓度分布的影响很明显。实际中也经常碰到类似的例子,如当壁面本身为多孔物质时,组分 A 可通过这些微孔喷出或吸入。当流体中组分 A 被壁面吸入时,喷出参数为负,参见 B 组曲线,此时,壁面处速度梯度、温度梯度及浓度梯度较喷出参数为零时明显增大;反之,当组分 A 由壁面喷向流体时,喷出参数为正,参见 C 组曲线,此时壁面处速度梯度、温度梯度及浓度梯度较喷出参数为零时明显降低。

下面将导出喷出参数不为零时,曳力因数、对流传热系数和对流传质系数分别与壁面处速度梯度、温度梯度和浓度梯度的关系。

根据局部曳力因数的定义,有:

$$\frac{C_{Dx}}{2} = \frac{\tau_{wx}}{\rho u_0^2} \tag{7-143}$$

式中

$$\tau_{wx} = \mu \frac{\partial u_x}{\partial y}\bigg|_{y=0} = \frac{\nu}{u_0}\left(\frac{\partial u^+}{\partial \eta} \times \frac{\partial \eta}{\partial y}\right)\bigg|_{y=0} \tag{7-144}$$

将 u^+ 和 η 的定义式代入式 (7-144),求导后再代入式 (7-143),整理后得:

$$\frac{C_{Dx}}{2} = \frac{\nu}{u_0}\left(\frac{u_0}{\nu x}\right)^{1/2} \frac{\mathrm{d}u^+}{\mathrm{d}\eta}\bigg|_{\eta=0} \quad 或 \quad \frac{C_{Dx}}{2} = \frac{1}{\sqrt{Re_x}} \times \frac{\mathrm{d}u^+}{\mathrm{d}\eta}\bigg|_{\eta=0} \tag{7-145a,b}$$

同理,利用对流传热系数、T^+ 和 η 的定义式,可得对流传热系数和斯坦顿数分别为:

$$h_x = k\left(\frac{u_0}{\nu x}\right)^{1/2} \frac{\mathrm{d}T^+}{\mathrm{d}\eta}\bigg|_{\eta=0} \quad 或 \quad St_x = \frac{h_x}{\rho c_p u_0} = \frac{1}{Pr\sqrt{Re_x}} \times \frac{\mathrm{d}T^+}{\mathrm{d}\eta}\bigg|_{\eta=0} \tag{7-146a,b}$$

利用对流传质系数、C_A^+ 和 η 的定义式,可得对流传质系数和传质斯坦顿数分别为:

$$k_{cx}^o = D_{AB}\left(\frac{u_0}{\nu x}\right)^{1/2} \frac{\mathrm{d}C_A^+}{\mathrm{d}\eta}\bigg|_{\eta=0} \quad 或 \quad St_x' = \frac{k_{cx}^o}{u_0} = \frac{1}{Sc\sqrt{Re_x}} \times \frac{\mathrm{d}C_A^+}{\mathrm{d}\eta}\bigg|_{\eta=0} \tag{7-147a,b}$$

从式 (7-145)、式 (7-146) 和式 (7-147) 可以看出,曳力因数、传热系数和传质系数的表达式极为相似,并且若将这三个系数视作 g_x,将 u^+、T^+ 和 C_A^+ 视作 Y^+,将1、Pr、Sc 视作

Λ，则可用下面的通式加以表达：

$$g_x = \frac{1}{\Lambda\sqrt{Re_x}} \times \frac{dY^+}{d\eta}\bigg|_{\eta=0} \tag{7-148}$$

由此可见，只要获得 Y^+ 在壁面处的导数值，即可获得壁面处的曳力因数、对流传热斯坦顿数和对流传质斯坦顿数之值。

图 7-9 中每一条曲线在 $\eta = 0$ 处的导数可通过对式（7-142）求导得出：

$$\frac{dY^+}{d\eta}\bigg|_{\eta=0} = \frac{1}{\int_0^\infty \exp[-\Lambda \int_0^\eta f(\tilde{\eta}, K)d\tilde{\eta}]d\eta} \tag{7-149}$$

将式（7-149）代入式（7-148），可计算壁面处的速度梯度、温度梯度和浓度梯度值。表 7-3 列出了通过对式（7-149）进行数值积分所得的部分数值。由表 7-3 可见，喷出参数为负（即流体中组分 A 被壁面吸入并经微孔向外喷出）时，对流传热系数较之喷出参数为零者明显增大，表明表面传质速率对传热速率具有明显的影响。通常将这种传质和传热同时存在的过程称为"发汗冷却"，随着固体表面组分 A 由边界层经平板壁面向外传质，传热速率大大增加，从而加快流体边界层内的热量散发速度。该原理被成功用于解决航天器重返大气层时遇到的热效应问题。

表 7-3 层流非等温传质的速度、温度及浓度分布曲线在壁面处的导数

K	Λ									
	0.1	0.2	0.4	0.6	0.7	0.8	1.0	1.4	2.0	5.0
−3.0	0.4491	0.7681	1.3722	1.9648	2.5550	2.2600	3.1451	4.3273	6.1064	15.057
−2.0	0.3664	0.5956	1.0114	1.4100	1.8032	1.6070	2.1945	2.9764	4.1572	10.086
−1.0	0.2846	0.4282	0.6658	0.8799	1.0842	0.9829	1.2836	1.6754	2.2568	5.1747
−0.5	0.2427	0.3452	0.4999	0.6291	0.7468	0.6890	0.8579	1.0688	1.3707	2.8194
−0.2	0.2165	0.2948	0.4024	0.4849	0.5555	0.5213	0.6190	0.7333	0.8861	1.5346
0.0	0.1980	0.2604	0.3380	0.3917	0.4340	0.4139	0.4696	0.5281	0.5972	0.8156
0.2	0.1783	0.2246	0.2736	0.3011	0.3187	0.3108	0.3305	0.3439	0.3496	0.3015
0.5	0.1441	0.1657	0.1751	0.1701	0.1603	0.1656	0.1485	0.1240	0.0909	0.0147
0.75	0.1032	0.1203	0.0840	0.0638	0.0471	0.0549	0.0340	0.0172	0.0057	1.5×10^{-5}
0.8757	0.0000	0.0000	0.0000	0.0000	0.0000	0.0000	0.0000	0.0000	0.0000	0.0000

【例 7-6】 温度 120℃、常压空气以 12m/s 的速度吹过一多孔平壁，壁面温度维持 30℃，若壁面处以 0.008m/s 的速度向边界层中注入 30℃ 的冷空气，试求：

（1）离平壁前沿 0.50m 处的对流传热系数；

（2）壁面所喷出空气的质量传质通量；

（3）此时的传热通量较无空气喷出时是增大还是降低？计算其增大或降低率。

【解】 空气边界层平均温度为：

$$T_m = (T_w + T_0)/2 = (120+30)/2 = 75(℃)$$

在 75℃下空气的物性参数为：

$$\rho = 1.015 \text{kg}/\text{m}^3, \quad c_p = 1009 \text{J}/(\text{kg} \cdot \text{K}), \quad \mu = 2.085 \times 10^{-5} \text{Pa} \cdot \text{s}, \quad Pr = 0.693。$$

离平壁前沿 0.50m 处空气边界层雷诺数：

$$Re_x = \frac{\rho u_0 x}{\mu} = \frac{1.015 \times 12 \times 0.50}{2.085 \times 10^{-5}} = 2.92 \times 10^5$$

该边界层为层流。其对流传质系数和对流传热系数可用式（7-148）计算。

（1）由式（7-141）得：

$$K = \sqrt{2}(u_{yw}/u_0)Re_x^{1/2} = \sqrt{2} \times (0.008/12) \times (2.92 \times 10^5)^{1/2} = 0.5$$

根据 Pr、K 查表 7-3 得，此时，Y^+ 在离平壁前沿 0.50m 处的导数为 0.1603，对流传质系数为：

$$h_x = \rho c_p u_0 St_x = \frac{\rho c_p u_0}{Pr\sqrt{Re_x}} \times \frac{\text{d}T^+}{\text{d}\eta}\bigg|_{\eta=0} = \frac{1.015 \times 1009 \times 12}{0.693 \times \sqrt{292000}} \times 0.1603 = 5.709[\text{W}/(\text{m}^2 \cdot \text{K})]$$

（2）对流质量传质通量为：$\rho u_{yw} = 1.015 \times 0.008 = 0.00812[\text{kg}/(\text{m}^2 \cdot \text{s})]$

（3）当喷出参数为零时，根据 Pr 和 K 查表 7-3 得，Y^+ 在离平壁前沿 0.50m 处的导数为 0.4340，相应的对流传质系数为：

$$h_x^0 = \rho c_p u_0 St_x = \frac{\rho c_p u_0}{Pr\sqrt{Re_x}} \times \frac{\text{d}T^+}{\text{d}\eta}\bigg|_{\eta=0} = \frac{1.015 \times 1009 \times 12}{0.693 \times \sqrt{292000}} \times 0.4340 = 15.457[\text{W}/(\text{m}^2 \cdot \text{K})]$$

比较 h_x^0 和 h_x 可以看出，当喷出参数为正时，传热通量明显降低，其降低率等于对流传热系数的降低率，为：

$$\frac{q^0 - q}{q^0} = \frac{h_x^0 - h_x}{h_x^0} = \frac{15.457 - 5.709}{15.457} = 63.1\%$$

7.6 案例分析——烟气催化脱硝反应器中同时进行的动量、热量和质量传递

案例背景　对于固定床反应器而言，其催化剂外形、尺寸及其堆积床层结构决定着床层内部的流体流动状态，进而影响反应器内压降、床层温升以及催化剂性能。以氨选择性催化还原（SCR）的烟气脱硝过程为例，催化剂为蜂窝状整体式结构，相比于传统的颗粒催化剂，具有更优异的传递性能，其内扩散阻力对反应的影响显著降低。此外，不同行业的烟气温度变化范围较大，如火力发电为 300～400℃、钢铁冶金和焦化为 200～250℃、水泥生产和垃圾焚烧为 160～200℃等，催化剂内的反应-传递行为复杂，若能优化设计催化剂结构，有望进一步提升催化剂床层的脱硝性能。因此，本案例针对不同操作条件下 SCR 过程的"三传"特性与其催化剂结构之间的匹配性问题展开了研究。

7.6.1 固定床反应器"三传"模型构建

SCR 脱硝过程的主反应为：

$$4NO + 4NH_3 + O_2 \longrightarrow 6H_2O + 4N_2$$

该动力学模型所用的催化剂为 V_2O_5-WO_3/TiO_2 催化剂，一氧化氮的脱除速率为：

$$R_{NO} = -k_1 C_{NO} \tag{7-150}$$

式中，k_1 为反应速率常数（一级）；C_{NO} 为 NO 的摩尔浓度。

本案例采用颗粒分辨的计算流体动力学（Particle-Resolved Computational Fluid Dynamics，PRCFD）模型，研究 SCR 催化剂结构对不同操作条件下传递过程的影响。如图 7-10 所示，反应器分为流体域和颗粒域，在流体域内需要考虑动量、能量及质量守恒方程，在颗粒域内除了需要考虑上述传递过程还需要耦合 SCR 反应过程。

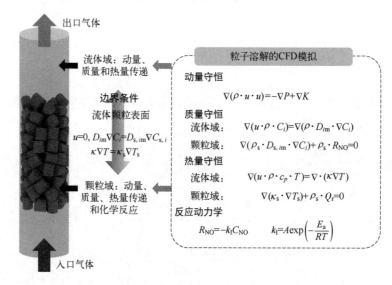

图 7-10 PRCFD 模型建立示意图

流体域内的层流采用 Navier-Stokes 方程描述：

$$\rho \boldsymbol{u} \nabla \cdot \boldsymbol{u} = -\nabla \cdot (p\boldsymbol{I}) + \nabla \cdot \boldsymbol{K} \tag{7-151}$$

式中，∇ 为哈密顿算子，$\nabla \equiv \dfrac{\partial}{\partial x}i + \dfrac{\partial}{\partial z}j + \dfrac{\partial}{\partial y}k$；$\rho$ 为气体混合物的密度；$\boldsymbol{u}$ 为气体流速；p 为压力；$\boldsymbol{I}$ 为单位向量；矢量 $\boldsymbol{K}$ 为应力张量，可表达为：

$$\boldsymbol{K} = \mu_f [\nabla \boldsymbol{u} + (\nabla \boldsymbol{u})^T] \tag{7-152}$$

式中，μ_f 为多组分气体混合物的黏度，Pa·s。

对于流体域，质量守恒方程为：

$$\boldsymbol{u} \cdot \nabla (\rho C_i) = \nabla (\rho D_{im} \nabla C_i) \tag{7-153}$$

式中，C_i 为流体域中组分 i 的摩尔浓度；D_{im} 为组分 i 的有效扩散系数。

对于催化剂颗粒域，质量守恒方程为：

$$\nabla \cdot (\rho_s D_{s,im} \nabla C_{s,i}) + \rho_s r_i = 0 \tag{7-154}$$

式中，ρ_s 为催化剂颗粒的密度；$C_{s,i}$ 和 $D_{s,i}$ 分别为催化剂颗粒域中组分 i 的摩尔浓度和有效扩散系数；r_i 为组分 i 的反应速率，$\text{mol/(m}^3 \cdot \text{s)}$。

对于流体域，能量守恒方程为：

$$\boldsymbol{u} \cdot \nabla(\rho c_p T) = \nabla \cdot (\kappa \nabla T) \tag{7-155}$$

式中，κ 为流体域中气体混合物的有效热导率；c_p 为流体域中混合物的比热容；T 为流体域温度。

对于催化剂颗粒域，能量守恒方程为：

$$\nabla \cdot (\kappa_s \nabla T_s) + \rho_s Q_r = 0 \tag{7-156}$$

式中，κ_s 为催化剂颗粒域中气体混合物的有效热导率；Q_r 为反应热，J/mol；T_s 为颗粒域温度。

此外，通过设定界面处边界条件实现流体域和颗粒域之间传递耦合：

$$u = 0,\ D_{i,m} \nabla C_i = D_{s,im} \nabla C_{s,i},\ \kappa \nabla T = \kappa_s \nabla T_s \tag{7-157}$$

7.6.2 催化剂结构对传递过程的影响

本案例首先构建了具有不同结构（蜂窝状整体式与颗粒堆积型，后者包括圆柱形、球形、三叶草形、拉西环形）的 SCR 催化剂，研究了不同操作条件下催化剂结构对传递过程的影响。反应器内的速度分布如图 7-11（a）所示，蜂窝状整体式反应器因其平行的通道结构而具有较为均一的速度分布，颗粒填充床反应器因其颗粒之间孔隙的膨胀和收缩，在局部流体易形成沟流且产生高流动速度。接着，进一步对比了不同结构催化剂在反应器内的传热和传质行为。反应器内的温度分布如图 7-11（b）所示，反应热主要集中于催化床层入口以及中心区域。对于蜂窝状整体式反应器，其平行的通道结构和较高的床层空隙率使其具有优异的对流传热能力，其催化剂床层温升较低且温度分布较为均一。**对于颗粒填充床反应器，其颗粒之间的曲折通道不利于流体的传热**，因而床层堆积结构的内部温升较高且高温区域较大，其中拉西环形催化剂由于其内部均一贯穿的通道能够有效减缓床层内的热量积累，其温升以及高温区域相较于其他颗粒堆积结构都要小。值得注意的是，由于 SCR 脱硝过程放热量较低，反应热效应对催化剂的反应性能影响不大，然而对于一些热效应明显的氧化或者加氢体系，通过优化催化剂的外形可有效调控床层温度来提高反应的选择性。

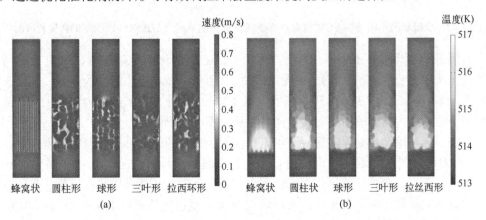

图 7-11 反应器内不同结构 SCR 催化剂速度分布图（a）和温度分布图（b）

反应器内的 NO 浓度分布如图 7-12（a）所示，对于蜂窝状整体式催化剂，由于其具有薄壁结构，反应物易扩散至催化剂壁内，催化剂的整体利用率较高。对于颗粒催化剂，NO 主要分布于催化剂的表面区域，颗粒内部的大部分区域未被利用，表明催化剂受到严重的内扩散限制，导致催化剂的整体利用率较低。为了量化不同结构催化剂的内扩散限制，可引入 Φ 模数（式 7-158）来比较不同结构催化剂的内扩散阻力，其物理意义为催化剂极限反应速率与扩散速率的比值。当 Φ 模数大于 3 时，可认为反应速率受内扩散限制。

$$\Phi^2 = r_\mathrm{P}^2 \frac{kC_\mathrm{b}^{n-1}}{D_\mathrm{e}} = \frac{\text{极限反应速率}}{\text{极限颗粒内扩散速率}} \tag{7-158}$$

式中，r_P 为催化剂特征尺寸；D_e 为有效扩散系数；n 为反应级数；C_b 为体相物种浓度；k 为反应速率常数。

如图 7-12（b）所示，在 240℃烟气温度条件下，五种催化剂结构中蜂窝状整体式催化剂具有最高的 NO 转化率，其 Φ 模数小于 3，内扩散阻力影响较小；颗粒催化剂的 Φ 模数都大于 3，内扩散会显著影响表观反应速率，其中拉西环形催化剂因其较低的 Φ 模数具有较高的 NO 转化率，尽管球形催化剂与圆柱形催化剂有着相同的 Φ 模数，但球形催化剂在单位床层内装填的颗粒数更多，外比表面积更大，因而反应转化率也更高。整体而言，NO 的转化率随 Φ 模数的减小而增大，通过对催化剂几何外形的设计可以有效降低反应过程的内扩散阻力，进一步提升催化剂的反应性能。

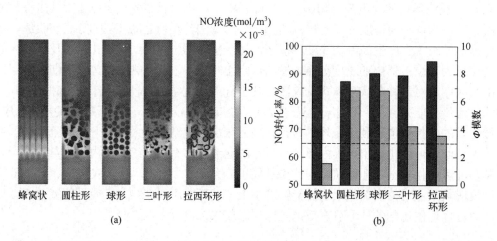

图 7-12　反应器内不同结构 SCR 催化剂 NO 浓度分布图（a）以及 NO 转化率和 Φ 模数（b）

本案例进一步模拟了不同入口温度条件下的 SCR 催化剂脱硝能力，研究了不同催化剂在不同工况下的反应-扩散行为。如图 7-13（a）所示，随着反应温度的上升，相比于反应物的扩散速率增幅，SCR 脱硝反应速率呈指数级增长，催化剂内扩散阻力急剧上升，需要进一步平衡单位床层内的反应活性与传质能力以满足不同工况条件。例如，对于低于 160℃的天然气冷热电三联供烟气处理，适宜采用具有高堆积密度的圆柱形或球形颗粒催化剂；对于 200℃左右的垃圾焚烧厂烟气处理，适宜采用具有适当堆积密度且低内扩散阻力的环形颗粒催化剂；对于高于 240℃的焦化厂或燃煤电厂烟气处理，适宜采用具有优异传质传热性能的蜂窝状整体式结构催化剂。此外，入口烟气 NO_x 浓度也成为选择不同类型 NH_3-SCR 催化剂的一个关键因素，如图 7-13（b）所示，在蜂窝状整体式、颗粒催化剂工业应用前提下，进一步发展了基于高孔隙率陶瓷纤维滤管的脱硝催化剂体系，兼顾表面除尘与气固紧密接触高效催化剂双重功能，并在高浓度 NO_x 的玻璃炉窑烟气治理中得到规模化应用，达到了理想的烟气净化效果。

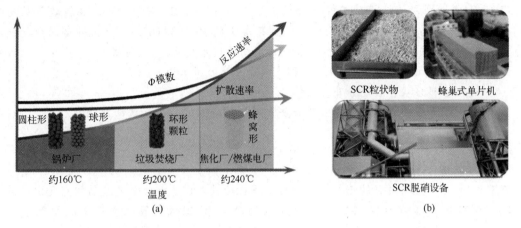

图 7-13　催化剂结构与 SCR 应用场景温度的对应关系（a）以及工程应用（b）

案例小结　本案例构建了具有不同结构的 SCR 催化剂，研究了固定床中"三传"同时进行的 SCR 过程的传递特性与其催化剂结构之间的匹配性；发展了基于高孔隙率陶瓷纤维滤管的脱硝催化剂，其兼顾表面除尘与高效催化双重功能，并成功应用于高浓度 NO_x 的玻璃炉窑烟气治理。

思考题

7.1　针对二元混合物，简述速度、质量平均速度和扩散速度的内在联系。
7.2　应用布拉修斯解求解层流传质系数须满足什么条件？
7.3　应用波尔豪森解求解层流传质系数须满足什么条件？
7.4　简述喷出参数的物理意义及其对传质的影响。
7.5　试从三个不同角度阐述动量、热量和质量传递之间具有类似性。
7.6　湍流传质系数的求解方法有几种？分别简述之。
7.7　何为"发汗冷却"？它有何实际应用价值？
7.8　简述雷诺类似律、普朗特类似律以及卡门类似律之间的关系。
7.9　简述 Chilton-Colburn 类似律及其结论。
7.10　催化剂结构如何影响脱硝反应器内的温度分布？

习题

7.1　CO_2 通过一层流氮气膜扩散到碱性废水池中，并在那里立即发生化学反应而消失。已知体系的温度为 293K、压力为 305.3 kPa，而氮气层外缘一侧的 CO_2 摩尔分数为 0.05，已测定 CO_2 在停滞氮气中的传质系数 k_y 为 7.01×10^{-5} kmol/(s·m²)，试求：(1) 传质系数 k_y^0 和 k_G^0；(2) CO_2 进入废水池的扩散通量。

7.2 平板湍流边界层的传质系数,可用局部努塞尔数表示为 $Nu_x = 0.0292Re_x^{4/5}Sc^{1/3}$,如果湍流的转变发生在 $x=0.6$m 处,且平板长 1.5m、宽 1m,试导出下列方程式:
(1) 整个平板的平均传质系数 k_{cm};(2) 传质速率 N_A。

7.3 如果平板层流边界层内的局部努塞尔数为 $Nu_x = 0.332Re_x^{1/2}Sc^{1/3}$,湍流边界层内的局部努塞尔数为 $Nu_x = 0.0292Re_x^{4/5}Sc^{1/3}$,且临界雷诺数 Re_{xc}=3×10^5,当平板的雷诺数分别为 (1) Re_L=200000;(2) Re_L=10^6 时,试求薄膜平均传质系数的 k_{cm} 表达式。

7.4 假设层流边界层内速度和浓度都呈线性分布。试求:
(1) 速度分布方程和浓度分布方程;
(2) 应用冯·卡门边界层积分方程推导 δ_c 与 δ 的关系式。已知壁面剪应力可表示为:

$$\frac{\tau_w}{\rho} = \frac{1}{6}u_0^2 \frac{d\delta}{dx}$$

7.5 把一块边长为 1m 的正方形薄萘板,平行地放入以 30m/s 速度流动的空气中。空气的温度为 310K、压力为 1.013×10^{5}Pa,平板的温度为 300K,萘在空气中的扩散系数为 5.14×10^{-6}m^2/s,在 300K 时的蒸气压为 26Pa,试求萘板的升华速度。

7.6 氧气在水中的溶解度为 1×10^{-3}g/100g,饱和氧气水溶液与总压为 101.3kPa、温度为 40℃的大量普通空气接触。氧-水系统的亨利定律常数为 H'=5.42×10^{6}kPa/Δx。试问:(1) 气液之间是否存在氧气的净传质?方向如何?(2) 当气液达到平衡时,液相氧气的浓度是多少?

7.7 在温度为 20℃、总压为 303.9kPa 的吸收塔内,用水吸收空气-氨混合气体中的 NH$_3$。已知 NH$_3$ 在气液两相的单相膜系数分别为 $k_G = 3.256 \times 10^{-3}$ mol/(m$^2 \cdot$ s $\cdot$ kPa),$k_L = 0.04057$ m/s,Henry 常数为 0.717 kPa/(mol·m^{-3})。试求下列各传质系数:(1) k_y;(2) K_{OG};(3) K_{oy};(4) K_{OL}。

7.8 组分 A 在气液相间传质,界面处满足如下平衡关系式:$y_{Ai} = 0.75x_{Ai}$。在设备内部的某一点处,组分 A 在气液两相的摩尔分数分别为 0.45 和 0.90。气膜单相传质系数 $k_y = 5.98 \times 10^{-3}$ mol/(m$^2 \cdot$ s),而且气膜传质阻力为总传质阻力的 70%。试求:(1) 组分 A 的摩尔通量 N_A;(2) 组分 A 在气液两相的界面浓度;(3) 总传质系数 K_Y。

7.9 把一直径为 0.03m 的萘球,悬挂在一个空气管道中,求在下列条件下的瞬时传质系数:
(1) 萘球周围的空气是静止的,且温度为 295K,压力为 101.3kPa;
(2) 空气以 1.5 m/s 的速度流动,且温度为 295K,压力为 101.3kPa。

7.10 一个直径为 10^{-3}m、温度为 315 K 的球形水滴在干燥空气中自由下落,已知空气温度为 295K,压力为 101.3kPa,试求该液滴在空气中下降多少距离后,其体积减小一半。水滴在空气中自由落体的终端速度与直径的关系为:

$10^3 d_p$ / m	0.05	0.2	0.5	1.0	2.0	3.0
u / (m/s)	0.0549	0.0701	0.152	0.305	0.71	0.915

假设水滴保持为球形,气膜全部物性参数取 305K 下的值。

7.11 空气-二氧化碳混合气以 1.0m/s 的速度流过内径为 0.05m 的湿壁塔,塔内温度为 298K、压力为 1013kPa。在塔内某一点处,气相二氧化碳的摩尔分数为 0.1,在同一点,二氧化碳在气-水界面水中的摩尔分数为 0.005,Henry 常数为 1.66×10^5 kPa/Δx。试应用 Gilliland-Sherwood 关联式,确定该点的传质系数和质量通量各为多少。

7.12 298 K 的空气以 10m/s 的速度在一光滑萘平板上流过,已知萘在空气中的扩散系数 $D_{AB}=6.11\times10^{-6}$ m²/s。设临界雷诺数 $Re_{xc}=5\times10^5$,试求:(1)距离平板前缘 0.1m 处的 δ_{cx}、k_x 和 $\dfrac{\mathrm{d}C_A^+}{\mathrm{d}y}\bigg|_{y=0}$;(2)距离平板前缘 1.0 m 处的 δ_{cx} 和 k_x。

7.13 氯气在圆台型圆管中通过空气扩散,管内空气温度为 273K,总压为 101.3kPa,管长为 1.0m,管两端半径分别为 0.15m 和 0.25m,氯气的分压分别为 24.31kPa 和 10.13kPa,已知氯气在空气中的扩散系数为 1.256×10^{-5} m²/s,(1)试求稳态下氯气的扩散速率 G'_{MA} (kmol/s);(2)画出圆管内轴向氯气浓度分布曲线(至少由三点确定该曲线)。

7.14 为了导出浓度边界层的积分表达式,设浓度分布函数为:$C_A-C_{Aw}=a\sin b$。问:
(1)为了计算 a、b,需要什么样的边界条件?
(2)应用这些边界条件,对于(C_A-C_{Aw}),可以得出什么样的表达式?
(3)这里所给出的浓度分布是最好的选择吗?请对你的结论给予解释。

第8章

相间传质

前两章讨论了单相传质，如静止气膜和液膜的分子扩散、层流和湍流的对流传质等，都是针对单一气相或液相的传质。然而，在自然界、生物体以及实际工业装置中，许多传质过程都涉及某一组分在两相间的传递问题，如植物的光合作用、动物的呼吸行为、精馏塔内汽液之间的传质、色谱柱内的相间传质等等。本章将从相间传质基本概念入手，探讨相间传质机理和传质理论及相间传质系数的计算方法，最后通过生物膜的界面吸附案例分析，将肺泡单分子膜的生理机制与相间传质过程联系起来，应用传质理论阐述其吸附机理并建立吸附动力学数学模型。

8.1 相间传质概论

8.1.1 相间传质基本概念

相平衡与相间传质 所谓相间传质，是指组分 A 在具有浓度差的两相之间，由高浓度相向低浓度相转移的现象。但这里所说的浓度差并非是组分 A 在两相的绝对浓度之差，而是指相平衡意义上的浓度差，即化学位之差。

相平衡 设 α 相和 β 相中都含有组分 A，且两相中 A 的化学位（又称化学势）分别为 $\mu_{A,\alpha}$ 和 $\mu_{A,\beta}$，若 $\mu_{A,\alpha} \neq \mu_{A,\beta}$，两相接触时就会发生化学位的迁移，直至平衡态，即 $\mu_{A,\alpha} = \mu_{A,\beta}$。化学位 μ_A 与浓度 C_A 之间可由热力学理论关联起来。对于 β 相中的任一浓度值 $C_{A,\beta}$，在 α 相中都对应着一个与之相平衡的浓度 $C^*_{A,\alpha}$，即：

$$C^*_{A,\alpha} = KC_{A,\beta} \tag{8-1}$$

式中，K 为相平衡常数。

设两相主体浓度分别为 $C_{A,\alpha}$、$C_{A,\beta}$，是否发生相间传质，可根据式（8-1）判断如下：
① 若满足式（8-1），则两相处于动态平衡之中，A 在两相间没有净的质量传递。
② 若 $C_{A,\alpha} > KC_{A,\beta}$，A 在两相间将发生净质量传递，传质方向为：$\alpha$ 相→β 相。
③ 若 $C_{A,\alpha} < KC_{A,\beta}$，A 在两相间也将发生净质量传递，传质方向为：$\beta$ 相→α 相。

相间传质 相间传质应包括三个阶段，以气体吸收（气/液传质）为例说明如下。设气体 A（如 CO_2、NH_3 等）在气相和液相的主体浓度分别为 $p_{A,G}(y_{A,G})$ 和 $C_{A,L}(x_{A,L})$，亨利（Henry）常数为 $H(H_x)$，与液相主体浓度 $C_{A,L}(x_{A,L})$ 呈平衡的气相浓度 $p^*_A(y^*_A)$ 应符合**亨利定律**（**Henry' law**）为：

$$p^*_A = HC_A \quad \text{或} \quad y^*_A = H_x x_{A,L} \tag{8-2a,b}$$

若 $p_{A,G} > p_A^*$，为气体吸收；反之，则为气体解吸。图 8-1 示出了气体吸收过程中，气、液两相浓度分布示意图。在气/液界面，A 分子由气相快速进入液相，在气相主体与界面之间就产生了明显的浓度梯度，组分 A 由主体向界面传递；在液相，气体分子的进入，使得界面浓度高于主体浓度，A 从界面向主体传递。这便是一个典型的相间传质过程。上述三个阶段的传质究竟是如何发生的？数学上又如何来描述这一相间传质过程呢？这正是传质理论所要解决的问题。本章将对此进行详细探讨，为便于讨论，下面先介绍一些与相间传质有关的基本参数。

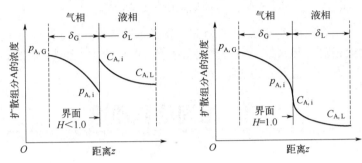

图 8-1 吸收过程气液两相浓度分布示意图

8.1.2 相间传质系数

单相传质系数 对于一维稳态气/液相间传质，组分 A 在任一截面（包括气相、气液界面和液相）的传质通量都相等，且符合下式：

$$N_A = k_G(p_{A,G} - p_{A,i}) = k_y(y_{A,G} - y_{A,i}) \tag{8-3a}$$

或

$$N_A = k_L(C_{A,i} - C_{A,L}) = k_x(x_{A,i} - x_{A,L}) \tag{8-3b}$$

式中，$k_G(k_y)$ 和 $k_L(k_x)$ 分别为气相和液相传质系数；$p_{A,G}(y_{A,G})$ 和 $p_{A,i}(y_{A,i})$ 分别为以分压（摩尔分数）表示的气相主体浓度和界面浓度；$C_{A,L}(x_{A,L})$ 和 $C_{A,i}(x_{A,i})$ 分别为以摩尔浓度（摩尔分数）表示的液相主体浓度和界面浓度。

由此可见，相间传质通量既可表达为气相传质系数与气相分压梯度之积，又可表达为液相传质系数与液相浓度梯度之积，且二者相等，即：

$$N_A = k_G(p_{A,G} - p_{A,i}) = k_L(C_{A,i} - C_{A,L}) \tag{8-4}$$

将上式整理可得：

$$-\frac{k_L}{k_G} = \frac{p_{A,G} - p_{A,i}}{C_{A,L} - C_{A,i}} \tag{8-5}$$

由式（8-3）和（8-4）可见，相间传质通量用单相传质系数表达时，必须已知界面浓度，但这通常很难做到。因此，在实际中，更常用的方法是由相间传质系数来表达。

相间传质系数（总传质系数） 相间传质系数又称总传质系数，是基于两相主体浓度之间的总推动力定义的，它与总传热系数相似，可分为气相总传质系数 $K_{OG}(K_{oy})$ 和液相总传质系数 $K_{OL}(K_{ox})$，分别介绍如下。

① **气相总传质系数 $K_{OG}(K_{oy})$**。当总推动力用气相浓度差表示时，总传质系数定义为：

$$N_A = K_{OG}(p_{A,G} - p_A^*) = K_{oy}(y_{A,G} - y_A^*) \tag{8-6a}$$

式中，$p_{A,G}(y_{A,G})$ 为气相主体浓度；$p_A^*(y_A^*)$ 为与液相主体浓度 $C_{A,L}(x_{A,L})$ 呈平衡的气相分压（或摩尔分数）；$K_{OG}(K_{oy})$ 为气相总传质系数，为基于气相分压（摩尔分数）的相间传质系数，其倒数为相间传质总阻力（气相阻力和液相阻力之和）。

② **液相总传质系数** $K_{OL}(K_{ox})$。同样，当总推动力为液相浓度差时，总传质系数可定义为：

$$N_A = K_{OL}(C_A^* - C_{A,L}) = K_{ox}(x_A^* - x_{A,L}) \tag{8-6b}$$

式中，$C_A^*(x_A^*)$ 为与气相主体浓度 $p_{A,G}(y_{A,G})$ 呈平衡的液相浓度，是 $p_{A,G}(y_{A,G})$ 在液相的具体表达；$K_{OL}(K_{ox})$ 为液相总传质系数，为基于液相浓度（摩尔分数）的相间传质系数，其倒数即表示相间传质总阻力（气相阻力和液相阻力之和）。

8.2 相间传质理论

相间传质涉及领域非常广，除了常见的精馏、吸收、干燥、萃取等传统单元操作之外，还与催化反应、膜分离等过程密不可分。因此，关于相间传质机理及传质理论的研究一直是人们关注的热点，至今已提出多种传质模型，其中最经典的有：双膜理论、溶质渗透理论、表面更新理论等。本节将分别逐一加以探讨，并对传质理论的最新进展作一概述。

8.2.1 双膜理论

Whiteman 于 1923 年提出的双膜理论是最早的传质理论，Lewis 和 Whiteman 于次年对该理论做了修正。因其物理模型简捷明了，至今仍被广泛用来解释相间传质机理，上述相间传质系数的定义也是以该模型为依据的。双膜理论提出了以下三点重要假设：

① 两个互不相溶的流体之间进行传质时，无论各流体主体运动状况如何，**在靠近相界面两侧各存在着一层虚拟膜**，膜内流体处于静止状态，如图 8-1 所示；每一相的传质阻力都集中在本相那层静止膜内；设膜外为主体浓度（$C_{A,\alpha}$，$C_{A,\beta}$），界面浓度则为 $C_{A,i,\alpha}$ 和 $C_{A,i,\beta}$，且**两相在界面呈平衡态**（界面阻力为零），即 $C_{A,i,\alpha} = KC_{A,i,\beta}$。

② 双膜内的**传质机理均为分子扩散**，传质通量可用 Fick 定律描述。

③ 由于膜很薄，可近似认为膜内无组分积累，**传质已达稳态**。

根据上述假设，组分 A 在 α 相和 β 相的传质通量相等，且分别为：

$$N_A = k_{c,\alpha}(C_{A,\alpha} - C_{A,i,\alpha}) = D_{AB}(C_{A,\alpha} - C_{A,i,\alpha})/\delta_\alpha \tag{8-7a}$$

$$N_A = k_{c,\beta}(C_{A,\beta} - C_{A,i,\beta}) = D_{AB}(C_{A,\beta} - C_{A,i,\beta})/\delta_\beta \tag{8-7b}$$

由此可导出**单相传质系数与扩散系数成正比**，即：

$$k_{c,\alpha} = D_{AB}/\delta_\alpha, \quad k_{c,\beta} = D_{AB}/\delta_\beta \tag{8-8a,b}$$

如果上述两相分别代表气相和液相，并根据气、液相浓度的习惯表示方法，可将组分 A 的扩散通量表示成多种形式，如：

$$N_A = k_G(p_{A,G} - p_{A,i}) = k_y(y_{A,G} - y_{A,i}) \tag{8-3a}$$

$$N_A = k_L(C_{A,i} - C_{A,L}) = k_x(x_{A,i} - x_{A,L}) \tag{8-3b}$$

在以上各式中，都出现了界面浓度，如 $p_{A,i}$，$C_{A,i}$，$y_{A,i}$，$x_{A,i}$ 等，而在实际中，界面浓度很难通过实验测定，因此，按照式（8-6）定义一个相间传质系数是较方便的。

若气-液平衡符合线性关系，例如，低浓度下亨利定律适用，有下式成立：

$$p_{A,i} = HC_{A,i}, \qquad p_{A,G} = HC_A^*, \qquad p_A^* = HC_{A,L} \tag{8-9a\sim c}$$

将式（8-9）代入式（8-6a），经整理可得：

$$\frac{1}{K_{OG}} = \frac{p_{A,G} - p_{A,i}}{N_A} + \frac{H(C_{A,i} - C_{A,L})}{N_A} \tag{8-10}$$

即：

$$\frac{1}{K_{OG}} = \frac{1}{k_G} + \frac{H}{k_L} \tag{8-11}$$

同理，可导出 K_{OL} 的表达式为

$$\frac{1}{K_{OL}} = \frac{1}{Hk_G} + \frac{1}{k_L} \tag{8-12}$$

依此还可导出 K_{oy}（K_{ox}）与 k_y、k_x 之间的函数关系。通常总传质阻力等于气、液两相传质阻力之和，但在某些情况下，它只与单相传质阻力有关：

① 当气体易溶于液体时，H 值很小，由式（8-11）可知，液相传质阻力可以忽略，总传质阻力主要来自气相，该类传质为**气膜控制**。例如氨气在水中的吸收过程属于气膜控制。

② 当气体难溶于液相时，H 值很大，由式（8-12）可知，气相传质阻力可以忽略，总传质阻力主要来自液相，该类传质为**液膜控制**。例如，氧气被水吸收或从水中解吸的过程均为液膜控制。

双膜理论关于相间传质机理的假定过于简单，只有极少数具有稳定相界面的传质设备（如湿壁塔）存在虚拟静止膜；而对于大多数传质设备，如填料塔、筛板塔等，由于塔内相界面积大，气液界面不稳定，相间并不存在虚拟静止膜，双膜理论不能正确地描述该装置内的真实情况。但建立在双膜理论基础上的总传质系数的概念在实际中仍然具有应用价值。

【**例 8-1**】 在一湿壁塔中进行氨气吸收试验，吸收剂为水，塔温为 20℃，塔压为 101.3kPa，已测得气相总传质系数 K_{oy} 为 2.6357×10^{-3} mol/(m^2·s·kPa)，塔内某一点处氨气的气相摩尔分数为 0.08，液相浓度为 0.158 mol/m^3。已知气相传质阻力为总阻力的 70%，H 为 0.43kPa/(mol·m^{-3})，试求：（1）气膜传质系数和液膜传质系数；（2）界面浓度 $p_{A,i}$ 和 $C_{A,i}$。

【**解**】（1）依题意，总阻力为：

$$1/K_{OG} = \frac{1}{2.6357 \times 10^{-3}} = 379.4(\text{kPa} \cdot \text{s} \cdot \text{m}^2/\text{mol})$$

气相传质系数 k_G 为：

$$1/k_G = 0.70(1/K_{oy}) = 265.6(\text{kPa} \cdot \text{s} \cdot \text{m}^2/\text{mol})$$

$$k_G = 3.765 \times 10^{-3} \text{mol}/(\text{m}^2 \cdot \text{s} \cdot \text{kPa})$$

根据式（8-11）液相传质系数 k_L 有：

$$1/K_{OG} = 1/k_G + H/k_L$$

$$k_L = H/(1/K_{OG} - 1/k_G) = 0.43/(379.4 - 265.6) = 3.778 [\text{mol}/(\text{m}^2 \cdot \text{s} \cdot \text{kPa})]$$

（2）对于塔中给定的点，两相主体浓度分别为：$p_{A,G} = y_A P = 0.08 \times 101.3 = 8.104 \text{kPa}$，$C_{A,L} = 0.158 \text{mol}/\text{m}^3$。

与液相主体对应的平衡气相浓度为：

$$p_A^* = HC_{A,L} = 0.43 \times 0.158 = 0.0679 (\text{kPa})$$

由式（8-6a）和式（8-3a），有：

$$N_A = K_{OG}(p_{A,G} - p_A^*) = k_G(p_{A,G} - p_{A,i})$$

即

$$N_A = 2.6357 \times 10^{-3} \times (8.104 - 0.0679) = 3.765 \times 10^{-3} (8.104 - p_{A,i})$$

得 $p_{A,i} = 2.47 \text{kPa}$，又 $p_{A,i} = HC_{A,i}$，则 $C_{A,i} = 2.47/0.43 = 5.744 (\text{mol}/\text{m}^3)$

8.2.2 溶质渗透理论

Higbie 对双膜理论进行剖析后认为：一方面，实际传质设备（如填料塔、泡罩塔）内，气液界面处于剧烈湍动状态之中，**不可能存在静止膜**；另一方面，气液间接触时间很短（为 0.01～1s），溶质 A 由气相进入液相后，要想在极短时间内达到稳态扩散是不可能的。基于以上两点，Higbie 于 1935 年提出了溶质渗透模型，假设如下。

① 当流体处于湍动状态时，大量漩涡导致液体微元的位置和构造不断改变，这些漩涡不停地卷走表层液体，使其与主体溶液混合，并将新鲜液体带到表层形成新的表面。**每批表层液体暴露在界面的时间均相等**，为 θ_c。

② 针对某一液体微元而言，其运动历程及传质过程为：当它处于液相之中时，内部浓度均匀且与主体浓度一致，一旦进入气液界面，便停滞下来，**与气相接触的一侧立刻与气相达到平衡**，同时溶质 A 由气相进入液相，在液相的**渗透过程为非稳态**，当 A 尚未扩散至微元另一侧时，整个微元已离开界面重新进入液相主体。

根据以上假设，以液体微元为控制体，溶质渗透理论的物理模型和数学模型可描述如下。

组分 A 的传质为一维非稳态分子扩散（设为 y 方向）。扩散开始时，即微元进入表面的一瞬间（$\theta = 0$），各处浓度均为 C_{A0}；随后（$\theta > 0$），界面浓度 $C_{A,i}$（$y = 0$）与气相浓度呈平衡，即 $p_A = HC_{A,i}$；而在界面的另一侧，浓度仍为主体浓度 C_{A0}，同时由于该微元在相界面暴露时间仅为 θ_c，溶质 A 在 y 方向的扩散距离也很短，而微元厚度相对于其扩散距离而言可视为无穷大，所以描述该传质过程的数学模型为：

$$\frac{\partial C_A}{\partial \theta} = D_{AB} \frac{\partial^2 C_A}{\partial y^2} \tag{8-13}$$

初始条件和边界条件为：

$$\begin{cases} \theta = 0, & C_A = C_{A0} \\ y = 0, & C_A = C_{A,i} = p_A/H \\ y \to \infty, & C_A = C_{A0} \end{cases} \tag{8-14}$$

上述定解问题与一维半无限固体中非稳态扩散问题完全相似，其解如下：

$$\frac{C_{A,i} - C_A}{C_{A,i} - C_{A0}} = \text{erf}\left(\frac{y}{\sqrt{4D_{AB}\theta}}\right) \tag{8-15}$$

式中，erf 为误差函数，对于给定的距离 y 和时间 θ，可先计算自变量 $(y/\sqrt{4D_{AB}\theta})$，再根据附录Ⅵ查出对应的误差函数值，进而确定浓度 C_A。

在某一瞬间 θ，组分 A 的瞬时传质通量 $N_{A,\theta}$ 为：

$$N_{A,\theta} = -D_{AB}\frac{\partial C_A}{\partial y}\bigg|_{y=0} = \sqrt{\frac{D_{AB}}{\pi\theta}}(C_{A,i} - C_{A0}) \tag{8-16}$$

在有效暴露时间（θ_c）内，平均传质通量为：

$$N_{Am} = \frac{1}{\theta_c}\int_0^{\theta_c} N_{A,\theta}\mathrm{d}\theta = 2\sqrt{D_{AB}/(\pi\theta_c)}(C_{A,i} - C_{A0}) \tag{8-17}$$

式（8-17）为 Higbie 溶质渗透理论的数学表达式。

另一方面，根据传质系数定义式，有：

$$N_{Am} = k_L(C_{A,i} - C_{A0}) \tag{8-18}$$

比较式（8-17）和式（8-18）可得传质系数与扩散系数的关系为：

$$k_L = 2\sqrt{D_{AB}/(\pi\theta_c)} \tag{8-19}$$

由式（8-19）可得如下结论：

① **液相传质系数 k_L 与扩散系数 D_{AB} 的平方根成正比**。这一规律有别于双膜理论，并已被 Gilliland 和 Sherwood 等实测的填料塔传质数据所证实。

② k_L 与有效暴露时间 θ_c 的平方根成反比。尽管 θ_c 很难测定，但暴露时间越短，传质系数越大，这一点也与事实相符。因为微元在相界面的暴露时间越短，就意味着湍动越强烈，也就越有利于传质。

8.2.3 表面更新理论

Danckwerts 于 1951 年指出了溶质渗透理论中不合理部分，并作了相应的修正，形成了表面更新理论。

表面更新理论　Danckwerts 认为 Higbie 的"表面更新"观点是合理的，但**液体微元在表面的暴露时间不可能相等**。为此他提出了以下假设。

① 各液体微元在界面的**暴露时间不相等**，即某一瞬间处于液面的所有液体微元的年龄 θ 各不相同，在 $0\sim\infty$ 范围内，可定义一个**年龄分布函数** $\phi(\theta)$，即年龄处于 $\theta\sim(\theta+\mathrm{d}\theta)$ 范围内的液体微元面积占总界面面积的分率为 $\phi(\theta)\mathrm{d}\theta$。设总界面面积为 1，则有：

$$\int_0^\infty \phi(\theta)\mathrm{d}\theta = 1.0 \tag{8-20}$$

② 在恒定搅拌速率下，湍动液体暴露于气液界面的总面积恒定，且平均吸收速率亦恒定；暴露了一定时间的表层液体不断被新鲜液体所取代，取代率为常数，也就是说，尽管界面液体微元年龄各不相同，但其**被置换的概率相等**，可用**表面更新率** s 表示，其含义是界面上任何年龄液体微元在 $\mathrm{d}\theta$ 时间间隔内被置换的分率为 $s\mathrm{d}\theta$。设在 θ 时刻暴露的液体微元总面积为 1，经过 $\mathrm{d}\theta$ 时间之后，未被置换的液体微元面积为 $1 - s\mathrm{d}\theta$。

下面将根据以上假设，建立年龄分布函数 $\phi(\theta)$ 与表面更新率 s 之间的函数关系。

设表层由年龄 $0\sim\infty$ 的液体微元组成，在稳态下，年龄处于 $\theta \sim (\theta+\mathrm{d}\theta)$ 范围内的微元所占分率为 $\phi(\theta)\mathrm{d}\theta$，在极短时间间隔（$\mathrm{d}\theta$）内，从 $[(\theta-\mathrm{d}\theta)，\theta]$ 年龄组进入 $[\theta，(\theta+\mathrm{d}\theta)]$ 年龄组的微元分率也为 $\phi(\theta)\mathrm{d}\theta$；另一方面，它又等于 $[(\theta-\mathrm{d}\theta)，\theta]$ 年龄组的表面积分率 $\phi(\theta-\mathrm{d}\theta)\mathrm{d}\theta$ 减去在 $\mathrm{d}\theta$ 内被新鲜液体所取代的部分 $[\phi(\theta-\mathrm{d}\theta)\mathrm{d}\theta]s\mathrm{d}\theta$，即：

$$\phi(\theta)\mathrm{d}\theta = \phi(\theta-\mathrm{d}\theta)\mathrm{d}\theta - [\phi(\theta-\mathrm{d}\theta)\mathrm{d}\theta]s\mathrm{d}\theta \tag{8-21}$$

将式（8-21）展开并整理，可得：

$$\frac{\mathrm{d}\phi(\theta)}{\mathrm{d}\theta} = -s\phi(\theta) \tag{8-22}$$

积分式（8-22）并由式（8-20）确定积分常数，可得：

$$\phi(\theta) = se^{-s\theta} \tag{8-23}$$

年龄为 θ 的液体微元对单位液体表面平均吸收速率的贡献等于其面积分率 $\phi(\theta)\mathrm{d}\theta$ 乘以瞬时吸收速率 $N_{\mathrm{A},\theta}$，将所有年龄液体微元的贡献相加，可得每单位湍流表面面积吸收速率为：

$$N_{\mathrm{Am}} = \int_0^\infty N_{\mathrm{A},\theta}\phi(\theta)\mathrm{d}\theta \tag{8-24}$$

式中，$N_{\mathrm{A},\theta}$ 可用 Higbie 溶质渗透模型表达。

将式（8-16）代入式（8-24），得：

$$N_{\mathrm{Am}} = (C_{\mathrm{A,i}} - C_{\mathrm{A0}})\sqrt{D_{\mathrm{AB}}}\int_0^\infty \frac{se^{-s\theta}}{\sqrt{\pi\theta}}\mathrm{d}\theta = (C_{\mathrm{A,i}} - C_{\mathrm{A0}})\sqrt{D_{\mathrm{AB}}s} \tag{8-25}$$

将式（8-25）与式（8-18）对比，可得液相传质系数与扩散系数的平方根成正比，与表面更新率的平方根也成正比，即：

$$k_{\mathrm{L}} = \sqrt{D_{\mathrm{AB}}s} \tag{8-26}$$

式（8-25）的适用条件：①所有新鲜表面的液相浓度（$C_{\mathrm{A,i}}$）相同；②液相主体浓度均一且不随时间而变。前者在连续稳态操作中可以得到满足，而后者则取决于液层的厚度及其流动特性。

8.2.4 传质理论进展

许多研究者又对双膜理论、溶质渗透理论和表面更新理论进行了修正，分别提出了膜渗透模型、改进表面更新模型、涡流扩散模型和旋涡池模型等。除此之外，还有学者利用统计理论对传质过程进行分析，建立了相应的传质系数模型。下面分别加以概述。

膜渗透模型 Toor 和 Marchell 认为，液体微元经涡流运动至相界面的最初阶段，其内部扩散不可能在较短时间内达到稳态，而是基于溶质渗透机理的非稳态过程。随后由于液体微元相对固定，溶质无积累，传质将趋于稳态，符合双膜传质机理。故整个过程兼具膜机理和溶质渗透机理，即所谓的膜渗透理论。Dobbin 根据该理论，并结合涡流特性，提出了双参数传质系数模型：

$$k_{\mathrm{L}} = \sqrt{D_{\mathrm{AB}}C_1\rho l\varepsilon/\delta}\cos\sqrt{C_1C_2\rho(\varepsilon v)^{3/4}l^2/(D_{\mathrm{AB}}\sigma)} \tag{8-27}$$

式中，C_1、C_2 为经验参数，可通过实验数据回归获得，当停留时间较长时可简化为双膜理论。

改进表面更新模型 Perlmutter 提出的多容器效应模型是一种改进的表面更新模型。该模型用停留时间分布函数代替了 Danckwerts 的年龄分布函数，并认为在整个传质过程中，停留时间为零的液体微元的比率也是零。液体微元从液相主体到相界面经历了 2 个串联单元，停留时间分布函数为：

$$f(\theta) = \frac{1}{\tau_1 - \tau_2}[\exp(-\theta/\tau_2) - \exp(-\theta/\tau_1)] \tag{8-28}$$

式中，τ_1 和 τ_2 分别为液体微元在两个阶段的停留时间。虽然停留时间分布函数更接近实际传质过程，但其结果也更复杂，实用性不大。

涡流扩散模型 Lamont 和 Scott 认为，在湍流条件下，气-液界面附近较大漩涡上又重叠着许多小漩涡，它们共同促进了大漩涡的充分接触与混合，也促进了传质。该模型假定每一漩涡的速度由如下流函数决定：

$$\psi = aA[0.0282(\pi y/a)\cosh(\pi y/a) - 0.117\sinh(\pi y/a)]\cos(\pi x/a) \tag{8-29}$$

式中，x, y 表示漩涡中心所处的位置；A 为漩涡的速度振幅。从流函数可获得流场速度分量，进而求解对流扩散方程，获得传质系数为：

$$k_c l / D_{AB} = 0.445 Pe^{1/2} \tag{8-30}$$

式中，Pe 为 Pelect 准数，定义式为：

$$Pe = Al/D_{AB} \tag{8-31}$$

设气液界面液相侧的能谱函数为 $E(n)$，若只考虑 y 方向的一维能谱，可得：

$$E(n) = 0.45\varepsilon^{2/3}n^{-5/3} \tag{8-32}$$

由式（8-29）得 A 的表达式为：

$$A \propto \sqrt{nE(n)} \propto \varepsilon^{1/3}n^{-1/3} \tag{8-33}$$

将式（8-33）代入式（8-30）得：

$$k_c \propto D_{AB}^{1/2}\varepsilon^{1/6}n^{1/3} \tag{8-34}$$

式中，D_{AB} 为液相扩散系数；ε 为单位质量流体的能量耗散率；n 为波数。该模型考虑了湍流中具有不同波数的漩涡对液相传质系数的影响。运用现代精密仪器，已经能够获得一些湍流流场中 ε 的表达式，从而获得传质系数的理论预测值。从这个意义上讲，该模型是一种较完善的湍流传质理论。

统计模型 Petty 分析了液体微元的统计特性之后认为，界面传质过程不仅与涡流特性有关，而且与界面物理化学性质有关。他提出了速度波动和浓度波动的时空关联概念，并通过引入时空关联参数，建立了扩散系数的统计模型。

8.2.5 界面湍动与 Marangoni 效应

界面湍动 互不相溶的两相接触的最初数秒内，界面会**像生命活体一样呈现高频脉动**，这种自发现象称为**界面湍动**。它与单相湍流传质有着本质上的区别。根据边界层理论，在单相湍流传质过程中，边界附近存在层流内层，界面两侧的传质阻力较大，传质速率较低，是整个传质过程的控制步骤；而界面湍动使得界面附近传质阻力减小，传质速率增大。

Lewis 和 Pratt 采用悬滴法测定相际界面张力时，发现悬滴表面出现波纹，并存在无规则脉动，同时还观测到非常高的传质速率，这是人们首次关注到界面湍动现象。随后，Sawistowski、Austin 和 Ying 等研究了水/三乙（乙酰乙酸乙酯）二元体系的液-液界面湍动情况。他们将一滴三乙与静止的水接触，在没有外界干扰的情况下，观察到水的表面有一些明显的波纹处于不规则脉动之中，并用水平剖视摄影仪记录下来，参见图 8-2。随着三乙迁移速度的增大，界面湍动现象也愈加剧烈，传质速率也愈大。在三乙和水刚接触的最初一段时间内，传质速率和界面湍动现象呈现同步增强势头，达到最高值后二者再同步下降，当水中三乙浓度均匀时，水面脉动的波纹便消失，传质过程也停止了。

界面湍动现象也会发生在气-液界面上。Berg 等研究二氧化碳气体在低浓度乙醇胺水溶液中的吸收规律时，获得了二氧化碳与乙醇胺水溶液接触时界面湍动摄影照片，参见图 8-3。图中的波纹清楚地显示出界面上存在十分剧烈的脉动。

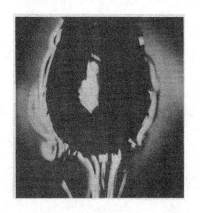 

图 8-2　水/三乙界面湍动水平剖视照片　　　　图 8-3　CO_2/乙醇胺水溶液界面湍动干涉照片

一般来说，传质速率越快，界面湍动现象越显著。当相际传质与化学反应同时进行时，化学反应将会进一步加快传质速率，因而也会增强界面湍动程度。Sherwood 等用氨水萃取异丁醇中的乙酸时，就观测到更加明显的界面湍动现象，这是因为氨水与乙酸的化学反应促进了相际传质，参见图 8-4。

 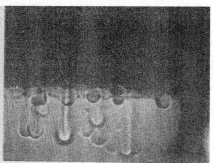

图 8-4　氨水萃取异丁醇中的乙酸时观测到的界面湍动现象照片

Marangoni 效应　从理论上解释或描述界面湍动现象，一直为人们所关注。一般认为，两相接触所引发的相际传质会使界面局部浓度发生变化，由此引起界面张力的随机变化，从而诱发了界面液体的脉动，并形成波纹，有时还会产生形状规则的旋转体，在液相主体与界面之间产生环流，这种界面流体流动现象称为 **Marangoni 效应**，参见图 8-5。Marangoni 效应的重要特征在于，界面运动的流体力学具有非稳定性，且在传质停止之前不会消失。

Ellis 和 Bidulph 通过测定空气中丙酮被水吸收时在水面上形成的波纹振幅，对 Marangoni 效应引起的波纹形态进行了研究，并描述了波纹的形成过程，如图 8-6 所示，当表面上某一微小区域因快速吸收引起表面张力迅速变化时，会在一些特殊点产生瞬时表面张力梯度，足以引起液体扩展，使点源中心被破坏，其相邻液体将迅速向上运动并暴露出来，同时形成一个以高表面张力点为中心的液体扩展环，参见图 8-6（b）；中心处进一步增大的表面张力又导致反向扩展运动，如图 8-6（c）。这一正一反的扩展运动便使液面产生了波纹。

图 8-5　Marangoni 效应

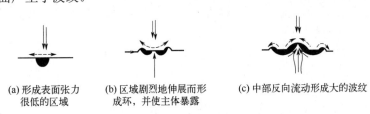

(a) 形成表面张力　　(b) 区域剧烈地伸展而形　　(c) 中部反向流动形成大的波纹
　　很低的区域　　　　　成环，并使主体暴露

图 8-6　Marangoni 效应致波纹形成示意图

Pearson 最先对 Marangoni 效应进行了系统的理论研究，提出了一个简化的二维旋转体模型，该模型可定量解释波纹的非稳特征，并与一些实验结果基本一致。Brain 和 Smith 等认为，Gibbs 吸附层对 Marangoni 对流的稳定性有很大影响。他们将该影响与流体力学稳定性理论相结合，导出的模型与实验观察结果更加一致。尽管如此，有关界面湍动的理论仍不能直接用于工程设计，还需进行大量的工作。

8.3　固体颗粒的相间传质

流体与固体颗粒间的传质，在实际中也经常碰到。既有单相流体与固体颗粒之间的传质，如色谱分离、离子交换、固定床或流化床内可溶颗粒或可升华颗粒与流体间的传质；也有两相流体之间借助固体颗粒进行的传质，此时，固体颗粒仅仅作为介质，以增加两相流体之间的传质速率，如填料吸收、填料精馏等；还有伴随化学反应的流体与固体颗粒之间的传质，如固定床或流化床内发生的气-固或液-固催化反应等。除此之外，固体颗粒还有球形或非球形、固定或悬浮之分。下面将针对几种典型情形分别加以介绍。

8.3.1　球形颗粒与静止流体间的传质

直径为 d_p 的小球在黏性流体中自由沉降（$Re \leqslant 1$），刚开始小球的加速度大于零，下降速度越来越快。当重力、阻力和浮力达到平衡时，小球将等速下降，该速度称为终端速度 u_t，它与颗粒特性和流体特性之间的关系可由运动方程导出，如下所示。

若以小球为参照物，则小球的下降运动可转换为流体的上升运动，流体的运动方程为：

$$\frac{du}{d\theta} = \left(1 - \frac{\rho_f}{\rho_p}\right)g - \frac{3}{4} \times \frac{C_D \rho_f}{d_p \rho_p} u^2 \tag{8-35}$$

式中，ρ_f、ρ_p 分别为流体和小球的密度；C_D 为曳力因数。当球体达匀速时，加速度为零（$du/d\theta = 0$），由式（8-35）可得：

$$u_t = \left[4(\rho_p - \rho_f)d_p g / (3\rho_f C_D)\right]^{1/2} \tag{8-36}$$

当流体速度很小属于爬流时，可将 Stokes 方程代入式（8-36），得：

$$u_t = (\rho_p - \rho_f)d_p^2 g / (18\mu) \tag{8-37}$$

由式（8-37）可知，小球的终端速度与其直径的平方成正比，表明颗粒越小，流体的相对速度越小，几乎可以认为颗粒悬浮于流体中静止不动，小颗粒与流体间的传质方程为：

$$\frac{\partial}{\partial r}\left(r^2 \frac{\partial C_A}{\partial r}\right) = 0 \tag{8-38}$$

边界条件为：

$$\begin{cases} r = R = d_p/2, C_A = C_{Aw} \\ r \to \infty, C_A = C_{A0} \end{cases} \tag{8-39}$$

利用上述边界条件积分式（8-38）得：

$$\frac{C_A - C_{A0}}{C_{Aw} - C_{A0}} = \frac{R}{r} \tag{8-40}$$

颗粒表面局部传质通量为：

$$N_A = -D_{AB}\left(\frac{dC_A}{dr}\right)_{r=R} = \frac{D_{AB}}{R}(C_{Aw} - C_{A0}) \tag{8-41}$$

由式（8-41）与传质系数定义式可得：

$$k_{cx} = \frac{D_{AB}}{R} \quad \text{或} \quad Sh_x = k_{cx} d_p / D_{AB} = 2 \tag{8-42a,b}$$

8.3.2 球形颗粒与层流流体间的传质

颗粒的传质系数 球形颗粒在层流流体中的传质系数，可通过数值法联立求解球坐标系中传质微分方程和运动方程而得，求解过程中需借助无量纲流函数概念。

无量纲传质微分方程：

$$\frac{ReSc}{2}\left(\frac{\partial \psi^+}{\partial r^+} \times \frac{\partial C_A^+}{\partial \theta} - \frac{\partial \psi^+}{\partial \theta} \times \frac{\partial C_A^+}{\partial r^+}\right) = \sin\theta\left(r^{+2}\frac{\partial^2 C_A^+}{\partial r^{+2}} + 2r^+ \frac{\partial C_A^+}{\partial r^+} + \cot\theta \frac{\partial C_A^+}{\partial \theta} + \frac{\partial^2 C_A^+}{\partial \theta^2}\right) \tag{8-43}$$

无量纲运动方程：

$$\sin\theta \frac{\partial \psi^+}{\partial r^+} \times \frac{\partial}{\partial \theta}\left(\frac{E^2 \psi^+}{r^{+2}\sin^2\theta}\right) - \sin\theta \frac{\partial \psi^+}{\partial \theta} \times \frac{\partial}{\partial r^+}\left(\frac{E^2 \psi^+}{r^{+2}\sin^2\theta}\right) = \frac{2}{Re} E^2(E^2 \psi^+) \tag{8-44}$$

$$E^2 = \left[\frac{\partial}{\partial r^{+2}} + \frac{\sin\theta}{r^{+2}} \times \frac{\partial}{\partial \theta}\left(\frac{1}{\sin\theta} \times \frac{\partial}{\partial \theta}\right)\right] \quad (8\text{-}45)$$

边界条件为:
$$\begin{cases} \theta = 0, \ \psi^+ = 0, \ \partial C_A^+ / \partial \theta = 0 \\ \theta = \pi, \ \psi^+ = 0, \ \partial C_A^+ / \partial \theta = 0 \\ r^+ = 1, \ \psi^+ = 0, \ C_A^+ = 0 \\ r^+ = r_\infty^+, \ \psi^+ = \sin^2\theta r_\infty^{+2}/2, \ C_A^+ = 1 \end{cases} \quad (8\text{-}46)$$

Woo 和 Hamielec 最先提出了上述方程的数值解法,Chuchottaworn 等将其推广,针对 Sc 为 0.5~2.0 的传质问题获得了数值解,参见图 8-7。从图中可以看出,传质系数在前停滞点处达到最大值,而后随着角度 θ 增大逐渐减小,特别是当 Re 较大(如 Re=100,150)时,传质系数减小到最小值后又开始增大,这是由尾流区存在少量涡流而引起的;当 Re 较小时,传质系数变化趋缓且最终接近静止流体之值(参见式(8-42))。

虽然上述数值解在 Re 达数百的范围内适用,但仍不能解决所有颗粒传质问题。为此,Ranz 和 Marshall 在分析了大量实验数据基础上,提出了如下传质关联式:

$$Sh = \frac{k_{cx}d_p}{D_{AB}} = 2 + 0.6Re^{1/2}Sc^{1/3} \quad (1 \leqslant ReSc^{2/3} \leqslant 5\times10^4) \quad (8\text{-}47)$$

由式(8-47)可以看出,当 Re 足够小时,Ranz-Marshall 关联式与 Woo-Hamielec 数值解吻合良好;若 Re 足够大,流体处于湍流,其结果又与 Chilton-Colburn 类似律近似。因此,Ranz-Marshall 关联式至今仍然被广泛用来解决颗粒传质问题。图 8-8 示出了 Ranz-Marshall 关联式与 Woo-Hamielec 数值解的比较情况,从图中可以看出,二者吻合良好,只是当 Re 小于 200 时,关联式较之数值解普遍高了 10%左右,为此,Chuchottaworn 等针对该 Re 范围提出了如下关联式:

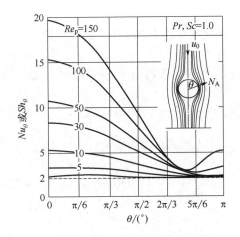

图 8-7 传质系数与角度 θ 的函数关系曲线

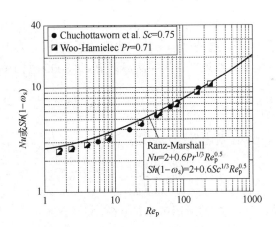

图 8-8 传质系数数值解与关联式的比较

$$Sh = \frac{k_{cx}d_p}{D_{AB}} = 2 + 0.37Re^{0.61}Sc^{0.51} \quad (1 \leqslant Re \leqslant 200, 0.5 \leqslant Sc \leqslant 2) \quad (8\text{-}48)$$

式(8-48)与 Woo-Hamielec 数值解的比较情况也示于图 8-8。

8.3.3 塔内球形颗粒与流体间的传质

颗粒与液体间的传质　单相流体流经固定床或流化床并与颗粒进行相间传质的情况非常重要。Willson 和 Geankoplis 用苯甲酸颗粒作填料，在固定床内测定了苯甲酸在低速流体中的传质系数，并定义了一个**流动状态参数**（$Re''' = G'd_p/\mu$）对实验数据进行了关联，获得如下传质系数关联式。

当 $0.0016 < Re''' < 55$，$165 < Sc < 70600$ 以及 $0.35 < \varepsilon < 0.75$ 时，

$$j_D = \frac{1.09}{\varepsilon Re'''} \tag{8-49}$$

当 $55 < Re''' < 1500$，$165 < Sc < 10690$ 时，

$$j_D = \frac{0.25}{\varepsilon Re'''^{0.31}} \tag{8-50}$$

式中，d_p 为颗粒直径；$Re''' = G'd_p/\mu$，其中 G' 为流体空塔质量流率；ε 为颗粒床层的空隙率。

8.4　平壁、滴泡和液膜与流体的相间传质

当流体流经平面液体、滴泡或挥发性固体表面并与之进行传质时，其传质系数往往要分别加以讨论。在这方面，前人已进行了极为详尽的研究，获得了大量的实验数据，并归纳了一些经验方程。下面分别加以介绍。

8.4.1 平壁/流体的相间传质

当一股气体流经具有一定挥发性的液体表面或者流过可升华的固体平壁时，将会发生相际传质。通过测定层流和湍流传质数据，发现如下规律。

① 当边界层为层流，即 $Re_L < 8000$ 时，平均对流传质系数符合下式：

$$Sh_m = \frac{k^\circ_{cm} L}{D_{AB}} = 0.664 Re^{1/2} Sc^{1/3} \quad 或 \quad j_D = \frac{Sh_m}{Re_L Sc^{1/3}} = 0.664 Re^{-1/2} \tag{8-51a,b}$$

② 当边界层为湍流，即 $Re_L > 5\times10^5$ 时，平均对流传质系数符合下式：

$$Sh_m = \frac{k^\circ_{cm} L}{D_{AB}} = 0.036 Re^{0.8} Sc^{-1/3} \quad 或 \quad j_D = \frac{Sh_m}{Re_L Sc^{1/3}} = 0.036 Re^{-0.2} \tag{8-52a,b}$$

式（5-52）的适用范围是 $0.6 < Sc < 2500$。

当 $0.6 < Pr < 100$ 时，传质 j 因数、传热 j 因数与曳力因数的关系为：

$$j_D = j_H = C_D/2 \tag{8-53}$$

8.4.2 滴泡/流体的相间传质

当流体与滴泡（液滴或气泡）作相对运动并进行相间传质时，流体与滴泡表面之间必然存在摩擦曳力，滴泡前后左右受力分布不均，所受形体曳力显著，使得滴泡与流体之间的传

递有别于两股平面流体之间。滴泡的流动和传质与其表面形状密切相关,而流动状况和系统物性又强烈地影响表面形状,因此滴泡的传质与固体颗粒的传质也不尽相同。对于很小的滴泡,表面张力占主导地位,其形状总是趋于球形,而中等尺寸滴泡的形状会发生变化且十分不稳定。例如,对液滴而言,直径 $d_p \leqslant 1.0\mathrm{mm}$ 的往往为球形,直径为数毫米的则变为椭圆形,更大一些的会呈球缺形且十分不稳定。与液滴相比,气泡的形状要稳定一些,球形气泡直径可达数毫米。

由于滴泡是分散在流体之中的,为分散相,流体则为连续相。滴泡与流体间的传质阻力来自相界面两侧,对于一个具体的滴泡相间传质,通常是某一相的传质阻力占主导地位,相间传质为该相所控制。例如,液滴蒸发到气相或液体被气泡吸收,为连续相控制;而气体被液滴吸收则为分散相控制。

如果流体静止或作层流或爬流流动,滴泡与流体间的传质只有分子扩散;当滴泡直径增加后,由于其密度与流体有别,常常会产生自然对流,传质速度加快,这类传质称为**受迫对流传质**;特别是当流体具有一定流速时,受迫对流传质将占主导地位。下面分别加以讨论。

8.4.2.1 爬流流体中的滴泡传质

前已述及,直径很小的滴、泡通常呈球形,流体绕球形滴泡做爬流运动(Hadamard 流)时,与流体绕固体颗粒的爬流(Stokes 流)类似,运动方程中的惯性力可忽略不计,只需考虑黏性力,可得滴、泡曳力因数表达式:

$$C_D = \frac{2+3(\mu_d/\mu_c)}{1+\mu_d/\mu_c} \times \frac{8}{Re} \tag{8-54}$$

式中 $Re = \rho_c d_p u_0 / \mu_c$,其中 u_0 为远离滴泡处流体速度,d_p 为滴泡直径,μ_c 和 μ_d 分别为连续相和分散相的黏度。

滴泡终端速度为:

$$u_t = \frac{(\rho_d - \rho_c)g d_p^2}{6\mu_c} \left(\frac{1+\mu_d/\mu_c}{2+3\mu_d/\mu_c} \right) \tag{8-55}$$

滴泡表面环流速度为:

$$u_{\theta, r_1} = \frac{1}{1+\mu_d/\mu_c} \times \frac{u_0 \sin\theta}{2} \tag{8-56}$$

气相中的液滴 对于气相中的液滴而言,气相为连续相且液体黏度总是大大高于气体黏度,所以 $\mu_d/\mu_c \gg 1$,液滴的曳力因数、终端速度和表面环流速度可分别由式(8-54)、式(8-55)和式(8-56)简化而得:

$$C_{D,d} = \frac{24}{Re} \tag{8-57}$$

$$u_{t,d} = \frac{(\rho_d - \rho_c)d_p^2 g}{18\mu_c} \tag{8-58}$$

$$u_{\theta, r_1, d} = 0 \tag{8-59}$$

由此可见,气相中液滴的曳力因数和终端速度与 Stokes 流中的固体颗粒完全一致,且液滴表面也不存在环流流动。爬流状态的液滴与气相间的传质系数符合式(8-42)。

液相中的气泡 对于液相中的气泡而言，液相为连续相，$\mu_d/\mu_c \gg 1$，气泡的曳力因数、终端速度和表面环流速度可分别简化为：

$$C_{D,b} = \frac{16}{Re} = \frac{2}{3}C_{D,d} \tag{8-60}$$

$$u_{t,g} = \frac{(\rho_d - \rho_c)d_p^2 g}{12\mu_c} = \frac{3}{2}u_{t,d} \tag{8-61}$$

$$u_{\theta,r_1,b} = \frac{u_0}{2}\sin\theta \tag{8-62}$$

爬流状态的气泡与液相间的传质系数也符合式（8-42）。

8.4.2.2 伴有蒸发或冷凝的液滴

在某些场合，如喷雾燃烧或油气冷凝过程中，液滴表面伴有液体的蒸发或冷凝，液滴与周围气相间存在高通量质量传递，这导致其曳力因数和传质系数均有别于普通液滴。如前所述，气相中液滴的行为等同于固体颗粒，所以伴随着蒸发或冷凝的液滴可被近似看成具有高传质通量的颗粒来加以研究。Chuchottaworn 等用数值法探讨了高传质通量对球形固体颗粒曳力因数的影响，并将其推广到液滴，获得如下曳力因数关联式：

$$\frac{C_D}{C_{D0}} = \frac{1}{(1+B_M)^m} \tag{8-63}$$

$$B_M = \frac{u_{yw}}{u_0} \times \frac{ReSc}{Sh}, \quad m = 0.19Sc^{-0.74}(1+B_M)^{-0.29} \tag{8-64a,b}$$

式中，B_M 为传质传递数；C_{D0} 为喷出参数为零的液滴表面曳力因数，表达式为：

$$C_{D0} = 24(1+0.125Re^{0.72})/Re \quad (Re \leqslant 10^3) \tag{8-65}$$

将数值法用于液滴传质过程，得传质系数关联式为：

$$\frac{Sh}{Sh_0} = \frac{1}{0.3+0.7(1+B_M)^{0.88}} \quad (Re \leqslant 10^3) \tag{8-66}$$

式中，Sh_0 为喷出参数为零的液滴表面传质系数，表达式为：

$$Sh_0 = 2.0 + 0.6Sc^{1/3}Re^{1/2} \quad (Re \leqslant 10^3) \tag{8-67}$$

【例 8-2】 一直径为 1.0mm，温度为 20℃ 的水滴在 44℃ 干空气中以初始速度 3.0m/s 下落，在下落过程中水滴表面的水分将蒸发进入空气，直径逐渐减小，求该水滴的蒸发速度。

【解】 水的物性数据为：$p_{313.15} = 5.72\text{kPa}$，$D_{AB} = 2.4\times10^{-5}\text{m}^2/\text{s}$，$\rho_p = 1000\text{kg}/\text{m}^3$

空气的物性数据为：$\rho_f = 1.15\text{kg}/\text{m}^3$，$\mu_f = 1.98\times10^{-5}\text{Pa}\cdot\text{s}$

水滴的终端速度：

$$u_t = \left[\frac{4(\rho_p - \rho_f)d_p g}{3\rho_f C_D}\right]^{1/2} = \left[\frac{4\times(1000-1.15)\times0.001\times9.8}{3\times1.15 C_D}\right]^{1/2}$$

其中，曳力因数表达式为：

$$C_D = \frac{24(1+0.125Re^{0.72})}{Re}$$

通过上述两式，用试差法获得水滴终端速度为：$u_t = 3.87\text{m/s}$，

$$Re = \frac{\rho_f d_p u_t}{\mu_f} = \frac{1.15 \times 0.001 \times 3.87}{1.98 \times 10^{-5}} = 225$$

$$C_D = 0.75$$

$$\omega_{Aw} = \frac{5.72 \times 18}{(101.325-5.72) \times 29 + 5.72 \times 18} = 0.0358, \quad \omega_{A0} = 0$$

$$Sc = \frac{1.98 \times 10^{-5}}{1.15 \times 2.40 \times 10^{-5}} = 0.72$$

考虑喷出参数的影响，传质系数表达式为

$$\frac{Sh}{Sh_0} = [0.3 + 0.7(1+B_M)^{0.88}]^{-1}$$

式中，$Sh_0 = 2.0 + 0.6 Sc^{1/3} Re^{1/2} = 2.0 + 0.6 \times 0.72^{1/3} \times 225^{1/2} = 10.07$

$$B_M = \frac{\omega_{Aw}}{1-\omega_{Aw}} = \frac{0.0358}{1-0.0358} = 0.0371$$

则 $Sh = 10.07 \times [0.3 + 0.7 \times (1+0.0371)^{0.88}]^{-1} = 9.84$

表面蒸发传质通量：

$$N_A = 9.84 \times 1.15 \times 2.4 \times 10^{-5} \times \frac{0.0358}{0.001} = 0.01 [\text{kg}/(\text{m}^2 \cdot \text{s})]$$

单个液滴蒸发速度 $= 0.01 \times 3.14 \times 10^{-6} = 3.14 \times 10^{-8}$ (kg/s)

8.4.2.3 伴有气体吸收的液滴

当形成雾状的液滴在气相中运动，且气体分子易溶于该液体时，作为连续相的气相传质阻力可忽略不计，只考虑液滴内部传质行为。如二氧化碳被水雾吸收，传质由分散相控制，$\mu_d \mu_c \gg 1$，液滴可视作气相固体颗粒，分散相（液滴，半径为 r_i）传质微分方程为：

$$\frac{\partial C_A}{\partial \theta'} = \frac{D_{AB}}{r^2} \times \frac{\partial}{\partial r}\left(r^2 \frac{\partial C_A}{\partial r}\right) \quad (8\text{-}68)$$

初始条件和边界条件为：

$$\begin{cases} \theta' = 0, & C_A = C_{A0} \\ r = r_i, & C_A = C_{Aw} \end{cases} \quad (8\text{-}69)$$

相关专著给出了上述偏微分方程分析解的详细求解过程，其结果为：

$$C_A^+ = 1 + \frac{2r_i}{\pi r} \sum_{n=1}^{\infty} \frac{(-1)^n}{n} \sin(n\pi r/r_i) \exp(-D_{AB} n^2 \pi^2 \theta'/r_i^2) \quad (8\text{-}70)$$

上式为气体分子 A 在液滴内的浓度分布方程，积分该式可得组分 A 平均浓度：

$$C_{Am}^+ = \int_0^R \frac{4\pi r^2 C_A^+}{4\pi r_i^3/3} dr = 1 - \frac{6}{\pi^2} \sum_{n=1}^{\infty} \frac{1}{n^2} \exp(-D_{AB} n^2 \pi^2 \theta'/r_i^2) \quad (8\text{-}71)$$

在时间间隔 θ'_c 内，组分 A 的平均传质通量为：

$$N_{Am} = \frac{D_{AB}}{6\theta'_c}(C_{Aw} - C_{A0})\left[1 - \frac{6}{\pi^2}\sum_{n=1}^{\infty}\frac{1}{n^2}\exp(-D_{AB}n^2\pi^2\theta'_c/r_i^2)\right] \quad (8\text{-}72)$$

根据传质系数定义式，可得无量纲平均传质系数表达式为：

$$Sh_d = \frac{3D_{AB}\theta'_c}{2r_i^2}\left[1 - \frac{6}{\pi^2}\sum_{n=1}^{\infty}\frac{1}{n^2}\exp(-D_{AB}n^2\pi^2\theta'_c/r_i^2)\right] \quad (8\text{-}73)$$

图 8-9 示出了二氧化碳被水雾吸收的传质系数实测值与式（8-73）计算值的对比情况。从图中可以看出，计算值与实测值的平均误差小于 30%。

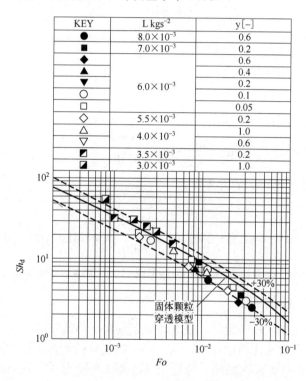

图 8-9 CO_2 被水雾吸收的传质系数实测值与计算值的比较

8.4.2.4 滴泡传质关联式

上述有关滴泡传质的讨论均是局限于流体速度较小的情况，当流体速度较大（$Re \geqslant 1000$）时，体系不能视作 Hadamard 流或 Stokes 流，相应的传质微分方程将非常复杂，无法获得解析解，通常用经验关联式来描述传质系数。一般滴泡的传质可视为分子扩散和对流扩散两部分贡献之和，由 Sh 表示的传质系数关联式为：

$$Sh = \frac{k_c^o d_p}{D_{AB}}Sh_D + BRe^n Sc^m \quad (8\text{-}74)$$

式中，Sh_D 为分子扩散的贡献；n 和 m 为待定参数，由实验数据回归得到。

当流体静止或流速很小时，可从理论上导出 Sh_D 值为 2.0。Garner 等通过实验，获得了流体为液体的传质系数模型，即 Garner-Sackling 方程：

第 8 章 相间传质

$$Sh = 2.0 + 0.95Re^{1/2}Sc^{1/3} \tag{8-75}$$

式（8-75）的适用范围：$100 \leqslant Re \leqslant 700$，$1200 \leqslant Sc \leqslant 1525$。

Froessling 关联了流体为气体的传质系数实验数据，获得的传质系数模型为：

$$Sh = 2.0 + 0.552Re^{1/2}Sc^{1/3} \tag{8-76}$$

式（8-76）最初在 $2 \leqslant Re \leqslant 800$ 的范围内获得，后经 Evnochides 等通过更多实验数据验证，将其适用范围扩大为：$1500 \leqslant Re \leqslant 12000$，$0.6 \leqslant Sc \leqslant 1.85$。

应该指出，式（8-75）和式（8-76）只适用于可忽略自然对流的情况，即 Re 必须满足如下判别式：

$$Re \geqslant 0.4Gr^{1/2}Sc^{-1/6} \tag{8-77a}$$

式中

$$Gr = L^3 g \Delta \rho_A / (\rho \nu^2) \tag{8-77b}$$

若必须考虑自然对流的贡献，可用 Steinberger-Treybal 方程估算传质系数：

$$Sh = 2.0 + 0.569(Gr \cdot Sc)^{1/4} \qquad (Gr \cdot Sc < 10^8) \tag{8-78a}$$

$$Sh = 2.0 + 0.0254(Gr \cdot Sc)^{1/3}Sc^{0.244} \qquad (Gr \cdot Sc > 10^8) \tag{8-78b}$$

上式适用范围：$1 \leqslant Re \leqslant 3 \times 10^4$，$0.6 \leqslant Sc \leqslant 3200$。

下面通过一个例子来说明上述公式的应用情况。

【**例 8-3**】 一直径为 0.5mm，温度为 20℃的水滴在 40℃的干空气中下落，在下落过程中水滴表面的水分将蒸发进入空气，直径逐渐减小，求该水滴下落多长距离时体积减少 30%。

假设在下落过程中，水滴速度可按平均直径计算。气膜物性参数以 30℃为基准。

【**解**】 一个球形颗粒在流体中下落时，其终端速度为：

$$u_t = \left[\frac{4d_p(\rho_p - \rho)g}{3C_D\rho}\right]^{1/2} \tag{1}$$

水滴平均直径：

$$\bar{d}_p = (d_{p1} + d_{p2})/2 = (d_{p1} + 0.7^{1/3}d_{p1})/2 = (0.5 + 0.888 \times 0.5)/2 = 0.472(\text{mm})$$

293K 时，水滴密度 $\rho_p = 998.2 \text{kg/m}^3$，308K 时空气密度为 1.165kg/m^3，黏度为 $1.91 \times 10^{-5} \text{Pa} \cdot \text{s}$。

将上述参数代入式（1）可得水滴末端速度 u_t 为：

$$u_t = [4 \times 4.72 \times 10^{-4} \times (998.2 - 1.165) \times 9.8 / (3 \times 1.165 C_D)]^{1/2} \tag{2}$$

通过试差得 u_t 为 1.93m/s，Re=55.5。

在选择合适的公式计算传质速率之前，须判断自然对流的贡献是否可被忽略，为此，先计算 Gr、Sc 和 Re 之值。

$$Gr = \frac{\bar{d}_p^3 \rho g \Delta\rho_A}{\mu^2} = \frac{(4.72 \times 10^{-4})^3 \times 1.165 \times 9.8 \times 0.0270}{(1.91 \times 10^{-5})^2} = 0.089$$

$$Sc = \frac{\mu}{\rho D_{AB}} = \frac{1.91 \times 10^{-5}}{1.165 \times 0.273 \times 10^{-4}} = 0.60$$

$$0.4Gr^{1/2}Sc^{-1/6} < Re$$

由此可见，可以忽略自然对流的影响，可用式（8-76）估算传质系数：

$$k_c \bar{d}_p / D_{AB} = 2.0 + 0.552 Re^{1/2} Sc^{1/3}$$

$$k_c = (D_{AB} / \bar{d}_p) \times (2.0 + 0.552 \times 55.5^{1/2} \times 0.6^{1/2}) = 0.30 (\text{m/s})$$

水滴蒸发的平均速度为 Q_A

$$Q_A = N_A A = 4\pi r^2 k_c (C_{Aw} - C_{A0})$$

式中，$C_{A0} \approx 0$，C_{Aw} 由 20℃水的饱和蒸气压求出，为

$$C_{Aw} = \frac{p_A}{RT} = \frac{17.48}{0.082 \times 293 \times 760} = 0.957 (\text{mol/m}^3)$$

$$Q_A = 8.85 \times 10^{-7} \text{mol/s} = 1.594 \times 10^{-8} \text{kg/s}$$

蒸发的水量为：

$$m = \rho(V_{t0} - V_{t1}) = 0.7 \rho V_{t0} = 4\pi r_0^3 \rho / 3 = 4\pi \times 0.25^3 \times 998.2 / 3 = 0.65 \times 10^{-7} (\text{kg})$$

所需时间为：

$$\theta' = \frac{m}{Q_A} = \frac{0.65 \times 10^{-7}}{1.594 \times 10^{-8}} = 4.08(\text{s})$$

下落距离为：

$$L = u_t \theta' = 1.93 \times 4.08 = 7.87 (\text{m})$$

8.4.3 液膜/气体的相间传质

湿壁塔内的气液传质 因湿壁塔具有界面面积确定的特点，常被用于传质系数的实验测试。湿壁塔为一根垂直圆管，液体沿塔内壁成膜状向下流动，气体则从塔底进入并向上流动。在此过程中，气、液两相接触并传质，或为液体蒸发至气流，或为气体溶解至液膜，虽均为相间传质，但其传质模型明显不同，分别简述如下。

8.4.3.1 液体蒸发至气膜

液体蒸发至气膜的相间传质由气膜控制。Gilliland 和 Sherwood 针对九种不同液体蒸发至空气气流的传质行为进行了系统研究，测定了湍流气膜与液相之间的传质系数，获得气膜传质系数 k_c 关联式为：

$$\frac{k_c D}{D_{AB}} \times \frac{p_{Bm}}{P} = 0.023 Re^{0.83} Sc^{0.44} \tag{8-79}$$

式中，D 为塔内径；p_{Bm} 为气流中组分 B 的对数平均分压；P 为总压；Sc 和 Re 为气膜参数。上式适用范围：$2000 < Re < 35000$，$0.6 < Sc < 2.5$。

8.4.3.2 气体被液膜吸收

气体溶解在液膜中的相间传质过程为液膜控制。对于下降液膜吸收气体 A 的相间传质，Viviia 和 Peaceman 给出液膜传质系数 k_L 关联式为：

$$\frac{k_L z}{D_{AB}} = 0.433 Sc^{1/2} \left(\frac{\rho^2 g z^3}{\mu^2} \right)^{1/6} Re_L^{0.4} \tag{8-80}$$

式中，z 为接触长度；ρ 和 μ 分别为液体 B 的密度和黏度；Sc 为液膜参数；Re_L 为液体流动雷诺数，即 $Re_L = 4\Gamma / \mu$，其中 Γ 是单位润湿周长的液体质量流速。

【例8-4】 在温度为298K、压力为1013 kPa、内径为0.06m的湿壁塔内,溶有二氧化碳的水溶液自上而下流动着,空气以0.8m/s的速度自下而上地通过该塔,以便使水中二氧化碳解吸出来。在塔内某一点处,二氧化碳在气液两相中的摩尔分数分别为0.01和0.05,已知该条件下的Henry常数为1.66×10^5kPa/Δx,试求该点处的气相传质系数和传质通量。

【解】 由于塔内气相主要成分为空气,所以下面的计算将用空气的物性代表气相。

空气的物性参数为:$\mu_B = 1.8\times10^{-5}$ N·s/m^2,$\rho_B = 1.29$kg/m^3。CO_2在273K、101.3 kPa条件下的空气中的扩散系数为:$D_{AB} = 1.6\times10^{-6}$ m^2/s。

$$Re = \frac{du_0\rho}{\mu} = 0.06\times0.8\times1.29/1.8\times10^{-5} = 3440$$

$$Sc = \frac{\mu}{\rho D_{AB}} = \frac{1.8\times10^{-5}}{1.29\times1.6\times10^{-6}} = 8.7$$

由式(8-79)可以计算气相传质膜系数:$\dfrac{k_G d}{D_{AB}}\times\dfrac{p_{Bm}}{P} = 0.023 Re^{0.83} Sc^{0.44}$ (1)

式中,气膜中组分B的对数平均分压计算如下:

界面处 $p_{Ai} = 830.0$kPa, $p_{Bi} = 183$kPa

主体中 $p_{AG} = 10.13$kPa, $p_{BG} = 9.9$kPa

$$p_{Bm} = \frac{911.7 - 183}{\ln(911.7/183)} = 453.8 \text{(kPa)}$$

代入式(1)有:$k_G = 0.023\times\dfrac{1.6\times10^{-6}}{0.06}\times\dfrac{1013}{453.8}\times3440^{0.83}\times 8.7^{0.44} = 1.11\times10^{-3}$(m/s)

传质通量为:$N_A = k_G(p_{Ai} - p_{AG}) = 1.11\times10^{-3}\times(830.0 - 10.13) = 0.9097$[mol/(m^2·s)]

8.5 伴有化学反应的相间传质

在许多非均相反应中都存在相间传质问题。首先,反应物需克服传质阻力经扩散到达能量较高的相界面(易于反应的区域,如催化剂活性中心),进行化学键重组并生成产物;随后,产物还需从相界面扩散至主体,以便反应能持续稳定地进行下去。例如,合成氯乙烯时,在Ag/C催化剂表面发生的气固相催化反应,就属于这种情况。在乙炔和氯化氢气体分子接触催化剂之前,反应速率极低,一旦它们扩散至催化剂活性中心,反应速率迅速增加,所得产物经分子扩散离开活性中心,反应得以持续进行。通常,反应速率和传质速度共同影响着整个过程。但当本征反应速率很快时,反应物和产物的扩散将是整个过程的控制步骤;而当扩散速度较快、反应速率很慢时,则为反应控制。

如果反应体系为均相或拟均相(即反应和扩散在同一区域内同时进行),且反应物或产物与另一相有关,则需联立求解扩散方程和反应动力学方程,才能获得反应区域内的浓度分布。例如,对苯二甲酸与乙二醇酯化并缩聚为PET的过程,随着生成的水和过量的乙二醇及小分子副产物从反应体系中移出进入气相,PET分子量才会不断地增大,反应才会逐步完成，达到预期的分子量。显然，该反应为均相，反应和扩散同时、同区域进行，且反应物与产物均涉及气相，反应速率及聚合物分子量都与扩散速度有关，不能分别处理反应和扩散问题，必须同时加以考虑。另一方面，在有些相间传质过程中（如气液吸收），若气相组分 A 能与液相组分 B 发生化学反应，则组分 A 的相间传质速度将会大大提高。

本节将介绍几种典型的伴有化学反应的相间传质体系。

8.5.1 化学反应对气体吸收的影响

考察一个简单例子，气体 A 通过一个全混式反应釜，釜内液体能与 A 发生一级不可逆反应，反应速度常数为 k_I，釜内液体体积为 V，体积流量为 V'，设组分 A 在釜内各点浓度（C_A）相等，并等于出口浓度，则在稳态下，由物料衡算得：

$$k_L aV(C_{Ai} - C_A) = V'C_A + Vk_I C_A \tag{8-81}$$

式中，C_{Ai} 为组分 A 的界面浓度；a 为界面面积；k_L 为液相传质系数。

为了便于讨论，分别定义液体停留时间 τ、反应因子 ϕ 及相对溶解速率 r 如下。

液体停留时间 τ：液体在釜内的持液量与其体积流率之比，即

$$\tau = V / V' \tag{8-82}$$

反应因子 ϕ：伴有反应的传质系数 k_L 与无反应的传质系数 k_L^0 之比，即

$$\phi = k_L / k_L^0 \tag{8-83}$$

相对溶解速率 r：伴有化学反应的总溶解速率与无化学反应的溶解速率之比，即

$$r = k_L aV(C_{Ai} - C_A) / (V' C_{Ai}) \tag{8-84}$$

求解式（8-81）可得 C_{Ai}，将 C_{Ai} 代入式（8-84）可得：

$$r = \frac{k_L^0 a\tau\phi(1 + k_I\tau)}{1 + k_I\tau + k_L^0 a\tau\phi} \tag{8-85}$$

若用 r 的倒数形式表达，则有：

$$r^{-1} = (k_L^0 a\tau\phi)^{-1} + (1 + k_I\tau)^{-1} \tag{8-86}$$

r^{-1} 可视为总传质阻力，由式（8-86）可知：总传质阻力可分解为传质阻力与反应阻力之和。当界面传质速度很快，即 k_L^0 很大时，总阻力由反应速率决定；而当反应速率很快时，物理溶解速率将决定总阻力。图 8-10 示出了一级反应速率常数 k_I 在 14 个数量级范围内变化时，相对溶解速率的变化情况。图中共有三条曲线，其中 A 和 B 的总相界面积（a 与 V' 之积）相同。

由曲线 A 和 B 可以看出，反应速度常数 k_I 对 r 的影响规律呈现以下特征：

① 当 $k_I < 10^{-3} \text{s}^{-1}$ 时，$r=1.0$，反应的影响可忽略。
② 当 $10^{-3} < k_I < 10^{-1}$ 时，r 随 k_I 的增加明显增大。
③ 当 $10^{-1} < k_I < 10$ 时，反应速率的影响基本平稳，变化较小。
④ $k_I > 10$ 时，r 随 k_I 增加又迅速增大。
⑤ 当总相界面积 aV' 恒定时，相对溶解因子并非随体积的增加而呈正比例地增加，甚至当 $k_I > 1$ 时，体积增加时 r 仍保持不变。

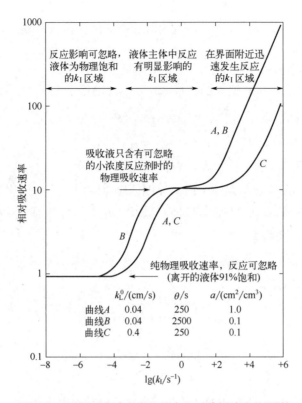

图 8-10　一级反应速率常数的变化对溶解速率的影响

8.5.2　伴有一级化学反应的相间传质

考虑组分 A 在气液相间的一维扩散，当液相伴有化学反应时，组分 A 的传质微分方程为：

$$\frac{\partial C_A}{\partial \theta} + u\frac{\partial C_A}{\partial \theta} - \dot{R}_A = D_A \frac{\partial^2 C_A}{\partial y^2} \tag{8-87}$$

式中，$\dot{R}_A$ 表示单位体积流体中组分 A 的摩尔生成速率；D_A 为组分 A 的扩散系数。根据不同反应机理和相际传质理论，式（8-87）具有不同的表达形式。下面将针对一级反应机理，分别给出基于双膜理论、溶质渗透模型及表面更新模型的传质微分方程，以及依此导出的反应因子表达式。

8.5.2.1　基于双膜理论

依双膜理论可知，界面两侧的传质为稳态，若液相一侧同时发生一级不可逆反应，则传质微分方程和边界条件为：

$$D_A \frac{\partial^2 C_A}{\partial y^2} = k_I C_A \tag{8-88}$$

$$\begin{cases} y = 0, \ C = C_{Ai} \\ y = \delta_L, \ C = 0 \end{cases} \tag{8-89}$$

求解式（8-88）所示偏微分方程，并根据反应因子定义，可得：

$$\phi = k_L / k_L^0 = a_I \delta_L \coth(a_I \delta_L) \tag{8-90}$$

式中，$a_1 = (k_I/D_A)^{1/2}$；$k_L^0 = D_A/\delta_L$，为纯物理吸收的液相传质系数；δ_L 为液膜厚度。

由式（8-90）可知：

① 当反应速率极慢，k_I 可近似为零时，ϕ 趋近于 1.0；

② 当反应速率较快，$a_1\delta_L$ 值 > 2.6 时，$\coth(a_1\delta_L)$ 趋近于 1.0，式（8-90）简化为：

$$\phi \approx (k_I/D_A)^{1/2}\delta_L \tag{8-91}$$

由式（8-83）和式（8-91）可得：

$$k_L = \phi k_L^0 = (k_I D_A)^{1/2} \tag{8-92}$$

由式（8-92）可知，当反应速率足够大时，界面传质速度与 δ_L 无关，其物理意义为：组分 A 由气相进入液相，并在到达 δ_L 之前已全部转化为产物。

8.5.2.2 基于溶质渗透模型

由 Higbie 溶质渗透模型可知，溶质 A 进入液相为一非稳态扩散过程，液相存在一级反应时，微分方程和边界条件为：

$$D_A \frac{\partial^2 C_A}{\partial y^2} = \frac{\partial C_A}{\partial \theta} + k_I C_A \tag{8-93}$$

$$\begin{cases} y = 0, \ C_A = C_{Ai} \\ y \to \infty, \ C_A = 0 \end{cases} \tag{8-94}$$

Dankwerts 运用 Laplace 变换求解该方程，并获得 θ 时间内液相总传质通量，进而得到平均传质系数为：

$$k_L = (D_A k_I)^{\frac{1}{2}}\left[\left(1+\frac{1}{2k_I\theta}\right)\mathrm{erf}(k_I\theta)^{\frac{1}{2}} + \frac{\mathrm{e}^{-k_I\theta}}{\sqrt{\pi k_I\theta}}\right] \tag{8-95}$$

由式（8-95）可以看出：

① 当 $k_I\theta$ 很小时，平均传质系数表达式可简化为：

$$k_L = \left(\frac{4D_A}{\pi\theta}\right)^{\frac{1}{2}}\left(1 + \frac{k_I\theta}{3} - \frac{(k_I\theta)^2}{30} + \frac{(k_I\theta)^3}{210} + \cdots\right) \tag{8-96}$$

很显然，当 $k_I\theta = 0$ 时，即无化学反应发生时，平均传质系数表达式就简化为纯物理吸收传质系数，即

$$k_L = k_L^0 = 2\left(\frac{D_A}{\pi\theta}\right)^{\frac{1}{2}} \tag{8-97}$$

② 当 $k_I\theta$ 较大时，平均传质系数表达式可简化为：

$$k_L = (D_A k_I)^{\frac{1}{2}}\left[1 + \frac{1}{2k_I\theta} - \frac{\mathrm{e}^{-k_I\theta}}{2\pi k_I\theta}\left(1 - \frac{3}{k_I\theta} + \cdots\right)\right] \tag{8-98}$$

③ 通过计算发现，当 $k_I\theta > 2$ 时，上式的第三项可以忽略不计，即：

$$k_L = (D_A k_I)^{\frac{1}{2}}\left(1 + \frac{1}{2k_I\theta}\right) \tag{8-99}$$

由式（8-99）可知，当 $k_1\theta$ 足够大时，平均传质系数趋近其最小值，即：

$$k_L^* = (D_A k_1)^{1/2} \tag{8-100}$$

式（8-100）的物理意义：当反应速率足够大，溶质向液层深处渗透足够长时间后，将自行消失，扩散速率正好等于反应总速率，液体表面传质速率不再下降，达到其最小值。

图 8-11 分别用虚线和实线，示出了纯物理吸收和伴有一级不可逆反应吸收的液相浓度 C_A 瞬时分布曲线。

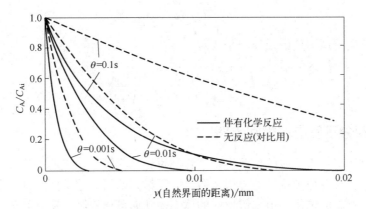

图 8-11　纯物理吸收和伴有一级反应吸收的液相浓度 C_A 分布曲线

由图 8-11 可知，伴随化学反应的吸收与纯物理吸收相比，其同一位置（包括液相界面附近）的 C_A 明显降低，传质速率也明显增加。随着扩散的进行（即扩散时间 θ 不断增大），其浓度分布曲线逐渐趋于指数函数。特别是当 $k_1\theta > 2$ 时，浓度分布曲线趋于稳定，在该曲线上，对于每一个 y，扩散和反应同步，即该点处扩散速率等于从该点到液体深处的反应总速率：

$$-D_A \left(\frac{\partial C_A}{\partial y}\right)_y = \int_y^\infty k_1 C_A \, \mathrm{d}y \tag{8-101}$$

此后，组分 A 的传质速率不再下降，k_L 将依式（8-100）达到最小值 k_L^*。

8.5.2.3　基于表面更新模型

Danckwerts 的表面更新模型认为，流体微元在界面暴露时间不相等，并提出了相应的年龄分布函数，由此可获得平均传质通量为：

$$N_A = (D_A s)^{1/2} \times \left.\frac{\mathrm{d}C_A^*}{\mathrm{d}y}\right|_{y=0} \tag{8-102}$$

$$C_A^* = s\int_0^\infty \mathrm{e}^{-s\theta} C_A(y,\theta) \mathrm{d}\theta \tag{8-103}$$

$$s = (k_L^0)^2 / D_A \tag{8-104}$$

其中，$C_A(y,\theta)$ 是位置和时间的函数，应符合如下传质微分方程：

$$D_A \frac{\partial^2 C_A}{\partial y^2} = \frac{\partial C_A}{\partial \theta} + k_1 C_A \tag{8-105}$$

$$\begin{cases} y = 0, \ C_A = C_{Ai} \\ y \to \infty, \ C_A = 0 \end{cases} \tag{8-106}$$

通过 Laplace 变换，求解上述方程，并获得传质通量表达式为：

$$N_A = C_{Ai}\sqrt{D_A(k_I + s)} \tag{8-107}$$

平均传质系数 k_L 为：

$$k_L = [D_A(k_I + s)]^{\frac{1}{2}} \tag{8-108}$$

由此可得基于表面更新理论的反应因子 ϕ 为：

$$\phi = \frac{k_L}{k_L^0} = \left(1 + \frac{k_I}{s}\right)^{\frac{1}{2}} = \left[1 + \frac{D_{AB}k_I}{(k_L^0)^2}\right]^{\frac{1}{2}} \tag{8-109}$$

8.5.3 伴有双分子反应的相间传质

上一小节对伴有一级反应的传质进行了详细讨论。实际上，工业中许多重要实例属于双分子反应，而求解含双分子反应的传质偏微分方程组，除了某些特例之外，至今仍然十分困难。所谓特例，就是能转化为拟一级反应的体系，从而可借用上节所获结果。

一般的，双分子反应可用下式表达：

$$A + \nu B \longrightarrow C \tag{8-110}$$

式中，A 为气相中某一成分。

设组分 A 溶于液相并与液相非挥发性组分 B 发生双分子二级反应，反应速度常数为 k_{II}，则组分 A 的生成速率为：

$$R_A = -k_{II} C_A C_B \tag{8-111}$$

描述液相各组分浓度变化的传质微分方程组为：

$$D_A \frac{\partial^2 C_A}{\partial y^2} = \frac{\partial C_A}{\partial \theta} - \dot{R}_A \quad , \quad D_B \frac{\partial^2 C_B}{\partial y^2} = \frac{\partial C_B}{\partial \theta} - \dot{R}_B \tag{8-112a,b}$$

式中，D_A、D_B 分别为 A、B 的扩散系数；$\dot{R}_A$、$\dot{R}_B$ 分别为 A、B 的生成速率，由下式表达：

$$\dot{R}_A = -k_{II} C_A C_B \quad , \quad \dot{R}_B = -k_{II} \nu C_A C_B \tag{8-113a,b}$$

式（8-112）为二阶非线性偏微分方程组，至今仍无通解。只在某些特殊情况下才有解析解。图 8-12 示出了几种特殊情况下液相一侧的浓度分布示意图。其中，图 8-12（a）表示纯物理吸收，后三种为伴有双分子反应的特殊体系，下面分别加以讨论。

（1）伴有慢反应的吸收体系

如图 8-12（b）所示，当液相初始浓度（或主体浓度）大大高于组分 A 的界面浓度（$C_{B,0} \gg C_{A,i}$）且反应速率较慢时，组分 B 在反应过程中浓度变化很小，可视为常数，即 $k_{II} C_{B0}$ 为常数，式（8-112）便简化为二阶线性偏微分方程组，其解与式（8-88）相似，并且当 $k_{II} C_{B0}$ 足够大时，液相传质系数为：

$$k_{L,A} = (D_A k_{II} C_{B0} \theta)^{1/2} \tag{8-114}$$

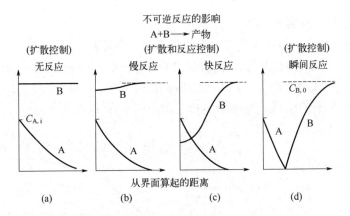

图 8-12 几种特殊情况下吸收液体界面的瞬时浓度分布示意图

(2) 伴有瞬间反应的吸收体系

如图 8-12（d）所示，当反应速率常数 k_{II} 很大，即 A 和 B 一接触便迅速反应完全时，可认为液相任一点 $C_A C_B$ 之积趋于零。具体而言，在界面附近，C_A 为有限值，C_B 趋于零；而在液相深处，C_B 趋近于 $C_{B,0}$，C_A 趋于零。在液相会形成一个清晰的移动反应面，该反应面位置与时间的关系为：

$$y^* = (a\theta)^{\frac{1}{2}} \tag{8-115}$$

式中，y^* 为反应面与界面间的距离。

C_A 和 C_B 可通过分别求解不包括反应项的非稳态传质微分方程获得，如下：

$$C_A = A_1 + A_2 \mathrm{erf} \frac{y}{2\sqrt{D_A \theta}} \qquad (0 \leqslant y \leqslant y^*) \tag{8-116}$$

$$C_B = B_1 + B_2 \mathrm{erf} \frac{y}{2\sqrt{D_B \theta}} \qquad (y^* \leqslant y < \infty) \tag{8-117}$$

当 $D_A = D_B$ 时，可导出组分 A 的传质系数 $k_{L,A}$ 表达式：

$$k_{L,A} = \left(1 + \frac{C_{B,0}}{\nu C_{A,i}}\right)\left(\frac{4D_A}{\pi\theta}\right)^{0.5} \tag{8-118}$$

从式（8-118）可以看出，$(C_{B,0}/C_{A,i})$ 之比值愈大，传质系数也愈大。根据溶质渗透理论，式（8-118）又可写成：

$$k_{L,A} = \left(1 + \frac{C_{B,0}}{\nu C_{A,i}}\right) k_{L,A}^0 \tag{8-119}$$

界面的吸收速率 N_A 表达式为：

$$N_A = k_{L,A} C_{A,i} = k_{L,A}^0 \left(C_{A,i} + \frac{C_{B,0}}{\nu}\right) \tag{8-120}$$

由式（8-120）可知，与纯物理吸收或伴有一级化学反应吸收不同，伴有双分子反应的吸收速率不再正比于组分 A 的界面浓度 $C_{A,i}$。即使 $C_{A,i}$ 很低，只要 $C_{B,0}$ 足够大，吸收速率 N_A 也会较大。显然，$C_{B,0}/C_{A,i}$ 值是影响传质系数的一个重要参数，该结论将用于下面的讨论。

（3）伴有较快反应的吸收体系

如图8-12（c）所示。该化学吸收过程的特点是：参数 $k_{\mathrm{II}}C_{B0}\theta$、$\xi = C_{B,0}D_B/(\nu C_{A,i}D_A)$ 均为有限值，所对应的非线性微分方程组（8-112）无分析解。Perry 和 Pigford 首先运用数值法对此进行了研究，并针对参数 ξ 变化不大的情况获得了相关结果；随后 Brian 等针对更广泛的情形给出了较为完整的结果，参见图8-13。图中横坐标 M 表达式为：

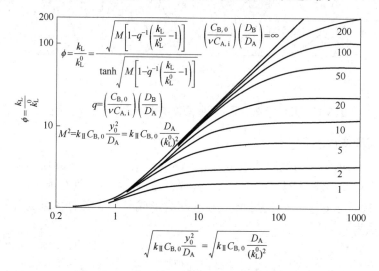

图 8-13 气液界面附近液相双分子反应的反应因子

$$M = \sqrt{k_{\mathrm{II}}C_{B,0}D_A/(k_L^0)^2} \tag{8-121}$$

反应因子 ϕ 与 M 的关系为一隐函数，如式（8-122）所示：

$$\phi = \frac{\sqrt{M[1-(\phi-1)/\xi]}}{\tanh\sqrt{M[1-(\phi-1)/\xi]}} \tag{8-122}$$

由图8-13可见，当参数 ξ 非常大时，双分子反应转变为拟一级反应；当参数 ξ 为一有限值时，反应因子均小于对应横坐标下的拟一级反应，当 M 较大时，曲线趋向水平。

【例8-5】 在人体的血液中溶解的氧气和一氧化碳将与血红蛋白 Hb 进行如下化学反应：

$$O_2 + Hb \xrightarrow{k_1} O_2 \cdot Hb \text{（氧络血红蛋白）}$$

$$CO + Hb \xrightarrow{k_2} CO \cdot Hb$$

已知37℃时 O_2 和 CO 在血液中的溶解度扩散系数及反应常数，参见表8-1。

表 8-1 37℃下 O_2 和 CO 在血液中的物理化学参数

组分	$S \times 10^6/$ [mol/(cm³·atm)]	$D \times 10^7/$ (cm²/s)	$k/$ [L/(mol·s)]	p_i /atm	k_L^0/(cm/s)
O_2（A）	0.940	71	1.8×10^6	0.21	0.1
CO（A）	0.695	150	10	0.01	2.5×10^{-4}
Hb（B）		0.83			

试求:(1)100mL 的血液每秒从大气中吸收的氧气和一氧化碳的体积。已知红细胞的表面积为 $3140cm^2/cm^3$。

(2)正常的人如果每公斤体重吸收 10mL CO,则会中毒,对于 60kg 的人来说,CO 的临界吸收量将在多长时间后到达?

【解】(1)氧气的临界浓度可近似认为如下:

$$C_{A,i}=0.21×0.94×10^{-3}=0.197×10^{-3}(mol/L)$$

血红蛋白的浓度为: $C_{B,0}= 300/16700 =0.018(mol/L)$,由此可计算图 8-13 中的横坐标为:

$$M=\sqrt{\frac{1.8×10^6×0.018×7.1×10^{-6}}{(0.1)^2}}=4.8$$

化学计量参数为:

$$\frac{C_{B,0}}{\nu C_{A,i}}\left(\frac{D_B}{D_A}\right)^{\frac{1}{2}}=\frac{0.018}{0.197×10^{-3}}×\left(\frac{8.3×10^{-8}}{7.1×10^{-6}}\right)^{\frac{1}{2}}=9.88$$

由上述坐标值和参数值查图 8-13 得反应因子 ϕ 为 4.0,O_2 在血液中的传质系数为 $k_L=4.0×0.1= 0.4(cm/s)$。

O_2 的吸收速率为:

$$Q_0 = N_{O_2} × A = 0.4×0.197×10^{-6}×22400×3140×100=5.542×10^{-3}(m^3/s)$$

该结果显然是偏大的,因为上述计算忽略了细胞膜和血管壁等一起的传质阻力,并假设呼吸速度是足够快,以保证肺腔充满空气。

(2)对于 CO 在肺腔血液中的吸收,可进行类似的计算:

$$C_{A,i}=100×10^{-6}×0.695×10^{-3}=0.695×10^{-7}(mol/L)$$

$$M = 3.03, \quad \xi = \frac{C_{B,0}}{\nu C_{A,i}}\left(\frac{D_B}{D_A}\right)^{\frac{1}{2}}=2.7×10^4$$

由于参数值非常大,符合拟一级反应的条件,CO 在血液中的传质系数为:

$$k_L = (k_2 C_{B,0} D_A)^{\frac{1}{2}} =0.3 cm/s$$

CO 的吸收速率 Q 为:

$$Q = N_{CO}×A = 0.3×0.695×10^{-10}×22400×3140×100=0.1467(cm^3/s)$$

对于体重 60kg 的人来说,CO 的临界吸收量将在 1.11h 后到达。

8.6 案例分析——磷脂在肺泡单分子膜上的吸附机理及动力学

案例背景 肺泡表面活性物质(PS)是一种具有表面活性的磷脂-蛋白质混合物,由肺泡 Ⅱ 型上皮细胞分泌释放,经肺液相传递至肺泡表面,再被吸附进入表面相组装成单分子膜。该行为直观上为 PS 在单分子膜上的吸附过程,而实质上由于该膜为固相,**PS 的传递过程可**

视为从液相到固相的相间传质过程。在不同类别的哺乳动物体内，PS 的组成基本一致，磷脂大约占总重的 90%，蛋白质占 10%。PS 具有降低表面张力的作用，能够降低呼吸功，减少呼吸的阻力，使呼吸变得容易。磷脂的主要成分是二棕榈酰磷脂酰胆碱（DPPC）和饱和磷脂酰甘油（DPPG）。DPPC 在压缩的条件下，能有效地降低界面张力，使界面张力接近零，但其在空气-水界面上吸附和铺展的速度太慢，达不到生理需求；而 PG 的特性正好相反，二者往往协同作用。此外，疏水蛋白 SP-B 和 SP-C 也能促使界面吸附和铺展。在生物体中，磷脂和蛋白质的半衰期分别为 5～12h 和 6.5～28h。因而需要不断地补充 PS 组分，研究 PS 在肺泡表面的非稳态吸附过程（相间传质）具有重要的意义。本案例将应用传质理论阐述其吸附机理并建立吸附动力学数学模型。

8.6.1 磷脂在单分子膜上的吸附机理及动力学模型

磷脂吸附是在界面上预先铺展了含 SP-C 的肺泡单分子膜的情况下进行的，磷脂和蛋白质分子已占据了界面上的空位，在吸附初期，磷脂分子扩散到次表面后，不会迅速吸附到界面上。Xue 等认为磷脂的吸附包括扩散和吸附两个步骤：①分泌或注射的磷脂囊泡从体相扩散至次表面，即扩散步骤；②到达次表面的磷脂囊泡与 SP-C 分子相互作用，形成磷脂-蛋白质聚集体，然后 SP-C 将磷脂分子转移至表面铺展，即吸附步骤。如图 8-14 所示。

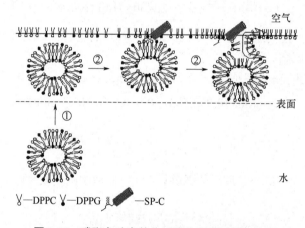

图 8-14　磷脂在肺泡单分子膜上吸附过程示意图

肺泡单分子膜的行为特性中最重要的是表面压（π）。表面压是覆盖表面膜后液体表面张力的降低值，即 $\pi=\gamma_0-\gamma$，气液界面上单分子膜的存在，使亚相的表面张力由 γ_0 降低为 γ。测定表面压随时间的变化过程，即 $\pi\sim\theta$ 曲线，可研究磷脂在肺泡单分子膜上的吸附动力学。图 8-15 示出了单分子膜的典型 $\pi\sim\theta$ 等温线。

根据肺泡单分子膜的 $\pi\sim\theta$ 曲线的变化特征，可将整个吸附过程分为三个阶段：
① 诱导期，曲线起始的低斜率阶段，在 θ_1 时刻结束，对应的表面压为 π_1；
② 快速增长期，曲线斜率迅速增大，在 θ_2 时刻结束，对应的表面压为 π_2；
③ 介平衡期，曲线斜率变得较为平缓。

分别对上述三个阶段的速率控制步骤进行分析，提出假设如下：
① 在诱导期（$0\leqslant\theta\leqslant\theta_1$），体相和次表面间的磷脂的浓度梯度较高，扩散速率很快。与此同时，到达次表面的磷脂囊泡比较少，囊泡和 SP-C 分子之间碰撞的概率很低，形成的磷脂-

蛋白质聚集体数量少,吸附速率很慢。因此,此阶段的吸附过程由吸附步骤控制(第二步控制)。

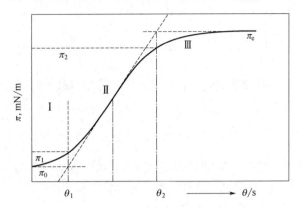

图 8-15 单分子膜的典型 $\pi\sim\theta$ 等温曲线
Ⅰ—诱导区;Ⅱ—快速增长区;Ⅲ—介平衡区

② 在快速增长期（$\theta_1 \leqslant \theta \leqslant \theta_2$）,随着到达次表面的磷脂囊泡数量的增加,囊泡和 SP-C 分子之间碰撞的概率增大,磷脂-蛋白质聚集体数量增加,吸附速率快速增大。同时,磷脂的浓度梯度降低,扩散速率下降。此阶段的扩散速率小于吸附速率,吸附过程由扩散步骤控制（第一步控制）。

③ 在介平衡期（$\theta \geqslant \theta_2$）, $\pi\sim\theta$ 曲线斜率趋于平缓,吸附的速率大大降低,此阶段吸附过程由扩散步骤和吸附步骤共同控制（第一步和第二步共同控制）。

由于每个阶段的吸附机理各不相同,整个阶段的吸附动力学不可能遵循单一的模型。下面将分别建立每个阶段的动力学模型,描述各阶段的表面压与时间的函数关系($\pi\sim\theta$ 曲线)。

诱导期的生长模型 在诱导期（$0 \leqslant \theta \leqslant \theta_1$）,整个吸附过程是由吸附步骤控制的。根据上述吸附机理,吸附步骤可视为磷脂分子以 SP-C 分子为中心在表面铺展,与成核和生长过程相似,其动力学过程可以由生长模型描述。图 8-14 显示了吸附动力学的物理模型。初始时刻,单分子膜中存在一定数量的 SP-C 分子;当囊泡中的磷脂分子与 SP-C 分子相互作用时,SP-C 分子被激活,形成了磷脂-蛋白质聚集体,成为铺展的中心;一旦铺展中心形成,磷脂分子从聚集体转移至表面,进而在空气-水界面上铺展。可见,在磷脂的吸附过程中,形成铺展中心的速率和铺展速率是吸附速率的控制因素。

假设磷脂分子以磷脂-蛋白质聚集体为中心,在空气-水界面上连续铺展,铺展模式是一维或二维,铺展速率各向同性,与时间呈线性关系。对于一维铺展模式,动力学模型为:

$$-\ln(1-f) = \int_0^\theta \nu N_0 F_1 G(\theta-\tau)\exp(-\nu\theta)\mathrm{d}\tau \tag{8-123}$$

式中, G 为线性铺展速率常数;F_1 为一维增长形状因子（磷脂分子铺展的几何特征）。

对于二维铺展模式,则有:

$$-\ln(1-f) = \int_0^\theta \nu N_0 F_2 G^2(\theta-\tau)^2 \exp(-\nu\theta)\mathrm{d}\tau \tag{8-124}$$

式中, F_2 为二维增长的形状因子。

将式（8-123）和式（8-124）分别积分后,得:

$$-\ln(1-f) = \frac{N_0 F_1 G}{\nu}[\nu\theta - 1 + \exp(-\nu\theta)] \tag{8-125}$$

$$-\ln(1-f) = \frac{N_0 F_2 G^2}{\nu^2}[(\nu\theta)^2 - 2\nu\theta + 2 - 2\exp(-\nu\theta)] \tag{8-126}$$

模型的极限解：① 当 $\nu\theta$ 很大时，$\exp(-\nu\theta) = 0$，式（8-125）和式（8-126）简化分别为：

$$-\ln(1-f) = N_0 F_1 G\theta = k_1'\theta \tag{8-127}$$

$$-\ln(1-f) = N_0 F_2 G^2 \theta^2 = k_2'\theta^2 \tag{8-128}$$

式中，k_1' 和 k_2' 分别代表一维和二维铺展的速率常数，$k_1' = N_0 F_1 G$，$k_2' = N_0 F_2 G^2$。

② 当 $\nu\theta$ 很小时，将 $\exp(-\nu\theta)$ 的**泰勒展开式的一阶近似**分别代入式（8-125）和式（8-126）中，简化后为：

$$-\ln(1-f) = \frac{\nu N_0 F_1 G}{2}\theta^2 = k_1''\theta^2 \tag{8-129}$$

$$-\ln(1-f) = \frac{\nu N_0 F_2 G^2}{3}\theta^3 = k_2''\theta^3 \tag{8-130}$$

式中，k_1'' 和 k_2'' 分别代表一维和二维铺展的速率常数，$k_1'' = \nu N_0 F_1 G/2$，$k_2'' = \nu N_0 F_2 G^2/3$。

潜在的铺展中心被激活的概率没有达到极限值，真实的情况应该介于这两种极限之间，因此，动力学的关系式可以用下面的形式表达：

$$-\ln(1-f) = K\theta^n \tag{8-131}$$

式中，K 为速率常数，代表生长的几何特征；n 为铺展指数，其数值表示铺展的模式：$1 \leq n \leq 2$ 表示一维铺展，$2 \leq n \leq 3$ 表示二维铺展。

为了计算吸附率，需要将吸附率 f 与实际可测量的表面压 π 之间建立关系。当 $\theta = 0$ 时，$f = 0$，初始表面压为 π_0。吸附达到平衡时，$f = 1$，相应的表面压为 π_e。在任意 θ 时刻，f 可以表达如下：

$$f = (\pi - \pi_0)/(\pi_e - \pi_0) \tag{8-132}$$

将式（8-131）线性化，整理为：

$$\lg[-\ln(1-f)] = n\lg\theta + \lg K \tag{8-133}$$

根据式（8-132）和式（8-133），回归实验数据，可以获得参数 K 和 n。

式（8-133）将用于描述磷脂在单分子膜上的吸附动力学的第一阶段（$0 \leq \theta \leq \theta_1$）。

快速增长期的扩散模型　在快速增长期（$\theta_1 \leq \theta \leq \theta_2$），吸附过程为扩散控制，Ward 和 Tordai 扩散控制模型可用来描述其吸附动力学。θ_1 为此阶段的初始时刻，为了便于推导，令 $\theta^* = \theta - \theta_1$。

假设主体扩散是沿竖直方向的一维扩散过程，可采用 Fick 第二定律描述该过程：

$$\frac{\partial C_A}{\partial \theta^*} = D_A \frac{\partial^2 C_A}{\partial x^2} \quad (x>0, \theta^*>0) \tag{8-134}$$

式中，D_A 是磷脂的扩散系数；C_A 是距次表面 x 处、θ^* 时刻的磷脂浓度。

此方程的初始条件和边界条件如下所示：

$$\begin{cases} \theta^* = 0, & C_A = C_{A1} \\ x \to \infty, & C_A = C_{A1} \\ x = 0, & C_A = C_{As}(\theta^*) \end{cases} \tag{8-135}$$

式中，C_{A1} 是在 $\theta^* = 0$ 时的液相主体浓度；C_{As} 为次表面（$x = 0$）的浓度。

通过 Laplace 变换，式（8-134）的解为：

$$C_A = C_{As} + \frac{2(C_{A1} - C_{As})}{\sqrt{3.14}} \int_0^{\frac{x}{2\sqrt{D_A \theta^*}}} \exp(-z^2) \mathrm{d}z \\ - \frac{2}{\sqrt{3.14}} \int_0^{\theta^*} C_{As}'(\varphi) \left[\int_0^{\frac{x}{2\sqrt{D_A(\theta^* - \varphi)}}} \exp(-z^2) \mathrm{d}z \right] \mathrm{d}\varphi \tag{8-136}$$

式中，φ 为积分变量。

为了求得表面过剩，在 $x = 0$ 处应用 Fick 第一定律：

$$\left. \frac{\mathrm{d}\varGamma_A}{\mathrm{d}\theta^*} \right|_{x=0} = D_A \left. \frac{\partial C_A}{\partial x} \right|_{x=0} \tag{8-137}$$

初始条件：
$$\theta^* = 0, \quad \varGamma_A = \varGamma_{A1} \tag{8-138}$$

式中，$\varGamma_A$ 为磷脂分子的表面吸附量（表面过剩）；$\varGamma_{A1}$ 为 $\theta^* = 0$ 时的表面吸附量。

将式（8-136）代入式（8-137）积分，得到在时间 $0 \to \theta^*$ 范围内磷脂分子由次表面到表面的扩散量（动态表面吸附量）：

$$\varGamma_A - \varGamma_{A1} = 2\sqrt{\frac{D_A}{3.14}} \left[C_{A1}\sqrt{\theta^*} - \frac{1}{2} \int_0^{\theta^*} \frac{C_{As}(\varphi)}{\sqrt{\theta^* - \varphi}} \mathrm{d}\varphi \right] \tag{8-139}$$

这就是 Ward-Tordai 方程。

为了求解式（8-137），假设在扩散控制的过程中 $C_{As}(\theta^*)$ 与 θ^* 呈线性关系：

$$C_{As}(\theta^*) = C_{As1} + k_s \theta^* \tag{8-140}$$

式中，C_{As1} 代表在 $\theta^* = 0$ 时的次表面浓度；k_s 代表次表面浓度变化的速率常数。

将式（8-140）代入式（8-139），积分后得到：

$$\varGamma(\theta^*) - \varGamma(0) = X(C_{A1} - C_{As1})\theta^{*\frac{1}{2}} - XY\theta^{*\frac{3}{2}} \tag{8-141}$$

其中，
$$X = 2\sqrt{D_A/3.14}, \quad Y = 2/(3k_s), \quad C_{A1} = C_{A0}(1 - f_1) \tag{8-142a~c}$$

f_1 代表在 $\theta = \theta_1$（即 $\theta^* = 0$）时的吸附率。

式（8-141）建立了**表面吸附量 $\varGamma$ 与时间 θ** 的关系，但动态表面吸附量 $\varGamma(\theta)$ 的实验测定极为困难，一般通过测定**动态表面张力 $\gamma(\theta)$** 来研究磷脂在气液界面的吸附过程，而 $\gamma(\theta)$ 与 $\varGamma(\theta)$ 的定量关系可根据表面状态方程确定。当溶液可视为稀溶液时，吸附等温线呈线性，即：

$$\pi = \gamma_0 - \gamma = RT\varGamma_A \tag{8-143}$$

式中，π 为表面压；γ_0 为底液（水）的表面张力；T 为温度；R 为气体常数。

将式（8-143）代入式（8-141），用表面压 π 替换 $\varGamma_A$，得到：

$$\frac{\pi(\theta^*) - \pi_1}{RT} = X(C_{A1} - C_{As1})\theta^{*\frac{1}{2}} - XY\theta^{*\frac{3}{2}} \tag{8-144}$$

π_1 为 $\theta^* = 0$ 时的表面压。在恒温下，式（8-144）将被用于描述第二阶段的 $\pi \sim \theta$ 等温线。

拟二级动力学模型 在介平衡期（$\theta \geqslant \theta_2$），吸附过程是由第一步和第二步，即扩散和吸附共同控制的。一方面，扩散步骤导致主体浓度下降；另一方面，吸附步骤导致表面覆盖率增加。因此，此阶段的吸附速率是主体浓度和表面覆盖率的函数。根据 Langmuir 速率方程，吸附速率与任意时刻的溶质浓度 C_A 和表面空白位数 $1-\omega$ 成正比，则：

$$r_a = k_a C_A (1 - \omega) \tag{8-145}$$

式中，r_a 为吸附速率；ω 为表面覆盖度（$0 \leqslant \omega \leqslant 1$）；$k_a$ 为吸附速率常数；C_A 为 θ 时刻溶液中磷脂的浓度。

据 Oosterlaken-Dijksterhuis 等报道，囊泡不易从含结合蛋白的单分子膜中解析出来，因此，可假设磷脂在单分子膜上的吸附过程是不可逆的，则吸附过程总速率 $d\omega/d\theta$ 等于吸附速率 r_a：

$$\frac{d\omega}{d\theta} = r_a \tag{8-146}$$

将式（8-145）代入式（8-146）后，得到：

$$\frac{d\omega}{d\theta} = k_a C_A (1 - \omega) \tag{8-147}$$

磷脂分子从液相传递到表面单分子膜中，根据质量守恒定律，溶液中的磷脂浓度变化率等于表面覆盖度 ω 的变化率，ω 和 C_A 之间的关系为：

$$\frac{C_{A2} - C_A}{C_{A2} - C_{Ae}} = \frac{\omega - \omega_2}{\omega_e - \omega_2} \tag{8-148}$$

式中，C_{A2} 为 θ_2 时的浓度；C_{Ae} 为平衡浓度；ω_2 为 θ_2 时表面覆盖度；ω_e 为平衡表面覆盖度。

与此同时，ω 与表面压 π 之间存在以下关系：

$$\frac{\omega - \omega_2}{\omega_e - \omega_2} = \frac{\pi - \pi_2}{\pi_e - \pi_2} \tag{8-149}$$

式中，π_2 为 θ_2 时刻的表面压；π_e 为平衡表面压。

将式（8-148）代入式（8-149）中，得到

$$\frac{C_{A2} - C_A}{C_{A2} - C_{Ae}} = \frac{\pi - \pi_2}{\pi_e - \pi_2} \tag{8-150}$$

当 $\theta \to \infty$ 时，$C_{Ae} \to 0$，式（8-150）可以简化为

$$C_A = C_{A2} \left(1 - \frac{\pi - \pi_2}{\pi_e - \pi_2}\right) \tag{8-151}$$

当 $\theta \to \infty$，$\omega_e \to 1$ 时，式（8-149）可以简化为

$$\omega = \omega_2 + \frac{\pi - \pi_2}{\pi_e - \pi_2}(1 - \omega_2) \tag{8-152}$$

将式（8-151）和式（8-152）代入式（8-147）中，整理后获得一个拟二级（PSO）速率方程：

$$\frac{d\pi}{d\theta} = \frac{k_a C_{A2}}{\pi_e - \pi_2}(\pi_e - \pi)^2 \tag{8-153}$$

初始条件：$\theta = \theta_2$，$\pi = \pi_2$；边界条件：$\theta = \theta$，$\pi = \pi$。

对式（8-153）积分，经整理后得到$(\theta-\theta_2)/(\pi-\pi_2) \sim (\theta-\theta_2)$的线性关系式：

$$\frac{\theta - \theta_2}{\pi - \pi_2} = \frac{1}{k_a C_{A2}(\pi_e - \pi_2)} + \frac{\theta - \theta_2}{\pi_e - \pi_2} \tag{8-154}$$

根据质量守恒定律，式中的C_2可以通过式（8-156）计算得到：

$$C_{A2} = C_{A0}(1 - f_2) \tag{8-155}$$

式中，f_2为θ_2时刻磷脂的吸附率。

式（8-154）可用来描述磷脂在单分子膜上的吸附动力学的第三阶段（$\theta \geqslant \theta_2$）。

8.6.2 吸附动力学模型的验证

采用文献中的$\pi \sim \theta$实验数据，进行模型回归。实验的条件是：底液成分为25mmol/L Hepes和3mmol/L $CaCl_2$，温度为20℃，pH为7.0。先在表面铺展单分子膜（DPPC/DPPG/SP-C，摩尔比为20∶5∶2），然后用注射器将囊泡（DPPC/DPPG，摩尔比为4∶1）注入底液中，在不同起始表面压π_0下测量表面压随时间的变化，实验编号依次为1~4。为便于计算，假设当表面压$\pi(\theta_a)$满足下面关系式时，即达到平衡值π_e：

$$\frac{\pi(\theta_a) - \pi(\theta_a + \Delta\theta)}{\pi(\theta_a)} \leqslant 0.003 \tag{8-156}$$

式中，θ_a为表面压变化很小的时刻；$\Delta\theta$为给定的时间间隔（大约为总实验时间的二十分之一）。

四组实验（编号1~4）的初始表面压及平衡表面压的值均列于表8-2中。

表 8-2 文献中初始表面压及平衡表面压数据

编号	π_0/（mN/m）	π_e/（mN/m）
1	15.1	50.8
2	19.9	51.0
3	24.7	50.8
4	29.6	50.9

生长模型 将文献数据代入式（8-132）中，计算出f值，得到$\lg[-\ln(1-f)] \sim \lg\theta$曲线，结果见图8-16。如图所示，当纵坐标$\lg[-\ln(1-f)]$的值小于-0.47时，四条等温线均呈现良好的线性关系，大于-0.47时就出现了显著的偏离，与这一拐点相对应的吸附率为0.288，用f_1表示。所以，式（8-133）用于关联图8-16中f_1小于0.288的实验数据。根据最小二乘法原理拟合得到直线，由直线的斜率和截距可以计算出参数n和K，结果列于表8-3。

从图8-16可以看出，在不同的初始表面压条件下，理论预测值与实验值均能够较好地吻合。表8-3列出了每条等温线的绝对平均误差（AAD），平均AAD值为1.0%。由表8-3可得出以下结论：

① 在不同的初始表面压条件下，铺展指数n值的变化范围是1.43~1.58，表明n值介于1和2之间，磷脂的铺展模式是一维的。

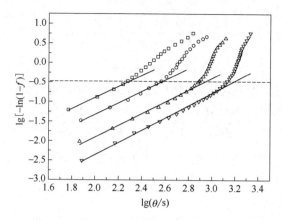

图 8-16 单分子膜的 $\lg[-\ln(1-f)] \sim \lg\theta$ 关系曲线

▽—1；△—2；○—3；□—4；实线—式（8-133）

② 随着初始表面压 π_0 的增大，铺展指数 n 减小，并且趋近于1。而 n 越小，对应的 $\nu\theta$ 越大。由此得出结论：初始表面压 π_0 越大，SP-C 被活化的概率越高。这可能是由于随着初始表面压的增大，单分子膜中 SP-C 的密度增加（即单位面积上的 SP-C 的含量增加），囊泡中的磷脂与 SP-C 分子相互作用的概率增加。

③ 速率常数 K 随着初始表面压 π_0 的增大而增大，说明较高的初始表面压 π_0 能促进磷脂吸附到单分子膜上。原因可能是 π_0 越大，SP-C 被活化的概率越高，磷脂-蛋白质聚集体的形成速率越大。

当 $f=0.288$ 时，对应的表面压值 π_1 和 θ_1 可分别通过式（8-132）和式（8-133）计算得到，结果均列于表 8-3 中。从表 8-3 中可知，四条等温线（编号 1~4）第一阶段的终止时刻分别是 1354s、781s、367s 和 192s。

通过以上讨论，表明在第一阶段（$0 \leq \theta \leq \theta_1$），生长模型与吸附的机制相符，能够较好地描述含 SP-C 的单分子膜 $\pi \sim \theta$ 等温曲线。

表 8-3 生长模型的参数回归值

编号	f_1	θ_1/s	π_1/（mN/m）	n	$K \times 10^{-6}/s^{-n}$	AAD/%
1	0.288	1354	25.4	1.58	3.01	1.5
2	0.288	781	28.8	1.52	11.37	1.4
3	0.288	367	32.2	1.48	50.02	0.6
4	0.288	192	35.7	1.43	173.87	0.3

扩散模型 根据式（8-144）对 $f \geq 0.288$ 的文献数据进行处理，图 8-17 显示了含 SP-C 的单分子膜的 $\pi-\pi_1 \sim \theta^*$ 关系曲线（编号 1~4）。如图所示，在吸附后期，等温线出现拐点，相应表面压为 π_2，而四条曲线的 π_2 值均为约 47mN/m，表明此处单分子膜的吸附机制发生了变化。图 8-18 为混合单分子膜 [DPPC/DPPG/SP-C，磷脂摩尔比为 4:1，蛋白质含量（摩尔分数）为 0.4] 在 20℃ 时的 $\pi \sim A$ 等温线。从图中可以看出，在大约 47mN/m 处，有一个显著的拐点，进一步压缩则出现了平台区域，表明在这一点处磷脂单分子膜特性发生了变化。此拐点与图 8-17 出现的拐点相一致，说明表面特性的变化导致吸附机制的改变。由此判断，磷脂向单分子膜吸附的第二阶段是从 θ_1 时刻开始至表面压值达到 47mN/m（用 π_2 表示，对应

的时刻为 θ_2）时结束。其中，θ_2 和 π_2 的值均列于表 8-4 中。式（8-144）被用来关联第二阶段（$\theta_1 \leq \theta \leq \theta_2$）的文献数据，式中的参数 C_{A1} 由式（8-142c）计算，根据最小二乘法原理拟合得到模型参数 D_A、C_{As1} 和 b，回归结果列于表 8-4 中。从图 8-17 可知，模型曲线与实验值相吻合，平均相对误差 AAD 为 4.1%。

从表 8-4 可知，不同曲线（编号 1~4）拟合得到的扩散系数 D_A 彼此接近，说明扩散系数不随初始表面压改变而变化，这与第二阶段（$\theta_1 \leq \theta \leq \theta_2$）扩散控制的假设相符。20℃时，磷脂囊泡（DPPC/DPPG，摩尔比 4:1）的扩散系数平均值为 $8.44 \times 10^{-10} \text{m}^2/\text{s}$。

表 8-4 扩散模型的参数回归值

编号	π_2/(mN/m)	θ_2/s	C_{A1}/(μmol/L)	C_{As1}/(μmol/L)	k_s/[μmo/(L·s)]	$10^{10}D_A$/(m²/s)	AAD/%
1	47.0	1790	14.24	13.96	-0.045	8.14	4.1
2	47.1	1063	14.24	13.37	-0.073	8.27	3.8
3	46.9	603	14.24	11.48	-0.061	8.56	4.3
4	47.0	361	14.24	9.91	-0.058	8.81	4.3

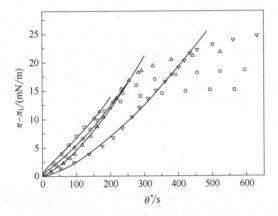

图 8-17 单分子膜的 $\pi-\pi_1 \sim \theta^*$ 关系曲线

▽—1；△—2；○—3；□—4；实线—式（8-133）

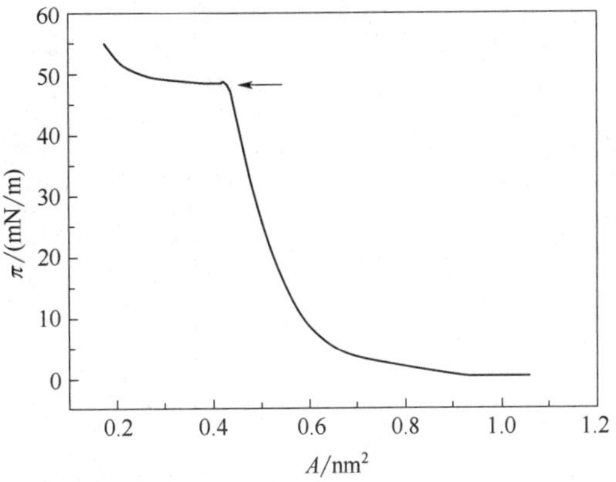

图 8-18 20℃下水面上的 DPPC/DPPG/SP-C 混合单分子膜的 $\pi \sim A$ 等温线

（DPPC/DPPG 摩尔比为 4:1；SP-C 的摩尔分数为 0.4）

二级动力学模型 磷脂向单分子膜吸附的第三阶段是从 θ_2 时刻（即表面压达到 47mN/m）开始的。用式（8-154）关联含 SP-C 的单分子膜的实验数据（编号 1~4），结果参见图 8-19。从图中可以看出，曲线有良好的线性关系，根据最小二乘法原理，进行线性拟合，参数 π_e 和 k_a 分别由斜率和截距计算得到，结果列于表 8-5 中。四条回归曲线的平均 AAD 为 1.8%，从图 8-19 也可以看出，预测曲线与实验值拟合良好，表明该模型的效果良好。

从表 8-5 可知，不同浓度 C_{A2} 下的 k_a 值大小相近，表明吸附速率常数不随溶液中磷脂的浓度变化而变化。回归得到的磷脂（DPPC/DPPG，摩尔比 4:1）吸附速率常数的平均值为 2.97×10^{-3}L/(μmol·s)。另外，含 SP-C 的单分子膜（编号 1~4）平衡表面压的实验值也列于表 8-5 中，与本文回归得到的 π_e 值较为接近。所以，通过拟二级动力学模型得到的平衡表面压可以较为准确地反映真实值，此模型能较好地描述磷脂在单分子膜上的吸附动力学的第三阶段（$\theta \geqslant \theta_2$）。

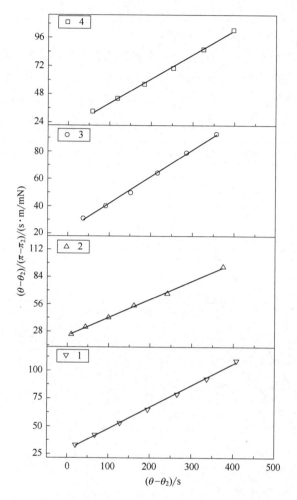

图 8-19　单分子膜的 $(\theta-\theta_2)/(\pi-\pi_2) \sim \theta-\theta_2$ 关系曲线

实线—式（8-154）

表 8-5　拟二级动力学模型的参数回归值

编号	π_2/(mN/m)	$\pi_{e,exp}$/(mN/m)	$\pi_{e,cal}$/(mN/m)	f_2	C_{A2}/(μmol/L)	$10^3 k_a$/[L/(μmol·s)]	AAD/%
1	47.0	50.8	52.3	0.894	2.13	3.02	1.5
2	47.1	51.0	52.5	0.871	2.52	3.00	1.5
3	46.9	50.8	51.9	0.854	3.03	2.94	2.4
4	47.0	50.9	51.9	0.819	3.63	2.94	1.7

案例小结　本案例利用相间传质理论研究了磷脂在肺泡单分子膜上的吸附机理和动力学。假设磷脂的吸附包括扩散和吸附两个步骤：①磷脂囊泡从体相扩散至次表面；②到达次表面的磷脂囊泡与 SP-C 分子相互作用，形成磷脂-蛋白质聚集体，磷脂分子以聚集体为中心在表面铺展。将吸附过程分为诱导期、快速增长期和介平衡期，分别建立动力学模型，实验

数据拟合结果表明，生长模型、扩散模型和拟二级动力学模型可分别描述上述三个阶段的吸附动力学行为。

思考题

8.1 相间传质的物理基础是什么？
8.2 简述双膜理论的核心思想及其结论。
8.3 何为气相控制体系？何为液相控制体系？请举例加以说明。
8.4 试从 Higbie 的观点出发，简述双膜理论的合理性与不足之处。
8.5 试从 Danckwerts 的观点出发，简述溶质渗透理论的合理性与不足之处。
8.6 何为 Marangoni 效应？它对界面传质有何影响？
8.7 简述界面湍动与 Marangoni 效应之间的关系。
8.8 化学反应对界面湍动有何影响？
8.9 滴泡作为分散相，在两相间进行传质时起着相当关键的作用，试简述其原因。
8.10 哪些因素影响流体与悬浮颗粒间的传质？简述终端速度的物理意义。
8.11 如何理解磷脂在肺泡膜上的吸附过程为相间传质过程？
8.12 磷脂在肺泡单分子膜上的吸附动力学曲线（π-θ 曲线）有何特征？
8.13 磷脂在肺泡单分子膜上的吸附过程主要经历哪几个阶段？简述每个阶段所遵循的吸附机理。

习题

8.1 氧气在水中的溶解度为 1×10^{-3}g/100g，饱和氧气水溶液与总压为 101.3kPa、温度为 40℃的大量普通空气接触。氧-水系统的亨利常数为 H'=5.42×10^6kPa/Δx。试问：（1）气液之间是否存在氧气的净传质？方向如何？（2）当气液达到平衡时，液相氧气的浓度是多少？

8.2 在温度为 20℃、总压为 303.9kPa 的吸收塔内，用水吸收空气-氨混合气体中的 NH_3。已知 NH_3 在气液两相的单相膜系数分别为 $k_G = 3.256\times10^{-3}\,mol/(m^2\cdot s\cdot kPa)$，$k_L = 0.04057\,m/s$，Henry 常数为 $0.717\,kPa\cdot(mol/m^3)^{-1}$。试求下列各传质系数：（1）$k_y$；（2）$K_{OG}$；（3）$K_{oy}$；（4）$K_{OL}$。

8.3 组分 A 在气液相间传质，界面处满足如下平衡关系式：$y_{Ai} = 0.75 x_{Ai}$。在设备内部的某一点处，组分 A 在气液两相的摩尔分数分别为 0.45 和 0.90。气膜单相传质数 $k_y = 5.98\times10^{-3}\,mol/(m^2\cdot s\cdot\Delta y)$，而且气膜传质阻力为总传质阻力的 70%。试求：
（1）组分 A 的摩尔通量 N_A；（2）组分 A 在气液两相的界面浓度；（3）总传质系数 K_Y。

8.4 空气-二氧化碳混合气以 1.0m/s 流过内径为 0.05m 的湿壁塔，塔内温度为 298K，压力为 1013kPa。在塔内某一点处，气相二氧化碳的摩尔分数为 0.1，在同一点，二氧化碳在气-水界面水中的摩尔分数为 0.005，Henry 常数为 $1.66\times10^5\,kPa/\Delta x$。试应用 Gilliland-Sherwood 关联式，确定该点的传质系数和质量通量各为多少。

8.5 温度 308K、压力为 101.3kPa 的空气，流过一个萘球，萘随即向空气中升华传质。已知在该温度下萘的蒸气压为 64Pa，萘的扩散系数为 9.55m^2/s，若在给定的流动状态下，传热系数为 43.78 J/(s·m^2·K)，试求萘的传质通量。在该温度下气膜的物性参数为：$\nu = 1.68 \times 10^{-5} \text{m}^2/\text{s}$，$\alpha = 2.37 \times 10^{-5} \text{m}^2/\text{s}$，$\rho = 1.137 \text{kg/m}^3$，$c_p = 310 \text{J}/(\text{kg} \cdot \text{K})$，$\kappa = 8.33 \times 10^{-3} \text{J}/(\text{m} \cdot \text{s} \cdot \text{K})$。

8.6 在装有拉西环的填料塔内，气体 A 被液体 B 吸收，已知 A 的液相扩散系数为 $1.5 \times 10^{-7} \text{m}^2/\text{s}$，传质系数 $k_L^0 = 2.1 \times 10^{-4} \text{m/s}$，B 与 A 发生一级不可逆反应，反应速度常数为 1.6s^{-1}，试根据表面更新理论，计算相应反应因子。

8.7 采用湿壁式吸收器测定氯气在水中的吸收速率，已知吸收器内的水流速度 q 为 $0.0019 \text{m}^3/(\text{s} \cdot \text{m})$，润湿总高度为 0.047m，氯气分压为 2.836kPa，所测得的传质系数为 0.016m/s，若认为氯气水解为一级反应，且不考虑该反应的可逆性，试求氯气水解的反应速度常数。

附录

附录 I 常见气体和液体的黏度、热导率和恒压比热熔值（298K, 1atm）

气体	ρ/(kg/m^3)	$10^5\mu$/Pa·s	10^2k/[W/(m·K)]	$10^{-3}c_p$/[J/(kg·K)]	液体	ρ/(kg/m^3)	$10^5\mu$/Pa·s	10^3k/[W/(m·K)]	$10^{-3}c_p$/[J/(kg·K)]
O_2	1.309	2.04	2.86	0.924	H_2O	997	89.37	590	4.201
N_2	1.146	1.76	2.60	1.037	CH_3OH	0.7996	5.415	21.68	2.504
H_2	0.082	0.851	17.3	14.59	C_2H_5OH	0.8037	10.56	17.89	2.418
Cl_2	2.906	1.39	0.92	0.489	n-C_3H_7OH	0.8053	19.60	17.17	2.392
He	0.164	1.87	15.2	5.238	i-C_3H_7OH	0.7902	20.15	15.62	2.579
Ar	1.637	2.23	1.82	0.524	n-C_4H_9OH	0.8204	26.35	16.02	2.389
空气	1.29	1.81	2.62	1.037	i-C_4H_9OH	0.7948	34.75	15.81	2.427
NH_3	0.696	1.02	2.66	2.153	s-C_4H_9OH	0.8124	35.00	15.55	2.582
CO_2	1.800	1.47	1.61	0.882	C_6H_6	0.8725	5.96	14.41	1.726
CO	1.146	1.81	2.67	1.041	$CH_3C_6H_5$	0.8623	5.47	14.07	1.696
SO_2	2.619	1.20	1.02	0.640	$C_2H_5C_6H_5$	0.8622	6.28	13.34	0.888
CH_4	0.655	1.10	3.33	2.225	$(CH_3)_2CO$	0.7850	3.13	15.75	2.201
C_2H_6	1.228	0.94	2.22	1.748	HCOOH	1.214	16.20	22.71	2.158
C_3H_8	1.801	0.814	1.89	1.68	CH_3COOH	1.044	11.35	17.36	2.229
C_2H_4	1.146	1.02	2.23	1.55	$CH_3COOC_2H_5$	0.8948	4.20	14.93	1.937
C_3H_6	1.719	0.856	1.83	1.52	CH_2Cl_2	1.317	4.07	13.91	1.144
n-C_4H_8	2.292	0.787	1.47	1.53	$CHCl_3$	1.481	5.29	11.61	0.964
i-C_4H_8	2.292	0.82	1.80	1.61	$(C_2H_5)_2O$	0.707	2.15	13.23	2.31

附录 II Lennard-Jones (6-12) 势能参数和临界性质

物质	分子量	σ/Å	ε/κ/K	T_c/K	$10^{-6}p_c$/Pa	$10^6 V_c$/(m³/mol)	$10^2 k_c$/[W/(m·K)]	$10^5 \mu_c$/Pa·s
H_2	2.00	2.915	38.0	33.3	1.297	65	—	0.347
He	4.00	2.576	10.2	5.26	0.229	57.8	—	0.254
Ne	20.18	2.789	35.7	44.5	2.726	41.7	3.312	1.56
Ar	39.95	3.432	122.4	150.7	4.864	75.2	2.969	2.64
Kr	83.80	3.675	170.0	209.4	5.502	92.2	2.066	3.96
Xe	131.30	4.009	234.7	289.8	5.877	118.8	1.681	4.9
空气	28.97	3.617	97	132	3.688	86.6	3.797	1.93
N_2	28.01	3.667	99.8	126.2	3.394	90.1	3.630	1.8
O_2	32.00	3.433	113.0	154.4	5.036	74.4	4.404	2.5
CO	28.01	3.590	110.0	132.9	3.496	93.1	3.617	1.9
CO_2	44.01	3.996	190.0	304.2	7.376	94.1	5.102	3.43
NO	30.01	3.470	119.0	180	6.485	57	4.943	2.58
N_2O	44.01	3.879	220.0	309.7	7.265	96.3	5.478	3.32
SO_2	64.06	4.026	363.0	430.7	7.883	122	4.123	4.11
F_2	38.00	3.653	112.0	—	—	—	—	—
Cl_2	70.91	4.115	357.0	417	7.711	124	4.057	4.2
Br_2	159.82	4.268	520.0	584	10.335	144	—	—
I_2	253.81	4.982	550.0	800	—	—	—	—
CH_4	16.04	3.780	154.0	191.1	4.641	98.7	6.608	1.59
C_2H_2	26.04	4.114	212.0	308.7	6.242	112.9	—	2.37
C_2H_4	28.05	4.228	216.0	282.4	5.066	124	—	2.15
C_2H_6	30.07	4.388	232.0	305.4	4.884	148	8.489	2.1
$CH_3C\equiv CH$	40.06	4.742	261.0	394.8	—	—	—	0
$CH_3CH=CH_2$	42.08	4.766	275.0	365.0	4.610	181	—	2.33
C_3H_8	44.10	4.934	273.0	369.8	4.246	200	—	2.28
$n\text{-}C_4H_{10}$	58.12	5.604	304.0	425.2	3.800	255	—	2.39
$i\text{-}C_4H_{10}$	58.12	5.393	295.0	408.1	3.648	263	—	2.39
$n\text{-}C_5H_{12}$	72.15	5.850	326.0	469.5	3.364	311	—	2.38
$i\text{-}C_5H_{12}$	72.15	5.812	327.0	460.4	3.415	306	—	—
$C(CH_3)_4$	72.15	5.759	312.0	433.8	3.202	303	—	—
$n\text{-}C_6H_{14}$	86.18	6.264	342.0	507.3	3.009	370	—	—
$n\text{-}C_7H_{16}$	100.2	6.663	352.0	540.1	2.736	432	—	2.48
$n\text{-}C_8H_{18}$	114.23	7.035	361.0	568.7	2.482	492	10.83	2.54

续表

物质	分子量	$\sigma/$ Å	$\varepsilon/\kappa/$ K	$T_c/$ K	$10^{-6}p_c/$ Pa	$10^6 V_c/$ (m³/mol)	$10^2 k_c/$ [W/(m·K)]	$10^5 \mu_c/$ Pa·s
n-C_9H_{20}	128.6	7.463	351.0	594.6	2.290	548	11.08	2.59
$(CH_2)_6$	84.16	6.143	313.0	553	4.053	308	11.88	2.65
C_6H_6	78.1	5.443	387.0	562.6	4.924	260	13.05	2.84
CH_3Cl	50.49	4.151	355.0	416.3	6.677	143	14.14	3.12
CH_2Cl_2	84.93	4.748	398.0	510	6.080	—	—	3.38
$CHCl_3$	119.38	5.389	340.0	536.6	5.472	240	17.15	—
CCl_4	153.82	5.947	323.0	556.4	4.560	276	17.27	4.1
NCCN	52.04	4.361	349.0	400	5.978	—	—	4.13
CS_2	76.14	4.483	467.0	552	7.903	170	16.90	4.04
H_2O	18.0	2.52	775	647	22.05	56.3	—	—
NH_3	17.0	3.15	358	405.6	11.28	72.34	—	—
HCl	36.5	3.36	328	324.6	8.26	81.1	—	—
HBr	80.9	3.41	417	363.2	8.55	100.0	—	—
HI	127.9	4.13	313	424.0	8.31	131.0	—	—
H_2S	34.08	3.49	343	373.2	8.93	98.5	4.01	5.63

注：$1Å=10^{-10}m$。

附录Ⅲ 碰撞积分与 $\kappa T/\varepsilon$ 的函数关系

$\kappa T/\varepsilon$ 或 $\kappa T/\varepsilon_{AB}$	Ω_μ	Ω_k	Ω_{AB}	$\kappa T/\varepsilon$ 或 $\kappa T/\varepsilon_{AB}$	Ω_μ	Ω_k	Ω_{AB}
0.3	2.84	2.84	2.649	1.1	1.518	1.518	1.375
0.35	2.676	2.676	2.468	1.15	1.485	1.485	1.347
0.4	2.531	2.531	2.314	1.2	1.455	1.455	1.320
0.45	2.401	2.401	2.182	1.25	1.427	1.427	1.296
0.5	2.284	2.284	2.066	1.3	1.401	1.401	1.274
0.55	2.178	2.178	1.965	1.35	1.377	1.377	1.253
0.6	2.084	2.084	1.877	1.4	1.355	1.355	1.234
0.65	1.999	1.999	1.799	1.45	1.334	1.334	1.216
0.7	1.992	1.992	1.729	1.5	1.315	1.315	1.199
0.75	1.853	1.853	1.667	1.55	1.297	1.297	1.183
0.8	1.790	1.790	1.612	1.6	1.280	1.280	1.168
0.85	1.734	1.734	1.562	1.65	1.264	1.264	1.154
0.9	1.682	1.682	1.517	1.7	1.249	1.249	1.141
0.95	1.636	1.636	1.477	1.75	1.235	1.235	1.128
1.00	1.593	1.593	1.440	1.8	1.222	1.222	1.117
1.05	1.554	1.554	1.406	1.85	1.209	1.209	1.105

续表

$\kappa T/\varepsilon$ 或 $\kappa T/\varepsilon_{AB}$	Ω_μ	Ω_k	Ω_{AB}	$\kappa T/\varepsilon$ 或 $\kappa T/\varepsilon_{AB}$	Ω_μ	Ω_k	Ω_{AB}
1.9	1.198	1.198	1.095	4.3	0.9551	0.9551	0.8703
1.95	1.186	1.186	1.085	4.4	0.9506	0.9506	0.8659
2.0	1.176	1.176	1.075	4.5	0.9462	0.9462	0.8617
2.1	1.156	1.156	1.058	4.6	0.9420	0.9420	0.8576
2.2	1.138	1.138	1.042	4.7	0.9380	0.9380	0.8537
2.3	1.122	1.122	1.027	4.8	0.9341	0.9341	0.8499
2.4	1.107	1.107	1.013	4.9	0.9304	0.9304	0.8463
2.5	1.0933	1.0933	1.0006	5.0	0.9268	0.9268	0.8428
2.6	1.0807	1.0807	0.9890	6.0	0.8962	0.8962	0.8129
2.7	1.0691	1.0691	0.9782	7.0	0.8727	0.8727	0.7898
2.8	1.0583	1.0583	0.9682	8.0	0.8538	0.8538	0.7711
2.9	1.0482	1.0482	0.9588	9.0	0.8380	0.8380	0.7555
3.0	1.0388	1.0388	0.9500	10	0.8244	0.8244	0.7422
3.1	1.0300	1.0300	0.9418	12	0.8018	0.8018	0.7202
3.2	1.0217	1.0217	0.9340	14	0.7836	0.7836	0.7025
3.3	1.0139	1.0139	0.9260	16	0.7683	0.7683	0.6878
3.4	1.0066	1.0066	0.9197	18	0.7552	0.7552	0.6751
3.5	0.9996	0.9996	0.9131	20	0.7436	0.7436	0.6640
3.6	0.9931	0.9931	0.9068	25	0.7198	0.7198	0.6414
3.7	0.9868	0.9868	09008	30	0.7010	0.7010	0.6235
3.8	0.9809	0.9809	0.8952	35	0.6854	0.6854	0.6088
3.9	0.9753	0.9753	0.8897	40	0.6723	0.6723	0.5964
4.0	0.9699	0.9699	0.8845	50	0.6510	0.6510	0.5763
4.1	0.9647	0.9647	0.8796	75	0.6140	0.6140	0.5415
4.2	0.9598	0.9598	0.8748	100	0.5887	0.5887	0.5180

附录Ⅳ 柱坐标系和球坐标系中连续性方程的推导

1. 柱坐标系中连续性方程的推导

在图Ⅳ-1 所示的柱坐标系（r, θ, z）中任意取一微元柱体为控制体，根据质量守恒定律，作此控制体的质量衡算，有：

$$\begin{pmatrix}输出的\\质量流率\end{pmatrix}-\begin{pmatrix}输入的\\质量流率\end{pmatrix}+\begin{pmatrix}累积的\\质量流率\end{pmatrix}=0 \qquad (Ⅳ\text{-}1)$$

沿 r、θ、z 各方向输入控制体的质量流率分别为：

$$\rho u_r r\mathrm{d}\theta \mathrm{d}z ，\quad \rho u_\theta \mathrm{d}r\mathrm{d}z ，\quad \rho u_z r\mathrm{d}\theta \mathrm{d}r \qquad (Ⅳ\text{-}2a\sim c)$$

而沿 r、θ、z 各方向输出的质量流率分别为：

$$\left[\rho u_r + \frac{\partial(\rho u_r)}{\partial r}\mathrm{d}r\right](r+\mathrm{d}r)\mathrm{d}\theta\mathrm{d}z \quad , \quad \left[\rho u_\theta + \frac{\partial(\rho u_\theta)}{\partial \theta}\mathrm{d}\theta\right]\mathrm{d}r\mathrm{d}z \quad , \quad \left[\rho u_z + \frac{\partial(\rho u_z)}{\partial z}\mathrm{d}z\right]r\mathrm{d}\theta\mathrm{d}r$$

（Ⅳ-3a～c）

在控制体中，输出与输入的质量流率之差，即式（Ⅳ-3a）、式（Ⅳ-3b）、式（Ⅳ-3c）三式之和减去式（Ⅳ-2a）、式（Ⅳ-2b）、式（Ⅳ-2c）三式之和，为：

$$\left[\rho u_r + \frac{\partial(\rho u_r)}{\partial r}\mathrm{d}r\right](r+\mathrm{d}r)\mathrm{d}\theta\mathrm{d}z - \rho u_r r\mathrm{d}\theta\mathrm{d}z + \left[\rho u_\theta + \frac{\partial(\rho u_\theta)}{\partial \theta}\mathrm{d}\theta\right]\mathrm{d}r\mathrm{d}z - \rho u_\theta \mathrm{d}r\mathrm{d}z +$$
$$\left[\rho u_z + \frac{\partial(\rho u_z)}{\partial z}\mathrm{d}z\right]r\mathrm{d}\theta\mathrm{d}r - \rho u_z r\mathrm{d}\theta\mathrm{d}r = \left[\rho u_r + r\frac{\partial(\rho u_r)}{\partial r} + \frac{\partial(\rho u_\theta)}{\partial \theta} + r\frac{\partial(\rho u_z)}{\partial z}\right]\mathrm{d}r\mathrm{d}\theta\mathrm{d}z$$

（Ⅳ-4）

另外，在控制体中，累积的质量流率为：

$$\frac{\partial \rho}{\partial \theta'}r\mathrm{d}\theta\mathrm{d}r\mathrm{d}z \tag{Ⅳ-5}$$

最后由式（Ⅳ-4）与式（Ⅳ-5）即可得到柱坐标系中的连续性方程：

$$\frac{\partial \rho}{\partial \theta'} + \frac{1}{r}\times\frac{\partial}{\partial r}(\rho r u_r) + \frac{1}{r}\times\frac{\partial}{\partial \theta}(\rho u_\theta) + \frac{\partial(\rho u_z)}{\partial z} = 0 \tag{Ⅳ-6}$$

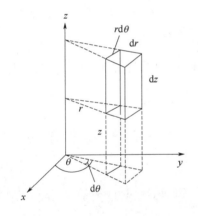

图Ⅳ-1 柱坐标系中质量衡算的微元

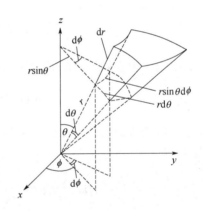

图Ⅳ-2 球坐标系中质量衡算的微元

2. 球坐标系中连续性方程的推导

在图Ⅳ-2 所示的球坐标系（r, ϕ, θ）中，取一微六面体为控制体。根据质量守恒定律，作此控制体的质量衡算，有：

$$\begin{pmatrix}输出的\\质量流率\end{pmatrix} - \begin{pmatrix}输入的\\质量流率\end{pmatrix} + \begin{pmatrix}累积的\\质量流率\end{pmatrix} = 0 \tag{Ⅳ-7}$$

沿 r 方向输入控制体的质量流率为：

$$(\rho u_r)(r\sin\theta\mathrm{d}\phi)(r\mathrm{d}\theta) \tag{Ⅳ-8}$$

而沿 r 方向输出控制体的质量流率为：

$$\rho u_r r\sin\theta \mathrm{d}\phi r\mathrm{d}\theta + \frac{\partial}{\partial r}(\rho u_r r\sin\theta \mathrm{d}\phi r\mathrm{d}\theta)\mathrm{d}r \qquad (\text{IV-9})$$

故沿 r 方向输出与输入控制体的质量流率之差,即式(IV-9)与式(IV-7)之差,得:

$$\frac{\partial}{\partial r}(\rho u_r r\sin\theta \mathrm{d}\phi r\mathrm{d}\theta)\mathrm{d}r = =\frac{\partial}{\partial r}(\rho u_r r^2)\sin\theta \mathrm{d}r\mathrm{d}\phi \mathrm{d}\theta \qquad (\text{IV-10})$$

沿 θ 方向输入控制体的质量流率为:

$$(\rho u_\theta)(\mathrm{d}r)(r\sin\theta \mathrm{d}\phi) \qquad (\text{IV-11})$$

而沿 θ 方向输出控制体的质量流率为:

$$\rho u_\theta \mathrm{d}r r\sin\theta \mathrm{d}\phi + \frac{\partial}{\partial \theta}(\rho u_\theta \mathrm{d}r r\sin\theta \mathrm{d}\phi)\mathrm{d}\theta \qquad (\text{IV-12})$$

故沿 θ 方向输出与输入控制体的质量流率之差,即式(IV-12)与式(IV-11)之差,得:

$$\frac{\partial}{\partial \theta}(\rho u_\theta \mathrm{d}r r\sin\theta \mathrm{d}\phi)\mathrm{d}\theta = \frac{\partial}{\partial \theta}(\rho u_\theta \sin\theta)r\mathrm{d}r\mathrm{d}\phi \mathrm{d}\theta \qquad (\text{IV-13})$$

又沿 ϕ 方向输入控制体的质量流率为:

$$(\rho u_\phi)(\mathrm{d}r)(r\mathrm{d}\theta) \qquad (\text{IV-14})$$

而沿 ϕ 方向输出控制体的质量流率为:

$$\rho u_\phi \mathrm{d}r r\mathrm{d}\theta + \frac{\partial}{\partial \phi}(\rho u_\phi \mathrm{d}r r\mathrm{d}\theta)\mathrm{d}\phi \qquad (\text{IV-15})$$

故沿 ϕ 方向输出与输入控制体的质量流率之差为式(IV-15)与式(IV-14)之差,得:

$$\frac{\partial}{\partial \phi}(\rho u_\phi \mathrm{d}r r\mathrm{d}\theta)\mathrm{d}\phi = \frac{\partial}{\partial \phi}(\rho u_\phi)r\mathrm{d}r\mathrm{d}\phi \mathrm{d}\theta \qquad (\text{IV-16})$$

输出与输入控制体的质量流率之差,即为式(IV-16)、式(IV-13)和式(IV-10)三者之和,即:

$$\left[\frac{\partial}{\partial r}(\rho u_r r^2)\sin\theta + \frac{\partial}{\partial \theta}(\rho u_\theta \sin\theta)r + \frac{\partial}{\partial \phi}(\rho u_\phi)r\right]\mathrm{d}r\mathrm{d}\phi \mathrm{d}\theta \qquad (\text{IV-17})$$

另外,控制体中累积的质量流率为:

$$\frac{\partial \rho}{\partial \theta'}(\mathrm{d}r)(r\sin\theta \mathrm{d}\phi)(r\mathrm{d}\theta) = \frac{\partial \rho}{\partial \theta'}r^2\sin\theta \mathrm{d}r\mathrm{d}\phi \mathrm{d}\theta \qquad (\text{IV-18})$$

将式(IV-18)代入式(IV-17),经整理可得球坐标系中的连续性方程为:

$$\frac{\partial \rho}{\partial \theta'} + \frac{1}{r^2}\times\frac{\partial}{\partial r}(\rho u_r r^2) + \frac{1}{r\sin\theta}\times\frac{\partial}{\partial \theta}(\rho u_\theta \sin\theta) + \frac{1}{r\sin\theta}\times\frac{\partial}{\partial \phi}(\rho u_\phi) = 0 \qquad (\text{IV-19})$$

附录 V 函数 $f(\eta)$ 及其导数值

η	f	$f'=\dfrac{u_x}{u_0}$	f''	η	f	$f'=\dfrac{u_x}{u_0}$	f''
0	0	0	0.33206				
0.2	0.00664	0.06641	0.33199	4.2	2.49806	0.96696	0.05052
0.4	0.02656	0.13277	0.33147	4.4	2.69238	0.97587	0.03897
0.6	0.05974	0.19894	0.33008	4.6	2.88826	0.98269	0.02948
0.8	0.10611	0.26471	0.32739	4.8	3.08534	0.98779	0.02187
1.0	0.16557	0.32979	0.32301	5.0	3.28329	0.99155	0.01591
1.2	0.23795	0.39378	0.31659	5.2	3.48189	0.99425	0.01134
1.4	0.32298	0.45627	0.30787	5.4	3.68094	0.99616	0.00793
1.6	0.42032	0.51676	0.29667	5.6	3.88031	0.99748	0.00543
1.8	0.52952	0.57477	0.28293	5.8	4.07990	0.99838	0.00365
2.0	0.65003	0.62977	0.26675	6.0	4.27964	0.99898	0.00240
2.2	0.78120	0.68132	0.24835	6.2	4.47948	0.99937	0.00155
2.4	0.92230	0.72899	0.22809	6.4	4.67938	0.99961	0.00098
2.6	1.07252	0.77246	0.20646	6.6	4.87931	0.99977	0.00061
2.8	1.23099	0.81152	0.18401	6.8	5.07928	0.99987	0.00037
3.0	1.39682	0.84605	0.16136	7.0	5.27926	0.99992	0.00022
3.2	1.56911	0.87609	0.13913	7.2	5.47925	0.99996	0.00013
3.4	1.74696	0.90177	0.11788	7.4	5.67924	0.99998	0.00007
3.6	1.92954	0.92333	0.09809	7.6	5.87924	0.99999	0.00004
3.8	2.11605	0.94112	0.08013	7.8	6.07923	1.00000	0.00002
4.0	2.30576	0.95552	0.06424	8.0	6.27923	1.00000	0.00001

附录Ⅵ 高斯误差函数表

η	erf(η)	η	erf(η)	η	erf(η)
0.00	0.00000	0.88	0.78669	1.76	0.98719
0.04	0.04511	0.92	0.80677	1.80	0.98909
0.08	0.09008	0.96	0.82542	1.84	0.99074
0.12	0.13476	1.00	0.84270	1.88	0.99216
0.16	0.17901	1.04	0.85865	1.92	0.99338
0.20	0.22270	1.08	0.87333	1.96	0.99443
0.24	0.26570	1.12	0.88679	2.00	0.99532
0.28	0.30788	1.16	0.89910	2.04	0.99609
0.32	0.34913	1.20	0.91031	2.08	0.99673
0.36	0.38933	1.24	0.92051	2.12	0.99728
0.40	0.42839	1.28	0.92973	2.16	0.99775
0.44	0.46623	1.32	0.93807	2.20	0.99814
0.48	0.50275	1.36	0.94556	2.24	0.99846
0.52	0.53790	1.40	0.95229	2.28	0.99874
0.56	0.57162	1.44	0.95830	2.32	0.99897
0.60	0.60386	1.48	0.96365	2.36	0.99915
0.64	0.63459	1.52	0.96841	2.40	0.99931
0.68	0.66378	1.56	0.97263	2.44	0.99944
0.72	0.69143	1.60	0.97635	2.48	0.99955
0.76	0.71754	1.64	0.97962	2.60	0.99976
0.80	0.74210	1.68	0.98249	2.80	0.99992
0.84	0.76514	1.72	0.98500	3.00	0.99998

附录Ⅶ 无限大平板、无限长圆柱和球体非稳态传热与传质算图

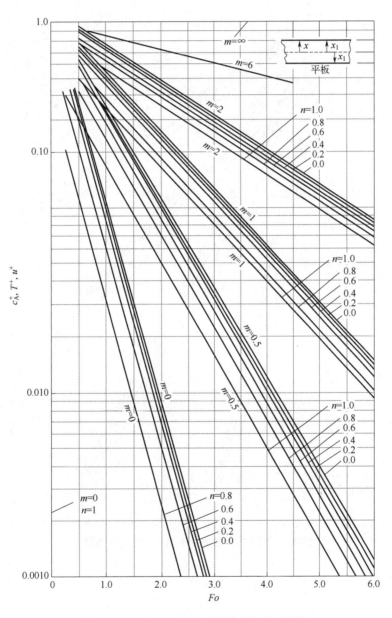

图Ⅶ-1 无限大平板的非稳态传热与传质算图

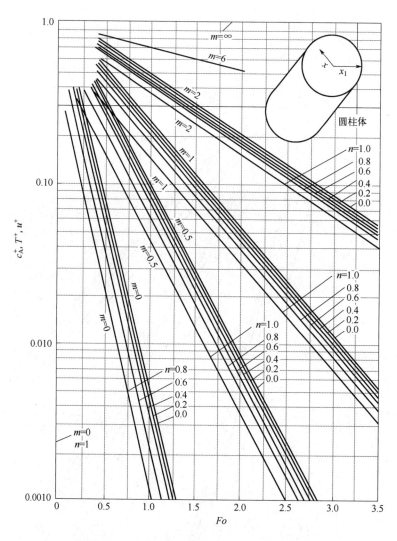

图Ⅶ-2　无限长圆柱体的非稳态传热与传质算图

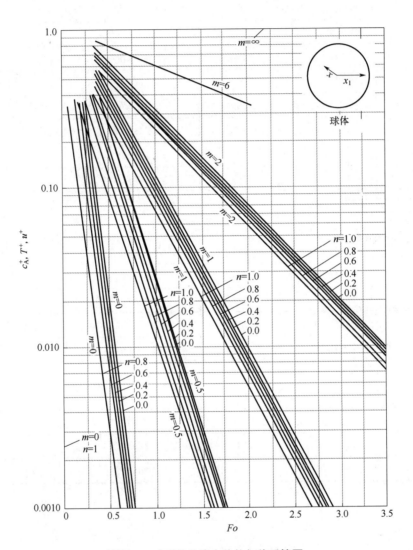

图Ⅶ-3 球体的非稳态传热与传质算图

附录Ⅷ 组分A在组分B中的扩散系数

组分A	组分B	温度/K	D_{AB}/(m²/s)	备注
H_2(g)	硫化橡胶(s)	298	0.85×10^{-9}	
O_2(g)	硫化橡胶(s)	298	0.21×10^{-9}	
N_2(g)	硫化橡胶(s)	298	0.15×10^{-9}	
CO_2(g)	硫化橡胶(s)	298	0.11×10^{-9}	
H_2(g)	硫化氯丁橡胶(s)	290	0.103×10^{-9}	
He(g)	SiO_2(s)	293	3.6×10^{-14}	
H_2(g)	Fe(s)	293	2.59×10^{-13}	
H_2(g)	空气(g)	290	6.746×10^{-5}	$a_A = 0.5$
H_2O(g)	空气(g)	290	2.472×10^{-5}	$a_A = 0.5$
CO_2(g)	空气(g)	290	1.545×10^{-5}	$a_A = 0.5$
Cl_2(g)	H_2O(l)	290	1.262×10^{-9}	$a_A = 0.008$
HCl(g)	H_2O(l)	290	2.443×10^{-9}	$a_A = 0.035$
CO_2(g)	H_2O(l)	293	1.770×10^{-9}	
NH_3(g)	H_2O(l)	290	1.782×10^{-9}	$a_A = 0.017$
CO_2(g)	C_2H_5OH(l)	290	3.200×10^{-9}	
CH_3OH(l)	H_2O(l)	290	1.29×10^{-9}	
C_2H_2OH(l)	H_2O(l)	290	9.19×10^{-9}	$a_A = 0.085$
C_4H_9OH(l)	H_2O(l)	290	7.78×10^{-10}	
CH_3COOH(l)	H_2O(l)	290	9.28×10^{-10}	$a_A = 0.006$
NaCl(s)	H_2O(l)	290	1.20×10^{-9}	$a_A = 0.055$

参考文献

[1] 戴干策, 陈敏恒. 化工流体力学[M]. 北京: 化学工业出版社, 2005.

[2] 曾作祥. 传递过程原理[M]. 上海: 华东理工大学出版社, 2013.

[3] 王绍亭, 陈涛. 动量热量与质量传递[M]. 天津: 天津科技出版社, 1982.

[4] 关根志, 左小琼, 贾建平. 核能发电技术[J]. 水电与新能源, 2012, 1: 7-9.

[5] 曹钰, 晋世翔, 潜伟. 从分散研制到集中攻关——铀浓缩乙种分离膜研制组织工作初探[J]. 工程研究-跨学科视野中的工程, 2018, 10(4): 428-437.

[6] 孙纪国, 蔡国飙. 不同材料发汗冷却结构下氢冷却性能[J]. 航空动力学报, 2022, 37(4): 781-790.

[7] BRODKEY R S, HARRY C H. Transport phenomena[M]. New York: McGraw-Hiel Book Company, 1988.

[8] CENGEL Y A, TURNER R H. Fundamentals of thermal-fluid science[M]. New York: McGraw-Hiel Book Company, 2005.

[9] WHITE F M. Viscom fluid flow[M]. New York: McGraw-Hiel Book Company, 1991.

[10] MIDDLEMAN S. An introduction to fluid dynamics[M]. New York: John Wiley of Sons, Inc., 1998.

[11] BATCHELOR G. An introduction to fluid dynamics[M]. Cambridge: Cambridge University Press, 2000.

[12] BELFIORE L A. Transport phenomena for chemical reactor design[M]. New York: Johon Wiley & Sons, Inc., 2003.

[13] BIRD R B, STEWART W E, LIGHTFOOT E N. Transport phenomena[M]. New York: Johon Wiley & Sons, Inc., 2004.

[14] RECI A, SEDERMAN1 A J, GLADDEN L F. Experimental evidence of velocity profile inversion in developing laminar flow using magnetic resonance velocimetry[J]. Journal of Fluid Mechanics, 2018, 851: 545-557.

[15] KANDA H, SHIMOMUKAI K. Numerical study of pressure distribution in entrance pipe flow[J]. Journal of Complexity, 2009, 25: 253-267.

[16] OERTEL H. Prandtl's essential of fluid mechanics[M]. New York: Springer, 2004.

[17] 严宗毅. 低雷诺流理论[M]. 北京: 北京大学出版社, 2002.

[18] SCHLIHITING H. Boundary layer theory[M]. New York: McGraw-Hiel Book Company, 2002.

[19] HAPPEL J, BRENNER H. Low Reynolds number hydrodynamics[M]. Leiden: Nijhoff Publishers, 1983.

[20] SOWMYA G, GIREESHA B J, ANIMASAUN I L, et al. Significance of buoyancy and Lorentz forces on water-conveying iron(Ⅲ) oxide and silver nanoparticles in a rectangular cavity mounted with two heated fins: heat transfer analysis[J]. Journal of Thermal Analysis and Calorimetry, 2021, 144: 2369-2384.

[21] DI NUCCI C, SPENA A R. Mean velocity profiles of two-dimensional fully developed turbulent flows[J]. Comptes Rendus Mecanique. 2012, 340 (9): 629-640.

[22] KROPE A, KROPE J, LIPUS L C. A model for velocity profile in turbulent boundary layer with drag reducing surfactants[J]. Applied Rheology, 2005,15(3): 152-159.

[23] CHARA Z, ZAKIN J L, SEVERA M, et al. Turbulence measurements of drag reducing surfactant systems[J]. Experiments in Fluids, 1993, 16: 36-41.

[24] HARITONIDIS J H. A model for near-wall turbulence[J]. Physics of Fluids A: Fluid Dynamics, 1989, A1: 302-306.

[25] SKOTE M, HARITONIDIS J H, HENNINGSON D S. Varicose instabilities in turbulent boundary layers[J]. Physics of Fluids, 2002, 14: 2309-2323.

[26] POVKH I L, STUPIN A V, ASLANOV P V. Structure of turbulence in flows with surfactant and polymeric additives[J]. Fluid Mechanics - Soviet Research, 1988, 17: 65-79.

[27] 张兆顺, 崔桂香, 许春晓. 湍流理论与模拟[M]. 北京: 清华大学出版社, 2006.

[28] HANISCH C, ZIESE M. Heat conduction in carrots studied with an IR-camera[J]. European Journal of Physics, 2021, 42: 045101.

[29] SCHÜTTLER T, MAMAN S, GIRWIDZ R. Physics teaching by infrared remote sensing of vegetation[J]. Physics Education, 2018, 53: 033005.

[30] BONANNO A, BOZZO G, SAPIA P. Physics meets fine arts: a project-based learning path on infrared imaging[J]. European Journal of Physics, 2018, 39: 025805.

[31] GFROERER T, PHILLIPS R, ROSSI P. Thermal diffusivity imaging[J]. American Journal of Physics, 2015, 83: 923.

[32] BRODY J, BROWN M. Transient heat conduction in a heat fin[J]. American Journal of Physics, 2017, 85: 582.

[33] 孙丽丽, 等. 化工过程强化传热[M]. 北京: 化学工业出版社, 2019.

[34] HOLMAN J P. Heat transfer[M]. New York: McGrow-Hill companies, Inc., 2005.

[35] SUN L, LIANG F, CUI W. Artificial neural network and its application research progress in chemical process[J]. Asian Journal of Research in Computer Science, 2021, 12(4): 177-185.

[36] GAO J. Game-theoretic approaches for generative modeling[D]. New York: New York University, 2020.

[37] LI C, WANG C. Application of artificial neural network in distillation system: a critical review of recent progress[J]. Asian Journal of Research in Computer Science, 2021, 11(1): 8-16.

[38] SHI F H, GAO J, HUANG X X. An affine invariant approach for dense wide baseline image matching[J]. International Journal of Distributed Sensor Networks (IJDSN), 2016, 12(12).

[39] KALOGIROU S A. Applications of artificial neural-networks for energy systems[J]. Applied energy, 2000, 66: 63-74.

[40] SREEKANTH S, RAMASWAMY H S, SABLANI S S, et al. A neural network approach for evaluation of surface heat transfer coefficient[J]. Journal of Food Processing and Preservation. 1999, 23: 329-348.

[41] FARSHAD F F, GARBER J D, LORDE J N. Predicting temperature profiles in producing oil wells using artificial neural networks[J]. Eng Computation, 2000, 17: 735-754.

[42] GAO J, TEMBINE H. Distributed mean-field type filters for traffic networks[J]. IEEE Transactions on Intelligent Transportation Systems. 2019, 20(2): 507-521.

[43] PARCHECO-VEGA A, DIAZ G, SEN M, et al. Heat rate predictions in humid air-water heat exchangers using correlations and neural networks[J]. Journal of Heat Transfer, 2001, 123(2): 348-354.

[44] FORSTER H K, ZUBER N. Dynamics of vapor bubbles and boiling heat transfer[J]. AIChE Journal, 2004, 1(4): 531-535.

[45] GAO J, CHONGFUANGPRINYA P, Ye Y, et al. A three-layer hybrid model for wind power prediction[C]. 2020 IEEE Power & Energy Society General Meeting (PESGM), Montreal, QC, 2020: 1-5.

[46] BAUSO D, GAO J, TEMBINE H. Distributionally robust games: f-divergence and learning[C]. 11th EAI International Conference on Performance Evaluation Methodologies and Tools (VALUETOOLS), Venice, Italy, 2017.

[47] GAO J, SHI F. A rotation and scale invariant approach for dense wide baseline matching[C]. Intelligent Computing Theory - 10th International Conference (ICIC), 2014: 345-356.

[48] WILKE C R. Diffusional properties of multicomponent gases[J]. Chem Eng Prog, 1950, 46:95-104.

[49] SHAIN S A. A note on multicomponent diffusion[J]. AIChE Journal, 1961, 7:17-19.

[50] TOOR H L. Diffusion in three-component gas mixtures[J]. AIChE Journal, 1957, 3:198-207.

[51] WELTY J R, WICKS C E, WILSON R E. Fundamentals of momentum, heat and mass transfer[M]. New York: John Wiley of Sons, Inc., 1976.

[52] CARNAHAN B, LUTHER H A, WILKES J O. Applied numerical methods[M]. New York: John Wiley of Sons, Inc., 1969.

[53] SUN L, ZONG Z G, XUE W L, et al. Mechanism and kinetics of moisture-curing process of reactive hot melt polyurethane adhesive[J]. Chemical Engineering Journal Advances, 2020, 4: 100051.

[54] 孙莉. 新型 PUR 热熔胶的制备与表征及其湿固化机理和动力学研究[D]. 上海: 华东理工大学, 2018.

[55] SUN L, CAO S, XUE W L, et al. Reactive hot melt polyurethane adhesives modified with pentaerythritol diacrylate: synthesis and properties[J]. Journal of Adhesion Science and Technology, 2016, 30(11): 1212-1222.

[56] SUN L, LI K, XUE W L, et al. Thermal degradation of reactive polyurethane hot melt adhesive based on MDI[J]. Journal of Adhesion Science and Technology, 2018, 32(11): 1253-1263.

[57] ZHANG W, ZENG Z X, XUE W L, et al. Synthesis and properties of flame-retardant reactive hot melt polyurethane adhesive[J]. Journal of Adhesion Science and Technology, 2020, 34(2): 178-191.

[58] BLASIUS H. Grenzschichten in flussigkeiten mit kleiner reibung[J]. Zeits Math Phys, 1908, 56: 1-37.

[59] POHLHAUSEN E. Der Wärmeaustausch zwischen festen Körpern und Flüssigkeiten mit kleiner reibung und kleiner Wärmeleitung[J]. Zeitschrift fur Angewandte Mathematik und Mechanik, 1921, 1: 115-121.

[60] HARTNETT J P, ECKERT E R G. Mass-transfer cooling in a laminar boundary layer with constant fluid properties[J]. Trans ASME, 1957, 13: 247-258.

[61] PRANDTL L. Uber die ausgebildete turbulenz[J]. Zeitschrift fur Angewandte Mathematik und Mechanik, 1925, 5: 136-139.

[62] REYNOLDS O. An experimental investigation of the circumstances which determine whether the motion of water in parallel channels shall be director sinuous and of the law of resistance in parallel channels[J]. Phil Trans Roy Soc, 1883, 174(Part Ⅲ): 935-982.

[63] VON KÁRMÁN T. The analogy between fluid friction and heat transfer[J]. Trans ASME, 1939, 61: 705-708.

[64] COLBURN A P. A method of correlation forced convection heat transfer data and a comparison with fluid friction[J]. Trans AIChE, 1933, 29: 174-210.

[65] CHILTON T H, COLBURN A P. Mass transfer (absorption) coefficients prediction from data on heat transfer and fluid friction[J]. Ind Eng Chem, 1934, 26: 1183-1187.

[66] CHEN H, SHI Y, LI Z, et al. Structure-resolved CFD simulations to guide catalyst packing of selective NO reduction[J]. Chem Eng J, 2022, 446: 136888.

[67] LANZA A, USBERTI N, FORZATTI P, et al. Kinetic and mass transfer effects of fly ash deposition on the performance of SCR monoliths: a study in microslab reactor[J]. Ind Eng Chem Res, 2021, 60: 6742-6752.

[68] 张霄玲, 鲍佳宁, 李运甲, 等. 工业 MnO_x 颗粒催化剂的制备及其低温脱硝应用研究[J]. 化工学报, 2020, 71: 5169-5177.

[69] 李萍, 李长明, 段正康, 等. 低温烟气脱硝催化剂适用条件与动力学[J]. 化工学报, 2019, 70: 2981-2990.

[70] ZHANG Y S, LI C M, WANG C, et al. Pilot-scale test of a V_2O_5-WO_3/TiO_2-coated type of honeycomb $DeNO_x$ catalyst and its deactivation mechanism[J]. Ind Eng Chem Res, 2019, 58: 828-835.

[71] XU G Y, GUO X L, CHENG X X, et al. A review of Mn-based catalysts for low-temperature NH_3-SCR: NO_x removal and H_2O/SO_2 resistance[J]. Nanoscale, 2021, 13: 7052-7080.

[72] XUE W L, WANG D, QIAN J, et al. Kinetics of adsorption of phospholipids into monolayers containing surfactant protein C[J]. Canadian Journal of Chemical Engineering, 2014, 92: 585-592.

[73] 王丹. 磷脂在空气/水界面上的构象和取向及其吸附动力学研究[D]. 上海: 华东理工大学, 2012.

[74] WHITMAN W G. The two-film theory of gas absorption[J]. Chemical Metallurgy and Engineering, 1923, 29: 146-148.

[75] HIGBIE R. The rate of absorption of a pure gas into a still liquid during short periods of exposure[J]. Trans AIChE, 1935, 31: 365-389.

[76] DANCKWERTS P V. Significance of liquid-film coefficients in gas absorption[J]. Industrial & Engineering Chemistry, 1951, 43: 1460-1467.

[77] SHERWOOD T K, WEI J C. Interfacial phenomena in liquid extraction[J]. Industrial & Engineering Chemistry, 1957, 49: 1030-1034.

[78] ELLIS S R M, BIDDULPH M. Interfacial turbulence measurements[J]. Chemical Engineering Science, 1966, 21(11): 1107-1109.

[79] BRIAN P L T, SMITH K A. Influence of Gibbs adsorption on oscillatory marangoni instability[J]. AIChE Journal, 1972, 18: 231-233.

[80] WOO S E, HAMIELEC A E. A numerical method of determining the rate of evaporation of small water drops falling at terminal velocity in air[J]. Journal of Atmospheric Science, 1971, 28(11): 1448-1454.

[81] CHUCHOTTAWORN P, FUJINAMI A, ASANO K. Numerical analysis of heat and mass transfer from a sphere with surface mass injection or suction[J]. Journal of Chemical Engineering of Japan, 1984, 17(1): 1-7.

[82] LEVICH V G. Physicochemical Hydrodynamics[M]. Upper Saddle River: Prentice-Hall, 1962.

[83] GARNER F H, SUCKLING R D. Mass transfer from a soluble solid sphere[J]. AIChE Journal, 1958, 4: 114-124.

[84] WILLIAMS J E, BAZAIRE K E, GEANKOPLIS C J. Liquid-phase mass transfer at low Reynolds numbers[J]. Industrial & Engineering Chemistry Fundamentals, 1963, 2: 126-129.

[85] WILSON E J, GEANKOPLIS C J. Liquid mass transfer at very low Reynolds numbers in packed beds[J]. Industrial & Engineering Chemistry Fundamentals, 1966, 5(1): 9-14.

[86] BOLLES W L, FAIR J R. Distillation[J]. Industrial & Engineering Chemistry, 2002, 58(11):90-96.

[87] ECKERT J S. How tower packings behave[J]. Chemical Engineering Progress, 1975, 14(4): 70-74.

[88] ONDA K, TAKEUCHI H, OKUMOTO Y. Mass transfer coefficients between gas and liquid phases in packed columns[J]. Journal of Chemical Engineering of Japan, 1968, 1(1): 56.

[89] CLIFT R, GRACE J R, WEBER M E. Bubbles, drops, and particles[M]. New York: Academic Press, 1978.

[90] TANIGUCHI Y T, ASANO K. Experimental study of gas absorption with a spray column[J]. Journal of Chemical Engineering of Japan, 1997, 30(3): 427- 433.

[91] ZENG Z X, LI D, XUE W L, et al. Structural models and surface equation of state for pulmonary surfactant monolayers[J]. Biophysical Chemistry, 2007, 131: 88-95.

[92] LI D, ZENG Z X, XUE W L, et al. The model of the action mechanism of SP-C in the lung surfactant monolayers[J]. Colloids and Surfaces B: Biointerfaces. 2007, 57: 22-28.

[93] GAO X C, ZENG Z X, XUE W L, et al. Surface equation of state for pulmonary surfactant monolayers at the air-water interface[J]. Canadian Journal of Chemical Engineering, 2010, 88: 1108-1112.

[94] XUE W L, WANG D, ZENG Z X, et al. Conformation and orientation of phospholipid molecule in pure phospholipid monolayer during compressing[J]. Chinese Journal of Chemical Engineering, 2013, 21(2): 177-184.

[95] IKEGAMI M, JOBE A H. Surfactant protein metabolism in vivo[J]. Biochimica et Biophysica Acta - Molecular Basis of Disease, 1998, 1408(2/3): 218-225.

[96] OOSTERLAKEN-DIJKSTERHUIS M A, HAAGSMAN H P, et al. Characterization of lipid insertion into monomolecular layers mediated by lung surfactant proteins SP-B and SP-C[J]. Biochemistry, 1991, 30(45): 10965-10971.

[97] PLASENCIA I, KEOUGH K M W, PÉREZ-GIL J. Interaction of the N-terminal segment of pulmonary surfactant protein SP-C with interfacial phospholipid films[J]. Biochimica et Biophysica Acta - Biomembranes, 2005, 1713(2): 118-128.

[98] RUGONYI S, BISWAS S C, HALL S B. The biophysical function of pulmonary surfactant[J]. Respiratory Physiology & Neurobiology, 2008, 163(1/2/3): 244-255.

[99] WARD A, TORDAI L. Time-dependence of boundary tensions of solutions I. The role of diffusion in time-effects[J]. Journal of Chemical Physics, 1946, 14: 453-461.

[100] LANGMUIR I. The adsorption of gases on plane surfaces of glass, mica and platinum[J]. Journal of the American Chemical Society, 1918, 40(9): 1361-1403.

[101] ROSS M, KROL S, JANSHOFF A, et al. Kinetics of phospholipid insertion into monolayers containing the lung surfactant proteins SP-B or SP-C[J]. European Biophysics Journal, 2002, 31(1): 52-61.

[102] KROL S, ROSS M, SIEBER M, et al. Formation of three-dimensional protein-lipid aggregates in monolayer films induced by surfactant protein B[J]. Biophysical Journal, 2000, 79(2): 904-918.